河南省"十四五"普通高等教育规划教材

大学物理实验
（第2版）

主　编　张献图

副主编　郭荣艳　李　健

参　编　朱自强　秦　伟　张云丽　朱　雨

电子工业出版社

Publishing House of Electronics Industry

北京·BEIJING

内 容 简 介

大学物理实验是高等院校理工科专业必修的一门基础课程，是大学生系统学习科学实验基础知识、实验方法和实验技术的入门课程。全书共 4 章。第一章为物理实验基础知识；第二章为基础性实验，力求通过 24 个实验使学生在实验观察、分析和对物理量的测量中掌握物理实验的基本方法和基本技能，了解科学实验的一般方法与特点，培养和提高学生的独立动手能力；第三章为综合性实验，共 19 个实验，学生可综合运用不同章节的知识、不同的实验技能和方法完成实验，目标是提高学生对实验方法和实验技能的综合运用能力；第四章为设计性实验，共 7 个实验，由学生运用所学知识独立提出实验方案及具体实施方法。

本书可作为高等学校本科生大学物理实验课程教材，也可供相关技术人员参考。

图书在版编目（CIP）数据

大学物理实验 / 张献图主编. —2 版. —北京：电子工业出版社，2023.9
ISBN 978-7-121-46293-1

Ⅰ. ①大…　Ⅱ. ①张…　Ⅲ. ①物理学 – 实验 – 高等学校 – 教材　Ⅳ. ①O4-33

中国国家版本馆 CIP 数据核字（2023）第 171117 号

责任编辑：张小乐
印　　刷：三河市华成印务有限公司
装　　订：三河市华成印务有限公司
出版发行：电子工业出版社
　　　　　北京市海淀区万寿路 173 信箱　邮编：100036
开　　本：787×1092　1/16　印张：20.75　字数：531 千字
版　　次：2017 年 9 月第 1 版
　　　　　2023 年 9 月第 2 版
印　　次：2024 年 8 月第 3 次印刷
定　　价：59.80 元

凡所购买电子工业出版社图书有缺损问题，请向购买书店调换。若书店售缺，请与本社发行部联系，联系及邮购电话：(010)88254888，88258888。

质量投诉请发邮件至 zlts@phei.com.cn，盗版侵权举报请发邮件至 dbqq@phei.com.cn。

本书咨询联系方式：(010)88254462，zhxl@phei.com.cn。

前　言

大学物理实验是高等院校理工科专业必修的一门基础课程，是大学生系统学习科学实验基础知识、实验方法和实验技术的入门课程，对大学生科学思维方式、创新意识、实践能力、科学态度和综合素质的培养具有极为重要的作用。

在长期的实验教学工作中，我院从事大学物理实验教学的教师积极进行教学方法和教学内容的改革，已经编写过多本大学物理实验教材。最近几年，学校不断加大教学经费投入，对大学物理实验室进行了全面的更新、补充，新添了不少新的实验仪器，补充了许多新的实验项目，本书是在此基础上编写而成的。本书涵盖大学物理实验教学的各个方面，内容丰富、体例统一、行文顺畅、表述简明，便于学生学习；且设计的实验题目较多，涉及的仪器型号较为通用，因此，本书是一本很实用的教材。

全书共4章。第一章为物理实验基础知识，包括绪论和数据处理等内容。第二章为基础性实验，共24个实验，通过这些实验，使学生在实验观察、分析和对物理量的测量中掌握物理实验的基本方法和基本技能，了解科学实验的一般方法与特点，培养和提高学生的独立动手能力。本书中有关长度、时间、质量的测量及部分仪器的使用等预备性实验不再单独列出，而是穿插在相关的实验中。第三章为综合性实验，共19个实验，通过这些实验，使学生综合运用不同章节的知识、不同的实验技能和方法完成实验，提高学生对实验方法和实验技能的综合运用能力。第四章为设计性实验，安排7个实验供学生选择，一般由指导教师给出实验项目和要求，实验室提供实验条件，由学生运用已掌握的基本知识、基本原理和实验技能，提出实验的具体方案、拟订实验步骤、选定仪器设备、独立完成操作、编程、记录实验数据、绘制图表、分析实验结果等。

本书凝聚着学院全体大学物理实验教师的心血，是实验室的集体教学成果。参加本书编写的教师有：张献图、郭荣艳、李健、朱自强、秦伟、张云丽、朱雨。郭荣艳编写第一章及实验三十五；李健编写实验一至实验六、实验二十五、实验二十六及附录；朱自强编写实验七至实验十、实验三十至实验三十四；秦伟编写实验十一至实验十三、实验二十七至实验二十九、实验三十六、实验四十四至实验五十；张云丽编写实验十四至实验二十、实验三十七、实验三十八；朱雨编写实验二十一至实验二十四、实验三十九至实验四十三；全书的策划、统稿与定稿由张献图完成。编写过程中参阅了兄弟院校和仪器生产厂家的有关文献、资料，在此一并深表感谢。

因编写时间和水平有限，书中难免有错误和疏漏之处，诚请广大读者不吝指正。

本书为"河南省'十四五'普通高等教育规划教材"。

目　　录

第一章　物理实验基础知识

第一节　测量与误差

思维导图

一、测量及其分类

(一)测量

测量(measurement)是人类在生活、生产和科学实验中，为了获得某一事物或某一物理量的定量信息而采用的必不可少的手段。所谓测量，就是将测量对象的某个或某些量值与标准测量工具或仪器进行比较，从而得到被测量的量值的过程。被测量的量值以测量结果的形式表示，由数值和单位两部分组成。

(二)测量的分类

1. 按照测量方法分类

按照测量方法的不同，可将测量分为两大类：直接测量和间接测量。

(1)直接测量

直接测量(direct measurement)是将待测量与标准仪器或量具进行直接比较，从仪器或量具上读出量值大小的测量。例如，用游标卡尺测内径，用秒表测量时间，用物理天平测质量等都属于直接测量。

(2)间接测量

间接测量(indirect measurement)是由一个或多个直接测得量，利用已知函数关系计算出被测量量值的测量。例如，立方体体积 $V = a^3$，自由落体测重力加速度 $g = 2h/t^2$，体积 V 和重力加速度 g 都是间接测量量值，长度 a、高度 h 和时间 t 都是直接测量量值。

2. 按照测量精度分类

按照测量精度的不同，可将测量分为等精度测量和不等精度测量。

(1)等精度测量是指在相同的测量环境参数下，同一测量者采用同一组测量仪器、同一种方法对某一物理量进行的多次重复测量。物理实验中大多采用等精度测量。

(2)不等精度测量是指部分或全部不符合等精度测量条件的其他测量。

二、误差

1. 误差的定义

在确定的测量条件下，一个物理量的大小在理论上有一个确定的数值，此值称为该物理量的真值；然而，由于测量条件、测量原理、测量仪器精度、测量者等都存在各种各样的因素，实际测量值只能是真值的一个近似值，在真值附近波动。测量误差(error)等于测量值减去被测物理量的真值，即

$$测量误差(\delta) = 测量值(M) - 真值(r) \qquad\qquad (1.1.1)$$

式(1.1.1)所定义的测量误差 δ 反映了测量值偏离真值的大小和方向，可正可负。测量值 M，对任何一个物理量，在一定条件下都具有一定的大小，是客观存在的；但真值 r 是一个理论值，通过测量无法得到。所以一切测量结果都含有误差，即使多次等精度测量，各次测量结果一般也不完全相同，更不等于被测量的真值 r，因此测量与误差是形影不离的。测量误差 δ 又称为绝对误差，与之相对应的，我们定义相对误差：

$$相对误差(D) = 测量误差(\delta) / 真值(r) \qquad\qquad (1.1.2)$$

绝对误差 (δ) 和相对误差 (D) 是误差的两种数学表示形式，都可以用来表示测量的结果，可根据不同的情况选择误差种类。

2. 误差的来源

(1) 仪器误差

仪器误差是指在测量时由于所使用的测量仪器仪表准确度有限而带来的误差。误差大小根据仪器本身准确度等级来确定，任何仪器都存在误差。

(2) 环境误差

环境误差是指由于测量仪器所处的环境或测量条件偏离了仪器本身规定的最佳环境条件时引起的误差。例如，温度引起的金属膨胀、气流扰动，稳压电源的不稳定引起的电压波动，电磁屏蔽受到外界干扰等因素的影响，都会使测量产生环境误差。

(3) 测量方法或理论误差

测量方法或理论误差是指由于测量所依据的理论或测量方法本身的局限性，比如理论存在理想近似、极限思维等，或者实验条件达不到物理理论所要求的环境条件所引起的误差。凡是在测量结果的表达式中没有反映出来，而在实际测量中又起作用的一些因素就会引起误差。例如，测定电阻元件的伏安特性，无论选择电流表内接或外接，都会有误差产生，该误差就属于理论引起的误差。

(4) 人为误差

由于实验者的主观感觉、感官反应灵敏度、操作技术、估计读数能力高低等因素，可能对测量结果造成误判而产生的误差称为人为误差。

三、误差的分类

根据误差产生的原因及误差的性质和来源，误差可分为系统误差、随机误差和过失误差。

(一)系统误差

1. 系统误差的定义

等精度(理论方法、实验仪器、环境和实验者不变)多次测量同一量值时，符号和绝对值的大小保持不变，或按一定规律变化的误差称为系统误差。通常系统误差可以归结为某一因素或某几种因素的函数，这种函数一般可用解析公式、曲线或数表来表达。

2. 系统误差的分类

系统误差及其产生的原因可能已知，也可能未知。系统误差包括已定系统误差和未定系统误差。

(1)已定系统误差

已定系统误差是指符号和绝对值已经确定，在一定的条件下，采用一定的方法，对误差取值的变化规律都能确切掌握的系统误差，在测量结果中可以进行适当修正。例如，测电阻元件的伏安特性，不管采用电流表内接或外接，都会带来已定系统误差，我们可以采用适当的方法加以修正。

(2)未定系统误差

未定系统误差是指不能确定变化规律及其大小和符号，而仅知最大误差范围(或误差限)的系统误差。误差限用 $\pm e$ 表示。

(3)系统误差的研究意义

系统误差的特征是其确定性，表现为数值的恒定或按可预知的规律变化。系统误差的来源主要有仪器误差(例如，电表的准确度等级不够高，物理天平的横梁与指针不够垂直，温度传感器的灵敏度不够高)，环境误差(如温度太低导致润滑油黏滞系数过大，影响实验效果；环境湿度太大时，影响尖端放电电压)，测量方法或理论误差(测电阻元件的伏安特性，无论选择电流表内接或外接，都会有误差产生；测液体的温度时，未考虑温度计水银泡吸收的热量)，人为误差(例如有的人读游标卡尺时，主尺与副尺哪条线对齐，判断不准确，使读数总是偏大或偏小)。

由于系统误差在测量条件不变时有确定的大小和正负号，因此等精度多次测量求平均值并不能减小或消除它，必须找出系统误差产生的原因，针对原因去消除或引入修正值对测量结果进行修正。系统误差的处理是一个比较复杂的问题，一般情况找不到一个简单的公式可以遵循，需要根据具体情况采取具体的处理办法。首先要对误差进行判断和分类，然后设计一些方案将误差尽可能地减小到可以忽略的程度。一般可以从以下几个方面进行处理：

(1)找到系统误差的存在原因；

(2)设计合理方案，在实验前或实验中尽可能减小或消除误差；

(3)估计残存系统误差的数值范围，对于已定系统误差，可用修正值(修正公式和修正曲线)进行修正；对于未定系统误差，尽可能估计出其误差限 $\pm e$ 。

(二)随机误差

随机误差(random error)是指在相同条件的重复测量过程中，所得测量值一般不尽相同，这意味着每次测量的误差不同，并且不可预知测量值是偏大还是偏小，这一类由偶然性因素造成的误差，例如，用秒表测量物体自由落体的时间每次不尽相同，就属于随机误差的范畴。

测量仪器、环境条件和测量人员都会带来随机误差，而这些影响往往都是随机变化的。根据随机误差的特点(随机性)可以知道，随机误差不可能修正。对于单次测量而言，随机误差是不确定的，但在相同的条件下，对某一物理量进行等精度多次测量时，随机误差就显示出明显的规律性，服从一定的统计规律，因此可以用统计方法估计其对测量结果的影响。

实践和理论都证明，大量的随机误差服从一定的统计规律(正态分布规律)，其分布曲线如图 1.1.1 所示，纵坐标 P 表示随机误差出现的概率密度，横坐标 δ 表示随机误差，这条连续对称的曲线称为随机误差的正态分布曲线，或称为高斯分布曲线。若用 σ 表示标准偏差，那么该曲线表达式为

$$P(\delta)=\frac{1}{\sigma\sqrt{2\pi}}e^{-\frac{\delta^2}{2\sigma^2}} \tag{1.1.3}$$

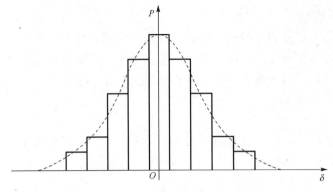

图 1.1.1　正态分布曲线示意图

随机误差的正态分布曲线特点是：

(1)单峰性，绝对值小的误差出现的概率比绝对值大的误差出现的概率大；

(2)对称性，绝对值相等的正、负误差出现的概率相同；

(3)有界性，在一定测量条件下，误差的绝对值不超过一定限度，若随机误差的绝对值超过某一定值后，出现的概率为零，这一定值称为极限误差。

因此增加测量次数，可使正、负误差算术平均值趋向于零，随机误差可减小，但不能完全消除。

(三)过失误差

过失误差是明显超出规定条件下预期的误差。引起过失误差的原因有：使用仪器的方法不正确，实验方法不合理，实验者注意力不集中，错误读取示值，使用有缺陷的计量器具等。过失误差是一种人为的误差，在测量中应该避免过失误差的出现。在实验中，实验者应采取严肃认真的态度，遵守仪器使用规则；处理测量数据时，应首先检出由于过失误差导致的异常值，并将它剔除后再处理。过失误差是完全可以避免的。

(四)评价测量结果的指标

精密度、准确度和精确度（或称精度）是评价测量结果好坏的三个概念，分别用来反映随机误差、系统误差和综合误差的大小，使用时应加以区别。

1. 精密度

精密度表示测量结果中随机误差大小的程度。测量的精密度高，是指测量数据比较集中，随机误差较小，但系统误差大小不明确。精密度用来反映一组测量数据的离散程度。

2. 准确度

准确度表示测量结果中系统误差大小的程度。测量的准确度高，是指测量数据的平均值偏离真值较小，测量结果的系统误差较小，但数据的离散情况即随机误差的大小不明确。准确度反映了在一定条件下，测量结果中所有系统误差的综合。

3. 精确度

精确度表示测量结果与被测量的真值之间的接近程度。测量的精确度高，是指测量数据比较集中在真值附近，即测量的系统误差和随机误差都比较小。精确度是对测量的随机误差与系统误差的综合评定。

我们以弹孔在靶上的分布图为例，说明这三个概念的含义，如图 1.1.2 所示。图 1.1.2(a)

中的情况属于精密度高但准确度差，即随机误差小，系统误差大；图 1.1.2(b) 中的情况属于准确度高但精密度较差，即系统误差小，随机误差大；图 1.1.2(c) 中的情况属于精密度和准确度均较好，即精确度高，亦即随机误差与系统误差都小。显然，只有在图 1.1.2(c) 的情况下，精确度才高。有时影响测量结果精确度的主要因素是系统误差，有时是随机误差。一般情况下，测量的误差是系统误差与随机误差的综合。

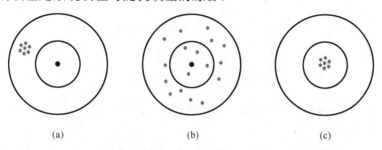

(a)　　　　　　　　(b)　　　　　　　　(c)

图 1.1.2　关于精密度、准确度、精确度的弹孔分布示意图

思维导图

第二节　误差估算及评定方法

　　实验测量某一个物理量时，一般需要多次测量，而只要测量就会有误差，测量与误差密不可分。如何准确估算及评定测量结果，对测量值做出科学的评价，这是误差理论要解决的一个重要问题。对测量结果评定一般有三种方法：算术平均偏差、标准偏差(均方根偏差)和不确定度。我们在实验中，一般采用不确定度来评价测量的科学性。

一、算术平均值

　　设 n 次测量值为 M_1，M_2，M_3，$\cdots$，M_n，误差为 δ_1，δ_2，δ_3，$\cdots$，δ_n，其真值为 r，则

$$(M_1 - r) + (M_2 - r) + \cdots + (M_n - r) = \delta_1 + \delta_2 + \cdots + \delta_n$$

将上式左边括号展开整理，两侧同除以 n，得

$$\frac{M_1 + M_2 + \cdots + M_n}{n} - r = \frac{\delta_1 + \delta_2 + \cdots + \delta_n}{n}$$

根据平均值的定义，有 $\bar{M} = (M_1 + M_2 + \cdots + M_n)/n$，其中 $\bar{M}$ 表示测量的算术平均值。于是得到

$$\bar{M} - r = \frac{\delta_1 + \delta_2 + \cdots + \delta_n}{n}$$

$\bar{M} - r$ 表示算术平均值与真值之差，即算术平均值的误差。上式表示算术平均值的误差等于各个测量值误差的平均值。对各个测量值误差求平均值，随机误差有正有负，相加时可抵消一些，所以 n 越大，算术平均值中的随机误差越小，测量值的平均值越接近真值。

二、算术平均偏差和标准偏差

　　根据统计理论，多次测量求算术平均值，可有效减小测量误差，测量次数 n 越大，算术平均值越逼近真值。在自然科学实验测量中，我们采用多次测量求算术平均值的办法求得最佳值，用最佳值代替真值。因此，测量总是采用多次测量的算术平均值作为测量结果，它是

真值的最好近似。于是就产生了一个新的问题：算术平均值代替真值的可靠性。所以我们要对测量结果进行估算和评定(这里约定系统误差和过失误差已消除或修正，只剩下随机误差)。

1. 算术平均偏差

将某一物理量测量 n 次，求得算术平均值为 $\bar{M}$，则算术平均偏差(arithmetic average deviation)

$$\bar{d} = \frac{1}{n}\left(\left|M_1 - \bar{M}\right| + \left|M_2 - \bar{M}\right| + \cdots + \left|M_n - \bar{M}\right|\right)$$

$$= \frac{1}{n}\sum_{i=1}^{n}\left|M_i - \bar{M}\right| \tag{1.2.1}$$

式中，$\bar{d}$ 表示算术平均偏差，M_i 表示第 i 次测量值，$\bar{M}$ 表示测量的平均值。

2. 标准偏差(均方根偏差)

在测量过程中产生的误差是遵循正态分布的。物理实验中，一般采用数学期望的算术平均值和方差的开方，即均方根偏差(root-mean-square deviation)来描述服从正态分布的测量值及随机误差。由于我国采用均方根偏差作为精密度的评定标准，因此通常把均方根偏差称为标准偏差(standard deviation)，用希腊字母 σ 表示。由正态分布曲线图 1.1.1 和概率密度 $P(\delta)$ 的表达式(1.1.3)分析可知，对于同一测量值的随机误差 δ，标准偏差 σ 越大，对应的随机误差出现的概率密度 $P(\delta)$ 越小，曲线斜率越小；若 σ 越小，对应的随机误差出现的概率密度 $P(\delta)$ 越大，曲线斜率越大。根据高等数学归一化条件，正态分布曲线以下与横坐标轴 δ 所围面积表征全部随机事件的概率为 1，于是有

$$\int_{-\infty}^{+\infty} P(\delta)\mathrm{d}\delta = 1 \tag{1.2.2}$$

将式(1.1.3)代入式(1.2.2)，得

$$\int_{-\infty}^{+\infty} \frac{1}{\sigma\sqrt{2\pi}} \mathrm{e}^{-\frac{\delta^2}{2\sigma^2}}\mathrm{d}\delta = 1 \tag{1.2.3}$$

式(1.2.3)表示测量误差在区间 $(-\infty, +\infty)$ 内出现的概率为 100%，其数值等于曲线下的总面积。

用标准偏差 σ 来评价测量的可靠性程度有两种形式。

(1)测量列的实验标准偏差

在真值未知情况下经过 n 次测量，可利用贝塞尔公式得到

$$\sigma(M) = \sqrt{\frac{\sum_{i=1}^{n}(M_i - \bar{M})^2}{n-1}} \tag{1.2.4}$$

$\sigma(M)$ 称为测量列的实验标准偏差，是用残差来估算测量列中每次测量的标准偏差，其中 $M_i - \bar{M}$ 称为第 i 个测量值的残余误差，简称残差。由式(1.2.4)可知，当测量次数 n 增大时，分母增大，同时残差的个数也增加，因而分子也相应增大。统计误差理论和实验结果均表明，测量次数 n 增加不能减小测量列的实验标准偏差。当次数 n 较小时，$\sigma(M)$ 起伏较大；当 n 大到一定程度时，$\sigma(M)$ 趋于一个稳定的值。

(2)算术平均值的标准偏差

在同一条件下对某一物理量进行多次等精度测量，其算术平均值的标准偏差为

$$\sigma(\bar{M}) = \frac{\sigma(M)}{\sqrt{n}} = \sqrt{\frac{\sum_{i=1}^{n}(M_i - \bar{M})^2}{n(n-1)}} \qquad (1.2.5)$$

式(1.2.5)表明，标准偏差 σ 是一个描述测量结果离散程度的量。用它评定测量数据的随机误差有许多优点：稳定性较好，σ 随测量次数变化较小；$(M_i - \bar{M})^2$ 有二次方，只与误差的绝对值有关，与误差的符号无关，且能反映数据的离散程度；与最小二乘法相吻合；等等。关于最小二乘法将在本章第六节详细叙述。

三、不确定度

最理想的测量是获得被测物理量在测量条件下的真值，然而由于存在测量误差，测量值总是偏离真值。根据误差的定义式(1.1.1)，由于真值不可能准确测得，因而测量的误差也不可能确切获知。所以误差和真值性质一样，都是理想概念，它们本身就是不确定的。现实可行的办法只能是根据测量数据和测量条件进行推算(以统计方法为主)和估计，去求得误差的估计值。于是实验测量引入一个新概念来对实验测量结果进行评估，这个概念就是不确定度。

1. 不确定度的概念

测量结果的不确定度 μ，简称不确定度(uncertainty)，其基本定义为：对测量结果可信赖程度的估计和评定。1992 年，国际标准化组织(ISO)发布了对测量具有指导性和规范性的文件《测量不确定度表示指南》(简称《指南》)，为世界各国不确定度的统一奠定了基础。1993 年，ISO 和国际理论与应用物理联合会(IUPAP)等七个国际权威组织又联合发布了《指南》修订版。《指南》修订版对实验测量的不确定度有十分严格而详尽的论述，从此测量的不确定度评定有了国际公认的准则。

测量的不确定度是表征测量结果具有分散性的一个参数，是被测量的真值在某个量值范围内的一个评定，或者说它表示由于测量误差的存在而对被测量值不能确定的程度。不确定度反映了可能存在的随机误差分量和未定系统误差分量的综合分布范围。设测量值为 M，其测量不确定度为 μ，则真值 $r \in (M - \mu, M + \mu)$，显然此量值区间越窄，测量的不确定度越小，用测量值表示真值的可靠性就越高。对测量不确定度的计算，常以算术平均值的标准偏差来估量，这时又称为标准不确定度。

2. 标准不确定度的分类

根据数值评定方法可将标准不确定度归为两类。

(1)标准不确定度的 A 类评定

在同一条件下多次重复等精度测量时，一系列测量结果用统计分析评定方法计算的不确定度就是 A 类不确定度，用 μ_A 表示，主要用于评定多次测量的随机误差对测量结果的影响。

(2)标准不确定度的 B 类评定

非统计分析评定方法计算得到的不确定度就是 B 类不确定度，用 μ_B 表示，主要用于评定未定系统误差对测量结果的影响(已定系统误差可以用修正值对测量结果直接进行修正)。

3. 标准不确定度的评定

(1)A 类不确定度 $\mu_A(M)$

如前所述，在相同的测量条件下，对某物理量 M 做 n 次等精度重复测量得到一组测量值

$M_1, M_2, \cdots, M_n$，用统计的方法求得算术平均值的标准偏差

$$\sigma(\bar{M}) = \sqrt{\dfrac{\sum\limits_{i=1}^{n}(M_i - \bar{M})^2}{n(n-1)}}$$

在大学物理实验中，A 类不确定度就取为算术平均值的标准偏差

$$\mu_{\mathrm{A}}(\bar{M}) = \sigma(\bar{M}) = \sqrt{\dfrac{\sum\limits_{i=1}^{n}(M_i - \bar{M})^2}{n(n-1)}} \tag{1.2.6}$$

(2) B 类不确定度 $\mu_{\mathrm{B}}(M)$

对于 B 类不确定度的评定，不对测量结果用统计分析方法，而是用其他方法先估计(包括查阅相关资料和手册)极限误差 Δ，并确定该项误差服从的分布规律，然后通过下式计算 B 类不确定度：

$$\mu_{\mathrm{B}}(M) = \dfrac{\Delta}{\kappa} \tag{1.2.7}$$

式中，Δ 是仪器的极限误差(也称为容许误差或示值误差)，可以从仪器说明书或检定书、仪器的准确度等级等信息中获得,对于粗略的测量仪器则依据仪器的分度值或实验者的经验。κ 是置信系数(修正因子)，根据误差分布的类型而取对应的值。对于误差分布函数是均匀分布的情况，一般情况取 $\kappa = \sqrt{3}$，则 B 类不确定度为

$$\mu_{\mathrm{B}}(M) = \dfrac{\Delta}{\sqrt{3}} \tag{1.2.8}$$

本书中都近似按均匀分布处理。对于其他的分布函数，如正态分布、三角形分布、两点分布和反正弦分布等的变换系数，可查阅相关参考文献。

每种仪器都有对应的 Δ 值，可以查阅仪器的使用说明书或检定书。对于没有明确给出 Δ 值的测量仪器，可以用以下方法获得：①查阅仪器的使用说明书，用容许误差代替 Δ 值；②对于分准确度等级的仪器，如物理天平、电流表、电压表，可依据仪器的准确度等级进行计算，如满量程为 15V 的指针式电压表，其等级为 0.1，则极限误差可取为 $\Delta = 15 \times 0.1\% = 0.015(\mathrm{V})$；③对于查不到或没有准确度等级的仪器，可以选取仪器的最小分度值，或者拟一个估计值作为 Δ 值，如精密度为 0.01mm 的螺旋测微器，可取 $\Delta = 0.01$mm，最小分度为 1mm 的米尺，可估计为 $\Delta = 0.2$mm；④对于特殊的测量仪器或设备，可依据实验室或实验指导老师给定的数值来确定 Δ 值。

(3) 标准不确定度的合成

在相同条件下，对某物理量 M 进行多次等精度测量时，对待测量 M 的 A 类不确定度 $\mu_{\mathrm{A}}(M)$ 和 B 类不确定度 $\mu_{\mathrm{B}}(M)$ 进行方根合成可得到标准不确定度的 $\mu(M)$，即

$$\mu(M) = \sqrt{\mu_{\mathrm{A}}^2(M) + \mu_{\mathrm{B}}^2(M)} \tag{1.2.9}$$

四、测量结果的报道

对于测量结果，我们需要计算平均值和不确定度，还需要对测量结果进行报道，表示为

$$M = \bar{M} \pm \mu(M) \qquad (1.2.10)$$

相对不确定度为

$$\mu_r(M) = \frac{\mu(M)}{\bar{M}} \qquad (1.2.11)$$

用相对不确定度对测量结果进行报道

$$M = \bar{M}[1 \pm \mu_r(M)] \qquad (1.2.12)$$

特别说明，对于测量结果的报道，要特别注意有效数字不能随意增减。对于测量结果的有效数字，将在本章第四节详细介绍。

第三节 测量误差估算及评定

思维导图

一、直接测量结果的误差估算及评定方法

（一）单次测量误差的估算及评定

在实验测量中，往往由于条件不允许或实验的不可重复性等原因，对一个物理量的测量只能进行一次，无法通过统计方法计算不确定度，那么测量结果的误差估算常以测量仪器误差来评定。例如，用 50 分度游标卡尺测量一个工件的长度，50 分度游标卡尺的仪器误差为 0.02mm，我们就认为测量的不确定度为 ±0.02mm。

对于实际使用中的测量仪器，如果该仪器没有标明误差，那么一般用以下方法来确定测量的不确定度：

(1) 可取仪器及表盘上最小刻度值一半作为单次测量值的不确定度。

(2) 电学与电子类仪器的仪器误差主要根据仪器的准确度等级来确定测量的不确定度

$$\mu_m = 量程 \times 仪器准确度等级\% \qquad (1.3.1)$$

电表的准确度等级一般分为七级：0.1、0.2、0.5、1.0、1.5、2.5 和 5.0 级。

例 1 用一个准确度等级为 0.1 级，量程数为 100μA 的灵敏电流表，在某次科学实验中捕获了一个瞬间电流值 52.6μA，计算测量结果并加以报道。

解：电流的测量值为 $\qquad I_{测} = 52.6\mu A$

测量的不确定度为 $\qquad \mu_I = 100\mu A \times 0.1\% = 0.1\mu A$

于是得到瞬间电流的测量值为

$$I = I_{测} \pm \mu_I = (52.6 \pm 0.1)\mu A$$

（二）多次测量误差的估算及评定

为了减小测量误差，使得测量值尽可能逼近真值，总是采用多次等精度测量求平均值的方法。多次测量，求得平均值；再根据测量的性质，求得不确定度，然后对测量结果进行报道。下面举例说明。

例 2 用 50 分度的游标卡尺测量某机械零件的长度，共测量 10 次，测量数据如下：

测量量	1	2	3	4	5	6	7	8	9	10	平均值
长度 L(mm)	14.96	14.94	14.96	14.92	14.96	14.94	14.96	14.92	14.92	14.96	

计算测量结果，并加以报道。

解：（1）求长度的平均值

$$\bar{L} = \frac{1}{10}(14.96 \times 5 + 14.94 \times 2 + 14.92 \times 3) \approx 14.94(\text{mm})$$

（2）求测量值的不确定度

① 计算测量值的 A 类不确定度，由式（1.2.6）得

$$\mu_A(\bar{L}) = \sqrt{\frac{\sum_{i=1}^{10}(L_i - \bar{L})^2}{10 \times (10-1)}}$$

$$= \sqrt{\frac{(14.96-14.94)^2 \times 5 + (14.94-14.94)^2 \times 2 + (14.92-14.94)^2 \times 3}{10 \times 9}}$$

$$\approx 0.00596(\text{mm})$$

② 计算测量值的 B 类不确定度，由式（1.2.7）得

$$\mu_B(\bar{L}) = \frac{\Delta}{\kappa} = \frac{0.02}{\sqrt{3}} = 0.012(\text{mm})$$

③ 不确定度的合成

$$\mu(\bar{L}) = \sqrt{\mu_A^2(\bar{L}) + \mu_B^2(\bar{L})} = \sqrt{0.00596^2 + 0.012^2} \approx 0.0134(\text{mm})$$

（3）对测量结果的报道

$$零件长度：L = \bar{L} \pm \mu(\bar{L}) = (14.94 \pm 0.01)\text{mm}$$

例 2 中对实验数据的处理，我们计算了测量值的平均值并且利用标准不确定度对测量值的误差进行了评定，这样的数据处理方法比较科学。既用统计学方法对不确定度进行评定，此时主要考虑了测量的随机误差；又用非统计学的方法进行评定，此时主要考虑了系统误差；最后用方根合成两类不确定度，得到总的不确定度。目前对测量结果的估算和评定建议采用不确定度，还是比较科学和合理的。

二、间接测量结果的误差估算及评定方法

在大学物理实验中，仅用直接测量往往达不到实验目的，一般情况都需要间接测量，即直接测量的量通过已知的函数关系运算求得实验结果。由于直接测量会引入误差，那么经过函数关系的间接测量值必然也会产生误差，这就是误差的传递。

（一）一般误差的传递公式

设间接测量值 M，与直接测量值 x、y、z 有函数关系

$$M = f(x, y, z) \tag{1.3.2}$$

对式（1.3.2）求全微分，得

$$dM = \frac{\partial f}{\partial x}dx + \frac{\partial f}{\partial y}dy + \frac{\partial f}{\partial z}dz \tag{1.3.3}$$

式(1.3.3)表明，当直接测量值 x、y、z（均为独立自变量）有微小变化 dx、dy、dz 时，间接测量值 M 也将发生改变 dM。由于误差远小于测量值，故可把 dx、dy、dz 看作误差，并将 dx、dy、dz 改写为 Δx、Δy、Δz，在取最大误差的原则下，使各项绝对值相加而得到绝对误差的传递公式（算术合成法）

$$\Delta M = \left|\frac{\partial f}{\partial x}\right|\Delta x + \left|\frac{\partial f}{\partial y}\right|\Delta y + \left|\frac{\partial f}{\partial z}\right|\Delta z \tag{1.3.4}$$

关于相对误差的传递，可以将式(1.3.2)两边取自然对数，得

$$\ln M = \ln f(x, y, z) \tag{1.3.5}$$

对式(1.3.5)求全微分，得

$$\frac{dM}{M} = \frac{\partial \ln f}{\partial x}dx + \frac{\partial \ln f}{\partial y}dy + \frac{\partial \ln f}{\partial z}dz \tag{1.3.6}$$

将 dx、dy、dz 改写为 Δx、Δy、Δz，即得相对误差的传递公式

$$\frac{\Delta M}{M} = \left|\frac{\partial \ln f}{\partial x}\right|\Delta x + \left|\frac{\partial \ln f}{\partial y}\right|\Delta y + \left|\frac{\partial \ln f}{\partial z}\right|\Delta z \tag{1.3.7}$$

以上误差传递公式中，$\left|\frac{\partial f}{\partial x}\right|$、$\left|\frac{\partial f}{\partial y}\right|$、$\left|\frac{\partial f}{\partial z}\right|$ 和 $\left|\frac{\partial \ln f}{\partial x}\right|$、$\left|\frac{\partial \ln f}{\partial y}\right|$、$\left|\frac{\partial \ln f}{\partial z}\right|$ 称为误差传递系数；Δx、Δy、Δz 为直接测量值的最大误差或多次测量的算术平均偏差。

（二）标准偏差的传递公式

由于标准偏差能够更好地反映测量结果的离散程度，所以常用标准偏差来估算。根据误差理论和上述关系式，用标准偏差来代替一般误差，根据式(1.3.2)、式(1.3.4)和式(1.3.7)，采用方根合成，得到标准偏差的传递公式为

$$\sigma_M = \sqrt{\left(\frac{\partial f}{\partial x}\right)^2 \sigma_x^2 + \left(\frac{\partial f}{\partial y}\right)^2 \sigma_y^2 + \left(\frac{\partial f}{\partial z}\right)^2 \sigma_z^2} \tag{1.3.8}$$

相对标准偏差的传递公式为

$$\frac{\sigma_M}{M} = \sqrt{\left(\frac{\partial \ln f}{\partial x}\right)^2 \sigma_x^2 + \left(\frac{\partial \ln f}{\partial y}\right)^2 \sigma_y^2 + \left(\frac{\partial \ln f}{\partial z}\right)^2 \sigma_z^2} \tag{1.3.9}$$

在实际使用标准偏差的传递公式时，σ_M 可使用实验标准偏差 $\sigma(M)$，也可使用平均值的标准偏差 $\sigma(\bar{M})$。

（三）不确定度的传递公式

根据式(1.3.2)、式(1.3.8)和式(1.3.9)，得到不确定度的传递公式

$$\mu_M = \sqrt{\left(\frac{\partial f}{\partial x}\right)^2 \mu_x^2 + \left(\frac{\partial f}{\partial y}\right)^2 \mu_y^2 + \left(\frac{\partial f}{\partial z}\right)^2 \mu_z^2} \tag{1.3.10}$$

相对不确定度的传递公式为

$$\frac{\mu_M}{M} = \sqrt{\left(\frac{\partial \ln f}{\partial x}\right)^2 \mu_x^2 + \left(\frac{\partial \ln f}{\partial y}\right)^2 \mu_y^2 + \left(\frac{\partial \ln f}{\partial z}\right)^2 \mu_z^2} \tag{1.3.11}$$

式(1.3.10)和式(1.3.11)中，μ_x、μ_y、μ_z 是直接测量值 x、y、z 的不确定度。根据式(1.3.10)和式(1.3.11)，可推出一些常用函数的不确定度传递公式，如表 1.3.1 所示。

表 1.3.1　一些常用函数的不确定度传递公式

函　数	不确定度传递公式
加、减：$M = x + y$ 或 $M = x - y$	$\mu_M = \sqrt{\mu_x^2 + \mu_y^2}$
乘、除：$M = xy$ 或 $M = \dfrac{x}{y}$	$\mu_M = M\sqrt{\left(\dfrac{\mu_x}{x}\right)^2 + \left(\dfrac{\mu_y}{y}\right)^2}$
线性关系：$M = kx$	$\mu_M = k\mu_x$
正弦函数：$M = \sin x$	$\mu_M = \lvert \cos x \rvert \mu_x$
自然对数：$M = \ln x$	$\mu_M = \dfrac{\mu_x}{x}$
乘方或开方：$M = x^n$	$\mu_M = Mn\dfrac{\mu_x}{x}$
幂函数：$M = Ax_1^a x_2^b x_3^c \cdots x_m^k$	$\mu_M = M\sqrt{a^2\left(\dfrac{\mu_{x_1}}{x_1}\right)^2 + b^2\left(\dfrac{\mu_{x_2}}{x_2}\right)^2 + \cdots + k^2\left(\dfrac{\mu_{x_m}}{x_m}\right)^2}$

第四节　有效数字及其运算法则

思维导图

为了达到减小实验误差的目的，一般要对某一物理量等精度多次测量，需要记录很多数据并进行数据处理。但是有些情况，记录的数据位数较多，那么应取几位数字，运算后应保留几位数字？这是实验数据处理的重要问题，必须有一个明确的认识。测量结果的数字位数要合适，不宜太多或太少，位数太多夸大了测量精度，间接引入了误差，太少则会损失准确度。

一、有效数字的概念及其基本性质

（一）有效数字的概念

实验中所测得的被测量的数值都是含有误差的，对这些数值不能任意取舍，应反映出测量值的准确度。记录与运算后保留的能传递出被测量实际大小信息的全部数字，这样的数字称为有效数字。国家标准 GB8170—1987 中对有效数字的定义："对没有小数位且以若干个零结尾的数值，从非零数字最左一位向右数得到的位数减去无效零（即仅为定位用的零）的个数，就是有效数字位数；对其他十进位数，从非零数字最左一位向右数而得到的位数，就是有效数字位数。"

（二）有效数字的基本特性

1. 有效数字位数与十进制单位的变换无关

有效数字位数与十进制单位的变换无关，即有效数字位数与小数点的位置无关。例如，用游标卡尺测量一个机械零件的长度，若测量值为 10.90mm，也可写成 1.090cm 或 0.01090m，选取单位不同，但都是四位有效数字。即采用不同的十进制单位时，小数点的位置移动而使测量值的数值大小不同，但测量值的有效数字位数不应改变。这里必须说明，用以表示小数点位置的"0"不是有效数字，如 0.01090m 中的前两个"0.0"不是有效数字；"0"在数字中间或数字后面都是有效数字，如 0.01090m 中"1"和"9"之间的"0"，末尾的"0"都是有效数字，不能随意增减。

2. 有效数字位数与仪器精度或最小分度值有关

在读取测量仪器的示值时，我们只能读到仪器分度值，然后在最小分度值以下还可再估读一位数字。由于估读具有不确定性，因人而异，会带来误差，所以估读的一位数字称为可疑数字。与之相对应的，从仪器刻度读出的最小分度值的整数部分是准确的数字，称为可靠数字。可靠数字加上末位的可疑数字即为有效数字。对于同一被测物理量，使用不同精度的测量仪器，所测得的有效数字的位数是不同的。例如，测量某一小球的直径，用米尺三角板法测量时，其读数为19.8mm，前两位数字为可靠数字，末位数字为可疑数字，共有三位有效数字；用 50 分度游标卡尺测量时，其读数为 19.82mm，前三位数字为可靠数字，末位数字为可疑数字，共有四位有效数字；用最小分度值为 0.01mm 的螺旋测微器测量时，其读数为19.821mm，前四位数字为可靠数字，末位数字为可疑数字，共有五位有效数字。

一般来说，仪器上显示的数字均为有效数字，均应读出并记录。仪器上显示的最后一位数是"0"时，也是有效数字，也要读出并记录；估读位是"0"时，也要读出，也是有效数字。例如，0.01mm 精度的游标卡尺测得量为 19.800mm 时，最后一位"0"是估读位，是可疑数字，但也是有效数字，要读出；倒数第二位"0"是仪器示值的最后一位，也是有效数字。

对于分度式的仪表，估读时要精确到最小分度的 1/2、1/5 或 1/10，要根据仪器精密度和人眼的分辨能力决定。

3. 有效数字的位数与被测量本身的大小有关

用同一仪器测量大小不同的被测量，被测量越大，测量结果的有效数字越多。

（三）有效数字的科学表示

因为有效数字位数与十进制单位的变换无关，所以在进行单位变换时，不应该增加或减少有效数字的位数。例如，用汽车里程表测得两地之间的距离为 66km，换算成以米为单位时应为 $6.6×10^4$m，而不是 66000m。因为里程表只能精确到1km，而 66km 有两位有效数字，换算成以米为单位时，不能改变有效数字的位数，所以写成 66000m 是不正确的。为方便单位换算，避免因单位变换增加或减少有效数字的位数，在物理实验中通常引用数学中的科学记数法来表示数据。用科学记数法时，通常只在小数点前保留一位非零数字，例如上面的 $6.6×10^4$m；有时为了表示方便，也可保留多位数字，例如，也可写成 $66×10^3$m。采用科学记数法，方便了单位换算，保留了有效数字的位数，保证了原有数值的精确度。

二、有效数字的修约规则

运算后的数值只保留有效数字，其他数字舍去，取舍数字时应遵循数值修约规则，国家标准 GBT8170—2008 对数值修约做了以下规范。

（1）若拟舍去的数字最左一位小于 5，则全部舍去；若拟舍去的数字最左一位大于 5，则舍去的同时进 1，简称"四舍六入"。

例 1 将下列数据保留三位有效数字：

$$3.1415926 \rightarrow 3.14 \qquad 3.1365926 \rightarrow 3.14$$

(2)若拟舍去的数字最左一位是 5，且 5 后边的数值非零，则舍去的同时进 1，简称舍五非零入。

例 2 将下列数据保留四位有效数字：

$$3.1415926 \rightarrow 3.142 \qquad 3.1415006 \rightarrow 3.142$$

(3)若拟舍去的数字最左一位是 5，且 5 后边的数值全为零或没有数字，若保留的最后一位为奇数，则舍去的同时进 1；若保留的最后一位是偶数，则舍去不进位，简称奇数进偶不进。

例 3 将下列数据保留四位有效数字：

$$3.1415 \rightarrow 3.142 \qquad 3.1415000 \rightarrow 3.142$$

$$3.1425 \rightarrow 3.142 \qquad 3.1425000 \rightarrow 3.142$$

(4)负数修约时，先拿掉负号然后按上述规定修约，然后在修约值前加负号。

(5)在修约测量最后结果不确定度的有效数字时，实行"宁大勿小"的原则，即都采取进位原则。

例 4 对下列不确定度的修约判断对错。

① $3.14 \pm 0.024 \rightarrow 3.14 \pm 0.02$ ④ $3.14 \pm 0.0250 \rightarrow 3.14 \pm 0.02$

② $3.14 \pm 0.026 \rightarrow 3.14 \pm 0.03$ ⑤ $3.14 \pm 0.0150 \rightarrow 3.14 \pm 0.02$

③ $3.14 \pm 0.0251 \rightarrow 3.14 \pm 0.03$

解： 根据"宁大勿小"的原则都进位，所以①错误，②正确，③正确，④错误，⑤正确。

对于例 4，应注意到，对于测量结果的报道，我们要保证测量值与不确定度"对齐"，即测量值的末位与不确定度的末位一致。例如，在例 4 中，测量值末位都是百分位，所以不确定度的末位都应该是百分位。

三、有效数字的运算法则

(一)不确定度的有效数字位数

实验后计算不确定度时，开方得到的数值一般是无限不循环小数，所以涉及保留几位小数的问题，也即不确定度的有效数字位数保留问题。一般情况下，不确定度只取一位或两位有效数字，测量值的有效数字末位取到不确定度末位为止，即测量值的有效数字末位和不确定度末位"对齐"。

(二)测量结果的有效数字位数

测量结果有效数字位数可按以下运算法则确定。

1. 有效数字加减法运算法则

多个量相加减时，其运算结果在小数点后所应保留的位数与这些量中最先出现的可疑位一致，即与小数点后位数最少的一个相同。

例 5 单摆摆线长为 50.25cm，摆球半径为 0.98mm，求摆长。要求保留正确的有效数字。

解：

$$50.25\text{cm}=502.5\text{mm}$$

摆长 L = 摆线长 502.5mm + 摆球半径 0.98mm

$$\begin{array}{r} 502.\underline{5} \\ +\quad 0.9\underline{8} \\ \hline 503.48 \end{array}$$

求得摆长为 503.48mm，但是因为摆线长最先出现可疑位，十分位，竖式中加下画线数字"$\underline{5}$"，所以计算所得摆长的有效数字只能保留到十分位，得到 503.5mm。值得注意的是，有效数字相加减时，首先要变换成一致的单位。竖式中带下画线的数字都是可疑位，但也属于有效数字。

2．有效数字乘除法运算法则

若干个数的积或商运算结果的有效数字位数，与参加运算的各数中有效数字位数最少的一个相同。值得注意的是，有些常数不在有效数字位数的考察范围之内。例如，螺旋测微器测得小球直径为 19.982mm，小球半径即为 $19.982/2=9.991(\text{mm})$，这里的分母"2"是常数，不在有效数字位数的考察范围内。

例 6 用惠斯通电桥测电阻的计算公式为 $R_x=\dfrac{R_2}{R_3}R_4$，自组装电桥测得 $R_2=101.5\Omega$，$R_3=10.1\Omega$，$R_4=2056\Omega$，计算待测电阻的阻值。

解：

$$R_x=\frac{R_2}{R_3}R_4=\frac{101.5}{10.1}\times2056=20661.78(\Omega)$$

R_2 有四位有效数字，R_3 有三位有效数字，R_4 有四位有效数字，所以计算值 R_x 只能取三位有效数字，于是取 $R_x=2.07\times10^4(\Omega)$。

例 7 用惠斯通电桥测电阻的计算公式为 $R_x=kR_4$，惠斯通电桥测得 $k=10$，$R_4=2056\Omega$，计算待测电阻的阻值。

解：

$$R_x=kR_4=10\times2056=20560(\Omega)$$

k 为常数，不在有效数字位数的考察范围内，所以只考察 R_4 的有效数字位数，而 R_4 有四位有效数字，所以计算值 R_x 只能取四位有效数字，于是取 $R_x=2.056\times10^4(\Omega)$。

3．乘方、开方的有效数字运算法则

乘方、开方的有效数字与其底数的有效数字位数相同。

例 8 计算下列函数值，并保留正确的有效数字位数：

$$y_1=82.581^3 \qquad y_2=\sqrt[3]{82.581}$$

解：

$$y_1=82.581^3\approx563171.168128941\approx5.6317\times10^5$$

$$y_2=\sqrt[3]{82.581}\approx4.3547181\approx4.3547$$

题中底数 82.581 有五位有效数字，所以计算结果都保留了五位有效数字。

4．对数函数的有效数字运算法则

对数运算结果的尾数有效数字位数取与真数相同的位数。

例 9 计算下列函数值，并保留正确的有效数字位数：

$$y_1 = \ln 5.125 \qquad y_2 = \ln 51.2$$

解：
$$y_1 = \ln 5.125 \approx 1.6341306 \approx 1.6341$$
$$y_2 = \ln 51.2 \approx 3.9357395 \approx 3.936$$

题中 y_1 的真数 5.125 有四位有效数字，所以取 $y_1 = 1.6341$，尾数 "6341" 有四位有效数字，首数 "1" 不计入有效数字范围；y_2 的真数 51.2 有三位有效数字，所以取 $y_2 = 3.936$，尾数 "936" 有三位有效数字，首数 "3" 不计入有效数字范围。

5. 指数函数的有效数字运算法则

指数函数 $y = 10^x$ 或 $y = e^x$ 运算后的有效数字位数可与指数 x 小数点后的位数相同（包括紧接小数点后的零）。

例 10 计算下列函数值，并保留正确的有效数字位数：

$$y_1 = 10^{1.0878} \qquad y_2 = e^{2.82}$$

解：
$$y_1 = 10^{1.0878} \approx 12.240523724999 \approx 12.24$$
$$y_2 = e^{2.82} \approx 16.776850 \approx 17$$

题中 y_1 的指数为 1.0878，小数点后有四位小数，所以取 $y_1 = 12.24$，四位有效数字；y_2 的指数为 2.82，小数点后有两位小数，所以取 $y_2 = 17$，两位有效数字。

6. 三角函数的有效数字运算法则

测量值 x 的三角函数的有效数字位数，可由 x 的三角函数值与 x 的末位增加或减少一个单位后的函数值相比较后确定。具体比较过程举例说明。

例 11 计算 $\sin 65°45'$ 的值，并保留正确的有效数字位数。

解：利用计算器可求得

$$\sin 65°45' = 0.9117620435770$$
$$\sin 65°44' = 0.9116425317327$$
$$\sin 65°46' = 0.9118814782719$$

比较上述三个角度的正弦值，可以看出，从小数点后第四位开始，函数值发生了改变，于是取结果为

$$\sin 65°45' = 0.9118$$

四、有效数字运算注意事项

(1) 物理公式中的常数不是实验测量值，不应考虑其有效数字位数。例如，单摆测重力加速度 $g = \dfrac{4\pi^2}{T^2}l$，式中的 4、2 和 π 都是常数，不是测量值，不考虑其有效数字位数。

(2) 无理常数如 e、π、$\sqrt{5}$ 等的有效数字位数可比参与运算的数据中有效数字位数最多的多一位。

(3) 首位数大于 7 的 k 位数值，在乘除运算中，可算作 $k+1$ 位有效数字。例如，9.236 有四位数字，但是因为首位数是 9，大于 7，所以算作五位有效数字。

(4) 在乘除运算中，当结果的首位数小于 4 时，运算结果应该多保留一位有效数字。

(5) 对数运算所得结果的首数不算作有效数字。

(6) 有多个数值参与运算时，在运算中途应比有效数字运算法则规定的位数多保留一位，

防止由于多次舍入引入计算误差。运算出最后结果后再将多保留的一位舍去。

第五节　物理实验的基本测量方法

思维导图

　　物理实验包括在实验室人为再现自然界的物理现象、寻找物理规律和对物理量进行测量及数据处理三个方面。任何物理实验都离不开物理量的测量。所有的物理规律和物理量都可以从几个最基本的物理量中导出，而这些基本物理量的定量描述只有通过实验测量才能得到。对物理量的测量方法多种多样，测量手段和精度也随着科学技术的发展而不断地丰富和提高。物理量的测量是一个以一定物理原理为依据，以一定的实验装置和实验技术为手段找出物理量量值的过程。待测物理量可以是力学量、热学量、电磁学量和光学量等。物理量的测量方法非常多，这里介绍几种具有共性的常用基本测量方法。

一、比较测量法

　　比较测量法是物理测量中最普遍、最基本的测量方法，也是最重要的测量方法之一，它是通过将被测物理量与作为基准的标准物理量进行比较而得到被测量量值的过程。比较测量法可以分为直接比较测量法和间接比较测量法两大类。

（一）直接比较测量法

　　直接比较法是将待测物理量与同类物理量的标准量或标准仪器进行比较而测出其量值的方法。例如，用游标卡尺测长度、用秒表测时间就是直接比较测量法。

　　常将直接比较测量法所用的测量量具称为直读式量具。例如，测量长度的米尺、游标卡尺和螺旋测微器；测量时间的秒表；测量电流的电流表、灵敏电流计；测量电压的电压表、电位差计；测量光照强度的照度计；测量质量的天平等。这些直读式量具必须是预先标定好的，预先校准过的，测量结果可以由仪器的显示值直接读出。

（二）间接比较测量法

　　对于有些难以用直接比较测量法测量的物理量，可以通过物理量之间的函数关系将待测物理量与某些标准量进行间接比较，求出其大小。例如，本书实验一单摆振动的研究，利用单摆测量当地的重力加速度 g，无法用直接比较法测量，所以我们求助于间接比较法：直接测量单摆摆线长 l、摆球直径 D 和 30 个周期所耗时间 t，然后利用函数关系式

$$g = \frac{4\pi^2}{(t/30)^2}\left(l + \frac{D}{2}\right)$$

将待测物理量 l、D 和 t 代入上式，间接比较测量重力加速度 g。实际上，所有测量都是将待测物理量与标准量进行比较的过程，只不过比较形式不会都那么明显而已。

（三）特征比较测量法

　　特征比较法是通过与标准对象的特征进行比较来确定待测对象的特征的观测过程。例如，光谱实验就是通过特征光谱的比较来确定被测物体的化学成分及其含量的。

二、放大测量法

　　在物理实验中，测得的物理量并不都是宏观可见的，有些待测量非常微小。由于被测量

过小，用给定的某种仪器进行测量会造成很大的误差，甚至无法被实验者或测量仪器仪表直接感知和反应时，可以通过一定的方法将被测量放大后再进行测量。放大被测量所用的原理和方法称为放大测量法，放大被测量所用的原理和方法有很多种，如光学放大法、电学放大法、机械放大法和累积放大法等。

(一)光学放大法

光学放大法分为两种：视角放大和微小变化量(如微小长度、微小角度)放大。

1. 视角放大

常见的光学放大的仪器有放大镜、显微镜和望远镜，它们都是在观察中放大视角，并非实际尺寸的变化，所以并不增加测量的仪器误差。许多精密仪器都在最后的读数装置上加装一个视角放大装置以提高测量的精度。

2. 微小变化量放大

微小变化量放大经常被应用于光杠杆、光点检流计等装置中，可将被测微小物理量本身进行放大。如图 1.5.1 所示是光杠杆的原理图，光杠杆通过放大被测量的微小长度变化，其原理应用于杨氏模量的测量实验中。Δl 是一个微小的长度变化量，出三角函数关系得 $\Delta x = D \tan 2\theta$，当 θ 很小时，$\tan 2\theta \approx 2\theta$，于是得到

$$\Delta x = 2D\theta \tag{1.5.1}$$

同理可得

$$\Delta l = l\theta \tag{1.5.2}$$

由式(1.5.1)和式(1.5.2)得到 $\Delta x = \dfrac{2D}{l} \Delta l$，其中 $\dfrac{2D}{l}$ 称为放大倍率，当 D 值远大于光杠杆的臂长 l 时，放大倍率可以达到很大，此时标尺上就可以直接读出长度 Δx 的值。在一般实验中，臂长 l 约为 5cm，D 可以达到 2m，因此光杠杆的放大倍数一般可以达到 80～100 倍。

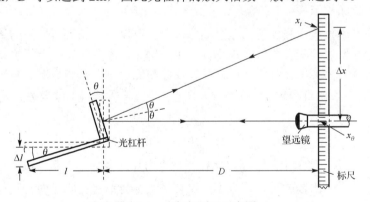

图 1.5.1 光杠杆原理示意图

(二)电学放大法

在电学实验中，经常要对微弱电信号(如电流、电压等)进行放大，以便于进行观测。一般采用适当的微电子电路和电子器件(如三极管、运算放大器等)很容易实现电信号的放大。如今各种新型的高集成度的运算放大器不断涌现，把弱电信号放大几个至十几个数量级已经可以实现。实验中经常把其他物理量转换成电信号再进行放大，然后反向转换回去，如将微

弱的压力、温度、磁感应强度等信号转换成电信号。但是在信号进行转换和放大的同时，会带来干扰信号，增加误差，所以必须提高所测物理量的信噪比和灵敏度，降低电信号带来的噪声，减小误差。

（三）机械放大法

机械放大法是一种空间放大方法，是物理实验中最直观的一种放大方法，是利用机械部件之间的几何关系，使标准单位量在测量过程中得到放大的方法。最直接的例子就是游标卡尺和螺旋测微器的测量原理。

1. 游标放大法

游标卡尺就是利用游标放大法进行精密测量的工具。为了提高米尺的测量精度，在米尺（主尺）上附带一个可以沿尺身移动的副尺（游标），游标上的分度值 x 与主尺分度值 y 之间有一定关系，一般使游标上 n 个分度格的长度与主尺上 $n-1$ 个分度格的长度相等，即

$$nx = (n-1)y$$

主尺与游标最小分度值只差 $\Delta = y - x = \dfrac{y}{n}$，差值 Δ 称为游标卡尺的精度，它表示游标卡尺能读准的最小分度值。例如，50 分度的游标卡尺，精度可以达到 0.02mm，相当于将人眼的分辨能力放大到了 0.02mm。

2. 螺旋放大法

螺旋测微器、读数显微镜和迈克耳孙干涉仪等测量系统的机械部分都是采用螺旋测微装置进行测量的，即都采用的是螺旋放大法。常用的螺旋测微器螺距是 0.5mm，当丝杆转动一圈时，滑动平台就沿轴前进或后退 0.5mm，在丝杆的一端固定一测微鼓轮，其周界上刻成 50 等分格，因此当鼓轮转动一分格时，滑动平台移动了 0.01mm，从而把沿轴线方向的微小位移放大到鼓轮圆周上较大的弧长，并且精确地显现了出来，大大提高了测量精度。

（四）累积放大法

在被测物理量能够简单重叠的条件下，将它展延若干倍再进行测量的方法称为累积放大法。在物理实验中我们常常可能遇到这样一些问题，即受测量仪器的精度、测量者的反应速度和人眼分辨率等的限制，单次测量的误差很大或无法测量出待测量的有用信息，采用累积放大法来进行测量，就可以减少测量误差、降低本底噪声并获得有用的信息，以提高测量精度。物理实验中我们经常会遇到待测质量很小、待测周期很短、待测信号噪声大、待测信号很弱等问题，采用累积放大法进行测量，可以减小误差，提高测量精度。例如，落球法测量液体黏滞系数实验中，使用的小钢球直径为 2mm，若直接用物理天平测其质量 m，误差太大，若累积测量 200 粒小钢球的总质量 M，然后计算 $m = M / 200$，可以有效减小测量误差，提高测量精度。再如激光器，为了获得高度集束光，采用一对平行度很高的半透半反膜，使光在两半透半反膜之间多次反射，光强不断增强，其中与反射面不垂直的光会由于多次反射而最终被筛选掉。

三、补偿测量法

某待测量 x 的物理作用产生某种效应 X，某标准量 s 的物理作用产生某种效应 S，把标准量 s 选择或调节到与待测物理量 x 的效应相平衡，即 $X = -S$，就称 S 对 X 进行了补偿。处于平衡状态的测量系统，待测物理量 x 与标准值 s 具有确定的关系，这种测量方法

称为补偿法。若待测量 x 难以精确测量，可通过人为的方法制造出一个易于测量或已知的标准量 s，效应 S 对 X 进行补偿，通过对 s 的测量求出 x 的量值。补偿法的优点是可以免去一些附加系统误差，当系统具有高精度的标准量具和平衡指示器时，可获得较高的测量精度。

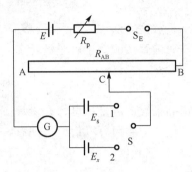

图 1.5.2　电位差计原理简图

用电位差计测电动势就是一种典型的补偿测量法。图 1.5.2 为电位差计的原理简图。图中 E 为工作电源，E_x 为待测电源，E_s 为标准电池，R_p 为限流电阻，用以调节电位差计的工作电流，R_{AB} 为标准可变电阻。工作电源 E、限流电阻 R_p、可变标准电阻 R_{AB} 构成辅助回路；待测电源 E_x 或标准电池 E_s、检流计 G 和 R_{AC} 构成补偿回路。开关 S 掷向 2，调节触点 C 的位置，使检流计 G 中无电流显示（称达到平衡），此时有 $E_x = U_{AC}$；再将开关 S 掷向 1（此时触点 C 的位置不能移动），调节标准电池 E_s，使得检流计 G 中再次无电流显示，此时有 $E_s = U_{AC}$，即得 $E_x = E_s$。由于电位差计选取的标准电池 E_s、标准可变电阻 R_{AB} 和检流计 G 都是高精度的，所以电位差计具有很高的精度。

惠斯通电桥（也称单臂电桥）也是一种电压补偿（电桥平衡时，桥臂上电压互相补偿，检流计示零）的测量装置。

可见，完整的补偿测量系统由辅助单元、补偿单元和示零单元组成，通过示零单元显示出待测量与补偿量比较的结果。比较的方法可分为零示法和差示法两种：零示法称为完全补偿，差示法称为不完全补偿。电位差计和惠斯通电桥均使用完全补偿。补偿法除了用于补偿测量，还常被用来校正系统误差。如光学实验中为防止由于光学器件的引入而带来额外的光程差，在光程中常人为地配置光学补偿器来抵消这种影响。

四、转换测量法

在物理实验中，由于物理量本身的属性，或者测量技术条件或测量环境条件等限制，有很多物理量我们无法用仪器仪表直接测得，或者测得的误差很大。为此，可以根据一些物理量之间的函数关系，把不易测得的物理量转化成易于测量的物理量后再进行测量，最后根据函数关系求出待测物理量的量值，这种方法称为转换测量法，简称转换法。

转换法一般可分为参量转换法、能量转换法、图像转换法和替代转换法。

（一）参量转换法

参量转换法是利用物理量之间的函数关系实现各物理量之间的变换，达到测量待测物理量的目的。通常利用参量转换法将一些无法直接测量的或不易测量的物理量转换成其他若干可直接测量或易测得的物理量进行测量。

例如，单摆测量重力加速度实验，由于重力加速度是一个常量，无法利用仪器直接测得，于是我们利用单摆周期与重力加速度的函数关系来测量。单摆周期公式 $T = 2\pi\sqrt{l/g}$，得到 $g = \dfrac{4\pi^2}{T^2}l$，对重力加速度的测量转换为对摆长和周期的测量，即转换为对长度和时间的测量。

（二）能量转换法

能量转换法是利用能量守恒定律以及具体形式上能量的相互转换规律进行转换测量的方法。能量转换的关键元件是传感器(或敏感器件)，用于把一种形式的能量转换成另一种形式的能量。能够接收由测量对象的物理状态及其变化所发出的激励(敏感部分)，并将此激励转化为适宜测量的信号(转换部分)的能量转换装置称为传感器，例如热敏、压敏、光敏、湿敏、气敏等传感器。由于电学参量容易测量，电学仪表易于生产，通用性强，所以许多能量转换法都将待测物理量通过各种传感器和敏感器件转换成电学参量来进行测量。下面介绍几种典型的能量转换法。

1. 热电转换测量

热电转换测量是将热学量通过热敏传感器转换为电学量的测量。不同的热电传感器依据的物理效应各有不同，但都利用了材料的温度特性。例如，铂电阻Pt100和温度传感器 AD590 都是热电转换传感器，两端电压随着温度的变化会呈现一定的规律性，即电压和温度有一定的函数关系，可以通过测量电压变化来测量温度的变化。

2. 压电转换测量

压电转换测量是将压力通过压力传感器转换为电学量的测量。通常是压力和电势间的转换，这种转换一般是利用材料的压电效应制造的器件来实现的。例如，将被极化的钛酸钡制成柱状器件，其极化方向为柱子的轴向，器件在极化方向上受压力而缩短时，柱子就会产生与极化方向相反的电场，据此，可将压力变化转换成为相应的电压变化。声速测定实验中，声速测量架利用压电陶瓷换能器实现了声波机械能与电压之间的转换。

3. 光电转换测量

光电转换测量是将光信号通过光电元件转换为电信号的测量。利用光电效应制造的光电管、光电倍增管、光电池、光敏二极管、光敏三极管等光电器件都可以实现光电转换。光电传感器可分为光电导传感器、光电发射管、光电池等类型。

4. 磁电转换测量

磁电转换测量是将磁学量通过磁电转换器件转换为电学量的测量。磁电转换器件可分为半导体式和电磁感应式两类。常用的霍尔元件、磁敏电阻等典型的磁敏元件，可直接用于磁场的测量，也可以利用与磁学量的关系，将位置、速度、旋转、压力等非电学量转换成电学量测量。

（三）图像转换法

将某些抽象的不易直接观察的变化过程或现象转换成可直接观测的图像的方法称为图像转换法。例如，示波器将信号转换成可直接观测的图像(许多实验中都有应用)；将光波长测量转换成光的干涉、衍射图样的测量(同时也是参量转换)等。

（四）替代转换法

将一个测量对象去替代另一个同类对象而完成测量的方法称为替代转换法。例如，用电桥测电阻可采取这样的方法，先把测量臂接上待测电阻，调至平衡，再用标准电阻箱代替待测电阻，调标准电阻再使电桥平衡。那么标准电阻的数值就是待测电阻的值。

五、模拟测量法

模拟测量法是以相似性原理为基础，从模型实验开始发展起来的，研究物质或事物物理属性或变化规律的实验方法。在探求物质的运动规律和自然奥妙或解决工程技术或军事问题时，常常会遇到一些特殊的、难以对研究对象进行直接测量的情况。例如，被研究的对象非常庞大或非常微小（巨大的原子能反应堆、同步辐射加速器、航天飞机、宇宙飞船、物质的微观结构、原子和分子的运动……），非常危险（地震、火山爆发、发射原子弹或氢弹……），或者是研究对象变化非常缓慢（天体的演变、地球的进化……）。根据相似性原理，可人为地制造一个类似于被研究的对象或运动过程的模型来进行实验。

模拟测量法可以按其性质和特点分成两大类：物理模拟法和计算机虚拟仿真法。

(一)物理模拟法

保持同一物理本质的模拟方法称为物理模拟法。首先，要求模型的几何尺寸与原型的几何尺寸成比例地缩小或放大，即在形状上模型与原型完全相似，称为几何相似条件；其次，要求模型与原型遵从同样的物理规律，只有这样才能用模型代替原型进行物理规律范围内的测试，称为物理相似条件。物理模拟法必须具备这两个相似条件。

物理模拟可以分为三类：几何模拟、动力相似模拟、替代或类比模拟（包括电路模拟）。

1. 几何模拟

几何模拟是将实物按比例放大或缩小，对其物理性能及功能进行实验。如流体力学实验室常采用水泥造出河流的落差、弯道、河床的形状；还有一些不同形状的挡水状物，用来模拟河水流向、泥沙的沉积、沙洲、水坝对河流运动的影响；或用"沙堆"研究泥石的变化规律。再如研究建筑材料及结构的承受能力，可将原材料或建筑群体的设计按比例缩小为原来的几分之一到几十分之一，进行实验模拟。

2. 动力相似模拟

物理系统常常是不具有标度不变性的。即一般来说，几何上的相似并不等于物理上的相似。因而在工程技术中做模拟实验时，如何保证缩小的模型与实物在物理上保持相似性是个关键问题。为了达到模型与原型在物理性质或规律上的相似或等同性，模型的外形往往不是原型的缩型，例如，1943年美国波音飞机公司用于实验的模型飞机，其外表根本就不像一架飞机，然而风速对它翼部的压力却与风速对原型机翼的压力相似。又如，在航空技术研究中，人们不得不建造压缩空气做高速旋转的密封型风洞来作为模型实验的条件，使实验条件更符合实际自然状态的形式。

3. 替代或类比模拟

利用物质材料的相似性或类比性进行实验模拟，可以用其他物质、材料或其他物理过程来模拟所研究的材料或物理过程。例如，模拟静电场的实验就是用电流场模拟静电场的实例。又如，可以用超声波代替地震波，用岩石、塑料、有机玻璃等做成各种模型，来进行地震模拟实验。

更进一步的物理之间的替代，将导致原型实验和工作方式都发生改变。这其中应用最广的就是电路模拟。因为在实际工作中，要改变一些力学量不如改变电阻、电容、电感更容易。

(二)计算机虚拟仿真法

"仿真"一词对应的英文为 simulation，它的另一个译名为"模拟"。1961 年，G. W.

Morgenthater 首次对"仿真"一词做了技术性的解释，他认为"仿真"是指在实际系统尚不存在的情况下，对系统或其活动本质的复现。近几十年来，由于电子计算机的出现及其惊人的速度发展，仿真方法和技术也已得到迅猛的发展。仿真技术的发展使人们的认识和概念得以深化。今天，比较流行于科学工程技术界的技术定义是：仿真是通过对系统模型的实验去研究一个存在的或设计中的系统。这里所指的系统是由相互制约的各个部分组成的具有一定功能的整体，它包括了静态与动态、数学与物理、连续与离散等模型。同时，这里还强调了仿真技术实验的性质，以区别于数值计算的求解方法。当今计算机仿真技术已广泛应用于国民经济各个领域，成为近几十年来发展最快的一种现代科学工程方法。

在物理实验教学中，往往由于实验仪器的复杂、精密和昂贵，无法对实验仪器的结构、设计思想、方法进行剖析；学生不能充分自行设计实验参数，反复调整、观察实验现象，分析实验结果；一些实验装置，师生不能同时观察实验现象，不便进行交流、分析和讨论。物理实验必须现代化和社会化，而对于一些科技含量较高、现代化程度较高的设备，学生往往面对的是"黑盒子"，无法知道其内部的运转机理，抑制了学生的设计思想和创造能力的发挥。我们正处于计算机高速发展的时代，利用计算机来丰富实验教学的思想、方法和手段，改革传统的实验教学模式，使实验教学与高新科学技术协调地发展，提高实验教学的水平，就是计算机虚拟物理实验的设计思想和目标。

计算机虚拟物理实验的出现打破了教与学、理论与实验、课内与课外的界限，在研究物理实验的设计思想、实验方法，培养学生创新能力方面发挥着不可替代的重要作用。计算机虚拟物理实验系统运用人工智能、控制理论和教师专家系统对物理实验和物理仪器建立内在模型，用计算机可操作的仿真方式实现了物理实验的各个环节。系统的结构设计如图 1.5.3 所示，在主模块下由系统简介、实验目的、实验原理、实验内容、数据处理、思考题六个模块组成。每个模块在主模块后调用。

计算机虚拟物理实验系统通过解剖教学过程，使用键盘和鼠标控制仿真仪器画面动作来模拟真实实验仪器，完成各模块中相应的内容。在软件设计上把完成各模块中的内容看作是问题空间到目标空间的一系列变化，从此变化中找到一条达到目标的求解途径，从而完成仿真实验过程。在此过程中，利用丰富教学经验编制而成的教师指导系统可对学生进行启发引导，系统可按照知识处理的过程对模块进行设计，其设计过程如图 1.5.4 所示。

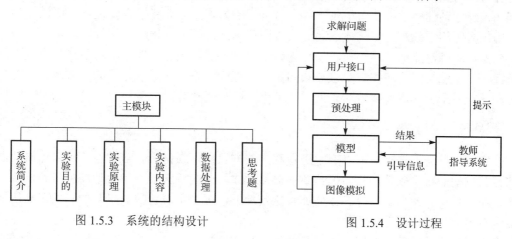

图 1.5.3　系统的结构设计　　　　　图 1.5.4　设计过程

系统给出需要求解的问题，即所需要进行的操作。系统通过用户接口给出相应的图像、文字和教师指导内容，用户根据得到的信息进行判断、输入。输入的信息由预处理部分转化为内部指令，模型接收指令后，在教师指导系统的参与下利用产生式的规则处理，得到相应的结果，并将结果传输到图像模拟部分，最终以图像和文字的形式显示在计算机屏幕上。同时，教师指导系统根据得到的相应结果，在计算机屏幕上显示出指导信息，用户通过软件中教师指导系统和模型算法的交替作用过程完成仿真实验内容。

六、平衡法

平衡原理是物理学的重要基本原理，由此而产生的平衡法是分析、解决物理问题的重要方法，也是物理量测量普遍应用的重要方法。

物理学中常利用一个量的作用与另一个(或几个)量的作用相同、相当或相反来设计实验，制作仪器，进行测量，这就是所谓的平衡法。如弹簧秤的设计利用了力的平衡，天平的设计根据力矩的平衡，温度计的设计思想是热的平衡等；根据电流、电压等电量之间的平衡设计的桥式电路，可用来测量电阻、电感、电容、介电常数、磁导率等电磁特性参量。历史上一些重要的物理定律的确定和验证，有些就是通过平衡法来实现的。例如，匈牙利物理学家厄缶通过扭摆实验验证了物体的质量和引力质量相等，扭摆实验的基本原理是平衡原理。

七、干涉法

应用相干波干涉时所遵循的物理规律进行有关物理量测量的方法称为干涉法。利用干涉法可进行物体的长度、薄膜的厚度、微小位移与角度、光波波长、透镜的曲率半径、气体或液体的折射率等物理量的精确测量，并可检验某些光学元件的质量等。

八、示踪法

在物理实验中，有些物理现象瞬息即逝，如运动物体所处的位置、轨迹或图像等，用一定的方法记录下来，然后通过测量或观察来进行研究，就是示踪法。如测定匀变速直线运动的加速度的实验，就是通过纸带上打出的点记录小车的位移和运动的时间，从而计算小车在各个位置或时刻的速度，并求出加速度；对简谐振动的研究则是通过摆动漏斗，使漏出的细沙落在匀速拉动的硬纸板上而记录下各个时刻摆的位置，从而能很方便地研究简谐振动的图像；用闪光照相法记录自由落体运动的轨迹；用示波器显示变化的波形等，都是用示踪法进行研究的。示踪法能形象、直观、及时地显示出物理过程。它可以是实物示踪，也可以是模拟示踪。示踪法常配合其他实验方法共同使用。例如，观察红墨水分子的扩散现象、观察布朗运动、在粒子物理研究中用的云室、气泡室、照相底片等。

九、强化法

使实验对象处于某种极限状态中进行观测的方法称为强化法。科学实验可以造成自然界无法直接控制的特殊条件，从而揭示新的自然规律。这些特殊条件包括超高温、超低温、超高压、超高真空、超强磁场等。在外加强化条件下，可以获得新的发现。如石墨在高压下变成金刚石等。

本节仅介绍了几种常用的物理实验测量的基本方法,而物理实验方法是非常丰富多彩的，随着科技的进步，物理实验的思想方法也在不断发展，希望上述简介能起到一点入门的作用。

同时我们还应清楚地认识到在实际的学习和科学实验中，遇到的问题往往是复杂和多变的，不是哪一种方法都能奏效的。因而需要实验者较深刻地理解各种实验方法的特点及局限性，并在实践中自觉体会和运用，通过长期实验工作的经验积累，使自己的实验能力不断得到提高。

第六节　常用实验数据处理方法

思维导图

物理实验测得的许多数据需要经过科学的分析和处理才能表示测量的最终结果，从而揭示出各物理量之间的关系。数据处理的过程不仅仅是单纯的数字运算，而是要以实验时的物理模型为基础，以物理条件为依据，通过对数据的整理、分析和归纳计算，得出明确的实验结论。因此，实验中的数据记录、整理、计算或作图分析都必须具有条理性和严密的逻辑性。根据物理实验的特性，可以采取不同的数据处理方法。本节主要介绍几种大学物理实验中常用的数据处理方法，包括列表法、图像处理法、分组求差法、分组计算法、逐差法和最小二乘法。

一、列表法

在物理实验中，为了减小测量误差，一般采用多次等精度测量求平均值的方法，所以会得到很多组原始数据。在记录和处理数据时，常常将数据列成表格，以便简单而明确地表示出有关物理量之间的对应关系，这就是列表法。列表法便于随时检查测量结果是否合理，及时发现问题和分析问题，有助于找出有关物理量之间的规律，求出经验公式等。数据列表还可以提高处理数据的效率，减少和避免错误。通过列表来记录、处理数据是一种良好的科学工作习惯。对初学者来说，要设计出一个栏目清楚合理、行列分明的表格虽不是很难办到的事，但也不是一蹴而就的，需要不断训练，逐渐形成习惯。本书的许多实验中已经设计了数据表格，在使用时应思考为什么将表格如此设计？能否更加合理化？有些实验没有现成的数据表格，希望学生能根据要求，设计出尽量合理的数据表格。列表法的要求如下：

(1)各栏目(行或列)均应标明名称和单位，单位要写在标题栏中，一般不要重复记在各数字的后面。若名称用自定义符号，需加以说明。

(2)原始数据应列入表中，计算过程中的一些中间结果和最后结果也可列入表中，值得注意的是，表中的数据要正确反映测量结果的有效数字。

(3)对于栏目的顺序，应充分注意数据间的联系和计算的程序，力求简明、齐全、有条理。

(4)若是根据函数关系测量的数据表，应按自变量由小到大的顺序或由大到小的顺序排列。

(5)必要时附加表注，说明表中的一些特殊情况。

二、图像处理法

(一)图示法

物理实验中测得的各物理量之间的关系，可以用函数式表示，也可以用函数关系对应的图像表示，后者称为实验数据的图像表示法，简称图示法。定量图线形象直观，一目了然，不仅能简明地显示物理量之间的相互关系、变化趋势，而且能方便地找出函数的极大值、极小值、转折点、周期性和其他奇异性。特别是对那些尚未找到适当的解析函数表达式的实验结果，可以从图示法所画出的图线中去寻找相应的经验公式，从而探求物理量之间的变化规律。

制作一幅完整精确的图，其基本步骤包括：坐标纸的选择，确定坐标轴和标注坐标分度，标出每个数据坐标点并排除错误的坐标点，作出一条与许多数据坐标点基本符合的图线，以及注解和说明等。

(1)坐标纸的选择

作图一定要用坐标纸，因为作图的目的不仅是进行定性的观察，还要进行定量的计算分析，求出有关的结果，不用坐标纸就无法保证结果的测量精度。坐标纸中最常用的是直角坐标纸(毫米方格纸)，还有对数坐标纸、半对数坐标纸和极坐标纸等。应根据具体情况选取合适的坐标纸。

(2)确定坐标轴和标注坐标分度

坐标纸的大小和坐标轴的比例选取要合适，原则上实验数据中的可靠数字在图中也是可靠的；习惯上，常将自变量作为横轴，因变量作为纵轴；要画出坐标轴的方向，标明坐标轴所代表的物理量及单位；还要在轴上均匀地标明该物理量的整齐数值。在标注坐标分度时应注意：

① 坐标的分度应以不用计算便能确定各点的坐标为原则，通常只用1、2、5进行分度，忌用3、7等进行分度。

② 坐标分度值不一定从零开始。一般情况可以用低于原始数据最小值的某一整数作为坐标分度的起点，用高于原始数据最大值的某一整数作为终点。两轴的比例也可以不同。这样，图线就能较大程度充满所选用的整个坐标纸。

(3)标出数据坐标

要根据所测得的数据，用特殊符号准确地标出各数据的坐标，使与数据对应的坐标准确地落在特殊符号的中心，要做到不错不漏。常用的特殊符号有"+""×""○""△""□"等。若要在同一坐标上画不同的曲线图，标点时应选用不同的符号，以便区分。

(4)画出数据曲线

根据各数据点的分布情况，最好用透明的直尺、三角板或曲线板等工具画曲线。在多数情况下，物理量之间的关系在一定范围内是连续的，因此应根据图上各数据点的分布和趋势，作出一条光滑连续的曲线或直线。所绘的曲线或直线应光滑匀称，使各数据点对于所连成的图线有对称的分布，而且要尽可能使所绘的曲线通过较多的实验点，这具有对各测量值取平均的作用。对那些严重偏离曲线的个别点，应检查一下该点是否存在错误，若没有错误，表明这个点对应的测量存在过失误差，在连线时应将其舍去不予考虑。其他不在图线上的点，应比较均匀地分布在图线的两侧。对于仪器仪表的校正曲线，应将相邻两点连成直线段，整个校正曲线呈折线形式。

值得注意的是：数据标记点和连线都要细而清晰；在利用所作直线求斜率时，所选点的间距要尽量大一些，以减小计算误差；在图上合适的地方标上图名；要用铅笔作图，以便做必要的修改；有关的计算不要写在图纸上，保持图面的整洁、清晰、美观。

(二)图解法

根据已画好的曲线，用解析方法进一步求出曲线所对应的函数关系(经验方程)，进而求出其他参数的方法就是图解法。例如，可以通过图中直线的斜率和截距求得待测量直线的解析式；可以通过内插或外推求得对应待测量的数值；还可以通过图线的渐近线以及通过图线的叠加、相减、相乘、求导、积分、求极值等方法来得出某些待测量的值。这里图解法主要介绍直线图解法、"曲线改直"图解法和插值法。

1. 直线图解法

直线图解法的步骤如下：

(1)在拟合好的直线上选取两点 $A(x_1, y_1)$ 和 $B(x_2, y_2)$，所取的两点一般不用实验数据点，但最好使其坐标为整数，并用不同于实验数据点的记号表示。尽量在直线两端选取点。注意，为了减小计算斜率的误差，A 点与 B 点不要相距太近。如果这两点靠得太近，计算斜率时就会使结果的有效位数减少；但也不能取得超出实验数据的范围，因为选这样的点没有实验依据。

(2)求直线斜率。设直线的方程为 $y = kx + b$，其斜率可由点 A、B 的坐标求得

$$k = \frac{y_2 - y_1}{x_2 - x_1} \tag{1.6.1}$$

(3)求截距。若横坐标的起点为零，可将直线用虚线延长，使其与纵坐标轴相交，交点的纵坐标就是截距；若横坐标轴的起点不为零，则截距需要计算，在直线上任取另一点 $C(x_3, y_3)$，代入 $y = kx + b$，并利用式(1.6.1)，得

$$b = y_3 - \frac{y_2 - y_1}{x_2 - x_1} x_3 \tag{1.6.2}$$

2. "曲线改直"图解法

在许多实际问题中，物理量之间的关系不是线性的，但只要通过适当的变换，就可以把它转换成线性问题，这就是"曲线改直"图解法。下面举例说明。

(1)单摆周期公式为 $T = 2\pi\sqrt{\dfrac{l}{g}}$，两边平方，得到 $T^2 = \dfrac{4\pi^2}{g}l$，设 $T^2 = y$，$\dfrac{4\pi^2}{g} = k$，得到 $y = kl$，从而将曲线关系改成了直线关系。然后依据直线图解法的步骤求得 k 后，进一步求得重力加速度 g。

(2)热敏电阻的阻值 R_T 与热力学温度 T 的函数关系为 $R_T = \alpha e^{\beta/T}$，其中 α、β 为待定常数，两边取自然对数得 $\ln R_T = \ln \alpha + \dfrac{\beta}{T}$，设 $\ln R_T = y$，$\dfrac{1}{T} = x$，得到 $y = \beta x + \ln \alpha$，从而将曲线关系改成了直线关系。然后依据直线图解法的步骤求得 α、β，再进一步求得函数关系式。

3. 插值法

在画出实验图像后，即使函数解析式未知，实际上两个变量(自变量与因变量)之间的函数关系已经明了了，因此，如果知道了其中一个变量的值，就可以从曲线上找出另一个变量相应的值。如果待测的值能直接在曲线上找到，这就是内插法；如果需要把曲线(一般应是直线)延长后才能找到待测的值，则是外推法。插值法的基本步骤如下：

(1)画好实验图线后，根据测量的数据，精确作出函数图像曲线；

(2)根据已知变量的值，在对应的坐标轴上找到与该值对应的点；

(3)用虚线作通过该点而且与该点所在坐标轴垂直的线段，与曲线相交于一点；

(4)用虚线作通过上述交点而且与原虚线垂直的线段，与待求物理量所在的坐标轴交于一点，该点的坐标对应的值就是与前述已知变量所对应的另一个变量的值。

若测量中主要涉及两个物理变量之间的关系，并且经过变换或代换可化为 $y = kx + b$ 的函数形式，其数据处理除采用图解法外，还可采用以下几种数值计算的处理方法。

三、分组求差法

对于 $y = kx + b$ 的函数，或者经过变换或代换可转化为 $y = kx + b$ 形式的函数，设测得 m 组数据，则有 m 个方程

$$\begin{cases} y_1 = kx_1 + b + \delta_1 \\ y_2 = kx_2 + b + \delta_2 \\ \quad\vdots \\ y_m = kx_m + b + \delta_m \end{cases} \tag{1.6.3}$$

式中，m 为偶数，δ_i 为每次测量的误差。

设 $j = m/2$，将方程组 (1.6.3) 的前 $m/2$ 个方程组成一个新的方程组，后 $m/2$ 个方程组成另一个新的方程组，分别求和，得

$$\begin{cases} \sum\limits_{i=1}^{j} y_i = k \sum\limits_{i=1}^{j} x_i + \dfrac{m}{2} b + \sum\limits_{i=1}^{j} \delta_i \\ \sum\limits_{i=j+1}^{m} y_i = k \sum\limits_{i=j+1}^{m} x_i + \dfrac{m}{2} b + \sum\limits_{i=j+1}^{m} \delta_i \end{cases} \tag{1.6.4}$$

根据偶然误差的性质，偶然误差求和将有互相抵消的效果，即 $\left| \sum \delta_i \right|$ 将明显变小，于是在此略去式 (1.6.4) 中的 $\left| \sum \delta_i \right|$ 项，两式相减得到 k 的最佳估计值为

$$k = \frac{\sum\limits_{i=j+1}^{n} y_i - \sum\limits_{i=1}^{j} y_i}{\sum\limits_{i=j+1}^{n} x_i - \sum\limits_{i=1}^{j} x_i} \tag{1.6.5}$$

下面求 b 的值，将式 (1.6.3) 全部相加，略去误差和一项，得

$$\sum\limits_{i=1}^{m} y_i = k \sum\limits_{i=1}^{m} x_i + mb \tag{1.6.6}$$

则

$$b = \frac{1}{m} \sum\limits_{i=1}^{m} y_i - \frac{k}{m} \sum\limits_{i=1}^{m} x_i = \overline{y} - k\overline{x} \tag{1.6.7}$$

通过式 (1.6.5) 和式 (1.6.7) 可以计算得到参数 k 和 b，进一步得到函数关系式。

分组求差法适用于偶然误差较大、较明显，而系统误差较小或已进行修正的测量数据的处理，对于系统误差较大的测量则不适用。另外，分组求差法不能计算 k 和 b 的不确定度，这是分组求差法的不足之处。

四、分组计算法

对于函数 $y = kx + b$，或者经过变换或代换可转化为 $y = kx + b$ 形式的函数，设测得 m 组数据，则有 m 个方程

$$\begin{cases} y_1 = kx_1 + b + \delta_1 \\ y_2 = kx_2 + b + \delta_2 \\ \quad\vdots \\ y_m = kx_m + b + \delta_m \end{cases} \tag{1.6.8}$$

式中，m 为偶数，δ_i 为每次测量的误差。

将方程组(1.6.8)的前 $m/2$ 个方程组成一个新的方程组，后 $m/2$ 个方程组成另一个新的方程组，在两个新的方程组中取对应的两个方程

$$\begin{cases} y_i = kx_i + b + \delta_i \\ y_{i+m/2} = kx_{i+m/2} + b + \delta_{i+m/2} \end{cases} \tag{1.6.9}$$

略去误差项，解出含有误差的 k_i、b_i 的值

$$\begin{cases} k_i = \dfrac{y_{i+m/2} - y_i}{x_{i+m/2} - x_i} \\[3mm] b_i = \dfrac{y_i x_{i+m/2} - x_i y_{i+m/2}}{x_{i+m/2} - x_i} \end{cases} \tag{1.6.10}$$

用 m 组数据可求出有误差的 $m/2$ 组 k_i、b_i 的值，再按直接测量方法求 k、b 的平均值及标准偏差。它们的不确定度要结合具体的实验去评定。用此种数据处理方法可以弥补分组求差法的不足。

五、逐差法

逐差法是物理实验中常用的数据处理方法之一。它适合于两个被测量之间存在多项式函数关系、自变量为等间距变化的情况。逐差法分为逐项逐差法和分组逐差法。

(一)逐项逐差法

当自变量等间距变化时，函数值会随之出现相应的一系列值，将一系列函数值逐项相减，得到相应的差值，这样的方法就是逐项逐差法。这种方法用来验证被测量之间(自变量和函数值)是否存在多项式函数关系：如果函数关系满足 $y = kx + b$，逐项逐差所得差值应近似为一常数；如果函数关系满足 $y = kx^2 + bx + c$ 的形式，则二次逐项逐差所得差值应近似为一常数。一次逐差所得差值再做一次逐差就是二次逐差法。下面举例说明逐项逐差法的使用方法。

例 1 用伏安法测量金属膜电阻的伏安特性，测量时电压每次增加 1.00V，得到相应的电流值如表 1.6.1 所示。试验证电压和电流是否存在多项式关系，并说明是几次多项式关系。

表 1.6.1　伏安法测量金属膜电阻的伏安特性

测量次序 i	电压 u_i (V)	电流 I_i (mA)	差值 $\Delta I_{i+1,i} = I_{i+1} - I_i$	测量次序 i	电压 u_i (V)	电流 I_i (mA)	差值 $\Delta I_{i+1,i} = I_{i+1} - I_i$
1	0.00	0.00	4.17	6	5.00	20.79	4.12
2	1.00	4.17	4.19	7	6.00	24.91	4.14
3	2.00	8.36	4.14	8	7.00	29.05	4.15
4	3.00	12.50	4.15	9	8.00	33.20	4.11
5	4.00	16.65	4.14	10	9.00	37.31	

解：利用逐项逐差法计算得

$$\Delta I_{2,1} = I_2 - I_1 = 4.17 - 0.00 = 4.17 (\text{mA})$$

$$\Delta I_{3,2} = I_3 - I_2 = 8.36 - 4.17 = 4.19 (\text{mA})$$

同理得到 $\Delta I_{4,3} = 4.14 (\text{mA})$，$\Delta I_{5,4} = 4.15 (\text{mA})$，$\Delta I_{6,5} = 4.14 (\text{mA})$，$\Delta I_{7,6} = 4.12 (\text{mA})$，$\Delta I_{8,7} = 4.14 (\text{mA})$，$I_{9,8} = 4.15 (\text{mA})$，$\Delta I_{10,9} = 4.11 (\text{mA})$。

比较各差值，发现所有差值近似为一常数，所以电压和电流存在一次多项式关系。

(二)分组逐差法

分组逐差法是分组计算法的一种特殊形式，一般简称逐差法，在实验数据处理中也经常用到。当自变量等间距变化时，函数值会随之出现相应的一系列值，为了从这一组实验数据中合理地求出自变量改变所引起的函数值的改变，即它们的函数关系，通常把这一组数据前后对半分成两组，用第二组的第一项与第一组的第一项相减，用第二组的第二项与第二组的第二项相减……即顺序逐差相减，然后取平均值求得结果，这就称为一次逐差法。把一次逐差后的差值再做逐差，然后计算结果的方法称为二次逐差法，以此类推。

一般情况下，用逐差法处理数据要具备以下两个条件：

(1)函数具有 $y = kx + b$ 的线性关系(用一次逐差法)或 x 的多项式形式 $y = kx^2 + bx + c$ (用二次逐差法处理)。有些函数经过变换后能得到上面的形式时也可用逐差法处理，如弹簧振子的周期公式为 $T = 2\pi \sqrt{(m + cm_0) / k}$，两边平方后得到 $T^2 = \dfrac{4\pi^2}{k} m + \dfrac{4\pi^2 cm_0}{k}$，$T^2$ 是质量 m 的函数，测量时使 m 做等间隔变化(如每次增加 50g)即可采用逐差法处理。

(2)自变量 x 必须是等间隔变化的。

下面举例说明逐差法的计算过程。

例2 用伏安法测量金属膜电阻的伏安特性，测量时电压每次增加 1.00V，得到相应的电流值如表 1.6.1 所示。验证电压和电流的函数关系，若是线性关系，利用逐差法计算电阻值。

解：根据例 1 的计算，利用逐项逐差法获知电压和电流存在一次多项式关系，即线性关系，所以电阻是一个确定的值。下面利用逐差法计算电阻值。

由欧姆定律得

$$I = \frac{1}{R} U$$

电流与电压是一次多项式关系，应用一次逐差法。代入数据得到

$$\begin{cases} I_1 = \dfrac{1}{R} U_1 \\ I_2 = \dfrac{1}{R} U_2 \\ \quad \vdots \\ I_{10} = \dfrac{1}{R} U_{10} \end{cases}$$

一次逐差法得

$$\Delta I_1 = I_6 - I_1 = \frac{1}{R}(U_6 - U_1) \qquad \Delta I_4 = I_9 - I_4 = \frac{1}{R}(U_9 - U_4)$$

$$\Delta I_2 = I_7 - I_2 = \frac{1}{R}(U_7 - U_2) \qquad \Delta I_5 = I_{10} - I_5 = \frac{1}{R}(U_{10} - U_5)$$

$$\Delta I_3 = I_8 - I_3 = \frac{1}{R}(U_8 - U_3)$$

由上式得到一系列的电阻 R 的值

$$R_1 = \frac{U_6 - U_1}{I_6 - I_1}, \quad R_2 = \frac{U_7 - U_2}{I_7 - I_2}, \quad R_3 = \frac{U_8 - U_3}{I_8 - I_3}, \quad R_4 = \frac{U_9 - U_4}{I_9 - I_4}, \quad R_5 = \frac{U_{10} - U_5}{I_{10} - I_5}$$

由以上电阻 R 的计算值，将其当成直接测量的量，代入数据可以求得电阻 R 的平均值 $\bar{R}$ 和 A 类不确定度 $\mu_A(\bar{R})$，B 类不确定度由测量条件决定。

例3 根据匀变速直线运动公式 $S = v_0 t + \frac{1}{2}at^2$，可计算加速度 a。利用打点计时器测量在等时间间隔内的位移值，如表 1.6.2 所示，表中 T 表示打点计时器的周期。试利用逐差法计算加速度 a。

表 1.6.2　打点计时器研究匀变速直线运动

t(时间)	1T	2T	3T	4T	5T	6T	7T	8T
S(位移)	S_1	S_2	S_3	S_4	S_5	S_6	S_7	S_8

解： 由匀变速直线运动公式 $S = v_0 t + \frac{1}{2}at^2$，$S$ 与 t 的函数关系为一个二次多项式，必须用二次逐差法处理。将数据代入匀加速直线运动公式，得

$$\begin{cases} S_1 = v_0 T + \frac{1}{2}aT^2 \\ S_2 = v_0(2T) + \frac{1}{2}a(2T)^2 \\ \quad\vdots \\ S_8 = v_0(8T) + \frac{1}{2}a(8T)^2 \end{cases}$$

对上式一次逐差，得

$$\begin{cases} \Delta S_1 = S_5 - S_1 = v_0(5T) + \frac{1}{2}a(5T)^2 - v_0 T - \frac{1}{2}aT^2 = 4v_0 T + 12aT^2 \\ \Delta S_2 = S_6 - S_2 = v_0(6T) + \frac{1}{2}a(6T)^2 - v_0(2T) - \frac{1}{2}a(2T)^2 = 4v_0 T + 16aT^2 \\ \Delta S_3 = S_7 - S_3 = v_0(7T) + \frac{1}{2}a(7T)^2 - v_0(3T) - \frac{1}{2}a(3T)^2 = 4v_0 T + 20aT^2 \\ \Delta S_4 = S_8 - S_4 = v_0(8T) + \frac{1}{2}a(8T)^2 - v_0(4T) - \frac{1}{2}a(4T)^2 = 4v_0 T + 24aT^2 \end{cases}$$

对上式二次逐差，得

$$\begin{cases} \Delta_1 = \Delta S_3 - \Delta S_1 = 4v_0T + 20aT^2 - 4v_0T - 12aT^2 = 8aT^2 \\ \Delta_2 = \Delta S_4 - \Delta S_2 = 4v_0T + 24aT^2 - 4v_0T - 16aT^2 = 8aT^2 \end{cases}$$

由上式得到两个加速度 a 的值

$$a_1 = \frac{\Delta_1}{8T^2} \qquad a_2 = \frac{\Delta_2}{8T^2}$$

将以上加速度 a 的计算值当成直接测量的量, 可以求得加速度 a 的平均值 $\bar{a}$ 和 A 类不确定度 $\mu_A(\bar{a})$; B 类不确定度由测量条件决定。

由以上两个例题看出, 逐差法具有充分利用所有测量数据、减小计算结果误差等优点。

六、最小二乘法

用图解法处理数据虽然有许多优点, 但这是一种粗略的数据处理方法, 因为它不是建立在严格的统计理论基础上的数据处理方法。在坐标纸上人工拟合直线或曲线时有一定的主观随意性。不同的人用同一组测量数据作图, 可以得出不同的结果, 因而人工拟合的直线往往不是最佳的。正因为如此, 所以用图解法处理数据时一般是不求误差和不确定度的。

由一组实验数据找出一条最佳的拟合直线或曲线, 常用的方法是最小二乘法 (1east square method), 所得到的变量之间的相关函数关系称为回归方程, 因此最小二乘线性拟合也称为最小二乘线性回归。

在这里我们仅限于讨论用最小二乘法进行一元线性拟合问题。

最小二乘法的原理是: 若能找到一条最佳的拟合直线, 那么这条拟合直线上各相应点的值与测量值之差的平方和在所有拟合直线中是最小的。

若两物理量 x、y 之间存在着线性关系, 回归方程的形式为 $y = kx + b$, 或者经过变换或代换可转化为 $y = kx + b$ 形式的函数, 等精度地测量 m 组数据 (x_i, y_i) $(i = 1, 2, \cdots, m)$, 设每组测量数据的误差为 δ_1, 得到 m 个方程

$$\begin{cases} \delta_1 = y_1 - kx_1 - b \\ \delta_2 = y_2 - kx_2 - b \\ \quad\vdots \\ \delta_m = y_m - kx_m - b \end{cases} \tag{1.6.11}$$

将式 (1.6.11) 两边平方后求和, 得

$$\sum \delta_i^2 = \sum (y_i - kx_i - b)^2 \tag{1.6.12}$$

由最小二乘法进行直线拟合的原理可知, 拟合直线参数 k、b 应满足 $\sum \delta_i^2$ 为极小值的条件, 即下列关系式成立:

$$\begin{cases} \dfrac{\partial}{\partial k} \sum \delta_i^2 = 0, & \dfrac{\partial^2}{\partial k^2} \sum \delta_i^2 > 0 \\[2mm] \dfrac{\partial}{\partial b} \sum \delta_i^2 = 0, & \dfrac{\partial^2}{\partial b^2} \sum \delta_i^2 > 0 \end{cases} \tag{1.6.13}$$

将式 (1.6.12) 代入式 (1.6.13) 得

$$\begin{cases} \dfrac{\partial}{\partial k}\sum \delta_i^2 = -2\sum (y_i - kx_i - b)x_i = 0, & \dfrac{\partial^2}{\partial k^2}\sum \delta_i^2 = \sum x_i^2 > 0 \\ \dfrac{\partial}{\partial b}\sum \delta_i^2 = -2\sum (y_i - kx_i - b) = 0, & \dfrac{\partial^2}{\partial b^2}\sum \delta_i^2 = 2m > 0 \end{cases} \quad (1.6.14)$$

下面由式(1.6.14)解拟合直线参数 k、b 的最小二乘法估计值。

由式(1.6.14)得

$$\begin{cases} -2\sum (y_i - kx_i - b)x_i = 0 \\ -2\sum (y_i - kx_i - b) = 0 \end{cases} \quad (1.6.15)$$

将式(1.6.15)展开，得

$$\begin{cases} \sum y_i x_i - k\sum x_i^2 - b\sum x_i = 0 \\ \sum y_i - k\sum x_i - mb = 0 \end{cases} \quad (1.6.16)$$

将式(1.6.16)第一式两边乘以 m，第二式两边乘以 $\sum x_i$，得

$$\begin{cases} m\sum y_i x_i - mk\sum x_i^2 - mb\sum x_i = 0 \\ \sum y_i \sum x_i - k\left(\sum x_i\right)^2 - mb\sum x_i = 0 \end{cases} \quad (1.6.17)$$

将式(1.6.17)中的两式相减，得

$$m\sum y_i x_i - \sum y_i \sum x_i - mk\sum x_i^2 + k\left(\sum x_i\right)^2 = 0 \quad (1.6.18)$$

将式(1.6.18)变形，得

$$m\sum y_i x_i - \sum y_i \sum x_i - k\left[m\sum x_i^2 - \left(\sum x_i\right)^2\right] = 0 \quad (1.6.19)$$

由式(1.6.19)解得

$$k = \frac{m\sum y_i x_i - \sum y_i \sum x_i}{m\sum x_i^2 - \left(\sum x_i\right)^2} = \frac{\overline{xy} - \overline{x}\cdot\overline{y}}{\overline{x^2} - \overline{x}^2} \quad (1.6.20)$$

将式(1.6.20)代入式(1.6.16)，得

$$b = \frac{\sum y_i}{m} - \frac{k\sum x_i}{m} = \overline{y} - k\overline{x} \quad (1.6.21)$$

即 k、b 的最小二乘法估计值为

$$\begin{cases} k = \dfrac{\overline{xy} - \overline{x}\cdot\overline{y}}{\overline{x^2} - \overline{x}^2} \\ b = \overline{y} - k\overline{x} \end{cases} \quad (1.6.22)$$

引入相关系数 γ（也称关联系数），表示各数据点靠近拟合直线的程度，定义为

$$\gamma = \frac{\sum(x_i - \bar{x})(y_i - \bar{y})}{\sqrt{\sum(x_i - \bar{x})^2 \sum(y_i - \bar{y})^2}} \tag{1.6.23}$$

化简 γ 的表达式

$$\gamma = \frac{\sum(x_i - \bar{x})(y_i - \bar{y})}{\sqrt{\sum(x_i - \bar{x})^2 \sum(y_i - \bar{y})^2}}$$

$$\Rightarrow \qquad \gamma = \frac{\sum(x_i y_i - \bar{x}y_i - x_i\bar{y} + \bar{x}\cdot\bar{y})}{\sqrt{\sum(x_i^2 - 2x_i\bar{x} + \bar{x}^2)\sum(y_i^2 - 2y_i\bar{y} + \bar{y}^2)}}$$

$$= \frac{\sum x_i y_i - \bar{x}\sum y_i - \bar{y}\sum x_i + m\bar{x}\cdot\bar{y}}{\sqrt{\left(\sum x_i^2 - 2\bar{x}\sum x_i + m\bar{x}^2\right)\left(\sum y_i^2 - 2\bar{y}\sum y_i + m^2\bar{y}^2\right)}}$$

$$\Rightarrow \qquad \gamma = \frac{m\overline{xy} - m\bar{x}\cdot\bar{y}}{\sqrt{(m\overline{x^2} - m\bar{x}^2)(m\overline{y^2} - m\bar{y}^2)}} = \frac{\overline{xy} - \bar{x}\cdot\bar{y}}{\sqrt{(\overline{x^2} - \bar{x}^2)(\overline{y^2} - \bar{y}^2)}} \tag{1.6.24}$$

由式(1.6.24)给出的 γ 的表达式可以看出 γ 在–1 到+1 之间取值，$|\gamma|$ 越接近 1，各数据点就越接近拟合直线。若 γ 的值接近于 0，就可以认为 x 和 y 之间不存在线性关系。

令

$$\begin{cases} l_{xy} = \sum(x_i - \bar{x})(y_i - \bar{y}) = m\overline{xy} - m\bar{x}\cdot\bar{y} \\ l_{xx} = \sum(x_i - \bar{x})^2 = m\overline{x^2} - m\bar{x}^2 \\ l_{yy} = \sum(y_i - \bar{y})^2 = m\overline{y^2} - m\bar{y}^2 \end{cases} \tag{1.6.25}$$

则

$$k = \frac{l_{xy}}{l_{xx}} \tag{1.6.26}$$

$$\gamma = \frac{l_{xy}}{\sqrt{l_{xx}\cdot l_{yy}}} \tag{1.6.27}$$

k、b 的标准偏差 S_k、S_b 可表示为

$$S_k = \sqrt{\frac{1-\gamma^2}{m-2}}\cdot\frac{k}{\gamma} \tag{1.6.28}$$

$$S_b = \sqrt{\frac{\sum x_i^2}{m}}\cdot S_k \tag{1.6.29}$$

练 习 题

1.测量就是将测量对象与标准测量工具或仪器进行比较,从而得到被测量的量值的过程。

被测量的量值以测量结果的形式表示，它由_____和_____两部分组成。

2．按照测量方法的不同，可将测量分为_____和_____。

3．按照测量精度的不同，可将测量分为_____测量和_____测量。

4．根据误差产生的原因和性质，误差可分为_____、_____和_____。

5．以弹孔在靶上的分布图为例，说明精密度、准确度和精确度的含义，如图1所示。

(1) (a)中的情况属于_____高但_____差，即_____小，_____大；

(2) (b)中的情况属于_____高但_____差，即_____小，_____大；

(3) (c)中的情况属于_____和_____均较好，即_____高，亦即_____与_____都小。

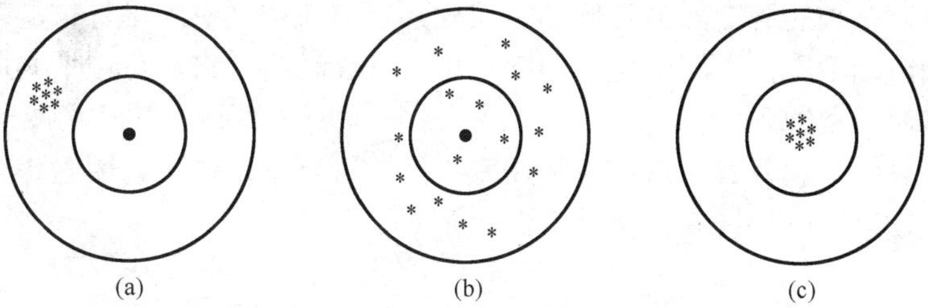

图1　关于精密度、准确度、精确度的弹孔分布示意图

6．一组用米尺测量的数据（单位：cm）：98.98、98.94、98.96、98.97、99.00，将测量结果表示为 $d = \bar{d} \pm u(d)$ 的形式。（$\Delta = 1$mm）

7．2010 年我国进行了第六次人口普查，这次人口普查登记的全国总人口为 1339724852 人，其中男性 682329104 人，女性 650481765 人，假设其统计误差为一百万人，请将普查总人口（男性/女性）的结果用科学记数法表示为 $d = \bar{d} \pm u(d)$ 的形式。

8．某带电体的电荷量为 $q=(0.0000000004803\pm0.0000000000003)$C，将其用科学记数法表示为 $d = \bar{d} \pm u(d)$ 的形式。

9．判断下列测量结果表达式是否正确，正确的在括号内打"√"，错误的在括号内打"×"并在横线上写出正确的形式：

(1) $L=(1.283\pm0.003)$ cm　　（　　）_____　(2) $L=(1.2830\pm0.0002)$ cm　（　　）_____

(3) $L=(28000\pm8000)$ mm　（　　）_____　(4) $P=(2765.6\pm0.05)$ kg/m^3　（　　）_____

(5) $a=(8.5\pm0.06)$ m/s^2　（　　）_____　(6) $L=(2.637\pm0.019)$ m　（　　）_____

10．数值修约（请把下列数值修约到千分位）：

(1) $\sqrt{3}$　　　　　　　(2) π　　　　　　　(3) 6.378501

(4) 5.6235　　　　　　(5) 4.51050　　　　　(6) 13.0451

11．有效数字运算（写出每一步的计算过程）：

(1) $3.144\times(3.615-2.68)\times12.39=$　　　　(2) $(3.276-3.176)\times100.2=$

(3) $76.000\div(40.00-2.0)=$　　　　　　(4) $9.702\div97.02\times10.02=$

(5) $13.02\div(5.876-5.866)-103.1=$　　　(6) $656.3+234.2\div(3.541-3.441)=$

12．为了测量一圆柱体的体积，用米尺测得其高 $h=(15.02\pm0.02)$ cm，用游标卡尺（50 分格）对直径 D 进行 5 次测量，测量值分别为 8.002cm、7.984cm、8.006cm、7.986cm、7.994cm，请对上述数据进行处理，并给出其体积 V 的测量结果。

第二章 基础性实验

实验一 单摆振动的研究

单摆实验有着悠久的历史,当年伽利略在观察比萨大教堂中的吊灯摆动时发现,摆长一定的摆,其摆动周期不因摆角而变化,因此可用它来计时。后来,惠更斯利用了伽利略的这个观察结果,发明了摆钟。

本实验用经典的单摆公式测量重力加速度 g,对影响测量精度的因素进行分析,学习如何改进测量方法,以进一步提高测量精度。

一、实验目的

1. 用单摆测定重力加速度。
2. 学习使用计时仪器(光电计时器)。
3. 学习在直角坐标纸上正确作图及处理数据。
4. 学习用最小二乘法做直线拟合。

二、实验仪器

单摆装置、光电计时器、米尺、螺旋测微器。

三、实验原理

1. 螺旋测微器

1) 螺旋测微器的用途和构造

螺旋测微器是很精密的测量长度的工具,用它测长度可以准确到 0.01mm,测量范围为几厘米。

螺旋测微器的构造如图 2.1.1 所示。螺旋测微器的测砧和固定套筒固定在框架上,固定套筒上刻有主尺,主尺上有一条横线(称为读数准线),横线上方刻有表示毫米的刻线,横线下方刻有表示半毫米的刻线。旋钮、微调旋钮、微分筒、测微螺杆连在一起,通过固定套筒套在固定刻度上。微分筒的刻度通常是一圈为 50 分度。

2) 螺旋测微器的原理

螺旋测微器是依据螺旋放大原理制成的。微分筒转过一周,测微螺杆可前进或后退一个螺距 0.5mm。因此,沿轴线方向移动的微小距离,就能用圆周上的读数表示出来。微分筒转过 1 分度,相当于测微螺杆位移 0.5mm/50 = 0.01mm。所以,螺旋测微器可准确读数到 0.01mm,即 1/1000cm,故又称千分尺。

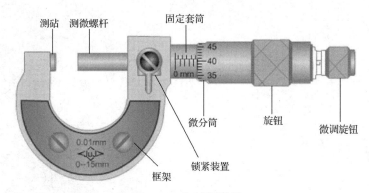

图 2.1.1　螺旋测微器

3）螺旋测微器的使用

测量时，使测砧和测微螺杆并拢，微分筒上的刻度零点恰好与固定套筒上的刻度零点重合（没有重合时，需要考虑零点读数）。旋出测微螺杆，并使测砧和测微螺杆的面正好接触待测长度的两端。读数时，以微分筒的端面作为读取整数的基准，看微分筒端面左边固定套筒上露出的刻度的数字，该数字就是主尺的读数。

固定套筒的基线是读取小数的基准。读数时，看微分筒上是哪一条刻线与固定套筒的基线重合（该刻线的数字即为微分尺格数）。如果固定套筒上的 0.5mm 刻线没有露出，则微分筒上与基线重合的那条刻线的数字就是测量所得的小数。如果 0.5mm 刻线已经露出，则从微分筒上读得的数字再加上 0.5mm，才是测量所得的小数。读出微分筒上显示的读数，并估读到小数点后第 3 位数。上述两次读数相加，即为所求的测量结果，即

读数 = 主尺读数（包括半刻度 0.5mm）+ 微分尺格数（包括估读格）× 0.01mm

使用螺旋测微器应注意以下几点：

① 测量时，在测微螺杆快靠近被测物体时应停止使用旋钮，而改用微调旋钮，避免产生过大的压力，这样既可使测量结果精确，又能保护螺旋测微器；

② 读数时，要注意固定套筒刻度尺上表示半毫米的刻线是否已经露出；

③ 读数时，千分位有一位估读数字，不能舍掉，即使固定刻度的零点正好与可动刻度的某一刻度线对齐，千分位上也应读取为"0"；

④ 当测砧和测微螺杆并拢时，若微分筒的零点与固定套筒的零点不重合，则出现零点误差，应加以修正，即在最后测长度的读数上去掉零点误差的数值。

2. 单摆原理

把一个金属小球拴在一根细长的线上，如图 2.1.2 所示。如果细线的质量比小球的质量小得多，而球的直径又比细线的长度小得多，则此装置可视为一根不计质量的细线系住一个质点。小球在竖直平面内做摆角 θ 很小的摆动时，略去空气的阻力和浮力，且线的伸长不计，小球的运动可被近似视为简谐振动，这样的装置就构成一个单摆。

设小球的质量为 m，其质心到摆的悬点 O 的距离，即摆长为 l，摆角为 θ，则作用在小球上的切向分力的大小为 $mg\sin\theta$，它总指向平衡点 O'。当 θ 很小（$\theta < 5°$）时，有 $\sin\theta \approx \theta$，则切向力的大小为 $mg\theta$。根据牛顿第二定律，该质点的动力学方程为

$$ma_{切} = -mg\theta \qquad ml\frac{\mathrm{d}^2\theta}{\mathrm{d}t^2} = -mg\theta$$

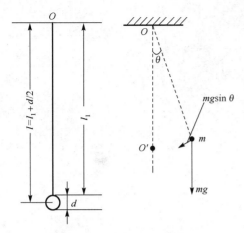

$$\frac{\mathrm{d}^2\theta}{\mathrm{d}t^2} = -\frac{g}{l}\theta \qquad (2.1.1)$$

这是一简谐振动方程，由式(2.1.1)可知该简谐振动角频率 ω 的平方等于 g/l，又因为 $T = 2\pi/\omega$，由此得出

$$\omega = \frac{2\pi}{T} = \sqrt{\frac{g}{l}}$$

$$T = 2\pi\sqrt{\frac{l}{g}} \qquad (2.1.2)$$

图 2.1.2　单摆示意图

$$g = 4\pi^2\frac{l}{T^2} \qquad (2.1.3)$$

实验测出摆长 l 和摆动周期 T，便可由式(2.1.3)求得当地的重力加速度 g。为使周期测量准确，一般测量摆动 n 个周期的时间 t，则 $T = t/n$，因此

$$g = 4\pi^2\frac{n^2l}{t^2} \qquad (2.1.4)$$

上述讨论是在摆角 $\theta < 5°$ 的条件下进行的，若 θ 为任意角度时，将引入系统误差，所以实验时要使摆角 $\theta < 5°$。

式(2.1.4)中的 π 和 n 不考虑误差，因此 g 的不确定度传递公式为

$$u(g) = g\sqrt{\left(\frac{u(l)}{l}\right)^2 + \left(2\frac{u(t)}{t}\right)^2}$$

从上式看出，在 $u(l)$ 和 $u(t)$ 大体一定的情况下，增大 l 和 t 对提高测量 g 的准确度有利。特别值得注意的是：上式中 l 表示摆长，在实际测量中，摆长 $l = l_1 + d/2$，其中 l_1 表示摆线长，d 表示小球直径。所以 g 的不确定度传递公式应为

$$u(g) = \sqrt{\left(\frac{\partial g}{\partial l_1}\right)^2 u^2(l_1) + \left(\frac{\partial g}{\partial d}\right)^2 u^2(d) + \left(\frac{\partial g}{\partial t}\right)^2 u^2(t)} \qquad (2.1.5)$$

式中的偏导数需要认真推导，以得出最终的 $u(g)$ 表达式。

3. 系统误差的修正

1) 单摆的修正

在式(2.1.2)中，假定小球是一个质点，而且不计摆线质量。实际上，从精确测量的角度分析，摆线质量 μ 并不等于零，小球半径 r 也不等于零，即不是理想的单摆，而是一个绕固定轴摆动的复摆。其周期可修正为

$$T_1 = 2\pi\sqrt{\frac{l}{g}} \cdot \sqrt{\left(1 + \frac{2}{5}\cdot\frac{r^2}{l^2} - \frac{1}{6}\cdot\frac{\mu}{m}\right)} \qquad (2.1.6)$$

式中，m 为小球质量，μ 为摆线质量，l 为摆线长度，r 为小球半径，括号里第二、三项为修正项，数量级为 10^{-4} 左右。

2) 空气浮力与阻力的修正

考虑到空气浮力和阻力的影响，周期将增大，周期可修正为

$$T_2 = 2\pi\sqrt{\frac{l}{g}} \cdot \sqrt{\left(1 + \frac{8}{5} \cdot \frac{\rho_0}{\rho}\right)} \qquad (2.1.7)$$

式中，ρ_0、ρ 分别为空气和小球的密度，括号里第二项为修正项，数量级为 10^{-4} 左右。

四、实验内容及步骤

1. 测量重力加速度 g

（1）测量摆长 l。

将摆线拉至约 70cm 长，用米尺测量摆线长 l_1，正确安装和调试单摆实验装置；选择小球的不同位置，用螺旋测微器测量小球的直径 d。分别测量 5 次，取平均值，摆长可表示为 $l = l_1 + d/2$。将测量数据记入表 2.1.1。

表 2.1.1　测量摆长 l

测量量	1	2	3	4	5	平均值
摆线长 l_1(cm)						
小球直径 d(mm)						
摆长 l(cm)						

（2）测量摆动周期 T。

使单摆做小角度摆动。通过计算可知，当小球的振幅小于摆长的 1/12 时，摆角 $\theta < 5°$。小球的振幅通过挡板在水平方向的位置而确定。从挡板方向平稳地放开小球，小球开始自由摆动，待摆动稳定后，用光电计时器（见图 2.1.3）测量摆动周期。

光电计时器测量摆动周期的使用方法：将光电门 I（见图 2.2.1）与计时器传感器 I 相连；开机

图 2.1.3　光电计时器示意图

通电后，选择周期测量功能，按确认键；接着通过设置周期数 $n:XX$，设置测量周期为 $XX = 30$；选择开始测量，按确认键准备计时；当小球第一次经过光电门挡光时，计时开始，小球每遮挡光电门一次，计数加 1，一个周期内共挡光两次，所以在第 60 次挡光时自动停止计时，显示 30 个周期的总时间 t 和单个平均周期 T，可以设定不同周期数 XX 进行测试。重复测量 5 次，取平均值。将测量数据记入表 2.1.2。

表 2.1.2　测量周期 T

测量量	1	2	3	4	5	平均值
时间 t_1(s)						
周期 T_1(s)						

（3）改变摆长 2 次，每次减小 10cm 左右，重复上述测量。将测量数据记入表 2.1.3。

表 2.1.3　摆长对周期的影响

测量量	1	2	3	4	5	平均值
摆线长 l_2(cm)						
时间 t_2(s)						
周期 T_2(s)						
摆线长 l_3(cm)						
时间 t_3(s)						
周期 T_3(s)						

(4) 根据测得摆长和周期，利用式(2.1.3)计算重力加速度 g，并计算重力加速度的不确定度 $u(g)$。将上述测得的 3 个重力加速度相比较，并说明摆长对测得重力加速度 g 的影响。取 g 的平均值 $\bar{g}$ 作为本次重力加速度的测量结果。

2. 摆角对摆动周期的影响

固定摆线长为 70cm 左右，改变摆角 θ，测定周期 T。使 θ 分别为 10°、20°、30°，用光电计时器测量摆动周期 T。当摆角较大时，摆动周期 T 随摆角 θ 变化的二级近似式为

$$T = 2\pi\sqrt{\frac{l}{g}} \cdot \left(1 + \frac{1}{4}\sin^2\frac{\theta}{2}\right) \tag{2.1.8}$$

利用式(2.1.8)计算出上述相应角度的周期数值 T，并与测量值进行比较(其中 g 取当地标准值)。比较不同摆角时的周期值，从以上比较中说明摆角 θ 很小这一条件的重要性，并体会摆角 θ 偏大时用式(2.1.8)进行修正的必要性。将测量数据记入表 2.1.4。

表 2.1.4　固定摆长，用光电计时器测摆动周期 T

摆角	10°	20°	30°
实验值 $\bar{T}$ (s)			
由式(2.1.7)计算 T (s)			
$\dfrac{T_{实} - T_{计}}{T_{计}}$ %			
由式(2.1.2)计算 T (s)			
$\dfrac{T_{实} - T_{计}}{T_{计}}$ %			

五、注意事项

1. 注意小摆角的实验条件，如控制摆角 $\theta < 5°$。
2. 注意使小球始终在同一个竖立平面内摆动，防止形成"圆锥摆"。
3. 本仪器提供铁质小球的直径参考值：20mm。

六、思考题

1. 单摆为什么一定要做小角度摆动？
2. 摆线越长，实验误差越小吗？
3. 测量周期时，为什么让小球摆动稳定后再开始计时？

实验二　自由落体运动特性研究

重力加速度的测量是物理学中的基本实验项目，测量重力加速度的方法较多，本实验将采用落球法来测量重力加速度。一切自由落体几乎都有恒定的加速度，当忽略气体介质阻力的影响时，物体自由下落的加速度即为重力加速度。

一、实验目的

1. 学习用落球法测量重力加速度的原理。
2. 学习用单光电门法和双光电门法测量重力加速度。

二、实验仪器

自由落体实验仪、米尺、光电计时器。

三、实验原理

1. 用落球法测量重力加速度 g 的原理

根据自由落体运动公式

$$h = \frac{1}{2}gt^2 \qquad (2.2.1)$$

测出 h、t，就可以计算出重力加速度 g。用电磁铁联动或把小球放置在刚好不能挡光的位置，在小球开始下落的同时计时，t 是小球下落时间，h 是在 t 时间内小球下落的距离。

2. 利用单光电门计时方式测量 g

单光电门测量方式与式(2.2.1)阐述的原理一致，如图 2.2.1 所示，假定光电门 Ⅰ 与落球点位置之间的距离为 h，开启电磁铁释放小球的同时开始计时，当小球经过光电门 Ⅰ 后停止计时，测出时间 t，则重力加速度可由下式求得：

$$g = \frac{2h}{t^2} \qquad (2.2.2)$$

3. 利用双光电门计时方式测量 g

用一个光电门测量存在两个困难：一是 h 不容易测量准确；二是电磁铁有剩磁，t 不容易测量准确。这两点都会给实验带来一定的测量误差。采用双光电门计时方式可以有效地减小实验误差，其原理如图 2.2.2 所示。小球在竖直方向从 O 点开始自由下落，设它到达 A 点的速度为 V_1，从 A 点起，经过时间 t_1 后到达 B 点。令 A、B 两点间的距离为 S_1，则

$$S_1 = V_1 t_1 + \frac{gt_1^2}{2} \qquad (2.2.3)$$

若保持上述条件不变，从 A 点起，经过时间 t_2 后，小球到达 C 点，令 A、C 两点间的距离为 S_2，则

$$S_2 = V_1 t_2 + \frac{gt_2^2}{2} \qquad (2.2.4)$$

由式(2.2.3)和式(2.2.4)可以得出

$$g = 2\frac{S_2/t_2 - S_1/t_1}{t_2 - t_1} \qquad (2.2.5)$$

利用上述方法测量，将原来难以精确测定的距离 S_1 和 S_2 转化为测量其差值，即 $S_2 - S_1$，该值等于下端光电门在两次实验中上下移动的距离，而且解决了剩磁所引起的时间测量困难，测量结果比应用一个光电门要精确得多。

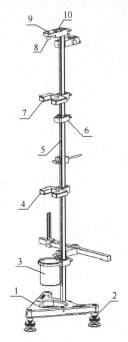

1-底座；
2-水平调节机脚；
3-落球盒；
4-光电门Ⅰ（下端光电门，接测试仪传感器Ⅰ）；
5-立杆；
6-水平仪（用于指示立杆垂直度）；
7-光电门Ⅱ（上端光电门，接测试仪传感器Ⅱ）；
8-钢球（落球）；
9-电磁铁；
10-电磁铁控制电源（接测试仪电磁铁）

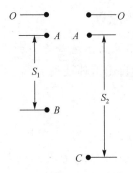

图 2.2.1 自由落体实验仪   图 2.2.2 双光电门测量原理图

四、实验内容及步骤

1. 采用单光电门法测量重力加速度

(1)通过水平调节机脚，调节立杆垂直。

(2)将光电门Ⅰ与测试仪传感器Ⅰ相连，电磁铁控制电源与测试仪相连，开启测试仪电源。

(3)进入通用计数器 > 自由落体实验功能，进入实验菜单，选择>方式1单光电门测试模式。

(4)将直径为 16mm 的钢球吸在电磁铁吸盘中心位置，用卷尺多次测量钢球中心位置到激光束之间的距离 h。

(5)在方式1菜单中，按"开始"按钮开始测量，当小球经过光电门Ⅰ后，显示测量时间（即 t）。可多次测量时间 t。

(6)改变光电门Ⅰ的位置，重复实验步骤(3)～(5)，测量不同的 h 和 t。

(7)根据 $g = 2h/t^2$，计算重力加速度和实验误差，并记入表 2.2.1。

表 2.2.1 单光电门法测量重力加速度

h(m)	t(s)	$g_{测}$(m/s^2)	$g_{标准}$(m/s^2)	实验误差

2. 采用双光电门法测量重力加速度

(1)通过水平调节机脚，调节立杆垂直。

(2)将光电门Ⅰ与测试仪传感器Ⅰ相连，光电门Ⅱ与测试仪传感器Ⅱ相连，电磁铁控制电源与测试仪相连，开启测试仪电源。

(3)进入通用计数器>自由落体实验功能，进入实验菜单，选择>方式 2 双光电门测试模式。

(4)将直径为 16mm 的钢球吸在电磁铁吸盘中心位置，用卷尺多次测量两光电门激光束之间的距离 S_2。

(5)在方式 2 菜单中，按"开始"按钮开始测量，当小球依次经过光电门Ⅱ和光电门Ⅰ后，显示测量时间（即 t_2）。可多次测量时间 t_2。

(6)保持上端光电门Ⅱ的位置不动，改变光电门Ⅰ的位置，重复实验步骤(3)～(5)，测量此时对应的 S_1 和 t_1。

(7)根据 $g = 2\dfrac{S_2/t_2 - S_1/t_1}{t_2 - t_1}$，计算重力加速度和实验误差，并记入表 2.2.2。

表 2.2.2　双光电门法测量重力加速度

S_2(m)		S_1(m)		t_2(s)		t_1(s)	
S_2		S_1		t_2		t_1	
$\overline{S_2}$		$\overline{S_1}$		$\overline{t_2}$		$\overline{t_1}$	
$g_{测}$(m/s^2)		$g = 2\dfrac{S_2/t_2 - S_1/t_1}{t_2 - t_1} =$					
$g_{标准}$(m/s^2)							
实验误差							

五、注意事项

应选用质量和密度较大的重物，增大重力可使阻力的影响相对减小；增大密度可以减小体积，可使空气阻力减小。

六、思考题

1. 如果用体积相同而质量不同的小木球来代替小铁球，试问实验所得到的 g 值是否不同？你将怎样通过实验来证实你的答案？

2. 试分析本次实验产生误差的主要原因，并讨论如何减小重力加速度 g 的测量误差。

实验三　刚体转动惯量的测定

转动惯量的测定，在涉及刚体转动的机电制造、航空、航天、航海、军工等工程技术和科学研究中具有十分重要的意义。测定转动惯量常采用扭摆法或恒力矩转动法，本实验采用恒力矩转动法测定转动惯量。

一、实验目的

1. 学习用恒力矩转动法测定刚体转动惯量的原理和方法。
2. 观测刚体的转动惯量随其质量、质量分布及转轴不同而改变的情况，验证平行轴定理。

二、实验仪器

转动惯量实验仪、通用计数器、砝码和挂钩（或托盘）、被测试样、水平仪。

三、实验原理

1. 转动惯量实验仪

转动惯量实验仪如图 2.3.1 所示，塔轮通过特制的轴承安装在主轴上，使其转动时的摩擦力矩很小。载物台用螺钉与塔轮连接在一起，随塔轮转动。随仪器配的被测试样有 1 个圆盘、1 个圆环、2 个圆柱；其中，圆柱试样可插入载物台上的不同圆孔中，圆孔由内向外半径分别为 $d = 50\text{mm}$ 和 $d = 75\text{mm}$，便于验证平行轴定理。滑轮的转动惯量与实验台相比可忽略不计。2 个光电门：1 个用于测量，1 个备用。

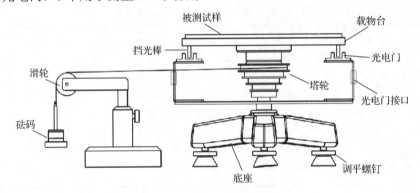

图 2.3.1 转动惯量实验仪

转动惯量实验仪的主要技术参数如下。

(1) 塔轮半径（单位：mm）$R = 15, 20, 25, 30$ 共 4 挡。

(2) 挂钩（42g）和 5g、10g、20g 的砝码组合，产生大小不同的力矩。

(3) 圆盘：质量约为 439g，半径 $R_{\text{圆盘}} = 100\text{mm}$。

(4) 圆环：质量约为 369g，外半径 $R_{\text{圆环(外)}} = 100\text{mm}$，内半径 $R_{\text{圆环(内)}} = 90\text{mm}$。

(5) 圆柱：质量约为 148g，半径 $R_{\text{圆柱}} = 15\text{mm}$，高 $h = 25\text{mm}$。

(6) 载物台上圆孔距离轴中心的距离 $d = 50\text{mm}, 75\text{mm}$。

2. 通用计数器使用方法

(1) 将一只光电门与计数器的传感器 I（或光电门 I）连接起来，检查载物台下方的两个挡光棒在载物台旋转过程中是否有效触发光电门。

(2) 开启计数器电源，进入角加速度测量功能，将"设置次数"设定为 50 次，由于挡光棒选择的是两只，因此将"设置弧度"设定为 1π。

(3) 参数设定好后，按"开始"键准备测量；然后释放砝码，载物台开始旋转，同时计数器开始计时。挡光棒每经过光电门一次，计数次数+1，直到达到设定的次数（50 次）时停止计时，并自动测出 β_1（匀加速阶段的角加速度）和 β_2（匀减速阶段的角加速度），β_1 和 β_2 是根据测得的数据由单片机通过数据拟合得到的，准确度较高。

（4）数据测试完后，可以按"保存"键对数据进行存储，进入"数据查询"功能，可以查询测量的数据，数据中的 $t_{01} \sim t_{50}$ 为对应的 n 次挡光总时间，根据时间和弧度关系，也可以计算匀加速阶段的角加速度 β_1 和匀减速阶段的角加速度 β_2，可以借助 Excel 完成。

3. 恒力矩转动法测定转动惯量的原理

根据刚体的定轴转动定律

$$M = J\beta \tag{2.3.1}$$

只要测定刚体转动时所受的合外力矩 M 及该力矩作用下刚体转动的角加速度 β，就可计算出该刚体的转动惯量 J。

设以某初始角速度转动的空载物台的转动惯量为 J_1，未加砝码时，在摩擦阻力矩 M_μ 的作用下，载物台将以角加速度 β_2 做匀减速运动，即

$$-M_\mu = J_1\beta_2 \tag{2.3.2}$$

将质量为 m_0 的砝码用细线绕在半径为 R 的转动惯量实验仪塔轮上，并让砝码下落，系统在恒外力矩作用下将做匀加速运动。若砝码的加速度为 a，则细线所受张力为 $T = m(g-a)$。其中，m 是砝码和挂钩的质量之和。若此时载物台的角加速度为 β_1，则塔轮边沿处的切向加速度 $a_\tau = a = R\beta_1$。经线施加给载物台的力矩为 $TR = m(g-R\beta_1)R$，此时有

$$m(g-R\beta_1)R - M_\mu = J_1\beta_1 \tag{2.3.3}$$

联立式(2.3.2)、式(2.3.3)消去 M_μ 后，可得

$$J_1 = \frac{mR(g-R\beta_1)}{\beta_1 - \beta_2} \tag{2.3.4}$$

同理,若在载物台上加上被测试样后系统的转动惯量为 J_2，匀加速过程的角加速度为 β_3，匀减速过程的角加速度为 β_4，则有

$$J_2 = \frac{mR(g-R\beta_3)}{\beta_3 - \beta_4} \tag{2.3.5}$$

由转动惯量的叠加原理可知，被测试样的转动惯量 J_3 为

$$J_3 = J_2 - J_1 \tag{2.3.6}$$

测得 R、m 及 β_1、β_2、β_3、β_4，由式(2.3.4)～式(2.3.6)即可计算被测试样的转动惯量。

4. β 的测量

实验中采用通用计数器记录遮挡次数和相应的时间。固定的载物台圆周边缘相差 π 角的两遮光细棒，每转动半圈遮挡一次固定在底座上的光电门，即产生一个计数光电脉冲，计数器记下遮挡次数 k 和相应的时间 t。若从第一次挡光（$k=0$，$t=0$）开始计次、计时，t_m 作为第 k_m 次遮挡时所用的总时间，且初始角速度为 ω_0，则对于匀变速运动中测量得到的任意两组数据 (k_m, t_m)、(k_n, t_n)，相应的角位移 $\Delta\theta_m$、$\Delta\theta_n$ 分别为

$$\Delta\theta_m = k_m\pi = \omega_0 t_m + \frac{1}{2}\beta t_m^2 \tag{2.3.7}$$

$$\Delta\theta_n = k_n\pi = \omega_0 t_n + \frac{1}{2}\beta t_n^2 \tag{2.3.8}$$

联立式(2.3.7)、式(2.3.8)消去 ω_0，可得

$$\beta = \frac{2\pi(k_n t_m - k_m t_n)}{t_n^2 t_m - t_m^2 t_n} \tag{2.3.9}$$

由式(2.3.9)即可计算角加速度 β。

关于角加速度 β 的计算，最好测出角位移 θ 和时间(时刻) t 的关系，通过曲线拟合计算匀加速或匀减速时的角加速度。

5. 平行轴定理

理论分析表明，质量为 m 的物体围绕通过质心的转轴转动时的转动惯量 J_C 最小。当转轴平行移动距离 d 后，绕新转轴转动的转动惯量为

$$J_{平行} = J_C + md^2 \tag{2.3.10}$$

在上式两边都加上系统支架的转动惯量 J_0，则有

$$J_{平行} + J_0 = J_C + J_0 + md^2$$

令 $J_{平行} + J_0 = J$，又因为 J_C、J_0 都为定值，所以载物台与被测试样的总转动惯量 J 与 d^2 呈线性关系，实验中若测得此关系，则验证了平行轴定理。

6. J 的"理论"公式

设被测圆盘(或圆柱)质量为 m、半径为 R，则圆盘、圆柱绕几何中心轴的转动惯量理论值为

$$J = mR^2/2 \tag{2.3.11}$$

被测圆环质量为 m，内、外半径分别为 $R_{圆环(内)}$、$R_{圆环(外)}$，圆环绕几何中心轴的转动惯量理论值为

$$J = \frac{m}{2}(R_{圆环(外)}^2 + R_{圆环(内)}^2) \tag{2.3.12}$$

四、实验内容

1. 实验准备

(1)在桌面上放置转动惯量实验仪，并利用底座上的调平螺钉将仪器调平(用水平仪)。将滑轮支架放置在实验台面边缘，调整滑轮高度及方位，使滑轮槽与选取的塔轮槽等高，且其方位相互垂直，如图2.3.1所示。

(2)将实验仪中的一个光电门与计数器的传感器Ⅰ(或光电门Ⅰ)连接起来，另一个光电门备用；2只挡光棒成180°分布；将计数器测量次数设定为50次，弧度设置为π，然后开始实验。

2. 测量并计算载物台的转动惯量 J_1

调整载物台位置，使绕线放完时挂钩恰好落到地面，并将其调水平。选择塔轮半径 $R=15\text{mm}$，砝码与挂钩质量之和分别为 $m=42\text{g}$、52g、72g，将细线一端沿塔轮不重叠地密绕于所选定半径的轮上，另一端通过滑轮连接至砝码托的挂钩上，用手将载物台稳住；按计数器"开始"键使仪器进入工作等待状态；释放载物台，砝码重力产生的恒力矩使载物台产生匀加速转动；当绕线释放完毕后，载物台将在系统阻力的作用下做匀减速运动。

计时完毕后，记录计数器测出的 β_1 和 β_2（负号一并记录），分别对应匀加速阶段的角加速度 β_1 和匀减速阶段的角加速度 β_2，由式(2.3.4)即可算出 J_1 的值。将测量数据记入表2.3.1。

表2.3.1　测量载物台的角加速度

数据组	$R = \underline{\qquad}$ mm					
	$m = \underline{\quad}$ g		$m = \underline{\quad}$ g		$m = \underline{\quad}$ g	
	β_1 (rad/s^2)	β_2 (rad/s^2)	β_1 (rad/s^2)	β_2 (rad/s^2)	β_1 (rad/s^2)	β_2 (rad/s^2)
1						
2						
3						
平均值						
J_1						

表中，$J_1 = \dfrac{mR(g - R\beta_1)}{\beta_1 - \beta_2}$（$m$ 为砝码与挂钩质量之和，R 为塔轮半径）。

3．测转动惯量 J_2

测量载物台放上被测试样后的转动惯量 J_2，将被测试样的转动惯量 J_3 的实验值与理论值相比较。将被测试样放上载物台并使被测试样的几何中心轴与转轴中心重合，按与测量 J_1 同样的方法可分别测量未加砝码时匀减速阶段的角加速度 β_4 与加砝码后匀加速阶段的角加速度 β_3。由式(2.3.5)可计算出 J_2，由式(2.3.6)可计算出被测试样的转动惯量 J_3。实验数据记入表2.3.2。

已知圆盘、圆柱绕几何中心轴转动的转动惯量理论值为 $J_C = mR^2 / 2$；圆环绕几何中心轴的转动惯量理论值为 $J_C = \dfrac{m}{2}(R_{圆环(外)}^2 + R_{圆环(内)}^2)$。

表2.3.2　测量载物台加试样后的角加速度

数据组	$R_{样品} = \underline{\qquad}$ mm，$m_{样品} = \underline{\qquad}$ g					
	$R = \underline{\qquad}$ mm					
	$m = \underline{\quad}$ g		$m = \underline{\quad}$ g		$m = \underline{\quad}$ g	
	β_3 (rad/s^2)	β_4 (rad/s^2)	β_3 (rad/s^2)	β_4 (rad/s^2)	β_3 (rad/s^2)	β_4 (rad/s^2)
1						
2						
3						
平均值						
J_2						
J_3						
理论值 J_3'						
误差						

注：本表为表2.3.1中对应的计算值；

$J_2 = \dfrac{mR(g - R\beta_3)}{\beta_3 - \beta_4}$（$m$ 为砝码与挂钩质量之和，R 为塔轮半径）；

$J_3 = J_2 - J_1$；

J_3' 为被测试样的转动惯量理论值，圆盘的转动惯量计算公式为 $J_3' = \dfrac{1}{2} m_{圆盘} R_{圆盘}^2$；圆环的转动惯量计算公式为

$J_3' = \dfrac{1}{2} m_{圆环}(R_{圆环(外)}^2 + R_{圆环(内)}^2)$；圆柱绕转轴距离 d 时转动惯量计算公式为 $J_3' = \dfrac{1}{2} m_{圆柱} R_{圆柱}^2 + m_{圆柱} d^2$。

4．验证平行轴定理

将两圆柱对称插入载物台上与中心距离为 d 的圆孔中，测量并计算两圆柱在此位置的转动惯量。将测量值与由式(2.3.11)、式(2.3.10)所得的计算值相比较，若一致，即验证了平行轴定理。

5．选择不同的塔轮半径 R，重复实验 2～4

五、注意事项

1．绕线放完时，挂钩恰好落到地面。绕线要紧密且不能重叠。
2．滑轮绕线水平，其延长线过塔轮切线位置。旋紧挡光棒，防止触碰光电门。
3．释放砝码的瞬间，挡光棒不要离光电门太近，避免误触发。
4．使用圆柱测量时，转速不要过快，防止圆柱脱落(砝码可以加得小一些)。
5．计算牵引力矩时，$m_{砝码}$ 为砝码挂钩和砝码质量的总和。

六、思考题

1．本实验如何检验转动定律和平行轴定理？
2．用作图法测定转动定律，请写出其实验步骤及方法。

实验四　弯曲法测量横梁的杨氏模量

杨氏模量是描述材料形变与应力关系的重要特征量，也是工程材料中的一个重要物理参量。杨氏模量越大，材料越不易变形，即材料的刚度越大。在进行机械设计和选用材料时，它是一个必须考虑的重要参量。杨氏模量的测量方法有伸长法、弯曲法、共振法。弯曲法测金属杨氏模量的特点是，待测金属薄板只需受较小的力 F，便可产生较大的形变 ΔZ，而且仪器体积小、重量轻、测量结果准确度高。本实验采用弯曲法测量横梁的杨氏模量。

一、实验目的

1．熟悉霍尔位置传感器的特性。
2．弯曲法测量黄铜的杨氏模量。
3．测黄铜杨氏模量的同时，对霍尔位置传感器定标。
4．用霍尔位置传感器测量可锻铸铁的杨氏模量。

二、实验仪器

霍尔位置传感器测杨氏模量装置(见图 2.4.1)、霍尔位置传感器输出信号测量仪 (包括直流数字电压表)、米尺、游标卡尺、千分尺。

三、实验原理

1．霍尔位置传感器

霍尔元件置于磁感应强度为 B 的磁场中，在垂直于磁场方向通以电流 I，在与二者相垂直的方向上将产生霍尔电势差

$$U_{\mathrm{H}} = K \cdot I \cdot B \tag{2.4.1}$$

式中；K 为元件的霍尔灵敏度。如果保持霍尔元件的电流 I 不变，而使其在一个均匀梯度的

磁场中移动，则输出的霍尔电势差变化量为

$$\Delta U_{\mathrm{H}} = K \cdot I \cdot \frac{\mathrm{d}B}{\mathrm{d}Z} \cdot \Delta Z \tag{2.4.2}$$

式中，ΔZ 为位移量，此式说明若 $\dfrac{\mathrm{d}B}{\mathrm{d}Z}$ 为常数，则 ΔU_{H} 与 ΔZ 成正比。

为实现均匀梯度的磁场，如图 2.4.2 所示，两块相同的磁铁(磁铁截面积及表面磁感应强度均相同)相对放置，即 N 极与 N 极相对，两磁铁之间留等间距间隙，霍尔元件平行于磁铁放置在该间隙的中轴上。间隙大小根据测量范围和测量灵敏度要求而定，间隙越小，磁场梯度越大，灵敏度越高。磁铁截面要远大于霍尔元件，以尽可能减小边缘效应的影响，提高测量精度。

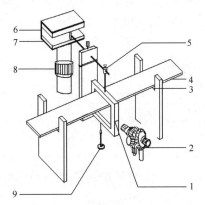

1-刀口架上的基线；2-读数显微镜；3-刀口；4-横梁；
5-铜杠杆(顶端装有 95A 型集成霍尔位置传感器)；
6-磁铁盒；7-磁铁(N 极相对放置)；8-调节架；9-砝码

图 2.4.1　霍尔位置传感器测杨氏模量装置

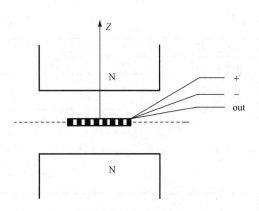

图 2.4.2　均匀梯度磁场

若磁铁间隙内中心截面处的磁感应强度为零，当霍尔元件处于该处时，输出的霍尔电势差应为零。当霍尔元件偏离中心沿 Z 轴发生位移时，由于磁感应强度不再为零，霍尔元件也就产生相应的电势差输出，其大小可以用数字电压表测量。由此可以将霍尔电势差为零时元件所处的位置作为位移参考零点。

霍尔电势差与位移量之间存在一一对应关系，当位移量较小($<$ 2mm)时，这一对应关系具有良好的线性。

2. 杨氏模量

测量主体装置如图 2.4.1 所示，在横梁弯曲的情况下，杨氏模量 Y 可表示为

$$Y = \frac{d^3 \cdot Mg}{4a^3 \cdot b \cdot \Delta Z} \tag{2.4.3}$$

式中，d 为两刀口之间的距离，M 为所加砝码的质量，a 为横梁的厚度，b 为横梁的宽度，ΔZ 为横梁中心由于外力作用而下降的距离，g 为重力加速度。

式(2.4.3)的具体推导请扫描本实验后二维码获取。

四、实验内容及步骤

1. 测量黄铜样品的杨氏模量和霍尔位置传感器的定标

(1)调节调节架的调节螺钉,使霍尔位置传感器处于磁铁中间的位置。

(2)用水平仪观察底座是否在水平位置,若偏离,可用底座螺钉调节。

(3)调节霍尔位置传感器的毫伏表。磁铁盒下的调节螺钉可以使磁铁上下移动,当毫伏表数值很小时,停止调节。最后调节调零电位器使毫伏表读数为零。

(4)调节读数显微镜,直至眼睛观察到十字线及分划板刻度线和清晰数字。然后前后移动读数显微镜,直至能够清晰地看到刀口架上的基线。转动读数显微镜的鼓轮,使刀口架上的基线与读数显微镜内的十字线吻合,记下初始读数值(记入表 2.4.1)。

(5)逐次增加砝码 M_i(每次增加 20g 砝码),相应地从读数显微镜上读出横梁的弯曲位移 ΔZ_i 及数字电压表相应的读数值 U_i(单位 mV),以便于计算杨氏模量和对霍尔位置传感器进行定标。将数据记入表 2.4.1。

表 2.4.1　霍尔位置传感器定标

M(g)	0.00	20.00	40.00	60.00	80.00	100.00	120.00
Z(mm)							
ΔZ(mm)	—						
U(mV)							

(6)使用米尺测量横梁两刀口间的长度 d;使用游标卡尺测量黄铜样品不同位置的宽度 b;使用千分尺测量黄铜样品不同位置的厚度 a。测量数据记入表 2.4.2。

表 2.4.2　黄铜样品参数

测量量	1	2	3	4	5	平均值
d(cm)						
b(mm)						
a(mm)						

(7)用逐差法按照式(2.4.3)进行计算,求得黄铜样品的杨氏模量,并用逐差法求出霍尔位置传感器的灵敏度 $\Delta U_i / \Delta Z_i$,将测量值与公认值进行比较。

由式(2.4.3)得到

$$\Delta Z = \frac{d^3 g}{4a^3 bY} M \tag{2.4.4}$$

令 $\dfrac{d^3 g}{4a^3 b} = B$,可知 B 为常数,则式(2.4.4)可简化为

$$Y \cdot \Delta Z = B \cdot M \tag{2.4.5}$$

根据式(2.4.5),可利用逐差法计算出 Y。

2. (可选做)用霍尔位置传感器测量可锻铸铁的杨氏模量

五、注意事项

1. 横梁的厚度必须测准确。在用千分尺测量黄铜厚度 a 时,旋转千分尺,当将要与金属

接触时，必须使用微调轮。当听到"嗒嗒嗒"时，停止旋转。有个别学生实验误差较大，其原因之一是千分尺使用不当，将黄铜横梁厚度测得偏小。

2．读数显微镜的准丝对准铜挂件(有刀口)的标志刻度线时，注意要区别是黄铜横梁的边沿还是标志刻度线。

3．霍尔位置传感器定标前，应先将其调整到零输出位置，这时可调节磁铁盒下的升降杆上的旋钮，达到零输出的目的。另外，应使霍尔位置传感器的探头处于两块磁铁的正中间稍偏下的位置，这样测量数据更可靠一些。

4．加砝码时，应轻拿轻放，尽量减小砝码架的晃动，这样可以使电压值在较短时间内达到稳定值，节省实验时间。

5．实验开始前，必须检查横梁是否有弯曲，如有，应矫正。

六、思考题

1．本实验中杨氏模量的测量公式成立的条件是什么？

2．本实验中影响实验结果的因素有哪些？

3．增加或减少砝码时位移的变化也应接近于等量，为什么？

请扫描二维码获取本实验更多相关知识

实验五　光杠杆法测量杨氏模量

在杨氏模量测量实验中，当施加的外力使材料产生的形变非常微小时，难以用肉眼观察到；同时过大的载荷又会使材料发生塑形形变，所以需要用将微小的形变放大的方法来测量。本实验通过光杠杆将外力产生的微小位移放大，从而测量出杨氏模量，具有较高的可操作性。

一、实验目的

1．用伸长法测量金属丝的杨氏模量。
2．用光杠杆测量微小的长度变化。
3．用逐差法、作图法和直线拟合方法处理数据。

二、实验仪器

测定杨氏模量专用装置(含光杠杆、砝码、镜尺组)、米尺、螺旋测微器等。

三、实验原理

根据胡克定律，材料在弹性限度内，正应力的大小 σ 与应变 ε 成正比，即

$$\sigma = E\varepsilon \tag{2.5.1}$$

式中的比例系数 E 称为弹性模量，又称杨氏模量，其单位为 Pa(帕斯卡)，$1\text{Pa} = 1\text{N/m}^2$。

对于长为 L、截面积为 S 的均匀金属丝或棒，在沿长度方向的外力 F 作用下伸长 δL，有 $\sigma = F/S$，$\varepsilon = \delta L/L$，代入式(2.5.1)，则有

$$E = \frac{FL}{S\delta L} \tag{2.5.2}$$

利用式(2.5.2)测量杨氏模量的方法为伸长法，式中 F、S、L 都是比较容易测量的量，δL 是一个很微小的长度变化，本实验采用光杠杆测定杨氏模量装置(见图 2.5.1)来测量。

该装置包括以下几部分。

1. 金属丝和支架

待测金属丝(钢丝)长约 90cm，上端夹紧，悬挂于支架 H 顶部；下端连接一个金属框架 A。框架较重，使金属丝维持伸直，框架 A 下附有砝码盘 K，可以载荷不同数值的砝码。支架前部有一个可以升降的水平平台 B。支架上还有一个制动装置(未画出)，用它可以迅速制动 A，以减小加减砝码时引起的晃动。S 是可调的底脚螺钉。

2. 光杠杆和镜尺组

这是测量 δL 的主要部件。光杠杆的构造如图 2.5.2(a)所示，一个直立平面镜固定在一个由一片刀片和一个后足构成的底板上，并位于刀片一端，前刀口 $\overline{f_2f_3}$ 和后足 f_1 构成等腰三角形[见图 2.5.2(b)]，f_1 至 $\overline{f_2f_3}$ 的垂线长为 D，镜尺组包括一个竖尺 J 和尺旁的一个望远镜，它们都固定在另一小支架上(图 2.5.1 中未全部画出)。

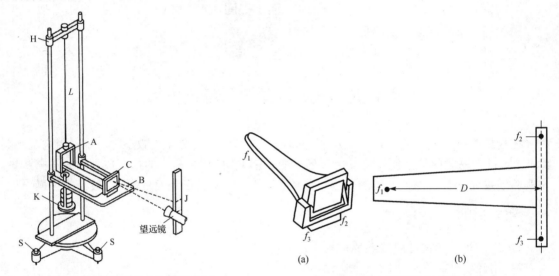

图 2.5.1 光杠杆测定杨氏模量装置示意图　　　图 2.5.2 光杠杆构造示意图

使用时，光杠杆的后足 f_1 放在与金属丝相连的框架 A 上；前刀口 $\overline{f_2f_3}$ 放在平台 B 的固定槽里。f_1 和 $\overline{f_2f_3}$ 维持在同一水平面上。镜尺组至平面镜的距离约为 1.2m，望远镜水平地对准平面镜，从望远镜中可以看到由平面镜反射的竖尺的像。望远镜中有细叉丝，可用于对准竖尺像的某一刻度进行读数。

如图 2.5.3 所示，当金属丝受力伸长 δL 时，光杠杆后足 f_1 随之下降 δL，而前刀口 $\overline{f_2f_3}$ 保持不动；于是，f_1 以 $\overline{f_2f_3}$ 为轴、以 D 为半径旋转一角度 θ，这时平面镜也同样旋转 θ 角。在 θ 较小的情况下，即 $\delta L \ll D$，它可以近似地表示为

$$\theta \approx \frac{\delta L}{D} \tag{2.5.3}$$

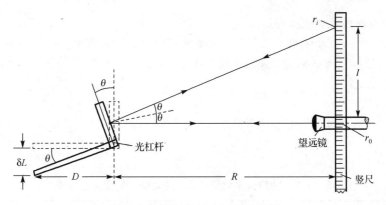

图 2.5.3　光杠杆放大原理示意图

若望远镜中的叉丝原来对准竖尺上的刻度 r_0，平面镜转动后，根据光的反射定律，镜面旋转 θ 角，反射线将旋转 2θ 角。设这时叉丝对准的新刻度为 r_i，令 $l=|r_i-r_0|$，则当 θ 很小（$l\ll R$）时，有

$$2\theta \approx \frac{l}{R} \tag{2.5.4}$$

式中，R 是平面镜的反射面到竖尺面之间的距离。

将式(2.5.3)代入式(2.5.4)可得

$$\delta L = \frac{D}{2R}l \tag{2.5.5}$$

由此可见，光杠杆的作用在于将微小的 δL 放大为竖尺上的位移 l，通过 l、D、R 这些比较容易测量准的量来间接地测定 δL。

将式(2.5.5)代入式(2.5.2)，并利用 $S=\frac{1}{4}\pi d^2$（d 为金属丝的直径），有

$$E = \frac{8FLR}{\pi d^2 Dl} \tag{2.5.6}$$

由上面的推导过程可知，式(2.5.6)成立的条件包括：不超过金属丝的弹性限度、θ 很小（$\delta L\ll D$）、$l\ll R$，以及 f_1 和 $\overline{f_2 f_3}$ 维持在同一水平面内等。所以实验中 F 不能过大，以保证要求的条件。

四、实验内容及步骤

1. 认识和调节仪器

(1)打开制动器，调支架竖直(用底脚螺钉 S 调节)，以维持平台 B 水平并使框架 A 在打开的制动器中间无摩擦地自由移动。

(2)调整光杠杆和镜尺组。要求光杠杆的 f_1 和 $\overline{f_2 f_3}$ 水平、平面镜镜面竖直、镜尺组的竖尺竖直、望远镜光轴水平并与平面镜在同一高度。

(3)调节望远镜的目镜使叉丝清晰，并调节物镜焦距，使竖尺成像清晰。调整光杠杆和镜尺组，使与望远镜光轴在同一高度的竖尺刻度 r_0 落在叉丝上，如图 2.5.3 所示。

2. 测量金属丝伸长变化

（1）记下 r_0，然后在砝码盘上逐次加 200g 砝码（直至加到 2000g 左右），同时在望远镜中读对应的 r_i。然后将所加砝码逐次减去（每次减 200g），记下对应读数 r_i'，取两组对应数据的平均值，得到

$$\overline{r_i} = \frac{r_i + r_i'}{2}, \quad i = 0, 1, 2, \cdots$$

并将数据记入表 2.5.1。

表 2.5.1　测量金属丝受外力拉伸后的伸展变化数据表

i	m_i (g)	r_i (cm)	r_i' (cm)	$\overline{r_i}$ (cm)	$\delta L = (\overline{r_{i+5}} - \overline{r_i})$ (cm)
0	0				
1	200				
2	400				
3	600				
4	800				
5	1000				
6	1200				
...	...				

（2）用逐差法计算出 l。

3. 测量并估计不确定度

用带有卡口的米尺测量金属丝长 L 和平面镜与竖尺之间的距离 R，以及用米尺测量 D，均为一次测量，并估计其不确定度。用螺旋测微器测量钢丝直径 d，要在钢丝的不同部位多次测量，计算其不确定度。并将数据记入表 2.5.2。

表 2.5.2　测量金属丝直径数据表

i	1	2	3	4	5	平均值
d'(cm)						

4. 用作图法和直线拟合方法处理数据

略。

五、注意事项

1．调整好光杠杆和镜尺组后，整个实验过程中都要防止光杠杆的前足和望远镜及竖尺的位置有任何变动，特别是在加减砝码时要格外小心，轻取轻放。

2．使用望远镜读数时要注意避免视差，即当视线略微上下移动时，所看到的竖尺刻度像与叉丝之间没有相对移动。如果发现有明显的视差，可稍微调节一下使望远镜目镜聚焦。

3．不要用手触摸仪器的光学表面（包括平面镜、望远镜物镜和目镜）。

4．注意维护金属丝的平直状态。在用螺旋测微器测量其直径时勿将其扭折，如果做实验前发现金属丝略有弯折，可在砝码盘上先加上一定量的本底砝码（约几百克），使它在伸直的状态下开始做实验。

六、思考题

1. 本实验中，各个长度量用不同的量具和仪器来测定，是怎样考虑的？为什么？

2. 你理解杨氏模量的物理意义吗？你能否不借助数学公式，而用通俗的语言来描述杨氏模量的物理意义？它与刚度系数有何相同之处？有何不同之处？

实验六　固体密度和液体密度的测量

密度是物质的一种重要属性，根据密度的大小可以鉴别物质的成分。密度的测量涉及物体的质量和体积的测量，传统实验中物体的质量使用物理天平直接测量，测量精度不高。本实验通过压力传感器来测量物体质量，可提高测量精度。对于形状规则的物体，可通过测量物体的尺寸来计算其体积；对于形状不规则的物体，可通过本实验介绍的压力传感器和静力称衡法来测量其体积。

一、实验目的

1. 测量应变的压力特性。
2. 利用压力传感器测量固体和液体的密度。

二、实验仪器

DH-SLD-1 型固体与液体密度综合实验仪、测试架、标准砝码、待测固体样品、液体容器等。

三、实验原理

1. 压力传感器

将 4 个电阻应变片分别粘贴在弹性平行梁的上下两表面的适当位置，梁的一端固定，另一端自由，用于加载荷外力 F。弹性梁受载荷作用而弯曲，梁的上表面受拉，电阻应变片 R_1 和 R_3 亦受拉伸作用而使电阻增大；梁的下表面受压，R_2 和 R_4 电阻减小。这样，外力的作用通过梁的形变而使 4 个电阻值发生变化，这就是压力传感器。其中，$R_1 = R_2 = R_3 = R_4$。

2. 压力传感器的压力特性

电阻应变片可以把应变转换为电阻的变化。为了显示和记录应变的大小，还需把电阻的变化再转换为电压或电流的变化。常用的测量电路为电桥电路。由电阻应变片组成的全桥测量电路如图 2.6.1 所示，当电阻应变片受到压力作用时，引起弹性体的变形，使得粘贴在弹性体上的电阻应变片 $R_1 \sim R_4$ 的阻值发生变化，电桥将产生输出，其输出电压正比于所受到的压力，即

$$U = SF + U_0 = Smg + U_0 \qquad (2.6.1)$$

式中，F 为所承受的拉力，U 为输出电压，S 为压力传感器的灵敏度，U_0 为初始电压值。

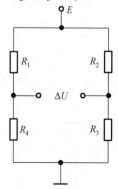

图 2.6.1　电阻应变片组成的全桥测量电路

3. 用标准砝码测量应变式压力传感器的压力特性并计算其灵敏度

逐渐增加在压力传感器上的标准砝码，测得传感器对应的输出电压值，如表 2.6.1 所示。

表 2.6.1　测量压力传感器的压力特性

砝码质量 m(g)	0	m_1	m_2	m_3	m_4	m_5	m_6	m_7	m_8	m_9
电压 U(V)	U_0	U_1	U_2	U_3	U_4	U_5	U_6	U_7	U_8	U_9

采用逐差法计算特性方程。将表 2.6.1 的数据代入式(2.6.1)，得到

$$U_0 = S \cdot 0 + U_0$$
$$U_1 = Sm_1g + U_0$$
$$U_2 = Sm_2g + U_0$$
$$\vdots$$
$$U_8 = Sm_8g + U_0$$
$$U_9 = Sm_9g + U_0$$

将上述等式分成前后两组，第二组第一式与第一组第一式相减，第二组第二式与第一组第二式相减……，得

$$\Delta U_0 = U_5 - U_0 = S(m_5 - m_0)g$$

$$\Delta U_1 = U_6 - U_1 = S(m_6 - m_1)g$$

$$\Delta U_2 = U_7 - U_2 = S(m_7 - m_2)g$$

$$\Delta U_3 = U_8 - U_3 = S(m_8 - m_3)g$$

$$\Delta U_4 = U_9 - U_4 = S(m_9 - m_4)g$$

根据以上五式，为了区别各个 S，分别添加下标，即 S_0、S_1、S_2、S_3、S_4，得到

$$S_0 = \frac{U_5 - U_0}{(m_5 - m_0)g}, \quad S_1 = \frac{U_6 - U_1}{(m_6 - m_1)g}, \quad S_2 = \frac{U_7 - U_2}{(m_7 - m_2)g}, \quad S_3 = \frac{U_8 - U_3}{(m_8 - m_3)g}, \quad S_4 = \frac{U_9 - U_4}{(m_9 - m_4)g}$$

可进一步计算 $\overline{S}$ 和 $u(\overline{S})$，进而求得 U_0 的值，这就是利用逐差法计算压力传感器的压力特性方程。

4. 固体密度的测量

物体的密度 ρ 为其质量 m 与体积 V 之比，即

$$\rho = \frac{m}{V} \tag{2.6.2}$$

用静力称衡法测量固体密度示意图如图 2.6.2 所示，用硅力敏传感器式测力计分别测出其在空气中的重力 m_1g 及浸没在水中的视重 m_2g。由阿基米德原理可知，其所受的浮力等于其所排开的液体的重力，即

$$F_浮 = m_1g - m_2g = \rho_0 vg \tag{2.6.3}$$

式中，v 为物体所排开同体积液体的体积，ρ_0 为水的密度，g 为重力加速度。

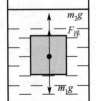

图 2.6.2　静力称衡法

显然，由式(2.6.1)可得，用硅力敏传感器式测力计称量质量为 m_1 物

体的重力时，输出的电压 U_1 为

$$U_1 = Sm_1g \tag{2.6.4}$$

当待测固体浸没在水中时，该物体的视重为 m_2g，其输出电压 U_2 为

$$U_2 = Sm_2g \tag{2.6.5}$$

式(2.6.4)和式(2.6.5)成立的条件是式(2.6.1)中的 $U_0 = 0$（可通过调节实验仪器上的调零电位器实现），其中 S 为压力传感器的灵敏度。由式(2.6.2)~式(2.6.5)得待测固体的密度为

$$\rho_x = \frac{U_1}{U_1 - U_2}\rho_0 \tag{2.6.6}$$

5. 液体密度的测量

将密度均匀的固体样品浸没于待测液体中，如图 2.6.2 所示，图中的视重 m_2g 替换为 m_3g。由式(2.6.3)可得样品所受的浮力为

$$F_{浮} = m_1g - m_3g = \rho_x vg \tag{2.6.7}$$

式中，m_1g 为样品在空气中的重力，m_3g 为样品浸没在待测液体中的视重，ρ_x 为待测液体的密度，v 为样品所排开同体积液体的体积。

同理，由式(2.6.1)可得，用半导体测力计称量样品浸没在待测液体中的视重 m_3g 时，输出的电压 U_3 为

$$U_3 = Sm_3g \tag{2.6.8}$$

查表可准确得到对应温度的水的密度 ρ_0，由式(2.6.3)可得固体样品的体积为

$$v = \frac{U_1 - U_2}{S\rho_0 g} \tag{2.6.9}$$

由式(2.6.7)~式(2.6.9)可得

$$\rho_x = \frac{U_1 - U_3}{U_1 - U_2}\rho_0 \tag{2.6.10}$$

可见，采用压力传感器和静力称衡法，可以对固体、液体的密度进行测量，而且实现了将非电学的物理量微拉力的测量转换为电压的测量。

四、实验内容及步骤

1. 压力传感器的压力特性的测量

(1)将 100g 肌张力传感器输出插座与实验仪面板上的"传感器"插座相连，测量选择置于"内接"；利用水平仪将肌张力传感器上端面调水平；将砝码盘挂在传感器挂钩上，接通电源，调节工作电压为 6V；预热 5min，待稳定后，通过"调零旋钮"对毫伏表进行调零；在砝码盘中依次增加砝码的质量(每次增加 10g)至 90g，记录毫伏表对应的传感器输出电压，并记入表 2.6.2。

(2)按顺序减小砝码的质量(每次减去 10g)至 0g，分别测传感器的输出电压。

(3)用逐差法处理数据，求灵敏度 S。

表 2.6.2　压力传感器灵敏度测量($E = 6\text{V}$)

砝码质量 m(g)	0	10	20	30	40	50	60	70	80	90
增加砝码 U(mV)										
减少砝码 U(mV)										
平均值 U(mV)										

2．固体密度的测量

(1)分别记录待测固体样品在空气中及浸没在水中毫伏表的读数 U_1 及 U_2，测量 5 次取平均值，所有测量值记入表 2.6.3。

(2)用温度计测量水的温度，查表得水的密度 ρ_0。

(3)利用式(2.6.6)计算出固体的密度 ρ_1，并求其不确定度 $u(\rho_1)$。

表 2.6.3　固体的密度测量

毫伏表读数	1	2	3	4	5	平均值
U_1(mV)						
U_2(mV)						

3．液体密度的测量

(1)记录上述待测样品浸没在待测液体中毫伏表的读数 U_3，测量 5 次，取平均值，测量值记入表 2.6.4。

(2)测出待测液体的温度，查表得该温度时水的密度。

(3)利用式(2.6.10)计算出液体的密度 ρ_2，并求其不确定度 $u(\rho_2)$。

表 2.6.4　液体的密度测量

毫伏表读数	1	2	3	4	5	平均值
U_3(mV)						

五、注意事项

1．测量固体液体密度时，悬挂的金属块不得碰到烧杯。

2．压力传感器上悬挂的砝码不得超过 100g。

六、思考题

利用静力称衡法能否测量密度比水小的固体块的密度？如何测量？

实验七　落球法测量液体的黏滞系数

液体流动时，平行于流动方向的各层流体的速度都不相同，即存在着相对滑动，于是在各层之间就有摩擦力产生，该摩擦力称为黏滞力，它的方向平行于接触面，大小与速度梯度及接触面积成正比，比例系数 η 称为黏度(或黏滞系数)，它是表征液体黏滞性强弱的重要参数。液体的黏滞系数和人们的生产、生活有着密切的联系，比如医学上常把血液黏滞度（简称血黏度）的大小作为人体血液健康的重要标志之一。又如，石油在封闭管道中长距离输送时，其输运特性与黏滞性密切相关，因此在设计管道前，必须测量被输石油的黏度。

测量液体黏度可用落球法、毛细管法、转筒法等，其中落球法适用于测量黏度较高的透明或半透明的液体，如蓖麻油、变压器油、甘油等。

一、实验目的

1. 学习并掌握一些基本物理量的测量。
2. 学习激光光电门的校准方法。
3. 用落球法测量蓖麻油的黏滞系数。

二、实验仪器

DH4606 落球法液体黏滞系数测定仪、米尺、螺旋测微器、电子天平、游标卡尺、密度计、温度计、钢球若干。

三、实验原理

(一) 实验仪器介绍

1. 整体部件

DH4606 落球法液体黏滞系数测定仪主要包括两部分：测试架和测试仪。如图 2.7.1 所示为测试架结构图。

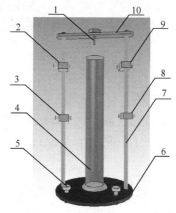

1-落球导管；2-发射端Ⅰ；3-发射端Ⅱ；4-量筒；5-水平调节螺钉；
6-底盘；7-支撑柱；8-接收端Ⅱ；9-接收端Ⅰ；10-横梁

图 2.7.1　测试架结构图

2. 测试仪使用说明

测试仪面板如图 2.7.2 所示，使用时，测试架上端装"发射端Ⅰ"和"接收端Ⅰ"，下端装"发射端Ⅱ"和"接收端Ⅱ"，且两发射端装在一侧，两接收端装在一侧。将测试架上两光电门的"发射端Ⅰ""发射端Ⅱ"和"接收端Ⅰ""接收端Ⅱ"分别对应接到测试仪前面板的"发射端Ⅰ""发射端Ⅱ"和"接收端Ⅰ""接收端Ⅱ"上。检查无误后，按下测试仪背面的电源开关，此时数码管将循环显示两光电门的状态：

"L-1-0"表示光电门Ⅰ处于没对准状态；

"L-1-1"表示光电门Ⅰ处于对准状态；

"L-2-0"表示光电门Ⅱ处于没对准状态；

"L-2-1"表示光电门Ⅱ处于对准状态。

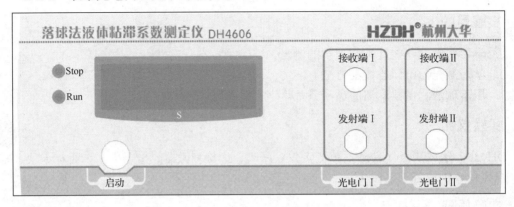

图 2.7.2　DH4606 落球法液体黏滞系数测定仪的测试仪面板

当两光电门都处于对准状态时，按下测试仪面板上的"启动"键，此时数码管将显示"HHHHH"，表示启动状态；当下落小球经过上面的光电门（光电门Ⅰ）而未经过下面的光电门（光电门Ⅱ）时将显示"- - - -"，表示正在测量状态；若测量时间超过 99.999s，则显示超量程状态"LLLLL"；当小球经过光电门Ⅱ后将显示小球在两光电门之间的运行时间。重新按下"启动"键，放入第二个小球，经过两光电门后，将显示第二个小球的下落时间，依次类推。若在实验过程中不慎碰到光电门，使光电门偏离，将重新循环显示两光电门状态，此时需重新校准光电门。

（二）实验原理

处在液体中的小球受到铅直方向的 3 个力的作用：小球的重力 mg（m 为小球质量）、液体作用于小球的浮力 ρgV（V 是小球体积，ρ 是液体密度）和黏滞阻力 F（其方向与小球运动方向相反）。如果液体无限深广，在小球下落速度 v 较小情况下，有

$$F = 6\pi\eta rv \tag{2.7.1}$$

上式称为斯托克斯公式，其中 r 为小球的半径；η 为液体的黏度（单位是 Pa·s）。

小球在起初下落时，由于速度较小，受到的阻力也较小，随着下落速度的增大，阻力也随之增大。最后，3 个力达到平衡，即

$$mg = \rho gV + 6\pi\eta v_0 r \tag{2.7.2}$$

此时，小球将以速度 v_0 做匀速直线运动，由式（2.7.2）可得

$$\eta = \frac{(m-V\rho)g}{6\pi v_0 r} \tag{2.7.3}$$

令小球的直径为 d，并将 $m = \frac{\pi}{6}d^3\rho'$，$v_0 = \frac{l}{t}$，$r = \frac{d}{2}$ 代入式（2.7.3）得

$$\eta = \frac{(\rho'-\rho)gd^2t}{18l} \tag{2.7.4}$$

式中，ρ' 为小球材料的密度，l 为小球匀速下落的距离，t 为小球下落距离 l 所用的时间。

实验过程中，待测液体放置在容器中，故无法满足无限深广的条件，实验证明式（2.7.4）应进行如下修正方能符合实际情况：

$$\eta = \frac{(\rho' - \rho)gd^2t}{18l} \cdot \frac{1}{\left(1 + 2.4\dfrac{d}{D}\right)\left(1 + 1.6\dfrac{d}{H}\right)} \tag{2.7.5}$$

式中，D 为容器内径，H 为液柱高度。

当小球的密度较大，直径不太小，而液体的黏度又较小时，小球在液体中的平衡速度 v_0 会达到较大的值，奥西恩-果尔斯公式反映出了液体运动状态对斯托克斯公式的影响，即

$$F = 6\pi\eta v_0 r\left(1 + \frac{3}{16}Re - \frac{19}{1080}Re^2 + \cdots\right) \tag{2.7.6}$$

式中，Re 称为雷诺数，是表征液体运动状态的无量纲参数

$$Re = \frac{\rho d v_0}{\eta} \tag{2.7.7}$$

当 $Re < 0.1$ 时，可认为式(2.7.1)、式(2.7.5)成立；当 $0.1 < Re < 1$ 时，应考虑式(2.7.6)中 1 级修正项的影响；当 Re 大于 1 时，还需考虑高次修正项。

考虑式(2.7.6)中 1 级修正项的影响及玻璃管的影响后，黏度可表示为

$$\eta_1 = \frac{(\rho' - \rho)gd^2}{1.8v_0(1 + 2.4d/D)(1 + 3Re/16)} = \eta\frac{1}{1 + 3Re/16} \tag{2.7.8}$$

由于 $3Re/16$ 远小于 1，将 $1/(1 + 3Re/16)$ 按幂级数展开后近似为 $1 - 3Re/16$，式(2.7.8)又可表示为

$$\eta_1 = \eta - \frac{3}{16}v_0 d\rho \tag{2.7.9}$$

已知或测量得到 ρ'、ρ、D、d、v_0 等参数后，由式(2.7.5)计算黏度 η，再由式(2.7.7)计算 Re，若需计算 Re 的 1 级修正，则由式(2.7.9)计算经修正的黏度 η_1。在国际单位制中，η 的单位是 Pa·s（帕·秒），也可表示为 P(泊)或 cP(厘泊)，它们之间的换算关系是

$$1\text{Pa} \cdot \text{s} = 10\text{P} = 1000\text{cP} \tag{2.7.10}$$

四、实验内容及步骤

(1)调整测试架，具体操作如下。

① 将线锤装在横梁中间部位，调整测定仪测试架上的 3 个水平调节螺钉，使线锤对准底盘中心圆点。

② 将光电门按使用说明上的方法连接。接通测试仪电源，此时可以看到两光电门的发射端发出红光线束。调节两个光电门发射端，使两激光束刚好照在线锤的线上。

③ 收回线锤,将装有测试液体的量筒放置于底盘上,并移动量筒使其处于底盘中央位置;将落球导管放置于横梁中心,两光电门接收端调整至正对发射光(可参照上述使用说明校准两光电门)。待液体静止后，将小球用镊子放入导管中，观察能否挡住两光电门光束(挡住两光束时会显示时间值)，若不能，适当调整光电门的位置。

(2)用电子天平测量 50～100 个小球的质量，求其平均质量 $\overline{m}$；用螺旋测微器测量 5 个小球的直径 d，求其平均值 $\overline{d}$；用游标卡尺测量量筒内径 D，测量 5 次取平均值，数据记入表 2.7.1。计算小球的密度 ρ'。

表 2.7.1　小球密度的测量

测量量	1	2	3	4	5	平均值
小球直径 d(mm)						
圆筒内径 D(mm)						
小球质量 m(g)						

(3)用密度计测量待测液体密度 ρ（精确测量时进行该步骤）。

(4)用温度计测量待测液体温度 T_0，当全部小球投下后再测一次液体温度 T_1，求其平均温度 $\overline{T}$。

(5)用米尺测量光电门间的距离 l 及液面高度 H；测量 5 次小球下落的时间 t，并求其平均值 $\overline{t}$。测试数据记入表 2.7.2。

表 2.7.2　l、H 和 t 的测量

测量量	1	2	3	4	5	平均值
l(cm)						
H(cm)						
t(s)						

(6)将相关量代入式(2.7.5)，计算液体的黏滞系数 η，并与温度 $\overline{T}$ 下的黏滞系数相比较。不同温度下的蓖麻油的黏滞系数可参照附录 F。

参考：钢球的平均密度为 $\rho' = 9.725 \times 10^3 \text{kg/m}^3$；蓖麻油的出厂密度为 $\rho = 0.97 \times 10^3 \text{kg/m}^3$。

五、注意事项

1．测量时，用酒精将小球擦拭干净。

2．等被测液体稳定后再投放小球。

3．全部实验完毕后，将量筒轻移出底盘中心位置后再用磁钢将小球吸出，将小球擦拭干净放置于酒精溶液中，以备下次实验用。

六、思考题

1．为何要对式(2.7.4)进行修正？

2．如何判断小球在液体中已处于匀速运动状态？

3．影响测量精度的因素有哪些？

实验八　液体比热容的测定

比热容是单位质量的物质温度升高 1℃时需吸收的热量。比热容的测量是物理学的基本测量之一，属于量热学的范畴。量热学在许多领域都有广泛应用，特别是在新能源的开发和新材料的研制中，量热学的方法是不可缺少的。比热容的测量方法很多，有混合法、冷却法、比较法(用待测比热容与已知比热容比较得到待测比热容)等。本实验采用电热法测比热容，

它是比较法的一种。各种方法各具特点，但就实验而言，由于散热因素很难控制，不管哪种方法，实验的准确度都比较低。尽管如此，由于它比复杂的理论计算简单、方便，实验仍具有实用价值。当然，在实验中进行误差分析，找出减小误差的方法是必要的。

每种物质处于不同温度时具有不同数值的比热容，一般来讲，某种物质的比热容数值多指在一定温度范围内的平均值。

一、实验目的

1. 掌握电热法测定液体比热容的方法。
2. 掌握散热修正的方法。

二、实验仪器

YJ-RZ-4C 数字智能化热学综合实验仪、天平、量热器、加热器、温度传感器。

三、实验原理

1. 基本原理

孤立的热学系统在温度从 T_1 升到 T_2 时的热量 Q 与系统内各物质的质量 $m_1, m_2, \cdots$ 比热容 $c_1, c_2, \cdots$ 及温度变化 $T_1 - T_2$ 有如下关系：

$$Q = (m_1 c_1 + m_2 c_2 + \cdots)(T_2 - T_1) \tag{2.8.1}$$

式中，$m_1 c_1, m_2 c_2, \cdots$ 是各物质的热容量。

在进行物质比热容的测量中，除了被测物质和可能用到的水，还有其他诸如量热器、搅拌器、温度传感器等物质参加热交换。为了方便，通常把这些物质的热容量用水的热容量来表示。如果用 m_x 和 c_x 分别表示某物质的质量和比热容，c 表示水的比热容，则应当有 $m_x c_x = c\omega$。其中 ω 是用水的热容量表示该物质的热容量后"相当"的质量，把它称为"水当量"。水在 20℃时的比热容 $c = 4.182 \times 10^3 \mathrm{J \cdot kg^{-1} \cdot K^{-1}}$，故它的水当量 ω 可表示为

$$\omega = c_x m_x / c = c_x m_x / (4.182 \times 10^3) (\mathrm{kg}) \tag{2.8.2}$$

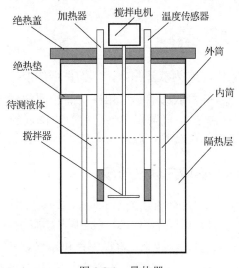

图 2.8.1　量热器

2. 实验公式

量热器如图 2.8.1 所示，在量热器中装入质量为 m_1，比热容为 c_1 的待测液体，当通过电流 I 时，根据焦耳-楞次定律，量热器中电阻产生的热量为

$$Q = IUt \tag{2.8.3}$$

式中，I 为电流强度，U 为电压，t 为通电时间。

如果量热器中液体(包括量热器及其附件)的初始温度为 T_1，在吸收了电阻 R 释放的热量 Q 后，终了温度为 T_2，量热器、搅拌器和温度传感器用水当量 ω 表示，水的比热容为 c，则有

$$IUt = (c_1 m_1 + C\omega)(T_2 - T_1)$$

$$c_1 = [IUt / (T_2 - T_1) - C\omega] / m_1 \tag{2.8.4}$$

3. 水当量 ω

式(2.8.4)中的 ω 应当包括量热器内筒、搅拌器、温度传感器等的水当量。设量热器内筒、温度传感器的总质量为 m_0。

已知不锈钢的比热容 $c_0 = 0.502 \times 10^3 \, \text{J} \cdot \text{kg}^{-1} \cdot \text{K}^{-1}$。设搅拌器的总质量为 m_0'，其比热容为 c_0'。则有

$$\omega = 0.502 m_0 + c_0' m_0'$$

实验测得量热器的水当量 $\omega = 6.8\text{g}$。

4. 散热修正实验

修正的方法是接通电源后每隔 1min 记录一次升温过程中的温度，测 10～15min 切断电源，然后再每隔 1min 记录一次降温过程中的温度，测 5～8min。注意，在实验的整个过程中要缓慢地用搅拌器搅拌。

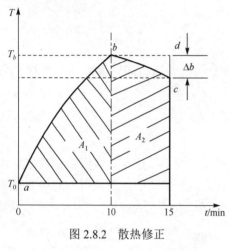

图 2.8.2　散热修正

图 2.8.2 为比热容测量过程中系统的温度随时间变化的曲线，纵坐标为温度，横坐标为时间。曲线 ab 是升温段，bc 是降温段(几乎是直线)。c 点用下列方法确定：取 bc 段下面阴影部分的面积 A_2 与升温曲线 ab 下面阴影部分的面积 A_1 相等，则 $dc = \Delta b$ 即为由于散热而降低的温度，其大小即为所求终点 b 的温度修正值。

理由如下：由牛顿冷却定律可知，当一个系统的温度与环境温度相差不大时，系统所散失的热量与温度差和时间 t 成正比。换言之，系统散失的热量 ΔQ 与升温曲线 ab 所包围的面积成正比，即

$$\Delta Q = K \int_{t_a}^{t_b} (T - T_0) \, \mathrm{d}t$$

式中，K 为散热系数，T 为系统的温度，T_0 为环境温度(约为系统的初温)。由于取 $A_1 = A_2$，这意味着散失的热量相同，而相同的散失的热量必然引起相等的温度下降。这样，延长 c 至 d，由于 bc 段降温(自然冷却)，降低的温度为 $dc = \Delta b$，显然 dc 段就反映了 bc 段所散失的热量相应引起系统温度下降的大小，因此无热损失的终点温度 $T_f = T_b + \Delta b$。

四、实验内容及步骤

1. 用电热法测水的比热容
(1)用天平称出量热器中水的质量 m_1。

(2)连接仪器，将搅拌电机电缆插头与实验仪上的搅拌电机电缆插座(电缆Ⅲ)相连，测温电缆插头与实验仪上的测温电缆插座(电缆Ⅰ)相连，加热器电缆插头与实验仪上的加热器电缆插座(电缆Ⅱ)相连，打开电源开关，记下初温 T_1。然后打开加热开关和搅拌开关，通电 5min，在通电过程中要不断搅拌，记录电流、电压值。再断开加热开关，断电后仍要继续搅拌，待温度不再升高时记下末温 T_2，测量数据记入表 2.8.1。

表 2.8.1　电热法测量水的比热容

测量量	1	2	3	4	5	6	7	8	9	10
I(A)										
U(V)										
T_1(℃)										
T_2(℃)										

(3)按式(2.8.3)和式(2.8.4)求出待测液体的比热容，并与公认值相比较求出百分误差。计算时 $c_{不锈钢} = 0.502 \times 10^3 \mathrm{J \cdot kg^{-1} \cdot K^{-1}}$，$c_{水} = 4.182 \times 10^3 \mathrm{J \cdot kg^{-1} \cdot K^{-1}}$。量热器的水当量 $\omega = 6.8\mathrm{g}$。

2．散热修正实验

(1)用量热器盛待测液体若干克，连接好仪器，调电压使电流为 1A，记下待测液体的初温 T_0，然后通电，并不断地缓慢搅拌，每隔 1min 记录一次温度，约 10min。断开加热开关，继续搅拌，测自然冷却降温曲线，每隔 1min 记录一次待测液体温度，测 5min。测量数据记入表 2.8.2。

表 2.8.2　散热修正实验

测量量	1	2	3	4	5	6	7	8	9	10
加热时温度										
冷却时温度										

(2)用坐标纸作 $T-t$ 图，按图 2.8.2 所示方法求出温度修正。

五、注意事项

1．供电电源插座必须良好接地。
2．在整个电路连接好之后才能打开电源开关。
3．严禁带电插拔电缆插头。

六、思考题

1．如果实验过程中加热电流发生了微小波动，是否会影响测量的结果？为什么？
2．实验过程中量热器不断向外界传导和辐射热量。这两种形式的热量损失是否会引起系统误差？为什么？
3．实验中不考虑温度计的体积，对实验结果有何影响？

实验九　电热法测固体的比热容

比热容的测定对研究物质的宏观物理现象和微观结构之间的关系有重要意义。本实验采用电热法测量固体的比热容。

一、实验目的

1．掌握基本的量热方法——电热法。
2．测固体的比热容。

二、实验仪器

YJ-RZ-4C 数字智能化热学综合实验仪、天平、量热器、加热器、温度传感器、待测金属钢珠。

三、实验原理

实验装置如图 2.9.1 所示，在量热器中加入质量为 m 的待测物，并加入质量为 m_0 的水，如果加在加热器两端的电压为 U，通过电阻的电流为 I，通电时间为 τ，则电流做功为

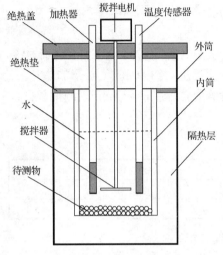

图 2.9.1　实验装置

$$A = UI\tau \tag{2.9.1}$$

如果这些功全部转化为热能，使量热器系统的温度从 $t_1\,℃$ 升高至 $t_2\,℃$，则下式成立：

$$UI\tau = (mc + m_0c_0 + \omega c_0)(t_2 - t_1) \tag{2.9.2}$$

式中，c 为待测物的比热容，c_0 为水的比热容。在测量中，除了用到的水和量热器内筒，还会有其他诸如搅拌器、温度传感器、加热器等物质参加热交换，把量热器内筒、搅拌器、加热器和温度传感器等的质量用水当量 ω 表示。

由式 (2.9.2) 得

$$c = [UI\tau / (t_2 - t_1) - m_0c_0 - \omega c_0] / m \tag{2.9.3}$$

为了尽可能使系统与外界交换的热量达到最小，在实验操作过程中应注意以下几点：不应直接用手握量热器的任何部分；不应在阳光直接照射下进行实验；不在空气流通过快的地方或在火炉、暖气旁做实验。此外，由于系统与外界温差越大，热量在它们之间传递越快；时间越长，传递的热量越多。因此在进行量热实验时，要尽可能使系统与外界的温差小些，并尽量使实验进行得快些。

四、实验内容及步骤

1. 用天平称出量热器内筒质量 m_1，加入一定量的水后用天平称出其总质量 M，则水的质量 $m_0 = M - m_1$。

2. 用天平称取一定质量 m（约 100g）的金属钢珠放于量热器的水中，如图 2.9.1 所示，安装好量热器装置。

3. 将测温电缆和搅拌电机电缆分别与 YJ-RZ-4C 数字智能化热学综合实验仪面板上对应电缆座 I、III 连接好，安装好搅拌电机、测温探头、加热器。

4. 打开电源开关，调节恒压调节钮，使其恒压输出 12V 左右。

5. 打开搅拌开关，记录系统温度 t_1。

6. 将加热器接在电功表输出端，恒压输出调至 12V，恒压输出的正端接入电功表输入，负端先不接，按"显示"键切换到计功状态，按"功能"键选择计功为 5min，按"启动"键开始计功，同时迅速接通恒压输出负端至电功表输入。5 min 后，关掉加热器的开关（在通电

过程中要不断搅拌），电功表自动测量出这段时间内加热器所做的功。加热器断电后仍要继续搅拌，待温度不再升高，记录其最高温度 t_2。

7. 关闭搅拌开关、电源开关，轻轻拿出温度计、搅拌器、加热器，将量热器内筒的水倒出，备用。

8. 重复测量 5 次，将测量数据记入表 2.9.1，根据式 (2.9.3) 计算出金属钢珠的比热容 c，最后取平均值。

水在 25℃ 时的比热容 $c_0 = 0.9970\text{cal} \cdot \text{g}^{-1} \cdot \text{℃}^{-1}(4.173\text{J} \cdot \text{g}^{-1} \cdot \text{℃}^{-1})$，不锈钢在 25℃ 时的比热容 $c_2 = 0.120\text{cal} \cdot \text{g}^{-1} \cdot \text{℃}^{-1}(0.502\text{J} \cdot \text{g}^{-1} \cdot \text{℃}^{-1})$，本实验仪的水当量 $\omega = 6.8\text{g}$。

表 2.9.1　固体比热容测量

测量量	$m(\text{g})$	$m_1(\text{g})$	$m_0(\text{g})$	$t_1(\text{℃})$	$t_2(\text{℃})$	$U(\text{V})$	$I(\text{A})$	$\tau(\text{s})$	$c(\text{J} \cdot \text{g}^{-1} \cdot \text{℃}^{-1})$
1									
2									
3									
4									
5									

五、注意事项

1. 供电电源插座必须良好接地。
2. 在整个电路连接好之后才能打开电源开关。
3. 严禁带电插拔电缆插头。
4. 仪器加热温度不应超过 50℃。
5. 切勿将加热器裸露在空气中加热。

六、思考题

1. 为了减少系统与外界的热交换，在实验地点和操作中应注意什么？
2. 水的初温选得太高、太低有什么不好？
3. 系统的终温由什么决定？终温太高、太低有什么不好？
4. 金属钢珠过大或过小有什么坏处？金属钢珠的质量以多大为宜？

实验十　电热法测量热功当量

根据能量守恒定律，不同形式的能量之间转化时，总能量保持不变。热功当量即为做功与内能之间转化时的量度。测量热功当量的方法很多，本实验采用电热法，用较长的时间对量热器中的水进行加热，增大水吸收的热量与系统对外界散失的热量的比值，以期减小系统误差对实验结果的影响。

一、实验目的

用电热法测定热功当量。

二、实验仪器

YJ-RZ-4C 数字智能化热学综合实验仪、天平、量热器、加热器、温度传感器。

三、实验原理

如图 2.8.1 所示,加在加热器两端的电压为 U ,通过电阻的电流为 I ,通过时间为 t ,则电流做功为

$$A = UIt \tag{2.10.1}$$

如果这些功全部转化为热能,使量热器系统的温度从 T_0 升高至 T_f ,则系统所吸收的热量为

$$Q = C_s(T_f - T_0) \tag{2.10.2}$$

式中, C_s 为系统的热容量。

如果过程中没有热量散失,则

$$A = JQ \tag{2.10.3}$$

即热功当量为

$$J = A / Q \text{ (J/cal)} \tag{2.10.4}$$

孤立的热学系统在温度从 T_0 升到 T_f 时的热量 Q 与系统内各物质的质量 m_1 , m_2 , $\cdots$,比热容 c_1 , c_2 , $\cdots$,温度变化 $T_0 - T_f$ 有如下关系:

$$Q = (m_1c_1 + m_2c_2 + \cdots)(T_0 - T_f) \tag{2.10.5}$$

式中, m_1c_1 , m_2c_2 , $\cdots$ 是各物质的热容量。

在进行热功当量的测量中,除了用到的水,还会有其他诸如量热器内筒、搅拌器、加热器、温度传感器等物质参与热交换。即

$$Q = (c_{水}m_{水} + c_x m_x)(T_0 - T_f) \tag{2.10.6}$$

式中, $c_{水}m_{水}$ 为水的热容量, $c_x m_x$ 为量热器内筒、搅拌器、加热器、温度传感器等的热容量。如果量热器内筒、搅拌器、加热器、温度传感器等的质量用水当量 ω 表示,则热功当量为

$$J = UIt / (c_{水}m_{水} + c_{水}\omega)(T_0 - T_f) \text{ (J/cal)} \tag{2.10.7}$$

通过实验测得,本实验中量热器内筒、搅拌器、加热器、温度传感器等的水当量 $\omega = 6.8\text{g}$ 。

四、实验内容及步骤

1. 用天平称出量热器内筒的质量 m_0 ,加入占内筒约 1/2 的水,称出内筒和水的质量 m_1 ,则水的质量为 $m_{水} = m_1 - m_0$ 。

2. 安装好仪器,连接好连接线,打开电源开关。

3. 记下初始温度值 T_0 (℃)。

4. 打开搅拌开关和加热开关(同时按触计时器"启动"按钮),系统开始加热、计时。

5. 因系统温度升高后,电阻棒的电阻会发生变化,所以开始加热后,需每隔 1min 记录一次电阻棒两端的电压 U 、电流 I 和系统的温度 T ,并记入表 2.10.1。当加热一段时间后,

关掉加热开关，停止加热，待温度不再上升时，记下系统的温度 T_f（℃）。关掉搅拌开关，倒掉量热器中的水。

表 2.10.1　U、I、T 测量数据

测量时间							
电压 V(V)							
电流 I(A)							
温度 T(℃)							

6．根据公式 $Q = (c_水 m_水 + c_水 \omega)(T_0 - T_f)$ 计算出系统内能的变化量，其中 $c_水 = 0.9970 \text{cal} \cdot \text{g}^{-1} \cdot ℃^{-1}(4.173 \text{J} \cdot \text{g}^{-1} \cdot ℃^{-1})$，$\omega = 6.8\text{g}$。

7．采用分段法计算电流做的功，即将电流每分钟做的功相加得到电流所做的总功，表示为 $A = \sum_i U_i I_i t$。

8．根据 $J = A / Q$(J/cal) 求出热功当量，与公认值 $J = 4.1868$J/cal 相比较，求出相对误差。

五、注意事项

1．供电电源插座必须良好接地。

2．在整个电路连接好之后才能打开电源开关。

3．严禁带电插拔电缆插头。

六、思考题

1．如果实验过程中加热电流发生了微小波动，是否会影响测量的结果？为什么？

2．实验过程中量热器不断向外界传导和辐射热量。这两种形式的热量损失是否会引起系统误差？为什么？

实验十一　混合法测量冰的熔化热

根据热平衡原理，用混合法测量物体之间的热量交换是量热学中一种常用的方法。本实验采用混合法测量冰的熔化热。由于实验过程中量热器不可避免地要与外界进行热交换，本实验要求进一步熟悉将这种热交换因素分离出去的图解修正散热的方法，以减小实验误差。

一、实验目的

1．掌握基本的量热方法——混合法。

2．掌握测量冰的熔化热的方法。

3．学习用图解法进行散热修正。

二、实验仪器

YJ-RZ-4C 数字智能化热学综合实验仪、天平、量热器、加热器、温度传感器、小冰块。实验装置如图 2.11.1 所示(注意，不要接加热器)。

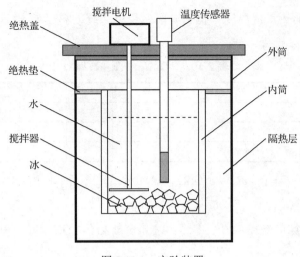

搅拌电机　　温度传感器

绝热盖　　　　　　　　　　　　　　　外筒

绝热垫　　　　　　　　　　　　　　　内筒

水

搅拌器　　　　　　　　　　　　　　　隔热层

冰

图 2.11.1　实验装置

三、实验原理

在一定的压强下晶体开始熔解的温度称为晶体在该压强下的熔点。单位质量某种晶体熔解成同温度的液体所吸收的热量，称为该晶体的熔解潜热，又称熔化热。如果把 m 克 0℃的冰和 M 克 T_1 ℃的水在量热器内筒内混合，使冰全部熔解并达到热平衡后的温度为 T_2 ℃。在这个过程中，冰必须吸收热量才能使它由冰熔解成水，并在熔解成水后温度由 0℃上升至 T_2 ℃。同时量热器和它所装的水失去了热量，温度由 T_1 ℃降低到 T_2 ℃。假定这个过程在外界绝热的孤立系统中进行，根据热平衡原理，冰熔解并上升到 T_2 ℃所吸收的热量，应该等于量热器和它所装的水所失去的热量。

设冰熔化热为 λ，水的比热容为 c；量热器内筒的比热容为 c_1，其质量为 m_1；搅拌器与温度计(设它们是由同种材料做成的)的比热容为 c_2，其质量为 m_2。则 $m\lambda + mcT_2$ 即为冰熔解成水并由 0℃上升至 T_2 ℃所吸收的热量；$(Mc + m_1c_1 + m_2c_2)(T_1 - T_2)$ 即为量热器和它所装的水由 T_1 ℃降低到 T_2 ℃所放出的热量，由此可得

$$m\lambda + mcT_2 = (Mc + m_1c_1 + m_2c_2)(T_1 - T_2)$$

所以
$$\lambda = \frac{(Mc + m_1c_1 + m_2c_2)(T_1 - T_2)}{m} - cT_2 \tag{2.11.1}$$

在测量中，除了冰和水、不锈钢量热器内筒，还会有其他诸如搅拌器、温度传感器等物质参加热交换。为了方便，通常把这些物质的热容量用水的热容量来表示。如果用 m_x 和 c_x 分别表示某物质的质量和比热容，c 表示水的比热容，则应当有 $m_xc_x = c\omega$。式中，ω 是用水的热容量表示该物质的热容量后"相当"的质量，即"水当量"。

因此，式(2.11.1)可写成
$$\lambda = \frac{(Mc + m_1c_1 + c\omega)(T_1 - T_2)}{m} - cT_2 \tag{2.11.2}$$

为了尽可能使系统与外界交换的热量达到最小，在实验操作过程中应注意以下几点：不应直接用手握量热筒的任何部分；不应在阳光直接照射下进行实验；不在空气流通过快的地

方或在火炉、暖气旁做实验。此外，由于系统与外界温差越大，热量在它们之间传递越快；时间越长，传递的热量越多。因此在进行量热实验时，要尽可能使系统与外界的温差小些，并尽量使实验进行得快些。

四、实验内容及步骤

1. 用电子天平进行称量

用电子天平称量量热器内筒质量 m_1；加入约占量热器 1/2 的温水（约 50℃），称量量热器内筒和水的总质量为 M'，则加入的水的质量 $M = M' - m_1$。

2. 作温度-时间 $(T-t)$ 曲线

(1)安装实验装置，将温度传感器插头与 YJ-RZ-4C 数字智能化热学综合实验仪上的测温电缆座(电缆Ⅰ)连接，将搅拌电机插头与实验仪搅拌电缆座(电缆Ⅲ)相连，打开搅拌开关。

(2)冰块加入内筒前需测量 10min，每隔 1min 记录一次温度值；加入冰块至冰块完全熔解的过程中，每隔 10s 读一次温度值；待温度稳定后，再测量 10min，每隔 1min 读一次温度值，将数据记入表 2.11.1，整个过程需不停地搅拌，然后作温度-时间曲线图。

表 2.11.1　温度-时间 $(T-t)$ 曲线

温度	1	2	3	4	5	6	7	8	9	10
加冰块前 T_0(℃)										
熔解过程 T_1(℃)										
降温过程 T_2(℃)										

3. 用图解法进行温度修正

用图解法对加入冰块前的系统初始温度 T_0 和冰块熔解后的系统末温 T_2 进行修正。

4. 称量冰块的质量

冰块完全熔解后，用电子天平称量热器内筒和水的总质量 m'，则冰块的质量 $m = m' - M'$。

5. 重复操作

重复该实验 3 次，将数据记入表 2.11.2。

表 2.11.2　冰的熔化热测量

测量量	1	2	3	平均值
m_1(g)				
M'(g)				
M(g) $= M' - m_1$				
m'(g)				
m(g) $= m' - M'$				
T_1(℃)				
T_2(℃)				

6. 计算冰的熔化热及其不确定

将表 2.11.2 的数据代入式(2.11.2)中计算冰的熔化热 λ。

五、注意事项

1. 冰块的选择，要挑选表面光洁，没有麻点，透明度好的冰块。
2. 投放冰块前应将其上面的水分迅速除净。

六、思考题

1. 为了减少系统与外界的热交换，在实验地点和操作中应注意什么？
2. 水的初温选得太高、太低有什么不好？
3. 系统的终温由什么决定？终温太高、太低有什么不好？
4. 冰块过大或过小有什么坏处？冰块的质量以多大为宜？

实验十二　非良导体热导率的测量

热导率(又称导热系数)是反映材料热性能的重要物理量。热传导是热交换的三种(热传导、对流和辐射)基本形式之一，是工程热物理、材料科学、固体物理及能源、环保等研究领域的课题。材料的导热机理在很大程度上取决于它的微观结构，热量的传递依靠原子、分子围绕平衡位置的振动及自由电子的迁移，在金属中电子流起支配作用，在绝缘体和大部分半导体中则以晶格振动为主导。在科学实验和工程设计中，所用材料的热导率都需要用实验的方法精确测定。

一、实验目的

了解热传导现象的物理过程，学习用稳态平板法测量非良导体的热导率，并用作图法求冷却速率。

二、实验仪器

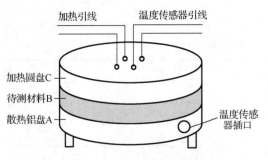

加热引线　温度传感器引线

加热圆盘C
待测材料B
散热铝盘A
温度传感器插口

图 2.12.1　热导率测量实验装置

加热型恒温控制与测量实验仪、数字多功能直流电功表、恒温加热圆盘、待测材料、胶木垫板、测量探头、底座、游标卡尺、天平、散热铝盘。

热导率测量实验装置如图 2.12.1 所示。

三、实验原理

1882 年法国科学家傅里叶 (J. Fourier) 提出了热传导定律，目前各种测量热导率的方法都是建立在傅里叶热传导定律的基础之上。测量的方法可以分为两大类：稳态法和瞬态法。本实验采用稳态平板法测量不良导体的热导率。

当物体内部有温度梯度存在时，就有热量从高温处传递到低温处，这种现象称为热传导。傅里叶指出，在 $\mathrm{d}t$ 时间内通过 $\mathrm{d}S$ 面积的热量 $\mathrm{d}Q$，正比于物体内的温度梯度，其比例系数即为热导率，即

$$\frac{\mathrm{d}Q}{\mathrm{d}t} = -\lambda \frac{\mathrm{d}T}{\mathrm{d}x}\mathrm{d}S \qquad (2.12.1)$$

式中，$\dfrac{\mathrm{d}Q}{\mathrm{d}t}$ 为传热速率；$\dfrac{\mathrm{d}T}{\mathrm{d}x}$ 是与面积 $\mathrm{d}S$ 垂直方向上的温度梯度；"–" 表示热量由高温区域传向低温区域；λ 是热导率，表征物体的导热能力，单位为 $\mathrm{W\cdot m^{-1}\cdot K^{-1}}$。对于各向异性材料，各个方向的热导率是不同的（常用张量来表示）。

如图 2.12.2 所示，设待测材料为一平板，维持上、下平面温度分别稳定在 T_1 和 T_2（侧面近似绝热），即稳态时通过待测材料的传热速率为

$$\frac{\mathrm{d}Q}{\mathrm{d}t} = \lambda \frac{T_1 - T_2}{h_\mathrm{B}} S_\mathrm{B} \qquad (2.12.2)$$

式中，h_B 为待测材料厚度，$S_\mathrm{B} = \pi R_\mathrm{B}^2$ 为待测材料上表面的面积，$T_1 - T_2$ 为上、下平面的温度差，λ 为热导率。

在实验中，要降低侧面散热的影响，就要减小 h_B。因为待测材料上、下平面的温度 T_1 和 T_2 分别用加热圆盘 C 的底部和散热铝盘 A 的温度来代表，所以就必须保证待测材料与加热圆盘 C 的底部和散热铝盘 A 的上表面密切接触。

实验时，在稳定导热的条件下（T_1 和 T_2 值恒定不变），可以认为通过待测待测材料 B 的传热速率与散热铝盘 A 向周围环境散热的速率相等。因此可以通过散热铝盘 A 在稳定温度 T_2 附近的散热速率 $\dfrac{\mathrm{d}T}{\mathrm{d}t}$，求出待测材料的传热速率 $\dfrac{\mathrm{d}Q_{加}}{\mathrm{d}t}$。

读取稳态时的 T_1 和 T_2 之后，拿走待测材料 B，让散热铝盘 A 直接与加热圆盘 C 底部的下表面接触，当散热铝盘 A 的温度上升到比 T_2 高 6℃左右，再移去加热圆盘 C，让散热铝盘 A 通过外表面直接向环境散热（自然冷却），当散热铝盘 A 的温度 T_A 降至比 T_2 高 5℃时开始计时并读数 T_A，每隔 1min 测一次温度 T_A，直到 T_A 低于 T_2 约 5℃时为止，然后以时间为横坐标，以温度为纵坐标，作散热铝盘 A 的冷却曲线如图 2.12.3 所示，过曲线上的点 (t_2, T_2) 作切线，则此切线的斜率就是 A 在 T_2 时的自然冷却速率，即

$$\frac{\mathrm{d}T}{\mathrm{d}t} = \frac{T_\mathrm{A} - T_\mathrm{B}}{t_\mathrm{A} - t_\mathrm{B}}$$

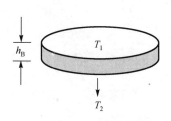

图 2.12.2 待测材料

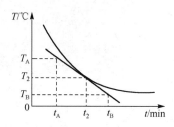

图 2.12.3 散热铝盘 A 的冷却曲线

对于散热铝盘 A，在稳态传热时，其散热的外表面积为 $\pi R_\mathrm{A}^2 + 2\pi R_\mathrm{A} h_\mathrm{A}$，移去加热圆盘 C 后，散热铝盘 A 的散热外表面积为 $2\pi R_\mathrm{A}^2 + 2\pi R_\mathrm{A} h_\mathrm{A} = 2\pi R_\mathrm{A}(R_\mathrm{A} + h_\mathrm{A})$，考虑到物体的散热速率与它的散热面积成比例，所以有

$$\frac{\mathrm{d}Q}{\mathrm{d}t} = \frac{\pi R_A (R_A + 2h_A)}{2\pi R_A (R_A + h_A)} \cdot \frac{\mathrm{d}Q_{加}}{\mathrm{d}t} = \frac{R_A + 2h_A}{2R_A + 2h_A} \cdot \frac{\mathrm{d}Q_{加}}{\mathrm{d}t} \tag{2.12.3}$$

式中，R_A 和 h_A 分别为散热铝盘 A 的半径和厚度。

根据比热容的定义，对温度均匀的物体，有

$$\frac{\mathrm{d}Q_{加}}{\mathrm{d}t} = mc\frac{\mathrm{d}T}{\mathrm{d}t} \tag{2.12.4}$$

对应散热铝盘 A，就有 $\frac{\mathrm{d}Q_{加}}{\mathrm{d}t} = m_{铝}c_{铝}\frac{\mathrm{d}T}{\mathrm{d}t}$，$m_{铝}$ 和 $c_{铝}$ 分别为散热铝盘 A 的质量和比热容，将此式代入式(2.12.3)中，有

$$\frac{\mathrm{d}Q}{\mathrm{d}t} = m_{铝}c_{铝}\frac{R_A + 2h_A}{2(R_A + h_A)} \cdot \frac{\mathrm{d}T}{\mathrm{d}t} \tag{2.12.5}$$

由(2.12.5)和式(2.12.2)得出热导率的公式为

$$\lambda = \frac{m_{铝}c_{铝}h_B(R_A + 2h_A)}{2\pi R_B^2(T_1 - T_2)(R_A + h_A)} \cdot \frac{\mathrm{d}T}{\mathrm{d}t} \tag{2.12.6}$$

式中，$m_{铝}$、h_B、R_B、h_A、R_A、T_1 和 T_2 都可以由实验测量出准确值，$c_{铝}$ 为已知常数，$c_{铝} = 0.904\mathrm{J/(g \cdot \text{℃})}$，因此，只要求出 $\frac{\mathrm{d}T}{\mathrm{d}t}$，就可求出热导率 λ。

四、实验内容及步骤

1. 建立稳恒态

(1)如图 2.12.4 所示，将热导率测量实验装置上的加热引线与加热型恒温控制与测量实验仪上的恒温电缆座相连，将温度传感器插入热导率测量实验装置上的温度传感器插口并与加热型恒温控制与测量实验仪上的测温电缆座相连，打开电源开关。

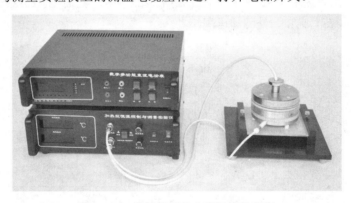

图 2.12.4　热导率测量实验装置连接图

(2)设定恒定温度，顺时针调节"温度粗选"和"温度细选"旋钮到所需温度(如 60.0℃)，打开加热开关，加热指示灯发亮(加热状态)，同时观察恒温加热盘温度的变化，当恒温加热盘温度达到恒温状态时，恒温指示灯闪烁或变暗，待恒温加热盘温度不再变化后，比较恒定温度与设定温度的差别 Δt，根据 Δt 的大小仔细微调"温度细选"旋钮，使恒定温度稳定在所需温度(如 60.0℃)。

(3)打开数字多功能直流电功表的电源开关，按"显示"键切换到"计时"，按"启动"键即开始计时；继续观察散热铝盘 A 的温度变化，若每 2min 的变化 $\Delta T_{A} \leqslant 0.1℃$，则可认为达到稳态。记下此时的散热铝盘 A 和加热圆盘 C 的温度 T_2 和 T_1。

时间测量：按一下"启动"键即开始计时；再按一下即暂停计时；按"复位"键即归零。

2. 测散热铝盘 A 在 T_2 时的自然冷却速度

读取稳态时的 T_1 和 T_2 之后，拿走待测材料 B，让散热铝盘 A 直接与加热圆盘 C 底部的下表面接触，当散热铝盘温度上升到比 T_2 高 6℃左右，再移去加热圆盘 C，关闭加热开关，让散热铝盘 A 通过外表面直接向环境散热（自然冷却）。每隔 30s 记下相应的散热铝盘温度，并记入表 2.12.1，作出散热铝盘 A 的冷却曲线，求出散热铝盘 A 在 T_2 附近的冷却速率 $\dfrac{\mathrm{d}T}{\mathrm{d}t}$。

表 2.12.1　自然冷却过程

时间 t(min)	0.5	1.0	1.5	2.0	2.5	3.0	3.5	4.0	...
温度 T(℃)									

3. 测量直径和厚度

用米尺测量不同位置的散热铝盘 A 的直径 $2R_A$、待测材料 B 的直径 $2R_B$；用游标卡尺测量不同位置的散热铝盘 A 的厚度 h_A 及待测材料 B 的厚度 h_B，记入表 2.12.2，并记下散热铝盘 A 的质量 $m_{铝}$。

表 2.12.2　直径和厚度测量值

测量量	1	2	3	4	5	平均值
$2R_A$(mm)						
h_A(mm)						
$2R_B$(mm)						
h_B(mm)						

4. 求热导率

根据式(2.12.6)求出待测材料的热导率 λ。

五、注意事项

1. 样品自然冷却时，应悬置于无风、无热源、气温稳定的环境中，开始记录数据时动作要敏捷，记录 T、t 要准确。

2. 小心加热圆盘温度过高烫手。

六、思考题

1. 热导率的物理意义是什么？

2. 简述非瞬体的导热机理。

3. 如果用瞬态法测量物体的热导率，应如何设计实验？

4. 如何测量导体的热导率？

实验十三　冷却规律的研究

当物体的温度与周围环境(介质)的温度不相同时，由于对流、热传导和辐射的作用，物体的内能随时间而变化。物体不是从周围环境获得热量，就是向周围环境散发热量，因此，物体的温度也随时间而变化，直至与所处环境的温度完全一致。即使在很精密的实验中，也很难完全阻止这种热交换的发生。由于物体表面形状、表面状态及周围环境的复杂性，要想用纯理论方法来估算这一热交换过程中散失或获得的热量是困难的。本实验将介绍研究热交换过程并估算其交换热量的实验方法。

一、实验目的

研究物体冷却规律。

二、实验仪器

加热型恒温控制与测量实验仪、数字多功能直流电功表、恒温加热盘、铝盘、胶木垫板、测量探头、底座。

三、实验原理

一般情况下，由于物体的温度不是很高，辐射散热的作用可以忽略；如果物体没有与良导体直接接触，热传导也可不计。这样，被加热物体与周围环境的热交换主要是对流。若物体的温度 θ 高于环境(空气)的温度 θ_0，那么物体的一部分热量将通过对流的方式散发给周围空气，其温度将逐渐下降。若在 t 到 $(t + \Delta t)$ 这一时间间隔中，物体温度下降了 $\Delta\theta$，则在 Δt 时间内，物体所散失的热量为 $Q = mc\Delta\theta$，式中，m 是物体的质量，c 是物体的比热容。单位时间内物体散失的热量为

$$\frac{\Delta Q}{\Delta t} = mc\frac{\Delta\theta}{\Delta t} \tag{2.13.1}$$

式中，$\dfrac{\Delta Q}{\Delta t}$ 显然也与温度差 $\theta - \theta_0$ 有关，还与物体周围对流散热的情况(对流分自然对流和强迫对流，没有风吹时，物体与周围空气的对流是自然对流；有风吹时是强迫对流，可用系数 a 表示)、物体表面及周围介质有关。在一定的近似程度内，$\dfrac{\Delta Q}{\Delta t}$ 可以写成

$$\frac{\Delta Q}{\Delta t} = k(\theta - \theta_0)^a \tag{2.13.2}$$

上式就是牛顿冷却定律的表达式。式中，k 是与物体表面状况、周围介质等有关的系数，当环境条件不变时，它是一个常数。

综合式 (2.13.1) 和式 (2.13.2) 得

$$\frac{\Delta Q}{\Delta t} = \frac{k}{cm}(\theta - \theta_0)^a \tag{2.13.3}$$

本实验将通过观测铝盘的冷却过程来测量 a 及 k/cm。由于式 (2.13.3) 表现在直角坐标图

上为一曲线，改用双对数坐标可使其成为一直线，并很容易在图上求得 a 及 k/cm 。若已知 m 和 c ，则可以求出 k 值，把 k 和 a 代入式(2.13.2)，就可以从实验中得到牛顿冷却定律，并估算其交换的热量。铝盘冷却过程中的温度可用"散热盘"温度测得。

四、实验内容

1. 将热导率测量实验装置上的加热引线与加热型恒温控制与测量实验仪上的恒温电缆座相连，将温度传感器插入热导率测量实验装置上的温度传感器插口并与加热型恒温控制与测量实验仪上的测温电缆座相连。记下室温 θ_0 ，顺时针调节"温度粗选"和"温度细选"旋钮到最大，打开加热开关，用恒温加热盘对标准样品加热，同时监视样品温度，达 $70.0℃$ 后停止加热。并将恒温加热盘移开，使样品自然冷却，继续观察铝盘的温度变化，并用计时器计时，记录温度 θ_1 和对应的时间 t_1 。初始时由于样品温度与室温差别较大，降温较快，因此记录点要略密些。随着样品降温，温差变小，变化缓慢，记录时间间隔可加大。当温度约为 $50℃$ 时，停止测量。

2. 在坐标纸上，以 t 为横坐标，θ 为纵坐标，作出 $\theta - t$ 曲线。

3. 由于式(2.13.3)中 a 出现在指数上，故可对式(2.13.3)两边取对数，得

$$\lg \frac{\Delta\theta}{\Delta t} = \lg \frac{k}{cm} + a\lg(\theta - \theta_0) \tag{2.13.4}$$

在冷却曲线(见图 2.13.1)上均匀地取 5 个数据点，分别作出该点的切线，记录各切点温度 θ 及 $\Delta\theta$ 、Δt ,并求出斜率的绝对值 $\left| \dfrac{\Delta\theta}{\Delta t} \right|$ 。

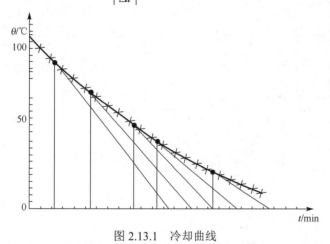

图 2.13.1　冷却曲线

再以 $\theta - \theta_0$ 为横坐标， $\left| \dfrac{\Delta\theta}{\Delta t} \right|$ 为纵坐标，在双对数坐标图中作出 5 个数据点，连成一条直线，其斜率即为 a 的值，而直线与纵坐标交点即为 k/cm 的值(见图 2.13.2)。

4. 称出铝盘质量 m ，计算出 k 值(c 为已知)。把 k 、a 和 θ_0 代入式(2.13.2)即得铝盘的牛顿冷却定律。

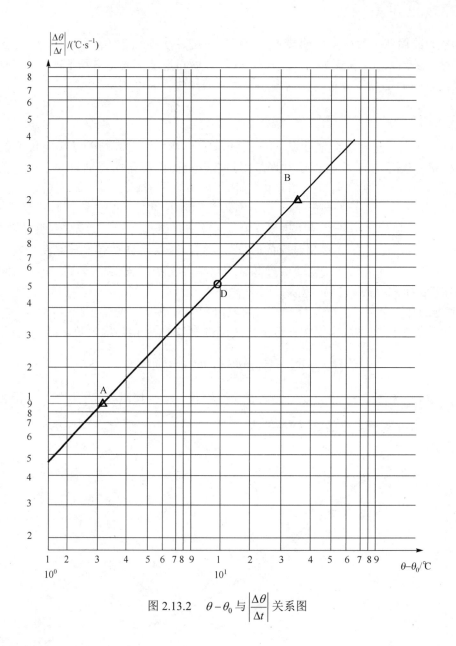

图 2.13.2 $\theta - \theta_0$ 与 $\left|\dfrac{\Delta \theta}{\Delta t}\right|$ 关系图

五、注意事项

1. 样品自然冷却时，应悬置于无风、无热源、气温稳定的环境中，开始记录数据时动作要敏捷，记录 θ、t 要准确。

2. 小心恒温加热盘温度过高烫手。

实验十四　静电场的描绘

在工程技术中，常常需要知道电极系统的电场分布情况，以便研究电子在该电场中的运动规律（如电子束在示波管中的聚焦和偏转）。电场的分布只有在少数简单的情况下才能用解析法求得，绝大多数电极系统的电场分布只能用实验方法来测定。由于电压表的内阻远小于空气的电阻，且金属探头的引入会引起静电感应，因此无法直接用电压表测量静电场空间各点的电位。实验中只能用模拟法来实现对复杂电极系统电场分布的研究。

模拟法是指用一种易于实现、便于测量的物理状态或过程模拟另一种不易实现、不便测量的物理状态或过程，在实验或测量难以直接进行、理论上难以计算时常常被采用。模拟法在工程设计中有着广泛的应用，例如在科学研究和工程技术中，常用电流场来模拟静电场、温度场、流体场等。通过本实验可以了解模拟法的基本原理，学习如何用稳恒电流场实现对静电场的模拟，加深对同轴圆柱、平行圆柱电极分布的认识。

一、实验目的

1. 学习用电流场模拟静电场的原理和方法，从而加深对静电场性质的理解。
2. 描绘两种电场结构的等势线。

二、实验仪器

GVZ-4 型静电场描绘实验仪。

三、实验原理

1. 模拟法描绘静电场的理论依据

带电体在其周围空间所产生的电场，可用电场强度矢量 E 和电位 U 的空间分布来描述。为了形象地表示电场的分布情况，常采用等位面和电场线来描述电场。电场线是按空间各点电场强度的方向顺次连成的曲线，等位面是电场中电位相等的各点所构成的曲面。电场线和等位面互相正交，有了等位面的图形就能画出电场线；反之亦然。我们所说的测量静电场，指的是测绘出静电场中等位面和电场线的分布图形，它是了解电场中一些物理现象或控制带电粒子在电磁场中运动的前提，对科研和生产都有很大的用处。但是，除极简单的情况外，大部分情况下不能得到静电场的解析表达式。为了解决实际问题，一般借助实验方法来描述电场强度或其电势的空间分布。但是由于静电场中不存在电流，无法用直流电表直接测量；而用静电式仪表测量必须用金属探头，然而金属探头伸入静电场中将产生静电感应现象，产生感应电荷，感应电荷产生的电场叠加于被测的静电场中，改变了静电场原来的分布，使之发生显著的变化，导致测量误差极大。因此，直接测量是不可行的，一般采用间接测量的方法来描述静电场，本实验采用模拟法。

用模拟法描绘静电场的方法之一是用电流场代替静电场，本实验采用稳恒电流场来模拟描绘静电场。由电磁学理论可知，电介质(或水)中的稳恒电流场与电介质(或真空)中的静电场具有相似性。

由电磁场理论可知，当空间中不存在自由电荷时，各向同性介质中的静电场满足下列微分方程及边界条件：

$$\begin{cases} \nabla \cdot \boldsymbol{D} = 0; & D_{1n} = D_{2n} \\ \nabla \times \boldsymbol{E} = 0; & E_{1t} = E_{2t} \end{cases} \tag{2.14.1}$$

式中，$\boldsymbol{D}$ 为电位移矢量，$\boldsymbol{E}$ 为电场强度矢量；下标中的 n 表示法向，t 表示切向，1、2 代表边界两边的介质。$\boldsymbol{D}$ 和 $\boldsymbol{E}$ 的关系为

$$D = \varepsilon E = \varepsilon_r \varepsilon_0 E \tag{2.14.2}$$

式中，ε 为介质介的电常数，ε_0 为真空介电常数，ε_r 为介质的相对介电常数。

在静电场的无源区域中，电场强度矢量 E 满足

$$\begin{cases} \oint_S E \cdot dS = 0 \\ \oint E \cdot dl = 0 \end{cases} \tag{2.14.3}$$

各向同性电介质中的稳恒电流场满足下列微分方程及边界条件：

$$\begin{cases} \nabla \cdot J = 0; \quad J_{1n} = J_{2n} \\ \nabla \times E = 0; \quad E_{1t} = E_{2t} \end{cases} \tag{2.14.4}$$

式中，J 为电流密度矢量。J 和 E 的关系为

$$J = \sigma E \tag{2.14.5}$$

式中，σ 为各向同性电介质的电导率。

在电流场的无源区域中，电流密度矢量 J 和稳恒电流场场强 E 满足

$$\begin{cases} \oint_S \sigma E \cdot dS = 0 \\ \oint \sigma E \cdot dl = 0 \end{cases} \tag{2.14.6}$$

由式 (2.14.1) ～式 (2.14.6) 可看出静电场和稳恒电流场所遵循的物理规律具有相同的数学形式，所以这两种场具有相似性。在相似的场源分布和边界条件下，它们的解的表达式具有相同的数学模型。

模拟法测定静电场的理论依据是静电场与稳恒电流场所遵循的物理规律具有相同的数学形式。因而便可用电介质中分布的稳恒电流场来模拟电介质中的静电场。当静电场中的导体与稳恒电流场中的电极形状相同，且边界条件相同时，静电场在电介质中的电位分布与稳恒电流场在电介质中的电位分布完全相同，所以可以用稳恒电流场来模拟静电场。

电流场中有许多电位彼此相等的点，测出这些电位相等的点，描绘成面就是等位面，这些面也是静电场中的等位面。当等位面变成等位线，根据电场线和等位线正交的关系，即可画出电场线，这些电场线上每一点的切线方向就是该点电场线的方向，这样便可用等位线和电场线形象地描绘出静电场的分布。

用稳恒电流场模拟静电场，为了保证具有相同或相似的边界条件，稳恒电流场应满足以下的模拟条件。

(1) 稳恒电流场中的电极形状和位置必须与静电场中导体的形状和位置相同或相似，这样可以保证用"电极间电压恒定"来模拟静电场中"导体上电量恒定"。

(2) 静电场中的导体在静电平衡条件下，其表面是等位面，表面附近的场强（或电场线）与表面垂直。与之对应的稳恒电流场则要求电极表面也是等位面，且电场线与表面垂直。为此必须使稳恒电流场中电介质的电阻率远大于电极的电阻率；由于被模拟的是真空中或空气中的静电场，故要求稳恒电流场中电介质的电导率要处处均匀；此外，稳恒电流场中电介质的电导率还应远大于与其接触的其他绝缘材料的电导率，以保证模拟场与被模拟场的边界条件完全相同。

实验中的电极系统常选用金属材料，电介质可选用水、导电纸、导电玻璃或导电微晶等。若满足上述模拟条件，则稳恒电流场中电介质内部的电流场和静电场具有相同的电位分布规律。

导体周围的电场分布通常是三维空间的，但当电场的分布具有某种对称性时，只要清楚某一个二维平面上的电场分布，即可知其三维空间的电场分布。如长直同轴电缆内的电场、长平行输电线间的电场等，这些场的特点是除靠近端部的区域外，在垂直于导线的任一平面内电场分布都是相同的。所以只要模拟测绘出垂直于导线的二维平面内的电场分布即可。很多二维平面内的电场分布又是对称的，所以只要实际测绘出一半的电场分布即可描绘出整个电场的分布。

2. 两同轴无限长均匀带电圆柱体间的静电场

如图 2.14.1 所示（$h \to \infty$），设内圆柱 A 的半径为 r_A，其电势为 U_A；外圆柱内半径为 r_B，其电势为 U_B，则静电场中距离轴心为 r 处的 P 点的电势 U_r 可表示为

$$U_r = U_A - \int_{r_A}^{r} E \mathrm{d}r \tag{2.14.7}$$

根据高斯定理可知，对于两同轴无限长均匀带电圆柱体系统，在垂直于轴线的任一截面 S 内，都有均匀分布的如图 2.14.1(b)所示的辐射状电场线，这是一个与圆柱中心轴线无关的二维场，只需研究任一截面上的电场分布即可。而在二维场中，电场 E 平行于 xy 平面，其等位面为一簇同轴圆柱面的同心圆，圆等位面与电场线正交。

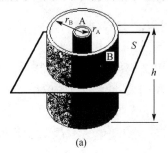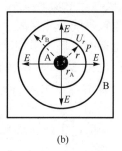

(a)   (b)

图 2.14.1   (a)同轴无限长均匀带电圆柱体系统；(b)垂直于轴线任一截面的电场线分布

如图 2.14.1(b)所示，当 $r_A < r < r_B$ 时，电荷均匀分布的两同轴无限长圆柱体内到轴心距离为 r 的场强大小为

$$E = C \frac{1}{r} \tag{2.14.8}$$

式中，C 由圆柱体上的线电荷密度决定。将式(2.14.8)代入式(2.14.7)可得

$$U_r = U_A - \int_{r_A}^{r} E \mathrm{d}r = U_A - C \ln\left(\frac{r}{r_A}\right) \tag{2.14.9}$$

在 $r = r_B$ 处，$U_r = U_B$，代入式(2.14.9)有

$$U_B = U_A - C \ln\left(\frac{r_B}{r_A}\right)$$

整理后可得

$$C = \frac{U_A - U_B}{\ln\left(\dfrac{r_B}{r_A}\right)} \tag{2.14.10}$$

将此式代入式(2.14.9)，并取 $U_A = U_0$，$U_B = 0$，整理后可得

$$U_r = U_0 \frac{\ln\left(\dfrac{r_B}{r}\right)}{\ln\left(\dfrac{r_B}{r_A}\right)}$$

即

$$r = \frac{r_B}{\left(\dfrac{r_B}{r_A}\right)^{\frac{U_r}{U_0}}}$$

或

$$r = r_B \left(\frac{r_A}{r_B}\right)^{\frac{U_r}{U_0}} \tag{2.14.11}$$

对式(2.14.11)两边取自然对数,可得

$$\ln r = \ln r_B + \left(\ln \frac{r_A}{r_B}\right) \frac{U_r}{U_0} \tag{2.14.12}$$

式(2.14.11)和式(2.14.12)即为两同轴无限长均匀带电圆柱体间静电场中任意点 P 的电势 U_r 与该点到轴心的距离 r 的函数关系式。

3. 两平行无限长线电荷电场的模拟

假设两条平行带电直导线,其截面直径为 D,两导线间的距离为 l,当 $l \gg D$ 时,在离导线较远处的电场和线电荷的电场近乎相同。

设有两个无限长线电荷 A 和 B,它们的电荷密度分别为 $+\lambda$ 和 $-\lambda$,P 点到线电荷 A 的垂直距离为 r_1,到线电荷 B 的垂直距离为 r_2,我们来计算 P 点的电位 V。

先求线电荷 A 在 P 点产生的电势 V_1。对于无限长线电荷,它在空间某点产生的电场强度方向是垂直于该线电荷的,由高斯定理可得,线电荷 A 在 P 点产生的电场强度

$$E_A = \frac{\lambda}{2\pi\varepsilon_0 r_1} \tag{2.14.13}$$

式中,ε_0 为真空介电常数。

设在离线电荷 A 和 B 很远的地方有一点 Q,Q 与线电荷 A 的垂直距离为 R_1,与线电荷 B 的垂直距离为 R_2。假定 Q 点的电位为 0,那么由于线电荷 A 的存在,在 P 点产生的电位 V_1 为

$$V_1 = -\int_{R_1}^{r_1} E_A \mathrm{d}r = -\int_{R_1}^{r_1} \frac{\lambda}{2\pi\varepsilon_0 r_1} \mathrm{d}r = -\frac{\lambda}{2\pi\varepsilon_0} \ln r_1 + \frac{\lambda}{2\pi\varepsilon_0} \ln R_1 \tag{2.14.14}$$

同理,线电荷 B 在 P 点产生的电位 V_2 为

$$V_2 = \frac{\lambda}{2\pi\varepsilon_0} \ln r_2 - \frac{\lambda}{2\pi\varepsilon_0} \ln R_2 \tag{2.14.15}$$

我们知道,对于一线电荷来说,$R_1 = \infty$ 或 0 是不可能的,因为此时积分将发散而失去意义。但是,对于两平行的等值异号线电荷,其总电荷等于 0,在带电导线可视为无限长的情况下,仍可把距线电荷无限远处的电位假定为 0,由式(2.14.14)、式(2.14.15)可得 P 点的电位为

$$V_P = V_1 + V_2 = \frac{\lambda}{2\pi\varepsilon_0} \ln \frac{r_2}{r_1} + \frac{\lambda}{2\pi\varepsilon_0} \ln \frac{R_1}{R_2} \tag{2.14.16}$$

当 Q 点移至无限远处时，$R_1 = R_2$，上式右边第二项变为 0。因此，如果规定与线电荷相距为无限远处的各点电位为 0，则所有到线电荷 A 和 B 分别为有限距离 r_1 和 r_2 处的电位为有限值，即

$$V_P = \frac{\lambda}{2\pi\varepsilon_0} \ln \frac{r_2}{r_1} \tag{2.14.17}$$

对于等势面，因为 V_P 都是常量，所以有

$$\frac{r_2}{r_1} = C \text{（常数）} \tag{2.14.18}$$

4. 电场描绘方法

在用模拟法描绘静电场的实际过程中，由于电场强度这个物理量较难测定，测定电位(标量)比测定场强(矢量)容易实现，因此我们先测定等电位线，然后根据等电位线与电场线的正交关系，就可以描绘出电场线分布图。

四、实验内容及步骤

按照图 2.14.2 所示连接仪器，将静电场稳压电源的输出端正极用红线连接到静电场描绘实验箱上(红)+，输出端负极用黑线连接到静电场描绘实验箱上(黑)-。电源上的探针测量用红线连接，然后即可测量。注意：输出端负极与测量端负极在仪器内部已经连在一起，即已经保证了都是零电位。

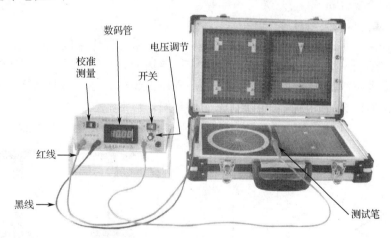

图 2.14.2　实验装置连接图

1. 描绘两同轴无限长均匀带电圆柱体间的静电场分布

(1)打开电源开关，指示灯亮，先把左上方开关置于"校正"，将电压调到 10V。

(2)启用测试开关后为 0V，从 1V 开始，移动测试笔在导电微晶上找到所需要的电压，并用笔在对应的坐标纸上描出电压点。

(3)描出 1V、2V、3V、4V、5V、6V、7V、8V、9V 等位线上各点的位置，每条等位线不少于 15 个点。

(4)以每条等位线上各点到原点的平均距离 r 为半径，画出等位线的同心圆簇。再根据电场线与等位线正交原理，画出电场线，并指出电场强度方向，得到一张完整的电场分布图。

(5)在坐标纸上作出相对电位 U_r / U_A 和 $\ln r$ 的关系曲线,并与理论结果比较,再根据曲线的性质说明等位线是以内电极中心为圆心的同心圆。

2. 描绘两平行无限长线电荷的电场分布

(1)打开电源开关,指示灯亮,先把左上方开关置于"校正",将电压调到 10V。

(2)启用测试开关后为 0V,从 5V 开始,移动测试笔在导电微晶上找到所需电压,并用笔在对应的坐标纸上描出电压点。

(3)描出 1V、2V、3V、4V、5V、6V、7V、8V、9V 等位线上各点的位置,每条等位线不少于 15 个点。

(4)画出 9 条等位线,再根据电场线与等位线正交原理画出电场线,并指出电场强度的方向,得到一张完整的电场分布图。

3. 描绘一个劈尖电极和一个条形电极形成的静电分布

(1)取一个劈尖电极和一个条形电极的电极板(见图 2.14.3),连接好仪器。

(2)打开电源开关,指示灯亮,先把在左上方开关置于"校正",将电压调到 10V。

(3)启用测试开关后为 0V,从 1V 开始,移动测试笔在导电微晶上找到所需要的电压,并用笔在对应的坐标纸上描出电压点。

(4)描出 1V、2V、3V、4V、5V、6V、7V、8V、9V 等位线上各点的位置,每条等位线不少于 15 个点。

(5)画出 9 条等位线,再根据电场线与等位线正交原理画出电场线,并指出电场强度方向,得到一张完整的电场分布图。

4. 描绘聚焦电极的电场分布

利用图 2.14.4 所示的模拟模型,测绘阴极射线示波管内聚焦电极间的电场分布。要求测出 7~9 条等位线,相邻等位线间的电位差为 1V,该场为非均匀电场,等位线是一簇互不相交的曲线,每条等位线的测量点应取得密一些;画出电场线,可了解静电透镜聚焦的分布特点和作用,加深对阴极射线示波管电聚焦原理的理解。

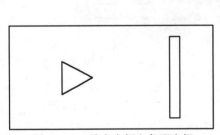

图 2.14.3　劈尖电极和条形电极

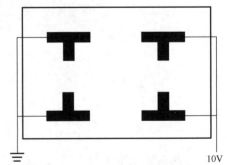

10V

图 2.14.4　聚焦电极模拟模型

五、注意事项

由于导电微晶边缘处的电流只能沿边流动,因此等位线必然与边缘垂直,使该处的等位线和电场线严重畸变,这就是用有限大的模拟模型去模拟无限大的空间电场时必然会受到的"边缘效应"的影响。要减小这种影响,需要使用"无限大"的导电微晶进行实验,或者人为地将导电微晶的边缘切割成电场线的形状。

六、思考题

1. 用稳恒电流场模拟静电场的理论依据是什么？电场线与等位线有何关系？

2. 本实验可否采用交流电源？

3. 等位线的疏密说明了什么？

4. 静电场的空间分布是三维的，为什么可以用二维平面的稳恒电流场来模拟？

5. 实验时电源电压取不同值，等位线的形状是否发生变化？电场强度和电位是否发生变化？

6. 本实验仪为什么采用高阻抗输入数字电压表？改用万用表或其他电压表来描绘电位分布好不好？为什么？

7. 电极板中电介质的电阻率为什么要远大于电极的电阻率？

8. 如果电源电压增大一倍，等位线和电场线的形状是否发生变化？电场强度和电位分布是否发生变化？为什么？

实验十五　霍尔效应法测量圆线圈和亥姆霍兹线圈的磁场

在工业、国防、科研等领域中都需要对磁场进行测量，测量磁场的方法很多，如冲击电流计法、霍尔效应法、核磁共振法、天平法、电磁感应法等。本实验采用霍尔效应测量磁场，它具有测量原理简单、测量方法简便及测试灵敏度较高等优点。

一、实验目的

1. 测量单个通电圆线圈中的磁感应强度分布。
2. 测量亥姆霍兹线圈轴线上各点的磁感应强度分布。
3. 测量两个通电圆线圈不同间距时的线圈轴线上各点的磁感应强度分布。
4. 测量通电圆线圈和亥姆霍兹线圈轴线外各点的磁感应强度分布。

二、实验仪器

DH4501N 型三维亥姆霍兹线圈磁场实验仪。

三、实验原理

1. 实验装置

DH4501N 型三维亥姆霍兹线圈磁场实验仪面板如图 2.15.1 所示，其中 I_M 为磁场励磁电流，I_S 为霍尔元件工作电流，V_H 为霍尔电压，V_σ 为霍尔元件长度 L 方向上的电压降。两个换向开关分别对 I_M、I_S 进行正反向换向控制。一个转换开关对霍尔电压 V_H 与霍尔元件长度 L 方向上的电压降 V_σ 测量进行转换控制。

(1) 亥姆霍兹线圈

DH4501N 型三维亥姆霍兹线圈磁场测试架如图 2.15.2 所示，两个圆线圈①、②安装于底板③上，其中圆线圈①固定，圆线圈②可以沿底板移动，移动范围为 50～200mm；松开圆线圈②底座上的紧固螺钉，就可以用双手均匀地移动圆线圈②，从而改变了两个圆线圈的相对位置。移到所需的位置后，再拧紧紧固螺钉。

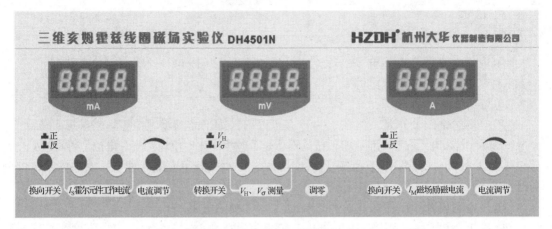

图 2.15.1　DH4501N 型三维亥姆霍兹线圈磁场实验仪面板

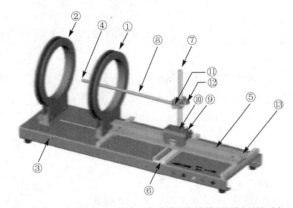

图 2.15.2　DH4501N 型三维亥姆霍兹线圈磁场测试架

励磁电流通过圆线圈后面的插孔接入，可以测量单个和双个圆线圈的磁场分布。

（2）三维可移动装置

滑块⑩可以沿导轨⑤左右移动，用于改变霍尔元件 X 方向的位置。移动时，用力要轻，速度不可过快，如果滑块移动时阻力太大或松动，则应适当调节滑块上的螺钉⑨的紧度；左右移动不可沿前后方向（即 Y 方向）用力，以免改变 Y 方向的位置；必要时，可以锁紧导轨⑤右端的紧固螺钉⑬，防止改变 Y 方向的位置。

轻推滑块⑩沿导轨⑥均匀移动导轨⑤，可改变霍尔元件 Y 方向的位置；这时，紧固螺钉⑬应处于松开状态。注意，这时不可左右方向用力，以免改变霍尔元件 X 方向的位置。

松开紧固螺钉⑫，铜管⑧可以沿导轨⑦上下移动，移到所需的位置后，再拧紧紧固螺钉⑫，可改变霍尔元件 Z 方向的位置。

装置的 X、Y、Z 方向均配有位置标尺，可以方便地测量空间磁场的三维坐标。

（3）霍尔元件

装置采用优质砷化镓霍尔元件，其特点是灵敏度高、温度漂移小，既可做霍尔效应实验，又可做磁场分布实验。

霍尔元件④安装于铜管⑧的左前端，导线从铜管⑧中引出，连接到测试架后面板上的专用插座。

改变圆线圈②的位置进行磁场分布实验时，为了读数方便，应该同时改变铜管⑧的位置。松开紧固螺钉⑪，移动铜管至 R、$2R$ 或 $R/2$ 的位置，对应于圆线圈②在 R、$2R$ 或 $R/2$ 的位置，这样做的优点是移动滑块⑩时，X 方向的读数以 0 位置对称。如果不改变铜管⑧的位置，则应对 X 方向的位置读数进行修正。

2. 载流圆线圈与亥姆霍兹线圈的磁场

根据毕奥-萨伐尔定律，载流圆线圈在轴线通过圆心并与线圈平面垂直的直线上某点的磁感应强度为

$$B = \frac{\mu_0 R^2}{2(R^2 + x^2)^{3/2}} NI \tag{2.15.1}$$

式中，I 为通过线圈的电流强度，N 为线圈的匝数，R 为线圈的平均半径，x 为圆心到该点的距离，μ_0 为真空磁导率。因此，圆心处的磁感应强度 B_0 为

$$B_0 = \frac{\mu_0}{2R} NI \tag{2.15.2}$$

轴线外的磁场分布计算公式较复杂，这里略过。

亥姆霍兹线圈是一对匝数和半径相同的共轴平行放置的圆线圈，两线圈间的距离 d 正好等于线圈的半径 R。这种线圈的特点是能在其公共轴线中点附近产生较广的均匀磁场区，在生产和科研中有较大的实用价值，其磁场合成示意图如图 2.15.3 所示。根据霍尔效应：当探头置于磁场中时，运动的电荷受到洛伦兹力，运动方向发生偏转。在偏向的一侧会有电荷积累，这样两侧就形成电势差。通过测量电势差就可知道其磁场的大小。当两载流圆线圈的电流方向一致时，线圈内部形成的磁场方向也一致，这样两圆线圈之间的部分就形成均匀磁场。当探头在磁场内运动时，其测量的数值几乎不变。当两圆线圈的电流方向不同时，在两圆线圈中心的磁场应为零。

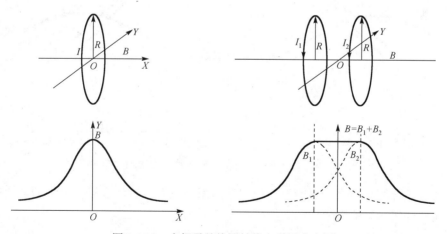

图 2.15.3　亥姆霍兹线圈轴线上磁场分布图

设 Z 为亥姆霍兹线圈轴线上某点到中心点 O 处的距离，则亥姆霍兹线圈轴线上任意一点的磁感应强度为

$$B' = \frac{1}{2}\mu_0 NIR^2 \left\{ \left[R^2 + \left(\frac{R}{2} + Z \right)^2 \right]^{-3/2} + \left[R^2 + \left(\frac{R}{2} - Z \right)^2 \right]^{-3/2} \right\} \qquad (2.15.3)$$

而在亥姆霍兹线圈轴线上中心点 O 处的磁感应强度 B_0' 为

$$B_0' = \frac{\mu_0 NI}{R} \times \frac{8}{5^{3/2}} \qquad (2.15.4)$$

在 $I = 0.5\text{A}$，$N = 500$，$R = 0.100\text{m}$ 的实验条件下，单个线圈圆心处的磁感应强度为

$$B_0 = \frac{\mu_0}{2R}NI = 4\pi \times 10^{-7} \times 500 \times 0.5 / (2 \times 0.100) = 1.57\text{mT}$$

当两圆线圈间的距离 d 正好等于线圈半径 R 组成亥姆霍兹线圈时，轴线上中心点 O 处的磁感应强度 B_0' 为

$$B_0' = \frac{\mu_0 NI}{R} \times \frac{8}{5^{3/2}} = \frac{4\pi \times 10^{-7} \times 500 \times 0.5}{0.100} \times \frac{8}{5^{3/2}} = 2.25\text{mT}$$

当 $d = \frac{1}{2}R, R, 2R$ 时，相应的曲线如图 2.15.4 所示。

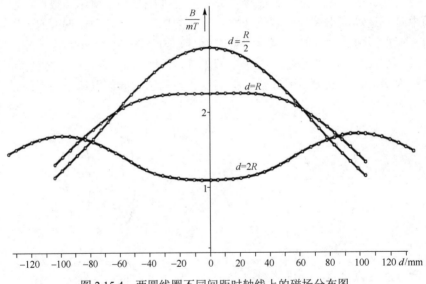

图 2.15.4　两圆线圈不同间距时轴线上的磁场分布图

由于霍尔元件的灵敏度受温度及其他因素的影响较大，因此实验仪提供的灵敏度仅供参考。霍尔元件的实际灵敏度为

$$K_{\mathrm{H}} = \frac{V_{\mathrm{H0}}}{I_{\mathrm{S}}B_0}$$

式中，V_{H0} 为在 $I = 0.5\text{A}$，$N = 500$，$R = 0.100\text{m}$ 的实验条件下，$B_0 = 2.25\text{mT}$ 时的霍尔电压；I_{S} 为霍尔元件的工作电流。

可以测量出不同三维位置时的 V_{H} 值，再根据 $V_{\mathrm{H}} = K_{\mathrm{H}}I_{\mathrm{S}}B\cos\theta = K_{\mathrm{H}}I_{\mathrm{S}}B$ 可知

$$B = \frac{V_{\mathrm{H}}}{K_{\mathrm{H}}I_{\mathrm{S}}} \qquad (2.15.5)$$

从而求得不同三维位置的磁感应强度 B。

3. 霍尔效应法测量原理

霍尔效应从本质上讲，是运动的带电粒子在磁场中受洛仑兹力的作用而引起偏转。当带电粒子(电子或空穴)被约束在固体材料中，这种偏转就导致在垂直于电流和磁场的方向上产生正负电荷在不同侧的聚积，从而形成附加的横向电场。如图 2.15.5 所示，磁场 B 位于 Z 正方向，与之垂直的半导体薄片上沿 X 正方向通以电流 I_{S}，假设载流子为电子(N 型半导体材料)，它沿着与 I_{S} 相反的 X 负方向运动。

由于洛仑兹力 f_{L} 的作用，电子即向图中虚线箭头所指的位于 Y 负方向的 B 侧偏转，并使 B 侧形成电子积累，而相对的 A 侧形成正电荷积累。与此同时，运动的电子还受到由于两种积累的异种电荷形成的反向电场力 f_{E} 的作用。随着电荷积累的增加，f_{E} 增大，当两力大小相等(方向相反)，即 $f_{\mathrm{L}} = -f_{\mathrm{E}}$ 时，电子积累便达到动态平衡。这时，在 A、B 两端面之间建立的电场称为霍尔电场 E_{H}，相应的电势差称为霍尔电势 V_{H}。

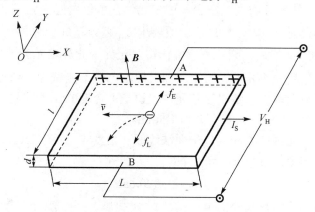

图 2.15.5 霍尔效应示意图

设电子按均匀速度 $\bar{v}$ 向图 2.15.5 所示的 X 负方向运动，在磁场 B 的作用下，所受洛仑兹力为

$$f_{\mathrm{L}} = -e\bar{v}B$$

式中，e 为电子电量，$\bar{v}$ 为电子漂移平均速度，B 为磁感应强度。

同时，电场作用于电子的力为

$$f_{\mathrm{E}} = -eE_{\mathrm{H}} = -eV_{\mathrm{H}}/l$$

式中，E_{H} 为霍尔电场强度，V_{H} 为霍尔电势，l 为霍尔元件宽度。

当达到动态平衡时，有

$$f_{\mathrm{L}} = -f_{\mathrm{E}}, \qquad \bar{v}B = V_{\mathrm{H}}/l \qquad (2.15.6)$$

设霍尔元件的宽度为 l，厚度为 d；载流子浓度为 n，则霍尔元件的工作电流为

$$I_{\mathrm{S}} = ne\bar{v}ld \qquad (2.15.7)$$

由式(2.15.6)、式(2.15.7)可得

$$V_{\mathrm{H}} = E_{\mathrm{H}}l = \frac{1}{ne}\frac{I_{\mathrm{S}}B}{d} = R_{\mathrm{H}}\frac{I_{\mathrm{S}}B}{d} \qquad (2.15.8)$$

即霍尔电压 V_H（A、B 间电压）与 I_S 和 B 的乘积成正比，与霍尔元件的厚度成反比，比例系数 $R_H = \dfrac{1}{ne}$ 称为霍尔系数（严格来说，对于半导体材料，在弱磁场下应引入修正因子 $A = \dfrac{3\pi}{8}$，从而有 $R_H = \dfrac{3\pi}{8}\dfrac{1}{ne}$），它是反映材料霍尔效应强弱的重要参数，根据材料的电导率 $\sigma = ne\mu$，还可以得到

$$R_H = \mu/\sigma = \mu p \text{ 或 } \mu = |R_H|\sigma \tag{2.15.9}$$

式中，μ 为载流子的迁移率，即单位电场下载流子的运动速度，一般电子的迁移率大于空穴的迁移率，因此制作霍尔元件时大多采用 N 型半导体材料。

当霍尔元件的材料和厚度确定时，设

$$K_H = R_H/d = l/ned \tag{2.15.10}$$

将式（2.15.10）代入式（2.15.8）可得

$$V_H = K_H I_S B \tag{2.15.11}$$

式中，K_H 称为霍尔元件的灵敏度，它表示霍尔元件在单位磁感应强度和单位工作电流下的霍尔电势大小，其单位是 mV/(mA·T)，一般要求 K_H 越大越好。由于金属的电子浓度（n）很高，导致它的 R_H 或 K_H 都不大，因此不适宜作霍尔元件。此外霍尔元件厚度 d 越小，K_H 越高，所以制作时往往采用减小 d 的办法来增加灵敏度，但不能认为 d 越小越好，因为此时元件的输入和输出电阻将会增加，这对霍尔元件来说是不合理的。本实验采用的霍尔元件的厚度 d 为 0.2mm，宽度 l 为 1.5mm，长度 L 为 1.5mm。

应当注意：当磁感应强度 B 和元件平面法线成一角度时（见图 2.15.6），作用在元件上的有效磁场是其法线方向上的分量 $B\cos\theta$，此时

$$V_H = K_H I_S B \cos\theta \tag{2.15.12}$$

所以一般在使用时应调整元件两平面方位，使 V_H 达到最大，即 $\theta = 0$，有

$$V_H = K_H I_S B \cos\theta = K_H I_S B$$

由式（2.15.12）可知，当工作电流 I_S 或磁感应强度 B 两者之一改变方向时，霍尔电势 V_H 的方向随之改变；若两者方向同时改变，则霍尔电势 V_H 的极性不变。

霍尔元件测量磁场的基本电路如图 2.15.7 所示，将霍尔元件置于待测磁场的相应位置，并使元件平面与磁感应强度 B 垂直，在其控制端输入恒定的工作电流 I_S，霍尔元件的霍尔电势输出端接毫伏表，测量霍尔电势 V_H 的值。

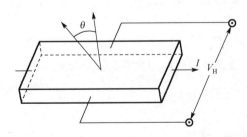

图 2.15.6　磁感应强度 B 和元件平面法线示意图

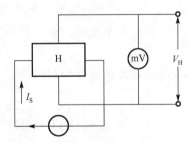

图 2.15.7　霍尔元件测量磁场的基本电路

四、实验内容及步骤

在开机前先将工作电流 I_S 和励磁电流 I_M 调节到最小，即逆时针方向将电位器调节到最小，以防冲击电流将霍尔元件损坏。

(一)测量单个载流圆线圈轴线上的磁感应强度

测量前将亥姆霍兹线圈的距离设为 R，即 100mm 处；铜管移至 R 处；Y 方向导轨⑤、Z 方向导轨⑦均置于 0 处，并拧紧相应的紧固螺钉，使霍尔元件位于亥姆霍兹线圈轴线上。

1. 测量单个载流圆线圈①轴线上的磁感应强度

(1)用连接线将励磁电流 I_M 输出端连接到圆线圈①，霍尔元件的信号插头连接到测试架后面板上的专用四芯插座，其他连接线一一对应连接好。

(2)开机，预热 10min。用短接线将数显毫伏表输入端短接，或调节 I_S、I_M 均为零，再调节面板上的调零旋钮，使毫伏表显示为 0.00。

(3)调节工作电流 $I_S = 5.00\text{mA}$，调节励磁电流 $I_M = 0.5\text{A}$，移动 X 方向导轨⑩，测量单个圆线圈①通电时，轴线上的各点处的霍尔电压，每隔 10mm 测量一个数据。

(4)将测量的数据记录在表 2.15.1 中，再根据式(2.15.5)计算出各点的磁感应强度 B，并绘出 $B_{(1)} - X$ 图，即圆线圈轴线上 B 的分布图。

(5)将测得的圆线圈轴线上(X 方向)各点的磁感应强度与理论式(2.15.1)计算的结果相比较。

以上测量 V_H 的过程较为精确，但对于仅进行磁场分布实验来说较为复杂，在适当降低精度的前提下，可以考虑用以下简便的方法实现 V_H 的测量。

开机，预热 10min 后，选择 I_S、V_H、I_M 为正向。调节工作电流 $I_S = 5.00\text{mA}$，$I_M = 0$。再调节面板上的调零旋钮，使毫伏表显示为 0.00。这样做可消除不等电势对测量的影响，实测数据表明，不等电势在几种负效应中对测量的结果影响最大。再调节励磁电流 $I_M = 0.5\text{A}$，测量单个圆线圈①通电时，轴线上各点处的霍尔电压，可以每隔 10mm 测量一个数据。这种简便的方法同样适用于以下实验。

表 2.15.1　$B_{(1)} - X$ 相关数据　　($I_S = 5.00\text{mA}, I_M = 500\text{mA}$)

X(mm)	V_1(mV)	V_2(mV)	V_3(mV)	V_4(mV)	$V_H = \dfrac{V_1 - V_2 + V_3 - V_4}{4}$(mV)	$B_{(1)}$(mT)
	$+I_S$、I_M	$+I_S$、$-I_M$	$-I_S$、$-I_M$	$-I_S$、I_M		
...						
−40						
−30						
−20						
−10						
0						
10						
20						
30						
40						
...						

2. 测量单个载流圆线圈②轴线上的磁感应强度

(1)用连接线将励磁电流 I_M 输出端连接到圆线圈②，其他连接线一一对应连接好。

(2)移动 X 方向导轨⑩，测量单个圆线圈②通电时，轴线上各点处的霍尔电压，可以每隔 10mm 测量一个数据。

(3)将测量的数据记入表 2.15.2，再根据式(2.15.5)计算出轴线上(X 方向)各点的磁感应强度 B，绘出 $B_{(2)}-X$ 图，即圆线圈轴线上 B 的分布图。

表 2.15.2　$B_{(2)}-X$ 相关数据　　　　　　　　　($I_S=5.00\text{mA}$，$I_M=500\text{mA}$)

$X(\text{mm})$	$V_1(\text{mV})$	$V_2(\text{mV})$	$V_3(\text{mV})$	$V_4(\text{mV})$	$V_H=\dfrac{V_1-V_2+V_3-V_4}{4}(\text{mV})$	$B_{(2)}(\text{mT})$
	$+I_S$、I_M	$+I_S$、$-I_M$	$-I_S$、$-I_M$	$-I_S$、I_M		
...						
−40						
−30						
−20						
−10						
0						
10						
20						
30						
40						
...						

(二)测量亥姆霍兹线圈轴线上各点的磁感应强度

1．测量前将亥姆霍兹线圈的距离设为 R，即 100mm 处；铜管⑧移至 R 处。

2．Y 方向导轨⑤、Z 方向导轨⑦均置于 0 处，并拧紧相应的紧固螺钉，这样使霍尔元件位于亥姆霍兹线圈轴线上。

3．用连接线将圆线圈②和①同向串联，连接到信号源励磁电流 I_M 输出端。其他连接线一一对应连接好。

4．用短接线将数显毫伏表输入端短接，或调节 I_S、I_M 均为零，再调节面板上的调零旋钮，使毫伏表显示为 0.00。

5．调节工作电流 $I_S=5.00\text{mA}$，调节励磁电流 $I_M=500\text{mA}$，移动 X 方向导轨⑩，测量亥姆霍兹线圈通电时轴线上各点处的霍尔电压，可以每隔 10mm 测量一个数据。

6．将测量的数据记录在表 2.15.3 中，再根据式(2.15.5)计算出各点的磁感应强度 B，并绘出 $B_{(R)}-X$ 图，即亥姆霍兹线圈轴线上 B 的分布图。

7．将测得的亥姆霍兹线圈轴线上各点的磁感应强度与理论式(2.15.3)计算的结果相比较。

表 2.15.3　$B_{(R)}-X$ 相关数据　　　　　　　　　($I_S=5.00\text{mA}$，$I_M=500\text{mA}$)

$X(\text{mm})$	$V_1(\text{mV})$	$V_2(\text{mV})$	$V_3(\text{mV})$	$V_4(\text{mV})$	$V_H=\dfrac{V_1-V_2+V_3-V_4}{4}(\text{mV})$	$B_{(R)}(\text{mT})$
	$+I_S$、I_M	$+I_S$、$-I_M$	$-I_S$、$-I_M$	$-I_S$、I_M		
...						
−40						
−30						
−20						

X(mm)	V_1(mV)	V_2(mV)	V_3(mV)	V_4(mV)	$V_H = \dfrac{V_1 - V_2 + V_3 - V_4}{4}$ (mV)	$B_{(R)}$(mT)
	$+I_S$、I_M	$+I_S$、$-I_M$	$-I_S$、$-I_M$	$-I_S$、I_M		
−10						
0						
10						
20						
30						
40						
…						

(三)比较和验证磁场叠加的原理

1. 将表 2.15.1 和表 2.15.2 中的 $B_{(1)}$、$B_{(2)}$ 数据按 X 坐标位置相加，得到 $B_{(1)} + B_{(2)}$。

2. 将 $B_{(1)}$、$B_{(2)}$、$B_{(1)} + B_{(2)}$ 及表 2.15.3 中的 $B_{(R)}$ 数据绘制成 $B - X$ 图。

3. 比较 $B_{(1)} + B_{(2)}$ 和 $B_{(R)}$，证明是否符合公式 $B_{(1)} + B_{(2)} = B_{(R)}$。

(四)测量两个载流圆线圈不同间距时的线圈轴线上各点的磁感应强度

1. 调整圆线圈②与①的距离为 50mm，铜管移至"$R/2$"处。重复实验内容(二)的过程，得到 $B_{(R/2)}$ 数据，并绘制出 $B_{(R/2)} - X$ 图。

2. 调整圆线圈②与①的距离为 200mm，铜管移至"$2R$"处。重复实验内容(二)的过程，得到 $B_{(2R)}$ 数据，并绘制出 $B_{(2R)} - X$ 图。

3. 将绘制出的 $B_{(R)} - X$ 图、$B_{(R/2)} - X$ 图和 $B_{(2R)} - X$ 图进行比较，分析和总结载流圆线圈轴线上磁场的分布规律。

(五)测量载流圆线圈轴线外各点的磁感应强度

1. 测量亥姆霍兹线圈 Y 方向上 B 的分布

(1)调整圆线圈②与①的距离为 100mm，铜管⑧移至 R 处。X 方向导轨⑩、Z 方向导轨⑦均置于 0 处。

(2)调节工作电流 $I_S = 5.00\text{mA}$，调节励磁电流 $I_M = 500\text{mA}$，松开紧固螺钉⑨，双手移动 Y 方向导轨⑤，测量亥姆霍兹线圈通电时 Y 方向上各点处的霍尔电压，可以每隔 10mm 测量一个数据。

(3)根据式 (2.15.5) 计算出各点的磁感应强度 B，并绘出 $B_{(R)} - Y$ 图，即亥姆霍兹线圈 Y 方向上 B 的分布图。

2. 测量亥姆霍兹线圈 Z 方向上 B 的分布

(1)圆线圈②与①的距离、铜管位置及 I_S、I_M 不变，X 方向导轨⑩、Y 方向导轨⑤均置于 0 处。

(2)松开紧固螺钉⑫，轻移 Z 方向导轨⑦，测量亥姆霍兹线圈通电时，Z 方向上各点处的霍尔电压，可以每隔 10mm 测量一个数据。

(3)根据式 (2.15.5) 计算出各点的磁感应强度 B，并绘出 $B_{(R)} - Z$ 图，即亥姆霍兹线圈 Z 方向上 B 的分布图。

3. 测量载流线圈内任意位置的 B 值

(1)根据前述内容，测量圆线圈②与①不同距离、任意点的未知 B 值。

(2)调节 X、Y、Z 方向导轨，使霍尔元件位于需要测量的位置，测出霍尔电压，即可求得磁感应强度 B。

五、注意事项

1. 仪器使用前应预热 10～15min，并避免周围有强磁场源或磁性物质。

2. 仪器采用分体式设计，使用时要正确接线，注意不要扯拉霍尔元件的引出线，以防损坏。

3. 仪器采用三维移动设计，可移动的部件很多，一定要细心、合理使用，不可用力过大，以防影响使用寿命；铜管的机械强度有限，切不可受外力冲击，以防变形，影响使用。

4. 使用完毕后应关闭电源。仪器的使用和存放环境应注意清洁干净；避免受到腐蚀和阳光暴晒或强在磁场环境下工作和存放。

六、思考题

1. 单个圆线圈轴线上磁场的分布规律如何？亥姆霍兹线圈是怎样组成的？其基本条件有哪些？它的磁场分布特点是什么？

2. 用霍尔效应测量磁场时，为何励磁电流为零时显示磁场值不为零？

3. 分析实验所得磁感应强度与理论值的误差及其产生原因。

实验十六 制流电路与分压电路

制流电路与分压电路用来控制负载的电流与电压，使其数值和范围达到预期的要求。一个电路一般可分为电源、控制和测量三部分，其中测量电路是事先根据实验要求确定好的，例如，电流表与负载串联测量通过负载的电流，电压表与负载并联测量负载两端的电压，这就是测量电路。负载可以是容性的、感性的或普通电阻，根据测量的要求，负载的电流和电压在一定范围内变化，这就需要一个合适的电源。一般用制流和分压两种控制电路来控制负载的电流和电压，为了更好地控制负载的电流和电压，必须了解制流和分压电路的特点。

一、实验目的

1. 了解电磁学实验基本仪器的性能和使用方法。
2. 掌握制流和分压电路的连接方法、性能和特点，学习检查电路故障的一般方法。
3. 熟悉电磁学实验的操作规程和安全知识。

二、实验仪器

直流稳压电源、电流（毫安）表、电压表、万用表、滑线变阻器、电阻箱、开关及导线。

三、实验原理

（一）制流电路

制流电路如图 2.16.1 所示，图中 E 为直流电源；R_0 为滑线变阻器，作为控制元件；Ⓐ 为电流表；R_Z 为负载，本实验采用电阻箱；S 为电源开关。该电路将滑线变阻器的滑动头 C 和任意固定端(如 A 点)串联在电路中，作为一个可变电阻，移动滑动头的位置可以连续改变 AC 之间的电阻 R_{AC}，从而改变整个电路的电流 I。

$$I = \frac{E}{R_Z + R_{AC}} \qquad (2.16.1)$$

当 C 滑至 A 点时，$R_{AC} = 0$，$I_{max} = E/R_Z$，负载处 $U_{max} = E$。

当 C 滑至 B 点时，$R_{AC} = R_0$，$I_{min} = E/(R_Z + R_0)$，负载处 $U_{min} = ER_Z/(R_Z + R_0)$。

电压调节范围：$ER_Z/(R_Z + R_0) \sim E$；相应的电流变化范围：$E/(R_Z + R_0) \sim E/R_Z$。一般情况下负载 R_Z 的电流为

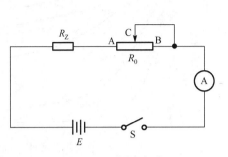

图 2.16.1 制流电路

$$I = \frac{E}{R_Z + R_{AC}} = \frac{\dfrac{E}{R_0}}{\dfrac{R_Z}{R_0} + \dfrac{R_{AC}}{R_0}} = \frac{I_{max} K}{K + X} \qquad (2.16.2)$$

式中，$K = \dfrac{R_Z}{R_0}$，$X = \dfrac{R_{AC}}{R_0}$。

图 2.16.2 给出不同 K 值的制流电路特性曲线，由图可见制流电路的几个特点：

(1) K 越大，电流调节范围越小。

(2) $K \geqslant 1$ 时调节的线性较好。

(3) K 较小时，X 接近 0 的电流变化很大，细调程度较差。

(4) 不论 R_0 大小如何，负载 R_Z 上通过的电流都不可能为零。

细调范围的确定：制流电路的电流是靠滑线变阻器滑动头的位移来改变的，最少的位移是一圈，因此一圈电阻 ΔR_0 的大小就决定了电流的最小改变量。

因为
$$I = \frac{E}{R_{AC} + R_Z}$$

对 R_{AC} 微分得
$$\Delta I = \frac{\partial I}{\partial R_{AC}} \Delta R_{AC} = \frac{-E}{(R_{AC} + R_Z)^2} \Delta R_{AC}$$

$$\Delta I_{min} = \frac{I^2}{E} \Delta R_0 = \frac{I^2}{E} \cdot \frac{R_0}{N}$$

式中，N 为变阻器总圈数。从上式可见，当电路中的 E、R_Z、R_0 确定以后，ΔI 与 I^2 成正比，故电流越大，细调越困难。假如负载的电流在最大时能满足细调要求，在较小时也能满足要求，这就要求 $|\Delta I|_{max}$ 变小，而 R_0 不能太小，否则会影响电流的调节范围，所以只能使 N 变大，而 N 变大会使变阻器体积变得很大，故 N 又不能太大，因此经常再串联一个变阻器，采用二级制流电路。如图 2.16.3 所示，R_{10} 阻值大，做粗调用；R_{20} 阻值小，做细调用，但 R_{10} 和 R_{20} 的额定电流必须大于电路中的最大电流。

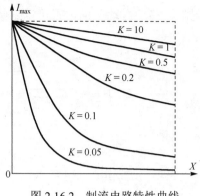

图 2.16.2　制流电路特性曲线

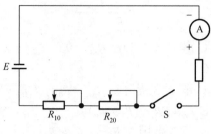

图 2.16.3　二级制流电路

(二)分压电路

分压电路如图 2.16.4 所示，电源与滑线变阻器两个固定端 A 和 B 相连，负载 R_Z 接到滑动头 C 和固定端 A(或 B)上，当滑动头 C 由 A 滑至 B 时，负载上的电压由 0 变为 E，调节范围和变阻器的阻值无关。当 C 在任意位置时，AC 两端的分压值 U 为

$$U = \frac{E}{\dfrac{R_Z R_{AC}}{R_Z + R_{AC}} + R_{BC}} \cdot \frac{R_Z R_{AC}}{R_Z + R_{AC}} = \frac{E}{1 + \dfrac{R_{BC}(R_Z + R_{AC})}{R_Z R_{AC}}}$$

$$= \frac{E R_Z R_{AC}}{R_Z(R_{AC} + R_{BC}) + R_{AC} R_{BC}} = \frac{R_Z R_{AC} E}{R_Z R_0 + R_{AC} R_{BC}} \qquad (2.16.3)$$

$$= \frac{\dfrac{R_Z}{R_0} R_{AC} E}{R_Z + \dfrac{R_{AC}}{R_0} R_{BC}} = \frac{K R_{AC} E}{R_Z + R_{BC} X}$$

式中，$K = \dfrac{R_Z}{R_0}$，$X = \dfrac{R_{AC}}{R_0}$。

由实验可得到不同 K 值的分压电路特性曲线，如图 2.16.5 所示。由图可以清楚地看到分压电路有以下特点：

(1)不论 R_0 大小如何，负载 R_Z 上的电压调节范围均为 $0 \sim E$。

(2)K 越小，电压调节越不均匀。

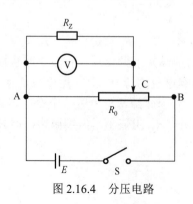

图 2.16.4　分压电路

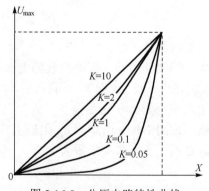

图 2.16.5　分压电路特性曲线

（3）K 越大，电压调节越均匀，因此想要电压在 $0\sim E$ 整个范围内均匀变化，取 $K>1$ 比较合适。实际上，$K=2$ 的线可近似看作直线，故取 $R_0 \leqslant R_Z/2$，便可以认为电压调节已达到一般均匀的要求了。

当 $K \leqslant 1$（$R_Z \ll R_0$）时，略去式(2.16.3)分母中的 R_Z，有

$$U = \frac{R_Z}{R_{BC}}E$$

经微分可得

$$|\Delta U| = \frac{R_Z E}{R_{BC}{}^2}\Delta R_{BC} = \frac{U^2}{R_Z E}\Delta R_{BC}$$

最小的分压量即为滑动头移动一圈所改变的电压量，所以

$$\Delta U_{min} = \frac{U^2}{R_Z E}\Delta R_0 = \frac{U^2 R_0}{R_Z E N} \tag{2.16.4}$$

式中，N 为变阻器的总匝数。R_Z 越小，调节越不均匀。

当 $K>1$（$R_Z \gg R_0$）时，略去式(2.16.3)分母中的 $R_{BC}X$，有

$$U = \frac{R_{AC}}{R_0}E$$

对上式微分得

$$\Delta U = \frac{E}{R_0}\Delta R_{AC}$$

细调最小的分压值莫过于一圈对应的分压值，所以

$$\Delta U_{min} = \frac{E}{R_0}\Delta R = \frac{E}{N} \tag{2.16.5}$$

由上式可知，当变阻器选定后，E、R_0、N 均为固定值，故当 $K \gg 1$ 时，ΔU_{min} 为一常量，表示在整个调节范围内调节的精细程度处处一样，从调节的均匀度考虑，R_0 越小越好，但 R_0 上的功耗也将变大，因此还要考虑到功耗不能太大，所以 R_0 不能太小。取 $R_0 = R_Z/2$ 可以兼顾二者要求。同时应注意流过变阻器的总电流不能超过它的额定值，若一般分压不能达到细调要求，可以按图 2.16.6 所示将电阻 R_{10} 与 R_{20} 串联进行分压，其中大电阻用于粗调，小电阻用于细调。

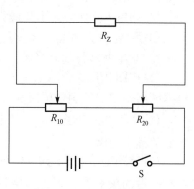

图 2.16.6　二级分压电路

（三）制流电路与分压电路的差别与选择

1. 调节范围

分压电路的电压调节范围大，可以为 $0\sim E$；而制流电路的调节范围小，只能为 $ER_{AC}/(R_0 + R_{AC}) \sim E$。

2. 细调程度

当 $R_0 \leqslant R_Z/2$ 时，都能在调节范围内调节基本均匀，但制流电路调节范围小，当负载上的电压值小时，能调得比较精细；而电压值大时，调节变得很粗。

3. 功率损耗

使用同一变阻器，分压电路消耗的电能比制流电路要大。

基于以上差别，当负载电阻大且调节范围较宽时，选分压电路；反之，当负载电阻较小时，功耗较大，调节范围不太大时选制流电路。若一级电路达不到要求，则采用二级制流(或二级分压)的方法以满足细调的要求。

四、实验内容及步骤

1. 实验前准备工作

(1)仔细观察万用表的表盘，记录万用表表盘下侧的符号和数字，说明其意义，并说明所用万用表的最大引入误差是多少？

(2)记录所用电阻箱的级别，若电阻箱的值是400Ω，其最大容许电流是多少？

(3)用万用表测滑线变阻器的全电阻，并检查滑动头C移动时 R_{AC} 的变化是否正常。

2. 制流电路特性研究

(1)按图2.16.1所示电路进行实验，用电阻箱作为负载 R_Z，取 K(数值等于 R_Z/R_0)为0.1，确定 R_Z 的值。根据所用毫安表的量程和 R_Z 的最大容许电流，确定实验时的最大电流 I_{max} 及电源的电压值 E。注意，I_{max} 应小于 R_Z 的最大容许电流。

(2)连接电路(注意电源电压及 R_Z 的取值，R_{AC} 取最大值)，复查电路无误后，闭合开关S(发现电流过大要立即切断电源)，移动滑动头C，观察电流的变化是否符合设计要求。

(3)移动滑动头C，在电流从小变大的过程中，至少测量10次电流值及相应滑动头C在标尺上的坐标 l，并记下变阻器绕线部分的长度 l_0，以 l/l_0(即 R_{AC}/R_0)为横坐标、电流 I 为纵坐标作图。注意，电流最大时滑动头C的标尺读数为测量 l 的零点。

(4)测量 I 分别为最小和最大时，滑动头C移动一小格时电流值的变化 ΔI。

(5)取 $K=1$，重复上述过程，要求自制表格。

3. 分压电路特性的研究

(1)按图2.16.4所示电路进行实验，用电阻箱作为负载电阻 R_Z，取 $K=2$，确定 R_Z 的值。根据所用变阻器的额定电流和 R_Z 的最大容许电流，确定实验时电源的电压值 E。

(2)变阻器BC段的电流是 I_Z 和 I_{AC} 之和，确定 E 值时特别注意BC段的电流不能大于变阻器的额定电流。

(3)移动变阻器滑动头C，在 R_Z 上的电压从小到大变化的过程中，测量8～10次电压值 U 及相应滑动头C在标尺上的坐标 l，以 l/l_0 为横坐标、电压 U 为纵坐标作图。

(4)测量 U 分别为最小和最大时，滑动头C移动一小格时电压的变化 ΔU。要求自制表格。

(5)取 $K=1$，重复上述过程。

4. 选做

参照图2.16.6和图2.16.3，连接二级分压、制流电路，测量滑动头C移动一小格时的 ΔU 和 ΔI，并分别与前面的分压电路、制流电路相应的值进行比较。

五、注意事项

使用电流表、电压表时不要超过量程。

六、思考题

1. ZX21 型电阻箱的示值为 9563.5Ω，试计算它的允许基本误差及额定电流。若示值为 0.8Ω，上述结果又如何？

2. 根据制流和分压电路特性曲线，求出在电流值(或电压值)近似线性变化时滑线变阻器的阻值。

实验十七　惠斯通电桥测电阻

常用的伏安法测量电阻简单便捷，但是这种方法会引入系统误差，即所测电阻的测量值会受表头及电源的内阻的影响，误差不可避免。怎样降低这种误差呢？惠斯通电桥和开尔文电桥很好地解决了这一问题。

电桥是一种采用比较法进行测量的电路，其灵敏度和精度都较高，主要用来测量电阻器的阻值、线圈的电感量和电容器的电容及损耗。为了适应不同的测量目的，人们设计出了多种不同功能的电桥，其中最基本的是惠斯通电桥。惠斯通电桥是直流、单臂、平衡式电桥，可以用来测量 $10\sim10^6\Omega$ 阻值范围内的直流电阻。学习掌握惠斯通电桥测量电阻的原理和方法，还可以为分析其他电桥的原理和方法奠定基础。

一、实验目的

1. 掌握惠斯通电桥测电阻的原理。
2. 学会正确使用箱式电桥测电阻的方法。
3. 了解提高电桥灵敏度的几种途径。

二、实验仪器

QJ47 型直流单双臂电桥(详细使用方法请扫描本实验后的二维码获取)、待测电阻。

三、实验原理

惠斯通电桥原理图如图 2.17.1 所示，图中的 ab、bc、cd、da 四条支路分别由电阻 $R_1(R_x)$、R_2、R_3 和 R_4 组成，称为电桥的四条桥臂。通常桥臂 ab 接待测电阻 $R_1(R_x)$，其余各桥臂电阻都采用由电阻箱构成的可调节的标准电阻。在 a、c 间连接检流计、开关和限流电阻 R_G。在 b、d 间连接电源、开关及限流电阻 R_E，当接通开关 S_E 和 S_G 后，各支路中均有电流通过，检流计支路作为 abc 和 adc 两条支路的"桥梁"，可以直接比较 a、c 两点的电势，电桥之名由此而来。适当地调整各臂的电阻值，可以使流过检流计的电流为零，即 $I_C=0$，这时称电桥达到了平衡。平衡时 a、c 两点的电势相等，根据分压器原理可得

$$U_{bc}=U_{bd}\frac{R_2}{R_2+R_3} \qquad (2.17.1)$$

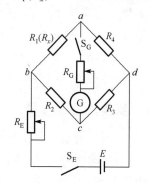

图 2.17.1　惠斯通电桥原理图

$$U_{ba} = U_{bd} \frac{R_1}{R_1 + R_4} \qquad (2.17.2)$$

电桥平衡时，$U_{bc} = U_{ba}$，即

$$\frac{R_2}{R_2 + R_3} = \frac{R_1}{R_1 + R_4}$$

化简后可得

$$R_1 = \frac{R_2}{R_3} R_4 = R_x \qquad (2.17.3)$$

由式 (2.17.3) 可知，待测电阻 R_x 等于 R_2 / R_3 与 R_4 的乘积，称 R_2、R_3 所在的臂为比例臂，与此相应的臂 R_4 为比较臂。所以电桥由四臂（测量臂、比较臂、比例臂）、检流计和电源三部分组成。与检流计串联的限流电阻 R_G 和开关 S_G 都是为了在调节电桥平衡时保护检流计而设置的，使其不会在长时间内有较大电流通过。

使用电桥测量电阻的精度主要取决于电桥的灵敏度。当电桥平衡时，若使比较臂 R_4 改变一微小量 δR_4，电桥将偏离平衡，检流计偏转 n 格，则常用相对灵敏度 S 表示电桥的灵敏度：

$$S = \frac{n}{\dfrac{\delta R_4}{R_4}} \qquad (2.17.4)$$

由上式可知，如果检流计的可分辨偏转量为 Δn（取 $0.2 \sim 0.5 \mathrm{div}$），则由电桥的灵敏度引入被测量的相对误差为

$$\frac{\Delta R}{R} = \frac{\Delta n}{S} \qquad (2.17.5)$$

即电桥的灵敏度越高（S 越大），由灵敏度引入的误差越小。

实验和理论都证明，电桥的灵敏度与下列因素有关：

(1) 与电动势 E 成正比。

(2) 与电源内阻 r_E 和串联的限流电阻 R_E 有关，增加 R_E 可以降低电桥的灵敏度，这对寻找电桥平衡较为有利。随着平衡逐渐趋近，应将 R_E 减小到最小值。

(3) 与电源所接位置有关。当 $R_G > r_E + R_E$ 时，又满足 $R_1 > R_3$、$R_2 > R_4$，或 $R_1 < R_3$、$R_2 < R_4$ 的条件，检流计接在 b、d 两点比接在 a、c 两点时电桥的灵敏度更高。当 $R_G < r_E + R_E$ 时，又满足 $R_1 > R_3$、$R_2 < R_4$，或 $R_1 < R_3$、$R_2 > R_4$ 的条件，那么检流计接在 a、c 两点比接在 b、d 两点时电桥的灵敏度更高。

(4) 与检流计的内阻 R_G 有关。R_G 越小，电桥的灵敏度 S 越高；反之则越低。

四、实验内容及步骤

1. 用电阻箱、检流计组成惠斯通电桥测电阻

(1) 按照图 2.17.1 所示，用 3 个电阻箱和检流计组成电桥。测量时，先用万用表粗测待测电阻阻值。用电桥进行测量时，为了便于调节，应先将电阻 R_G 和 R_E 取最大值。比例臂 R_2、R_3 不宜取得太小，可取 $R_2 = R_3 = 500\Omega$。

(2) 连接待测电阻 R_x，取 R_4 等于 R_x 的粗测值，接通开关 S_G 和 S_E，观察检流计指针偏移

方向和大小。改变 R_4 再观察，根据观察的情况正确调整 R_4，直至检流计指针无偏移。逐渐减小 R_G 及 R_E 的值再调整 R_4。然后，将 R_3 和 R_2 交换后再测(换臂测量)。

(3)当 R_x 大于 R_4 的最大值时，取 $R_2 / R_3 = 10$ 或 100；当测量的 R_4 的有效位数不足时，可以取 $R_2 / R_3 = 0.1$ 或 0.01。

(4)测量 3 个待测电阻的阻值，并估计其不确定度。

(5)测量电桥的相对灵敏度。

2. 用箱式电桥测电阻

如图 2.17.2 所示为 QJ47 型直流单双臂电桥面板示意图。

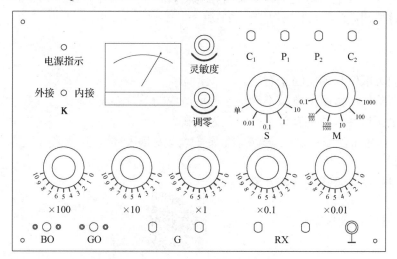

图 2.17.2　QJ47 型直流单双臂电桥面板示意图

(1)将被测电阻 R_x 接入面板右下角的"RX 端"。

(2)将开关 K 扳向"内接"方向，内附检流计电源接通，可以调节调零电位器，使表针指零，将灵敏度电位器调至适当位置。

(3)开关 S 置于"单"挡。根据 R_x 的粗测值，按表 2.17.1 将 M（比例臂）和 R（比较臂）置于建议的位置(比较臂×100 标度盘不宜置于"0"挡，否则会降低准确度)。

表 2.17.1　S、M、R 配置表

R_x (Ω)	S	$M\left(=\dfrac{R_a}{R_b}\right)$	R	等级指数
$10\sim10^2$		0.1		
$10^2\sim10^3$		$\dfrac{1000}{1000}$		0.05%
$10^3\sim10^4$	单	10	$10^2\sim10^3$	
$10^4\sim10^5$		10 或 100		0.01%
$10^5\sim10^6$		100 或 1000		0.2%

(4)按下"GO"开关按钮，接通检流计，这时由于阻抗的变化，指针会有少量偏移，再次调节调零电位器，使指针准确调零。

(5)按下"BO"开关按钮，调节比较臂标度盘，使检流计准确指零，这时电桥平衡。

(6)用式(2.17.6)计算被测电阻 R_x。

$$R_x = \frac{R_a}{R_b}R = MR \tag{2.17.6}$$

式中，R_x 为被测电阻，R_a 和 R_b 为比例臂，$M = R_a / R_b$ 为比例臂比值，R 为比较臂。

五、注意事项

1．应根据建议的 S、M、R 配置表进行配置，根据待测电阻选择合适倍率时，务必使电阻箱的 5 个标度盘都用上，以减小误差。

2．在 S、M、R 设置好之后，检流计应做一次准确调零，以减小人为的测量误差。

3．使用时被测电阻引线应不大于 0.001Ω。

六、思考题

1．电桥的灵敏度与哪些因素有关？

2．怎样消除比例臂两个电阻不严格相等所造成的系统误差？

3．改变电源极性对结果有什么影响？为什么？

4．可否用电桥来测量电流表(微安表、毫安表、安培表)的内阻？测量的精度主要取决于什么？为什么？

5．电桥灵敏度是否越高越好？为什么？

请扫描二维码获取本实验更多相关知识

实验十八　双臂电桥测低电阻

使用惠斯通电桥测量中等阻值的电阻时，忽略了引线电阻和接触电阻的影响。但是测量 1Ω 以下的低电阻时，各引线的电阻和端点的接触电阻相对于被测电阻来说不可忽略，一般情况下，这种附加电阻约为 $10^{-5} \sim 10^{-2}\Omega$。为了避免附加电阻的影响，本实验中引入四端引线法，利用双臂电桥(又称开尔文电桥)来测量低电阻。

一、实验目的

1．了解四端引线法的意义及开尔文电桥的结构。

2．掌握开尔文电桥测低电阻的方法。

3．了解测低电阻时引线电阻和接触电阻的影响，以及避免该影响的方法。

4．学习测量导体的电阻率。

二、实验仪器

QJ47 型直流单双臂电桥、待测电阻、直尺、游标卡尺。

三、实验原理

1. 四端引线法

测量中等阻值的电阻，伏安法是比较简捷的方法，惠斯通电桥是一种精密的测量方法，但是在测量低电阻时存在困难。这是因为存在引线本身的电阻和引线端点的接触电阻。图 2.18.1 所示为伏安法测电阻的电路图，待测电阻 R_x 两侧的接触电阻和引线电阻用等效电阻 r_1、r_2、r_3、r_4 表示，通常电压表内阻较大，r_1 和 r_4 对测量的影响不大，而 r_2 和 r_3 与 R_x 串联在一起，被测电阻为 $r_2 + R_x + r_3$，若 r_2 和 r_3 的数值与 R_x 为同一数量级或超过 R_x，则不能用此电路来测量 R_x。

若将测量电路改为图 2.18.2 所示的电路，将待测低电阻 R_x 两侧的接触点分为两个电流结点 C–C 和两个电压结点 P–P，且 C–C 在 P–P 的外侧。显然电压表测量的是 P–P 之间一段低电阻两端的电压，可消除 r_2、r_3 对测量 R_x 的影响。这种测量低电阻的方法称为四端引线法。

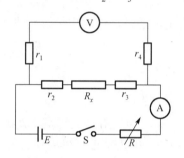

图 2.18.1　伏安法测电阻

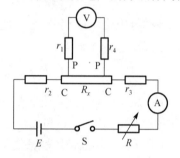

图 2.18.2　四端引线法测电阻

2. 双臂电桥测低电阻

用惠斯通电桥测量电阻时，测出的 R_x 值实际上包含导线电阻和接触电阻(统称为 R_j)(一般为 $10^{-4} \sim 10^{-3}\,\Omega$ 数量级)，若 $R_j / R_x < R_x < 0.5\%$，通常可以不考虑 R_j 的影响，而当被测电阻较小时，R_j 所占比重明显增加了，因此需要重新设计测量电路。双臂电桥正是把四端引线法和电桥平衡法结合在一起来测量低电阻的。如图 2.18.3 所示，电桥各臂电阻用 R_1、R_2、R_3、R_4 表示，待测电阻用 R_x 表示，标准电阻用 R_0 表示，各导线电阻和接触电阻用 R_1'、R_2'、R_3'、R_4'、R' 表示。

双臂电桥之所以能消除(或减小)附加电阻的影响，是因为在设计上采取了以下措施。

设计了比附加电阻 R_1'、R_2'、R_3'、R_4' 大得多的桥臂电阻 R_1、R_2、R_3、R_4。同时，因待测电阻 R_x、标准电阻 R_0 及 R' 也远小于 R_1、R_2、R_3、R_4，故通过 R_x 和 R_0 的电流远大于通过 R_1、R_2、R_3、R_4 的电流。于是 R_1'、R_2'、R_3'、R_4' 上的电势降远小于 R_1、R_2、R_3、R_4 上的电势降，而且远小于 R_x 和 R_0 上的电势降。因此，R_1'、R_2'、R_3'、R_4' 上的电势降可以忽略不计，即这些附加电阻的影响可以忽略不计；又因为增加了一对比例臂，绕过了 R'，使 R' 的影响被消除。

在连接待测电阻时，采用 4 个接头 C_1、P_1、P_2、C_2，其中 C_1、C_2 为电流接头，P_1、P_2 为电压接头。这样，P_1、P_2 处的接触电阻已分别包含在 R_1' 和 R_3' 中，而 C_1 和 C_2 处的接触电阻已被排除在 R_x 之外。于是，在测量 R_x 时，二者均不需要考虑。同样，在连接 R_0 时，亦采用上述接法。

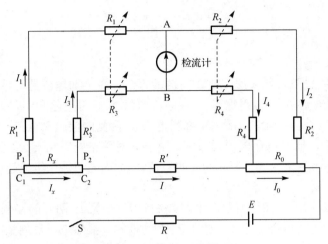

图 2.18.3 双臂电桥原理图

适当调节各桥臂电阻，或调节 R_0，使检流计无电流通过，这时电桥达到平衡，A、B 两点电势相等，根据图 2.18.3 得到

$$I_1R_1 + I_1R_1' = I_xR_x + I_3R_3 + I_3R_3' \tag{2.18.1}$$

$$I_2R_2 + I_2R_2' = I_0R_0 + I_4R_4 + I_4R_4' \tag{2.18.2}$$

根据上面的分析，由于 I_1R_1' 和 I_3R_3' 远小于 I_1R_1、I_3R_3 和 I_xR_x，I_2R_2' 和 I_4R_4' 远小于 I_2R_2、I_4R_4 和 I_0R_0，又因在电桥设计中考虑到所要求的精度，可以把这些小项略去不计，于是上式简化为

$$I_1R_1 = I_xR_x + I_3R_3 \tag{2.18.3}$$

$$I_2R_2 = I_0R_0 + I_4R_4 \tag{2.18.4}$$

由于 $I_x = I_3 + I$，$I_0 = I_4 + I$，当电桥达到平衡时有 $I_1 = I_2$，$I_3 = I_4$，因此 $I_x = I_0$。
由式(2.18.3)和式(2.18.4)得

$$\frac{R_x}{R_0} = \frac{I_1R_1 - I_3R_3}{I_1R_2 - I_3R_4} \tag{2.18.5}$$

通常在设计双臂电桥时桥臂电阻间满足下述关系：

$$\frac{R_1}{R_3} = \frac{R_2}{R_4} \quad \text{或} \quad \frac{R_1}{R_2} = \frac{R_3}{R_4}$$

于是，式(2.18.5)又进一步简化为

$$\frac{R_x}{R_0} = \frac{R_3}{R_4} = \frac{R_1}{R_2}$$

或

$$R_x = \frac{R_1}{R_2}R_0 = \frac{R_3}{R_4}R_0 \tag{2.18.6}$$

式(2.18.6)即为双臂电桥的平衡条件。可见，只要知道 R_1/R_2 (或 R_3/R_4) 和标准电阻 R_0，便可求得 R_x。

四、实验内容及步骤

1. 将 QJ47 型直流单双臂电桥(见图 2.17.2)的开关 K 拨向"内接",内附检流计电源接通,可以调节调零电位器,使表针指零,将灵敏度电位器调至适当位置。

2. 按图 2.18.4 所示的四端引线法接入被测电阻。

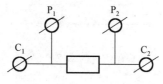

图 2.18.4 四端引线法

3. 按被测电阻估计值的大小,根据表 2.18.1 选择 S、R_b、R 的位置。注意,M 盘只能置于 $\frac{100}{100}$ 或 $\frac{1000}{1000}$ 两挡,并且这两挡的倍率是不同的。

表 2.18.1 S、R_b、R 相关数据

R_x (Ω)	S	R_b	R	等级指数
10^2	10	100	10^3	
10	10			0.05%
1	1			
10^{-1}	0.1	100	$10^2 \sim 10^3$	
10^{-2}	0.01			0.1%
10^{-3}	0.01	1000	10^2	0.5%

4. 按下"GO"开关按钮,检流计精度调零。

5. 按下"BO"开关按钮,调节(R)标度盘,使检流计准确指零。注意,测量低电阻时,由于电流较大,注意随时释放开关"BO",以免发热影响测量精度。

6. 电桥平衡后,记录 R 的阻值,按下式计算被测电阻值

$$R_x = \frac{S}{R_b} R \quad (\Omega)$$

式中,R_x 为被测电阻值(Ω);R 为比较臂示值(Ω);当 M 盘为 $\frac{100}{100}$ 挡时 R_b 为 100Ω,当 M 盘为 $\frac{1000}{1000}$ 挡时 R_b 为 1000Ω;S 为内附标准电阻(10~0.01Ω)。

7. 使用游标卡尺测量铜(铝)棒的直径,选择不同的位置各测量 5 测,取平均值,填入表 2.18.2。

表 2.18.2 铜(铝)棒的直径测量

测量量	1	2	3	4	5	平均值
铜棒直径(mm)						
铝棒直径(mm)						

8. 根据表 2.18.3 选择铜(铝)棒的长度 L,调节 S、R_b、R 使检流计指数为 0,读出此时 R 的阻值,分别计算 R_x。

表 2.18.3 铜（铝）棒的电阻测量

	L	50mm	100mm	150mm	200mm	250mm	300mm	350mm	400mm	450mm
铜棒	$R(\Omega)$									
	$R_x(\Omega)$									
铝棒	$R(\Omega)$									
	$R_x(\Omega)$									

9. 根据电阻率公式 $\rho = \dfrac{\pi}{4} \cdot \dfrac{\overline{D}^2 R_x}{L}$ $(\Omega \cdot m)$，计算铜（铝）棒的电阻率。

五、注意事项

1. 利用双臂电桥测量低电阻时，由于通过待测电阻的电流较大，应注意"BO"开关的使用，尽量减少通电时间。

2. 双桥使用的引线电阻应不大于 0.01Ω。

六、思考题

1. 双臂电桥和惠斯通电桥有哪些异同？

2. 双臂电桥如何消除附加电阻的影响？

3. 如果待测电阻的两个电压端引线电阻较大，对测量结果有无影响？

实验十九　直流电表改装与校准

电表在电学测量中有着广泛的应用，了解电表和学习使用电表十分重要。安培计(俗称电流计，即表头)由于构造的原因，一般只能测量较小的电流和电压，如果要用它来测量较大的电流或电压，就必须进行改装，以扩大其量程。万用表就是对表头进行多量程改装后制成的，在电路的测量和故障检测中被广泛应用。

一、实验目的

1. 测量表头内阻及满偏电流。

2. 掌握将 1mA 表头改装成较大量程的电流表和电压表的方法。

3. 设计一个 $R_{中} = 1500\Omega$ 的欧姆表，要求 E 在 1.3～1.6V 范围内使用，可调零。

4. 用电阻箱校准欧姆表，画出校准曲线；并根据校准曲线，用改装的欧姆表测未知电阻。

5. 掌握校准电流表和电压表的方法。

二、实验仪器

DH4508 型电表改装与校准实验仪、ZX21 电阻箱(可选用)。

三、实验原理

常见的磁电式电流计的结构如图 2.19.1 所示，它的主要部分是放在永久磁场中的由细漆包线绕制成的可转动线圈、用来产生机械反力矩的游丝、指示用的指针和永磁铁。当电流通过线圈时，载流线圈在磁场中产生磁力矩 $M_磁$，使线圈转动，由于线圈的转动扭转了与线圈转动轴连接的上下游丝，使游丝发生形变，产生机械反力矩 $M_机$。线圈满刻度偏转过程中的磁力矩 $M_磁$ 只与电流强度有关，与偏转角度无关；而游丝因形变产生的机械反力矩 $M_机$ 与偏转角度成正比。因此，当接通电流后，线圈在 $M_磁$ 作用下偏转角逐渐增大，同时反力矩 $M_机$ 也逐渐增大，直到 $M_磁 = M_机$ 时线圈很快停下来。线圈偏转角的大小与通过电流的大小成正比（也与加在电流计两端的电势差成正比），由于线圈偏转的角度可以通过指针的偏转直接指示出来，因此上述电流或电势差的大小均可由指针的偏转直接指示出来。

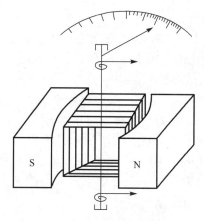

图 2.19.1　磁电式电流计结构示意图

1. 电流计

电流计允许通过的最大电流称为电流计的量程，用 I_g 表示，电流计的线圈有一定的内阻，用 R_g 表示，I_g 与 R_g 是两个表示电流计特性的重要参数。

测量内阻 R_g 常用的方法有以下两种。

（1）半电流法（也称中值法、半偏法）

半电流法测量原理图如图 2.19.2 所示。把被测电流计接在电路中，使电流计满偏，再用十进位电阻箱与电流计并联作为分流电阻，改变电阻值即改变分流程度，直到电流计指针指示中间值，且标准表读数（总电流强度）仍保持不变（可通过调电源电压和 R_W 来实现），显然这时分流电阻值就等于电流计的内阻。

（2）替代法

替代法测量原理图如图 2.19.3 所示。将被测电流计接在电路中并读取标准表的电流值，然后切换开关 S 的位置，用十进位电阻箱替代它，改变电阻值，当电路中的电压不变，且电路中的电流（标准表读数）亦保持不变时，电阻箱的电阻值即为被测电流计内阻。

替代法是一种运用很广泛的测量方法，具有较高的测量准确度。

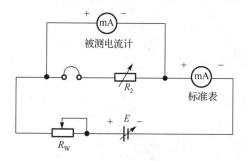

图 2.19.2　半电流法测量原理图

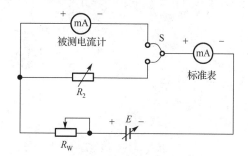

图 2.19.3　替代法测量原理图

2. 将表头改装为大量程电流表

根据电阻并联规律可知，如果在表头两端并联上一个阻值适当的电阻 R_2，如图 2.19.4 所示，可使表头不能承受的那部分电流从 R_2 上流过。这种由表头和并联电阻 R_2 组成的整体（图中虚线框内的部分）就是改装后的电流表。如需将量程扩大 n 倍，不难得出

$$R_2 = R_g / (n-1) \tag{2.19.1}$$

图 2.19.4 为扩容后的电流表原理图。用电流表测量电流时，电流表应串联在被测电路中，所以要求电流表应有较小的内阻。另外，在表头上并联阻值不同的分流电阻，便可制成多量程的电流表。

3. 将表头改装为大量程电压表

一般表头能承受的电压很小，不能用来测量较大的电压。为了测量较大的电压，可以给表头串联一个阻值适当的电阻 R_M，如图 2.19.5 所示，使表头上不能承受的那部分电压降落在电阻 R_M 上。这种由表头和串联电阻 R_M 组成的整体就是电压表，串联的电阻 R_M 称为扩程电阻。选取不同大小的 R_M，就可以得到不同量程的电压表。由图 2.19.5 可求得扩程电阻值为

$$R_M = \frac{U}{I_g} - R_g \tag{2.19.2}$$

实际的扩程后的电压表原理如图 2.19.5 所示。用电压表测电压时，电压表总是并联在被测电路上，为了不因并联电压表而改变电路的工作状态，要求电压表有较大的内阻。

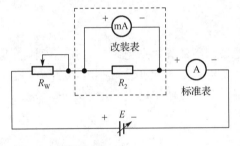

图 2.19.4　电流表改装原理图

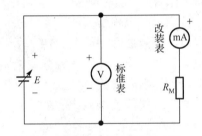

图 2.19.5　电压表改装原理图

4. 将毫安表改装为欧姆表

用来测量电阻大小的电表称为欧姆表。根据调零方式的不同，欧姆表可分为串联分压式和并联分流式两种，其原理电路如图 2.19.6 所示。

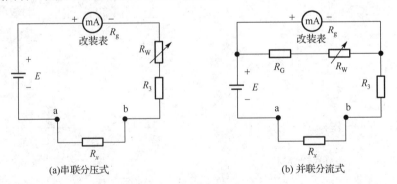

(a)串联分压式　　　　　　　　　(b) 并联分流式

图 2.19.6　欧姆表原理电路

图中 E 为电源，R_3 为限流电阻，R_W 为调"零"电位器，R_x 为被测电阻，R_g 为等效表头内阻。图 2.19.6(b) 中，R_G 与 R_W 一起组成分流电阻。

欧姆表使用前先要调"零"点，即 a、b 两点短路(相当于 $R_x = 0$)，调节 R_W 的阻值，使

表头指针正好偏转到满偏。可见，欧姆表的零点就在表头标度尺的满刻度(即量限)处，与电流表和电压表的零点正好相反。

在图 2.19.6(a)中，当 a、b 端接入被测电阻 R_x 后，电路中的电流为

$$I = \frac{E}{R_g + R_W + R_3 + R_x} \tag{2.19.3}$$

对于给定的表头和线路，R_g、R_W、R_3 都是常量。由此可见，当电源电压 E 保持不变时，被测电阻和电流值有一一对应的关系。即接入不同的电阻，表头就会有不同的偏转读数，R_x 越大，电流 I 越小。将 a、b 短路，即 $R_x = 0$ 时，有

$$I = \frac{E}{R_g + R_W + R_3} = I_g \tag{2.19.4}$$

这时指针满偏。

当 $R_x = R_g + R_W + R_3$ 时

$$I = \frac{E}{R_g + R_W + R_3 + R_x} = \frac{1}{2}I_g \tag{2.19.5}$$

这时指针在表头的中间位置，对应的阻值为中值电阻，显然 $R_{中} = R_g + R_W + R_3$。

当 $R_x = \infty$ 时(相当于 a、b 开路)，$I = 0$，即指针在表头的机械零位。

所以欧姆表的标度尺为反向刻度，且刻度是不均匀的，电阻 R_x 越大，刻度间隔越密。如果表头的标度尺预先按已知电阻值标定，则可用电流表来直接测量电阻。

并联分流式欧姆表利用对表头分流来进行调零，具体参数可自行设计。

欧姆表在使用过程中，电池的端电压会有所改变，而表头的内阻 R_g 及限流电阻 R_3 为常量，故要求 R_W 跟着 E 的变化而改变，以满足调"零"的要求，设计时用可调电源模拟电池电压的变化，范围取 1.3～1.6V 即可。

5. 改装表校准

(1)校准改装表的量程：如图 2.19.4 或图 2.19.5 所示，连接电路，对分流电阻或分压电阻进行微量粗准调节，使改装表量程与标准表量程严格相等。

(2)校准改装表的刻度：在校准改装表的量程基础上，读出改装表各刻度指示值(以改装电流表为例)I_x 和标准表指示值 I_S，得到修正值 $\Delta I = I_S - I_x$，然后作 $I_x - \Delta I$ 校准曲线，如图 2.19.7 所示。

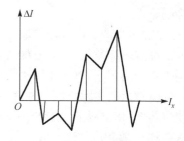

图 2.19.7 校准曲线

6. 确定电表级别

在测量电学量时，由于电表本身结构及测量环境的影响，测量结果会有误差。由温度、外界电场和磁场等环境影响而产生的误差属于附加误差，可以由改变环境状况予以消除。而电表本身(如摩擦、游丝残余形变、装配不良及标尺刻度不准确等)产生的误差则为电表的基本误差，它不因使用条件而变化，因此基本误差也就决定了电表所能保证的准确度。电表准确度等级定义为电表的最大绝对误差与仪表量程(即测量上限)之比（取百分比），即

$$K\% = \frac{最大绝对误差（\Delta M_{max}）}{量程（M_A）} \times 100\% \qquad (2.19.6)$$

式中，ΔM_{max} 表示某电表所测物理量 M 的最大绝对误差，M_A 表示该电表的量程。例如，某电流表量程为 1A，最大绝对误差为 0.01A，此时式(2.19.6)中的物理量 M 即表示电流 I，那么

$$K\% = \frac{最大绝对误差（\Delta I_{max}）}{量程（I_A）} \times 100\%$$

$$= \frac{0.01A}{1A} \times 100\% = 1\%（级别1.0级）$$

该电流表准确度等级就定义为 1.0 级。反之，如果知道某个电流表的准确度等级是 0.5 级，量程是 1A，那么该电流表的最大绝对误差就是 0.005A。每个电表的准确度等级在出厂前都经检测并标示在表盘上，根据其等级即可知道该表的可靠程度。电表的准确度等级可分为 0.1、0.2、0.5、1.0、1.5、2.5、5.0 七个等级。式(2.19.6)计算出的 K 值与七个等级相对比，只进不舍，其中数字越小表示准确度越高。例如，计算得到 $K=1.1$，则取准确度等级为 1.5；$K=1.6$，则取准确度等级为 2.5。由于实验中误差的来源是多方面的，在其他方面的误差比电表的基本误差还大的情况下，就不应片面地追求高级别的电表，因为级别提高一级，价格就要贵很多。实验室常用 1.0 级、1.5 级电表；准确度要求较高的测量常用 0.5 级或 0.1 级电表。

在实际选用电表时，在被测量不超过所选量程的前提下，应力求指针的偏转角度尽可能大一些，只有在被测量接近电表的量程时，才能最大限度地展现电表的固有准确度，以减小读数误差。

四、实验内容及步骤

进行实验前应对表头和标准表进行机械调零。

1. 按图 2.19.2 或图 2.19.3 接线，用中值法或替代法测出表头的内阻 R_g。

2. 将量程为 1mA 的表头改装成 10mA 量程的电流表。

(1)根据式(2.19.1)计算出分流电阻值，先将电源电压调到最小，R_W 调到最大，再按图 2.19.4 接线。

(2)慢慢调节电源，使输出电压升高，使改装表指到满量程(10.00mA)可配合调节 R_W，观察标准表读数是否为 10.00mA。若不为 10.00mA，微调分流电阻 R_2，并同时调节 R_W，直到改装表指到满量程，同时标准表读数为 10.00mA。记下此时分流电阻的阻值 R'_2，该阻值就是分流电阻的实际阻值。注意：R_W 作为限流电阻，阻值不要调至最小。然后减小电源电压，使改装表和标准表读数逐步减小至零，每隔 1.00mA 记录一次改装表和标准表的读数（改装表取整数），将相应的读数依次记录于表 2.19.1 中；按照原间隔逐步增大电源电压，使改装表读数增大至 10.00mA。重复上述过程，将相应的读数依次记入表 2.19.1。

表 2.19.1 电流表改装实验数据

改装表读数 I_x(mA)		1.00	2.00	3.00	4.00	5.00	6.00	7.00	8.00	9.00	10.00
标准表读数 I_S(mA)	减小时										
	增大时										
	平均值										
电流修正值ΔI (mA)											

(3)以改装表读数 I_x 为横坐标，以标准表由大到小及由小到大调节时，两次读数的平均值与改装电表的读数之差（$\Delta I = I_s - I_x$）为纵坐标，在坐标纸上作出电流表的校正曲线 $I_x - \Delta I$，如图 2.19.7 所示。根据式（2.19.6）计算出改装表的 K 值，并确定该表的准确度等级。

（4）（可选做）将面板上的 R_G 和表头串联，作为一个新的表头，重新测量一组数据，并比较扩流电阻有何异同。

3. 将量程为 1mA 的表头改装成 1V 量程的电压表

（1）根据式（2.19.2）计算扩程电阻 R_M 的阻值。

（2）按图 2.19.5 连接校准电路。用量程为 2V 的数显电压表作为标准表来校准改装电压表。

（3）慢慢调节电源，使输出电压升高，使改装表指针指到满量程（1V），观察标准表读数是否为 1.000V。若不为 1.000V，微调扩程电阻 R_M，并同时调节电源电压，直到改装表指到满量程，同时标准表读数为 1.000V，记下此时扩程电阻的阻值 R'_M，该阻值就是扩程电阻的实际阻值。然后减小电源电压，使改装表和标准表读数逐步减小至零，每隔 0.100V 记录一次改装表和标准表的读数（改装表取 1 位小数），将相应的读数依次记录于表 2.19.2 中；按照原间隔逐步增大电源电压，使改装表读数直到 1.000V，重复上述过程，将相应的读数依次记入表 2.19.2。

（4）以改装表读数 U_x 为横坐标，标准表由大到小及由小到大调节时两次读数的平均值与改装电表的读数之差（$\Delta U = U_s - U_x$）为纵坐标，在坐标纸上作出电压表的校正曲线 $U_x - \Delta U$，如图 2.19.7 所示。根据式（2.19.6）计算出改装表的 K 值，并确定该表的准确度等级。

表 2.19.2　电压表改装实验数据

改装表读数 U_x(V)		0.100	0.200	0.300	0.400	0.500	0.600	0.700	0.800	0.900	1.000
标准表读数 U_s(V)	减小时										
	增大时										
	平均值										
电压修正值 ΔU (V)											

（5）（可选做）重复以上步骤，将 1mA 表头改装成 5V 量程电压表，可按每隔 1V 测量一次。

4. 改装欧姆表及标定表盘刻度

（1）根据表头参数 I_g 和 R_g 及电源电压 E，选择 R_W 为 470Ω，R_3 为 1kΩ，也可自行设计确定。

（2）按图 2.19.6（a）进行连线。将电阻箱 R_1、R_2（这时作为被测电阻 R_x）接于欧姆表的 a、b 端，调节 R_1、R_2，使 $R_中 = R_1 + R_2 = 1500\Omega$。

（3）调节电源电压 $E = 1.5V$，调 R_W 使改装表头指示为零。

（4）取电阻箱的电阻为一组特定的数值 R_{Xi}，读出相应的偏转格数 div。利用所得读数 R_{Xi}、div 绘制出改装欧姆表的标度盘，如表 2.19.3 所示。

（5）（可选做）按图 2.19.6（b）进行连线，设计一个并联分流式欧姆表。试与串联分压式欧姆表比较，有何异同？

表 2.19.3　$E =$___V，$R_中 =$___Ω

$R_{Xi}(\Omega)$	$\frac{1}{5}R_中$	$\frac{1}{4}R_中$	$\frac{1}{3}R_中$	$\frac{1}{2}R_中$	$R_中$	$2R_中$	$3R_中$	$4R_中$	$5R_中$
偏转格数（di）									

五、注意事项

1. 注意接入改装表电信号的极性与量程大小，以免指针反偏或超过量程时出现"打针"现象。
2. 实验仪提供的标准毫安表和标准伏特表仅用作校准时的标准。

六、思考题

1. 是否还有其他办法来测定表头内阻？能否用欧姆定律进行测定？能否用电桥进行测定而又保证通过表头的电流不超过 I_g？

2. 设计 $R_{中} = 1500\Omega$ 的欧姆表，现有两块量程为 1mA 的表头，其内阻分别为 250Ω 和 100Ω，你认为选哪块较好？

实验二十　常用电学元件伏安特性的研究

电路中有各种电学元件，如碳膜电阻、线绕电阻、晶体二极管、晶体三极管、光敏和热敏元件等。人们常需要了解它们的伏安特性，以便正确选用。以元件的电压为横坐标、电流为纵坐标作出的电压-电流曲线，称为该元件的伏安特性曲线。如果元件的伏安特性曲线是一条直线，说明通过该元件的电流与元件两端的电压成正比，则称该元件为线性元件(如碳膜电阻)；如果元件的伏安特性曲线不是直线，则称其为非线性元件(如二极管、三极管)。本实验通过测量金属膜电阻、二极管、小灯泡等的伏安特性曲线，了解电学元件的伏安特性。

一、实验目的

1. 学习常用电磁学仪器仪表的正确使用方法及简单电路的连接方法。
2. 掌握用伏安法测量电阻及其误差分析的基本方法。
3. 学习测量线性电阻和非线性电阻的伏安特性。
4. 学习用作图法处理实验数据，并对所得伏安特性曲线进行分析。

二、实验仪器

DH6102 型伏安特性实验仪。

三、实验原理

在温度一定的情况下，当一个元件两端加上电压，元件内有电流通过时，电压与电流之比称为该元件的电阻。若元件两端的电压与通过它的电流不成正比，则伏安特性曲线不再是直线，而是一条曲线，这类元件称为非线性元件。一般金属导体电阻是线性电阻，它与外加电压的大小和方向无关，其伏安特性曲线是一条直线。

了解电阻式导体材料的重要特性，需要对电阻进行测量。测量电阻的方法有多种，伏安法是常用的基本方法之一。所谓伏安法，就是运用欧姆定律测出电阻两端的电压 V 和其上通过的电流 I，根据

$$R = \frac{V}{I} \tag{2.20.1}$$

即可求得电阻值 R。也可运用作图法作出伏安特性曲线，从曲线上求得电阻的阻值。对有些电阻，其伏安特性曲线为直线，称为线性电阻，如常用的碳膜电阻、线绕电阻、金属膜电阻等。还有些电阻元件的伏安特性曲线为曲线，称为非线性电阻，如灯泡、二极管、稳压管、热敏电阻等。非线性电阻的阻值是不确定的，只有通过作图法才能反映它的特性。

1. 线性电阻的伏安特性测量

用伏安法测电阻，原理简单，测量方便，但由于电表内阻接入的影响，给测量带来一定的系统误差。

在电流表内接法中，如图 2.20.1 所示，由于电压表测出的电压值 V 包括电流表两端的电压 (V_{mA})，因此，测量值要大于被测电阻的实际值。

由

$$R = \frac{V}{I} = \frac{V_x + V_{mA}}{I} = R_x + R_{mA} = R_x \left(1 + \frac{R_{mA}}{R_x}\right) \tag{2.20.2}$$

可见，由于电流表内阻 (R_{mA}) 不可忽略，因此给测量带来一定的误差。

在电流表外接法中，如图 2.20.2 所示，由于电流表测出的电流 I 包括流过电压表的电流 (I_V)，因此，测量值要小于被测电阻的实际值。

由

$$R = \frac{V_x}{I} = \frac{V_x}{I_x + I_V} = \frac{1}{\dfrac{1}{R_x} + \dfrac{1}{R_V}} = \frac{R_x}{\left(1 + \dfrac{R_x}{R_V}\right)} \tag{2.20.3}$$

可见，由于电压表内阻 (R_V) 不是无穷大，因此给测量带来一定的误差。

上述两种连接电路的方法都给测量带来一定的系统误差，即测量方法误差。为此必须对测量结果进行修正，修正值为

$$\Delta R_x = R_x - R \tag{2.20.4}$$

式中，R 为测量值，R_x 为实际值。

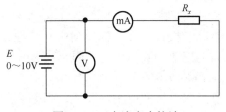

图 2.20.1　电流表内接法

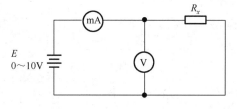

图 2.20.2　电流表外接法

为了减小系统误差，必须根据待测阻值的大小和电表内阻的不同，正确选择测量电路：

① 当 $R_x \gg R_{mA}$，且 $R_x < R_V$ 时，选择电流表内接法。

② 当 $R_x \ll R_V$，且 $R_x > R_{mA}$ 时，选择电流表外接法。

③ 当 $R_x \gg R_{mA}$，且 $R_x \ll R_V$ 时，两种接法均可。

经过以上选择，可以减小由于电表接入带来的系统误差，但电表本身的基本误差仍然存在，它取决于电表的准确度等级和量程，其相对误差为

$$\frac{\Delta R_x}{R_x} = \frac{\Delta V}{V_x} + \frac{\Delta I}{I_x} \tag{2.20.5}$$

式中，ΔV 和 ΔI 为电压表和电流表允许的最大示值误差。

2. 二极管的伏安特性测量

对二极管施加正向偏置电压时，二极管中就有正向电流通过(多数载流子导电)，随着正向偏置电压的增加，一开始电流随电压变化很缓慢，而当正向偏置电压增至接近二极管导通电压(锗二极管为 0.2V 左右，硅二极管为 0.7V 左右)时，电流急剧增加；二极管导通后，电压变化很小时，电流变化很大。

对上述两种元件施加反向偏置电压时，二极管处于截止状态，其反向电压增加至二极管的击穿电压时，电流迅速增大，二极管被击穿。在使用二极管时应竭力避免出现击穿现象，这很容易造成二极管的永久性损坏。所以测量二极管反向特性时，应串入限流电阻，以防因反向电流过大而损坏二极管。

锗、硅二极管的伏安特性曲线分别如图 2.20.3、图 2.20.4 所示。

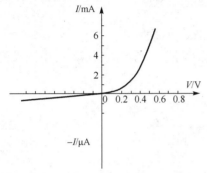 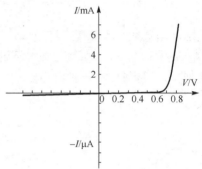

图 2.20.3 锗二极管的伏安特性曲线　　　　图 2.20.4 硅二极管的伏安特性曲线

3. 稳压二极管伏安特性测量

稳压二极管实质上是一个面结型硅二极管，它具有陡峭的反向击穿特性，工作在反向击穿状态。在稳压管电路中串入限流电阻，使稳压管击穿后电流不超过允许的数值，因此击穿状态可以长期持续，并能很好地重复工作而不致损坏。

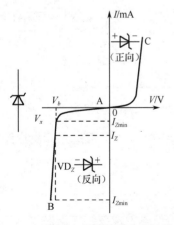

图 2.20.5 稳压二极管的伏安特性曲线

稳压二极管的伏安特性曲线如图 2.20.5 所示，它的正向特性和一般硅二极管一样，但反向击穿特性较陡。由图可见，反向电压增加到击穿电压以后，稳压二极管进入击穿状态(曲线的 AB 段)。

虽然反向电流在很大的范围内变化，但它两端的电压 V_x 变化很小，即 V_x 基本恒定。利用稳压二极管的这一特性，可以达到稳压的目的。

(1)稳定电压 V_x，即稳压二极管在反向击穿后其两端的实际工作电压。这一参数随工作电流和温度的不同略有改变，并且分散性较大。但对每一个稳压二极管而言，对应于某一工作电流，稳定电压有相应的确定值。

(2)稳定电流 I_x，即稳压二极管的电压等于稳定电压时的工作电流。

(3)动态电阻 r_x，即稳压二极管的电压变化和相应的电流变化之比，$r_x = \Delta V_x / \Delta I_x$，显然 ΔV_x 越小，稳压效果越好，动态电阻的数值随工作电流的增加而减小。但当工作电流 $I_x > 5\text{mA}$ 后，

r_x 减小得不明显；而当 $I_x < 1\text{mA}$ 时，r_x 明显增加。

（4）最大稳定电流 $I_{x\max}$ 和最小稳定电流 $I_{x\min}$。$I_{x\max}$ 是指稳压二极管的最大工作电流，超过此值，即超过了稳压二极管的允许耗散功率；$I_{x\min}$ 是指稳压二极管的最小工作电流，低于此值，V_x 不再稳定，常取 $I_{x\min} = 1\sim2\text{mA}$。

2CW56 属于硅半导体稳压二极管，当 2CW56 两端电压反向偏置时，其电阻值很大，反向电流极小，据手册资料称其值≤0.5μA。随着反向偏置电压进一步增加至 7～8.8V，出现反向击穿（有意掺杂而成），产生雪崩效应，其电流迅速增加，电压稍许变化将引起电流的巨大变化。只要在线路中对雪崩效应产生的电流采取有效的限流措施，使电流有少许变化，稳压二极管两端的电压仍然是稳定的（变化很小）。

稳压二极管伏安特性测量实验电路如图 2.20.6 所示。E 为 0～10V 可调直流稳压电源，R 为限流电阻器。

4. 钨丝灯伏安特性测量

实验仪用灯泡中的钨丝和家用白炽灯泡中的钨丝同属一种材料，但钨丝的粗细和长短不同，于是做成了不同规格的灯泡。

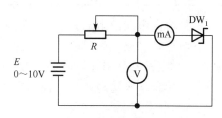

图 2.20.6　稳压二极管伏安特性
测量实验电路

本实验中实验仪所用的钨丝灯泡规格为 12V/0.1A。只要控制好两端的电压，使用就是安全的。金属钨的电阻温度系数为 $48\times10^{-4}/\text{℃}$，为正温度系数，当灯泡两端施加电压后，钨丝上就有电流流过，产生功耗，钨丝温度上升，致使灯泡电阻增加。灯泡不加电时，电阻称为冷态电阻；施加额定电压时测得的电阻称为热态电阻。由于正温度系数的关系，冷态电阻小于热态电阻。在一定的电流范围内，电压和电流的关系为

$$U = KI^n \tag{2.20.6}$$

式中，U 为灯泡两端的电压，I 为通过灯泡的电流，K 和 n 为与灯泡有关的常数。

为了求得常数 K 和 n，可以通过二次测量所得的 U_1、I_1 和 U_2、I_2 得到

$$U_1 = KI_1^n \tag{2.20.7}$$

$$U_2 = KI_2^n \tag{2.20.8}$$

令式（2.20.7）除以式（2.20.8）可得

$$n = \dfrac{\lg \dfrac{U_1}{U_2}}{\lg \dfrac{I_1}{I_2}} \tag{2.20.9}$$

由式（2.20.7）可得

$$K = U_1 I_1^{-n} \tag{2.20.10}$$

四、实验内容及步骤

1. 金属膜电阻的伏安特性测量

（1）用内接法测量。按照图 2.20.1 连接电路，金属膜电阻 R_x 约为 1kΩ，每改变一次电压值，读出相应的电流值，将数据填入表 2.20.1。

表 2.20.1　线性电阻伏安特性(内接法)

电压(V)	0.00	1.00	2.00	3.00	4.00	5.00	6.00	7.00	8.00
电流(mA)									

(2)用外接法测量。按照图 2.20.2 连接好电路，重复上述内接法的操作步骤，将数据填入表 2.20.2。

表 2.20.2　线性电阻伏安特性(外接法)

电压(V)	0.00	1.00	2.00	3.00	4.00	5.00	6.00	7.00	8.00
电流(mA)									

(3)根据电表内阻的大小，分析上述两种测量方法中，哪种电路的系统误差小。

(4)绘制金属膜电阻的伏安特性曲线。内接法与外接法所测伏安特性曲线画入同一坐标图中，利用图解法分别计算内接法与外接法情况下的电阻阻值。

2. 稳压二极管的伏安特性测量

(1)正向伏安特性测量。

根据图 2.20.6，采用内接法连接电路(为了保护二极管，可以串联限流电阻，其阻值调到最大)，调稳压电源的输出为零。

增大输出电压，使电压表的读数逐渐增大，观察加在稳压二极管上的电压随电流变化的现象，通过观察确定测量范围，即电压与电流的调节范围。

测定稳压二极管的正向伏安特性曲线，电压的测量值不应等间隔地取，而应在电流变化缓慢区间，电压间隔取得疏一些；在电流变化迅速区间，电压间隔取得密一些。将测量数据填入表 2.20.3。

(2)反向伏安特性测量。

根据图 2.20.6，采用外接法连接电路，定性观察被测稳压二极管的反向特性，通过观察确定测量反向特性时电压的调节范围(即该型号稳压二极管的最大工作电流 $I_{x\max}$ 所对应的电压值)。

测量反向伏安特性时，同样应在电流变化迅速区域，电压间隔取得密一些。将测量数据填入表 2.20.3。

表 2.20.3　稳压二极管伏安特性测量

正向	$U(V)$									
	$I(mA)$									
反向	$U(V)$									
	$I(mA)$									

(3)绘制稳压二极管的伏安特性曲线。

将稳压二极管正、反向伏安特性曲线画在同一坐标图上。正、反向电流与电压的变化范围不一致，但正、反向必须取相同的单位，以显示稳压二极管真实的伏安特性。

注意：正、反向所测电流最大值均应接近 80mA。

3. 钨丝灯的伏安特性测量

给定一只小灯泡，已知其额定电压 $V_H = 12V$，额定电流 $I_H = 100mA$，起始电流为 20mA，毫安表内阻为 1Ω，电压表内阻为 1MΩ。要求：

(1) 自行设计测量伏安特性的线路。

(2) 测量小灯泡的伏安特性。

(3) 绘制小灯泡的伏安特性曲线。

(4) 选择两对数据 (如 $U_1 = 2V$，$U_2 = 8V$，以及相应的 I_1、I_2)，按式 (2.20.9) 和式 (2.20.10) 计算出 K、n 的值。由此计算出式 (2.20.6) 的结果，并进行多点验证。

(5) 判定小灯泡是线性元件还是非线性元件。

特别注意：电流小于 20mA 时应密集取点；所测电流最大值应该接近 100mA。

五、注意事项

1. 使用电源时要防止短路，接通和断开电路前应使输出为零，先粗调再慢慢微调。

2. 测量金属膜电阻的伏安特性时，所加电压不得使电阻超过额定输出功率。

3. 测量稳压二极管的伏安特性时，电路中的电流不应超过其最大稳定电流 I_{xmax}。

六、思考题

1. 二极管的反向电阻和正向电阻差异如此之大，其物理原理是什么？

2. 测量稳压二极管的伏安特性时，为什么测正向和反向伏安特性时要分别选内接法和外接法？

3. 试根据钨丝灯的伏安特性曲线解释为什么在开灯时灯泡容易烧坏。

实验二十一 分光计的调节及三棱镜折射率的测量

分光计是一种能精确测量角度的光学仪器。用它可以测定光线的偏转角度，如反射角、折射角、衍射角等，而不少光学量 (如光波波长、折射率、光栅常数等) 可通过测量相关角度来确定。因此，了解分光计的结构，正确使用及调节分光计对于减小测量误差、提高测量精度十分重要。

一、实验目的

1. 了解分光计的结构，掌握正确使用和调节分光计的方法。

2. 使用分光计测量三棱镜的顶角。

二、实验仪器

分光计、平面反射镜、三棱镜、汞灯等。

三、实验原理

(一) 传统式分光计

1. 传统式分光计的结构

传统式分光计 (简称分光计) 具有 4 个主要部件：望远镜、平行光管、载物台、读数装置 (刻度盘、游标盘)。传统式分光计结构如图 2.21.1 所示。

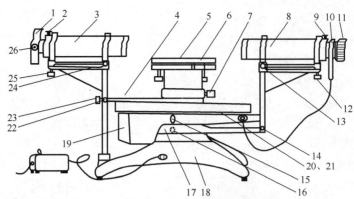

1-狭缝；2-狭缝调节螺钉；3-平行光管；4-平行光管止动架；5-载物台；6-载物台调平螺钉（3个）；7-载物台锁紧螺钉；
8-望远镜；9-望远镜紧固螺钉；10-分划板；11-目镜调焦轮；12-望远镜倾角螺钉；13-望远镜光轴水平调节螺钉；14-支臂；
15-望远镜转角微调；16-读数刻度盘止动螺钉；17-望远镜止动架；18-望远镜止动螺钉；19-底座；20-转座；21-刻度盘；
22-游标盘；23-立柱；24-游标盘微调螺钉；25-游标盘止动螺钉；26-平行光管光轴水平螺钉

图 2.21.1　传统式分光计结构

（1）望远镜

望远镜(见图 2.21.1 中 8)用于观察平行光。分光计采用自准直望远镜(阿贝式)。它由目镜、叉丝分划板和物镜三部分组成，分别装在三个套筒中，这三个套筒一个比一个大，彼此可以互相滑动，以便调节聚焦。如图 2.21.2 所示，中间的一个套筒装有一块圆形分划板，分划板面刻有"十"形叉丝，分划板的下方紧贴着装有一块 45° 全反射小棱镜，在与分划板相贴的小棱镜的直角面上，刻有一个十字形（"＋"）透光的叉丝。透过望远镜看到的"＋"像就是这个叉丝的(物)像。叉丝套筒上正对着小棱镜的另一个直角面处开有小孔并装一小灯，小灯的光进入小孔经小棱镜全反射后，沿望远镜光轴方向照亮分划板，以便于调节和观测。

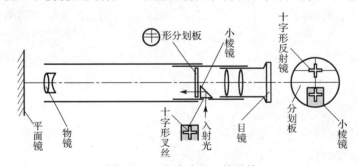

图 2.21.2　自准直望远镜结构

（2）平行光管

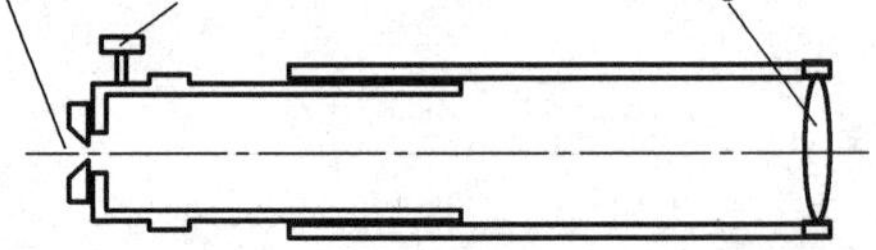

平行光管(见图 2.21.1 中 3)用于产生平行光，它由狭缝和会聚透镜(即凸透镜)组成，其结构如图 2.21.3 所示。狭缝与凸透镜之间的距离可以通过伸缩狭缝套筒进行调节，当狭缝调到凸透镜的焦平面上时，狭缝发出的光经透镜后成为平行光。狭缝的宽度可由图 2.21.3 中的 2 进行调节。

1-狭缝；2-调节缝宽螺钉；3-凸透镜
图 2.21.3　平行光管结构图

（3）载物台

载物台(见图 2.21.1 中 5)用于放待测物件(如三棱镜、光栅等)。

（4）读数装置

读数装置（见图 2.21.1 中 21 和 22）由刻度盘和与游标盘组成。如图 2.21.4 所示，刻度盘分为 360°，每度中间有半刻度线，故刻度盘的最小读数为半度（30′），小于半度的值利用游标读出。游标上有 30 分格，故最小刻度为 1′。分光计上的游标为角游标，但其原理和读数方法与游标卡尺类似。

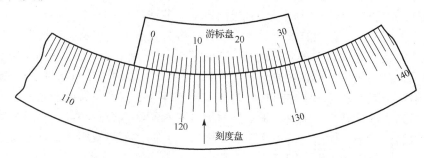

图 2.21.4　分光计的读数装置

为了消除刻度盘与游标盘不完全同轴所引起的偏心误差，在刻度盘对径方向（相隔 180°）设有两个游标盘，测量时要同时记录两个游标的读数，如图 2.21.5 所示。

图 2.21.5 中的外圆表示刻度盘，其中心在 O；内圆表示载物台，其中心在 O'。两个游标与载物台固定，并在其直径的两端，它们与刻度盘圆弧相接触。通过 O' 的虚线表示两游标零线的连线。假定载物台从 φ_1 转到 φ_2，实际转过的角度为 θ，而刻度盘上的读数为 φ_1、φ_2；φ_1'、φ_2'。计算得到转角 $\theta_1 = \varphi_1' - \varphi_1$，$\theta_2 = \varphi_2' - \varphi_2$。由几何定理知 $\alpha_1 = \theta_1/2$，$\alpha_2 = \theta_2/2$，而 $\theta = \alpha_1 + \alpha_2$，故载物台实际转过的角度 $\theta = \dfrac{1}{2}\left(|\varphi_1' - \varphi_1| + |\varphi_2' - \varphi_2|\right)$。

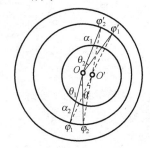

图 2.21.5　双游标消除偏心误差示意图

2．分光计的调节

概括地说，分光计的调整要求是：使平行光管出射平行光；使望远镜适于接收平行光；使平行光管和望远镜的光轴等高并与分光计中心轴垂直。

正式调整前，先目测粗调：使望远镜和平行光管对准；将载物台、望远镜和平行光管大致调节水平，使它们大致垂直于分光计中心轴。

（1）目测粗调

为了便于后面的光路细调，需先目测粗调。即将分光计在实验桌上的位置摆正，使平行光管狭缝端正对着桌上的光源灯管；调节有关的倾角螺钉（载物台下的 3 个调平螺钉、望远镜与平行光管的倾仰角螺钉），使望远镜、平行光管、载物台大致水平；载物台调节到适当的高度，且其两层小圆板之间留有适当的间隙，上层小圆板的 3 条半径线与下层小圆板的 3 个调节螺钉的位置分别对齐。

（2）调望远镜聚焦于无穷远（自准法）

① 调节目镜，使分划板为目镜焦平面（使分划板上的叉丝"十"清晰）。望远镜里的圆形分划板上有双叉丝线"十"，分划板的下方有一个十字形（"十"）的透光窗孔，仔细转动目镜头，使分划板上的叉丝清晰。

② 伸缩镜桶，使分划板为物镜焦平面(使"+"在分划板上成像清晰)。在载物台上放置小平面镜，然后松开望远镜筒上面的望远镜紧固螺钉(见图2.21.1中9)，伸缩叉丝筒，直至分划板上经平面镜反射回来的"+"像清晰，且无视差。若有视差(所谓视差，就是在叉丝清晰时在不同的位置看，其位置不同)，应反复调节，予以消除。

至此，望远镜已聚焦于无穷远处，即能接收和检验平行光。这种调节方法称为自准法。

(3)调节望远镜光轴与分光计中心轴垂直(各半调节法)

接着上一步调节，如图2.21.6所示，将"+"像先调到分划板叉丝竖线上。此时，如果"+"像与分划板最上面的一条水平线相差一段距离，则调节望远镜倾角螺钉(见图2.21.1中12)，使此距离减小一半，再调载物台调平螺钉(见图2.21.1中6)，消除另一半差距，使"+"像与上方的水平线重合(注意不是中间的水平线)。将刻度盘旋转180°，使平面镜的另一面对准望远镜，再用此法进行调节，也使"+"像与上方的水平线重合。经过几次反复调节后，在仅转动刻度盘的情况下，使望远镜先后对着平面镜的两面，都能看到"+"像与分划板上部的叉丝线重合，则望远镜的光轴即已垂直于分光计的中心轴。

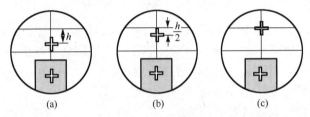

图2.21.6　各半调节法示意图

(4)调节平行光管发射平行光使光轴垂直于中心轴

点亮汞灯，使光束射入平行光管，以前面调好的望远镜为准来调节平行光管。

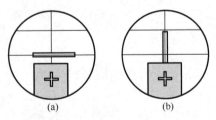

图2.21.7　平行光管与分光计中心轴垂直调节示意图

① 调节(伸缩)平行光管的狭缝体，当从望远镜中观察的狭缝亮线最清晰时，平行光管发射的光即为平行光。

② 转动狭缝体，使狭缝亮线呈水平状，再调节平行光管下面的倾角螺钉，使狭缝亮线位于望远镜分划板的中央，与叉丝的水平线重合。这时平行光管的光轴与望远镜的光轴一致，即垂直于分光计中心轴。此调节过程可用图2.21.7表示。

分光计完全调好后，望远镜、平行光管、载物台的状态不能再改变(否则整个调节过程需要重新进行)。接下来即可进行各种实验测量。

3. 三棱镜顶角的测量

(1)自准法

图2.21.8所示是自准法测三棱镜顶角原理图。转动望远镜，使望远镜垂直于三棱镜的 AB 面，根据自准直原理，目镜中的亮"+"成像在分划板上方水平线与竖直线的交叉点上，此时读取望远镜的方位角 φ_1 和 φ_2；再转动望远镜，使之垂直于三棱镜的 AC 面，同时读取望远镜的方位角 φ_1' 和 φ_2'，两个方位角之差 $|\varphi_1'-\varphi_1|$ 或 $|\varphi_2'-\varphi_2|$ 即是顶角 α 角的补角 φ，即

$$\alpha = 180° - \varphi = 180° - \frac{1}{2}\left(|\varphi_1'-\varphi_1| + |\varphi_2'-\varphi_2|\right) \tag{2.21.1}$$

(2) 反射法

图 2.21.9 所示为反射法测三棱镜顶角原理图。转动载物台，使三棱镜顶角对准平行光管，让平行光管射出的光束照在三棱镜的两个折射面上。将望远镜转至 AB 面观测反射光，调节望远镜目镜调焦轮（见图 2.21.1 中 11），使望远镜竖直叉丝对准狭缝像中心线，再分别从两个游标读出反射光的方位角 φ_1、φ_2；然后将望远镜转至 AC 面观测反射光，用相同的方法读出反射光的方位角 φ_1'、φ_2'。由图 2.21.9 可知顶角 α 为

$$\alpha = \frac{1}{4}\left(\left|\varphi_1' - \varphi_1\right| + \left|\varphi_2' - \varphi_2\right|\right) \tag{2.21.2}$$

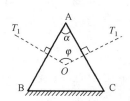

图 2.21.8　自准法测三棱镜顶角

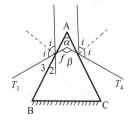

图 2.21.9　反射法测三棱镜顶角

4. 最小偏向角法测三棱镜玻璃的折射率

如图 2.21.10 所示，假设有一束单色平行光 LD 入射到三棱镜上，经过两次折射后沿 ER 方向射出，则入射光线 LD 与出射光线 ER 间的夹角称为偏向角 δ。

转动三棱镜，改变入射光对光学面 AC 的入射角，出射光线的方向 ER 也随之改变，即偏向角发生变化。沿偏向角减小的方向继续缓慢转动三棱镜，使偏向角逐渐减小；当转到某个位置时，若再继续沿此方向转动，偏向角又将逐渐增大，此位置时偏向角达到最小值，测出最小偏向角 $\delta_{\min}$。可证明三棱镜材料的折射率 n 与顶角及最小偏向角的关系为

$$n = \frac{\sin\dfrac{\delta_{\min} + \alpha}{2}}{\sin\dfrac{\alpha}{2}} \tag{2.21.3}$$

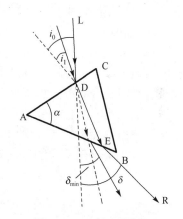

图 2.21.10　最小偏向角

实验中，分别放松游标盘和望远镜的止动螺钉，转动游标盘（连同三棱镜）使平行光射入三棱镜的 AC 面。转动望远镜在 AB 面处寻找平行光管中的狭缝的像，然后向一个方向缓慢地转动游标盘（连同三棱镜），使在望远镜中观察到狭缝像朝入射方向移动，当随着游标盘转动而向入射方向移动的狭缝像正要开始向相反方向移动时，固定游标盘。轻轻地转动望远镜，使分划板上的竖直线与狭缝像对准，记下两游标指示的读数，记为 φ_3、φ_4；然后取下三棱镜，转动望远镜使它直接对准平行光管，并使分划板上的竖直线与狭缝像对准，记下对称的两游标的读数，记为 φ_3'、φ_4'，可得

$$\delta_{\min} = \frac{1}{2}\left(\left|\varphi_3 - \varphi_3'\right| + \left|\varphi_4 - \varphi_4'\right|\right) \tag{2.21.4}$$

图 2.21.11 数字分光计的结构

利用分光镜测出顶角 α 及最小偏向角 δ_{min}，即可由式(2.21.3)计算出三棱镜材料的折射率。

(二)激光自准直数字分光计

1. 激光自准直数字分光计结构

激光自准直数字分光计（简称数字分光计）的结构如图 2.21.11 所示。

2. 数字分光计的调节

数字分光计在保留了传统的游标度盘分光计的各种调节功能的基础上，增加了可视粗调功能，克服了传统分光计粗调靠目测的不足，使各调节环节能有的放矢，减少盲目调节，极大地提高了实验效率。

① 粗调方法

将粗调靶套在望远镜的目镜上，粗调靶缺口朝下，将光学平行平板放置在载物台中央；将阿贝目镜电源开关置于"强"，阿贝目镜光源发出平行强光经小三棱镜反射后照亮分划板上的下半部透明十字刻度线，发出十字形平行强光通过粗调靶的缺口照在载物台上的光学平行平板上，转动载物台可使十字形平行强光经过光学平行平板反射到粗调靶上形成十字形光斑，由于粗调靶与阿贝目镜中的分划板一致对应，只要反射到粗调靶上的十字形光斑处在缺口中央的横线上就能保证反射回的十字形光处在望远镜的视场之中。用各半调节法将十字形光斑调节到粗调靶缺口中央下方的横线上，如图 2.21.12 所示。

② 细调方法

在完成望远镜和载物台全方位粗调(望远镜、载物台垂直于转轴)以后，将粗调靶从望远镜的目镜上取下，将阿贝目镜电源开关置于"弱"，阿贝目镜光源发出十字形荧光，经小三棱镜反射后照亮分划板上的下半部透明十字形刻度线。十字形刻度线方向、目镜及物镜间的距离皆可调，当叉丝位于物镜焦平面上时，叉丝发出的光经物镜后成为平行光。该平行光经光学平行平板双面反射镜反射后，再经物镜聚焦在分划板平面上，形成十字形叉丝的像。用各半调节法将十字形叉丝的像调节到分划板上方的横线上，如图 2.21.13 所示。

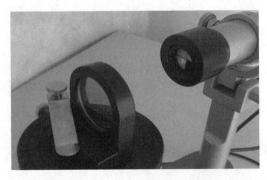

图 2.21.12 平行光管与数字分光计中心轴垂直调节粗调示意图

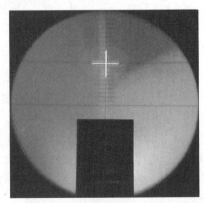

图 2.21.13 平行光管与数字分光计中心轴垂直调节细调示意图

3. 数字分光计角度测量

数字分光计是传统的游标度盘分光计的更新换代产品，通过安装在中心转轴上的精密角度测量装置，同步测量中心转轴转动的角度，以数字显示。

测量望远镜转动角度时，锁紧望远镜支架与转轴锁紧螺钉后，望远镜与转轴同步转动，通过安装在转轴上的精密角度测量装置，可同步测量望远镜转动的角度。首先转动望远镜对准目标 A 后，按压复位键可使测量读数归零，然后转动望远镜对准目标 B，角度显示器上同步显示目标 A 到目标 B 的角度。

四、实验内容及步骤

1. 调节分光计

（1）粗调：用眼睛估测，调节望远镜、平行光管的水平方向或竖直方向的调节螺钉，使望远镜、平行光管的光轴通过转轴中心共轴，并处于水平状态。

（2）调节望远镜聚焦于无穷远处（自准直法）。

（3）调节望远镜光轴与分光计中心轴垂直（各半调节法）。

（4）调节平行光管发射平行光，且其光轴垂直于中心轴。

2. 调整三棱镜，使其主截面与望远镜光轴垂直

（1）如图 2.21.14 所示，将三棱镜放在分光计载物台上，使三棱镜的三条边分别与载物台下面的 3 个螺钉 b_1、b_2、b_3 连线垂直。转动游标盘使 AB 面正对望远镜，先调螺钉 b_1 或 b_2，使 AB 面与望远镜光轴垂直，此时可看见 AB 面反射回来的"＋"像与分划板上方的水平线重合。

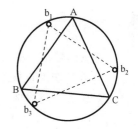

图 2.21.14　三棱镜放置方法

（2）使 AC 面正对望远镜，调节螺钉 b_3，使 AC 面与望远镜光轴垂直，即看见反射回来的"＋"像与分划板上方的水平线重合。

（3）按照上述方法重新调节，反复几次，直至两个侧面 AB 和 AC 反射回来的"＋"像都与分划板上方的水平线重合，即三棱镜的主截面与望远镜光轴垂直。

3. 用自准法测量三棱镜顶角 α

（1）转动望远镜，使望远镜垂直于三棱镜的一个面，根据自准直原理，目镜中的亮"＋"成像在分划板上方水平线与竖直线的交点上，此时读取望远镜的方位角 φ_1 和 φ_2。

（2）再转动望远镜，使之垂直于三棱镜的另一个面，同时读取望远镜的方位角 φ_1' 和 φ_2'。

（3）测量 5 次，取平均值，将数据记入表 2.21.1 并代入式（2.21.1）中算出 α。

表 2.21.1　计算顶角 α 的测量数据

测量量	1	2	3	4	5	平均值
φ_1						
φ_2						
φ_1'						
φ_2'						

4. 测量三棱镜的最小偏向角

（1）将平行光管狭缝对准前方汞灯。

（2）将载物台及望远镜移至图 2.21.10 中的 ER 方向上，找出汞灯光谱。

(3)转动载物台，使谱线往偏向角减小的方向移动，通过望远镜观察谱线的运动，直到谱线开始逆转为止，固定载物台。

(4)转动望远镜使谱线对准分划板上的竖直线，记录φ_3、φ_4。

(5)取下三棱镜，转动望远镜使它直接对准平行光管，并使分划板上的竖直线与狭缝像对准，记下对称的两游标读数，记为φ_3'、φ_4'。

(6)测量5次，将数据记入表2.21.2，代入式(2.21.4)中计算出$\delta_{\min}$。

表 2.21.2　三棱镜的最小偏向角 $\delta_{\min}$ 的测量数据

测量量	1	2	3	4	5	平均值
φ_3						
φ_4						
φ_3'						
φ_4'						

5. 计算折射率

将计算出的三棱镜顶角 α 及最小偏向角 $\delta_{\min}$ 代入式(2.21.3)计算出三棱镜材料的折射率。

五、注意事项

1. 注意过零点问题。

2. 当角度作为直接运算数参加四则运算时，应转换成弧度值。

3. 狭缝是精密部件，为避免损伤，只有在望远镜中看到狭缝亮线像的情况下，才能调节狭缝的宽度。

4. 读数的整数部分应从游标"0"刻线算起，不能从游标的边缘算起。

六、思考题

1. 分光计分划板的叉丝竖线的清晰度应如何调节？要看清反射的"＋"像又应如何调节？

2. 如何调节分光计使望远镜的主轴与载物台的中心轴垂直？

3. 如何调节平行光管与望远镜共轴？

4. 如何测量顶角？

实验二十二　光的等厚干涉

根据相干光源的获得方式，可将光的干涉分成两大类：分波面干涉和分振幅干涉。分振幅干涉又包括等倾干涉和等厚干涉两种，它们是光的干涉现象在实际应用中的主要形式。在本实验中，我们不仅可以观察光的等厚干涉现象，加深对光的干涉理论的理解，还可以学习光的等厚干涉现象的两种实际应用：用牛顿环产生的等厚干涉测量透镜的曲率半径；用空气劈尖干涉测量细丝直径。这些应用原则上都可以说是以光的半波长为最小测量单位进行长度测量的，因此测量精度大大高于常用长度测量量具的精度。掌握光的等厚干涉现象和原理，还可以在科学研究与生产实际中发展许多新的应用。

一、实验目的

1. 观察牛顿环和空气劈尖产生的干涉现象，了解等厚干涉的特点，加深对干涉原理的理解。
2. 掌握用牛顿环测量平凸透镜的曲率半径的原理和方法。
3. 掌握用空气劈尖测量细丝直径的原理和方法。
4. 学习读数显微镜的使用方法。

二、实验仪器

钠灯及电源、具有分光镜和螺旋测微结构的读数显微镜、牛顿环、空气劈尖等。

三、实验原理

1. 用牛顿环测平凸透镜的曲率半径

牛顿环是采用分振幅方法产生的干涉现象，它产生的是等厚干涉条纹。把一块曲率半径为 R 的平凸透镜的凸面放在另一块极平的玻璃片上，如图 2.22.1 所示。在两块玻璃面间形成一层以接触点 O 为中心而向四周逐渐增厚的空气薄层——空气膜。若以单色光从正上方垂直照射，则由空气膜的上、下两表面反射的两束光线成为相干光。如果从上方观察由反射光所产生的干涉图案，就会看到以暗点为中心的一组明暗相间的同心圆环，这种图案称为牛顿环，如图 2.22.2 所示。

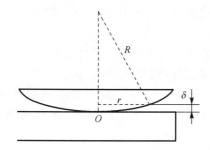

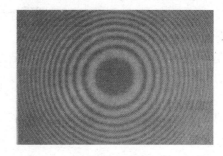

图 2.22.1　牛顿环测平凸透镜的曲率半径原理示意图　　　　图 2.22.2　牛顿环

如图 2.22.1 所示，当波长为 λ 的单色光垂直入射时，由空气膜上表面和下表面反射的光的光程差为

$$\Delta = 2\delta + \frac{\lambda}{2} \tag{2.22.1}$$

式中，δ 是与牛顿环中心距离为 r 处的空气隙的厚度；$\lambda/2$ 是由于光从下表面(从光疏介质到光密媒介的交界面)反射时，发生半波损失所引起的附加光程差。显然，由于光程差仅随空气隙的厚度 δ 而改变，故干涉条纹是厚度相同的点的轨迹，即以接触点为中心的一系列同心圆环。

由图 2.22.1 所示的几何关系，有

$$R^2 = r^2 + (R-\delta)^2 = r^2 + R^2 - 2R\delta + \delta^2 \tag{2.22.2}$$

当 $R \gg \delta$ 时，由式(2.22.2)可得 $\delta = \dfrac{r^2}{2R}$，代入式(2.22.1)得

$$\Delta = \frac{r^2}{2R} + \frac{\lambda}{2} \tag{2.22.3}$$

当光程差为半波长的奇数倍时，产生暗条纹，由式(2.22.3)得

$$\frac{2r_m^2}{2R} + \frac{\lambda}{2} = (2m+1)\frac{\lambda}{2} \qquad (m = 0,1,2,\cdots) \tag{2.22.4}$$

由式(2.22.4)可以看出，相邻暗环对应的光程差相差一个波长。如图 2.22.2 所示，如果从中心圆斑开始数暗环的个数，数到第 4 个暗环时，表明第 4 个暗环处的光程差比中心圆斑处多了 4 个波长，由这一数值就可以得到第 4 个暗环处的空气隙的高度。通过数暗环的个数，实现了以半波长为最小长度单位进行空气隙厚度的测量。这种方法可以应用到许多类似的场合，以半波长为最小长度单位测出微小长度量，如测量薄膜变形量、光学元件的平整度等。

由式(2.22.4)有

$$r_m = \sqrt{mR\lambda} \tag{2.22.5}$$

对式(2.22.5)可做如下讨论：

(1)当 $m = 0$，$r = 0$ 时，表明在理想接触下，牛顿环中心暗点应为几何点，但实际情况常常是一个暗斑。

(2)牛顿环的半径与 m 的平方根成正比，当 R、λ 一定时，m 越大，即暗环级次越高，相邻暗环之间的间距越小，故由 O 点向外，牛顿环越来越密。

(3)若测出 m 和 r_m，并知道 λ，即可算出透镜的曲率半径 R；反之，已知 R，测出 m 和 r_m，也可算出光波长。

在实际应用上述原理时发现，由于玻璃接触时的弹性形变、接触点不干净等原因，平凸透镜的凸面与平面玻璃不能很理想地只以一个点相接触，观察到的牛顿环中心往往不是一个暗点，而是一个不很规则的圆斑，这样 r_m 不易测量得很准确，干涉环的级数也不能准确确定。为了消除这些问题，可以测量两个暗环的半径。设测出第 n 个环的半径为 r_n，第 m 个环的半径为 r_m，代入式(2.22.5)得

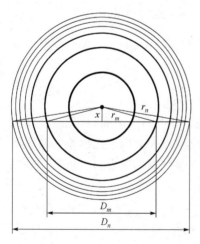

图 2.22.3　牛顿环测量示意图

$$r_n^2 - r_m^2 = nR\lambda = (n-m)R\lambda \tag{2.22.6}$$

$$R = \frac{r_n^2 - r_m^2}{(n-m)\lambda} \tag{2.22.7}$$

式中，$n-m$ 为暗环的级次差，可以准确测定。

当实际测量时，因为暗环圆心不易准确找出，暗环半径也不易准确测量，所以一般测量暗环的直径。由于暗环圆心不易准确找出，在测量暗环直径时，有可能所测量的不是严格的直径而是弦长，设所测弦长到圆心距离为 x，如图 2.22.3 所示，这样就有

$$D_m = 2\sqrt{r_m^2 - x^2} \tag{2.22.8}$$

$$D_n = 2\sqrt{r_n^2 - x^2} \tag{2.22.9}$$

最后可得

$$R = \frac{D_n^2 - D_m^2}{4(n-m)\lambda} \qquad (2.22.10)$$

式中，D_m、D_n分别是两个暗环的直径或弦长。本实验入射光用波长为589.3nm的钠光，用读数显微镜测出第m圈和第n圈的直径或弦长，用式(2.22.10)便可算出透镜的曲率半径R。反之，若已知曲率半径R，也可求出入射光的波长。

2. 用空气劈尖干涉测量细丝直径

如图2.22.4所示，取两块光学平面玻璃板，使其一端接触，另一端夹着待测细丝(细丝与接触棱边相互平行)，这样在两块玻璃板之间形成了一个空气劈尖。当平行单色光垂直射向玻璃板时，由空气劈尖下表面反射的光束与空气劈尖上表面反射的光束存在一定的光程差。这两束光在空气劈尖的上表面相遇时发生干涉，形成一组与两玻璃接触的棱边相平行、间隔相等、明暗相间的干涉条纹。这种干涉条纹也是一种等厚条纹。设入射的单色光波长为λ，在空气劈尖厚度为d处发生干涉的两束光的光程差为

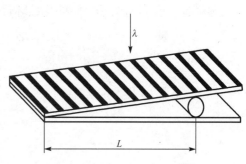

图2.22.4　劈尖及干涉条纹示意图

$$\Delta = 2d + \frac{\lambda}{2} \qquad (2.22.11)$$

式中，$\lambda/2$为光线从劈尖下表面反射时发生的半波损失。

若在空气劈尖厚度为d处形成暗条纹，光程差必须满足下述干涉条件：

$$\Delta = 2d + \frac{\lambda}{2} = (2m+1)\frac{\lambda}{2} \qquad (2.22.12)$$

式中，$m = 0, 1, 2, \cdots$为干涉条纹级数。上式可简化为

$$d = \frac{m\lambda}{2} \qquad (2.22.13)$$

由式(2.22.12)可见，当$d = 0$时，光程差$\Delta = \lambda/2$，即玻璃板的接触棱边呈零级暗条纹。由式(2.22.13)可见，两相邻条纹之间对应的劈尖空气厚度相差$\lambda/2$。

若金属细丝到劈尖棱边的距离为L，且该处空气厚度为d(即为细丝直径)，s为相邻两暗条纹间的距离，则式(2.22.13)变为

$$d = \frac{L}{s} \cdot \frac{\lambda}{2} \qquad (2.22.14)$$

由式(2.22.14)可知，测出金属细丝到劈尖棱边的距离L及相邻两暗条纹间的距离s，就可以由已知光源的波长测出金属细丝的直径d。

四、实验内容及步骤

1. 读数显微镜的调节

牛顿环测量装置如图2.22.5所示，将牛顿环放在读数显微镜正下方的载物台上，将倾斜度可调的分光镜大致调到如图所示的45°位置。打开钠灯，钠灯发射出来的光通过牛顿环上方的分光镜反射后向下垂直入射到平凸透镜上，自上面的显微镜中可以观察到牛顿环。轻微调节分光镜的倾斜度、读数显微镜与光源的相对位置，使显微镜中视场亮度合适。调节读数显微镜的目镜，使目镜中看到的叉丝最清晰，将显微镜镜筒下降到接近牛顿环再缓慢上升，使在显微镜中看到的明暗相间的牛顿环最清晰，且与叉丝无视差。

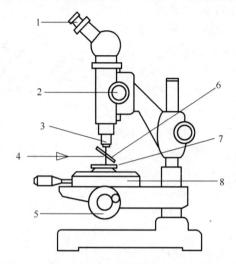

1-目镜；2-调焦手轮；3-物镜；4-钠灯；5-测微鼓轮；6-半反镜；7-牛顿环；8-载物台

图2.22.5　牛顿环测量装置图

2. 测量平凸透镜的曲率半径 R

移动牛顿环的位置，使显微镜叉丝交点落在牛顿环中心斑上。旋转读数显微镜控制丝杆的螺母，使叉丝的交点由暗斑中心向右移动，同时数出移动过去的暗环环数（中心圆斑环序为0），当数到第23环时，再反方向移动测微鼓轮（注意，使用读数显微镜时，为避免引起螺距差，测量时必须向同一个方向旋转，中途不能倒退，自右向左或自左向右都可以）。使竖直叉丝依次对准牛顿环右半部各条暗环，分别记下相应要测量暗环的位置：X_{22}，X_{21}，X_{20}，$\cdots$，X_3（下标为暗环环序）。当竖直叉丝移到环心的另一侧后，继续测量左半部相应的暗环位置读数：X_3'，$\cdots$，X_{20}'，X_{21}'，X_{22}'。

各环直径为

$$D_n = \left| X_n' - X_n \right| \tag{2.22.15}$$

$$D_m = \left| X_m' - X_m \right| \tag{2.22.16}$$

取 $n-m=10$，可得

$$\Delta_1 = D_{13}^2 - D_3^2，\quad \Delta_2 = D_{14}^2 - D_4^2，\quad \cdots，\quad \Delta_{10} = D_{22}^2 - D_{12}^2 \tag{2.22.17}$$

取平均值作为 Δ 代入式(2.22.10)中，计算出牛顿环曲率半径 R。

3．用空气劈尖干涉测量细丝直径

（1）将牛顿环取下，将空气劈尖放在显微镜正下方，调节显微镜使其正好聚焦在干涉条纹上，从目镜中可以看到清晰的干涉条纹。

（2）调节显微镜和劈尖的位置，当转动测微鼓轮使镜筒移动时，十字形叉丝的竖丝要保持与条纹平行。

（3）转动测微鼓轮，测出 10 条暗条纹的总长度 l，测量 5 次，取平均值，并计算出相邻暗条纹之间的距离 $s = l/10$。

（4）测量两玻璃板的接触棱边到金属细丝的距离 L，测量 5 次，取平均值。

（5）由式（2.22.14）即可计算出金属细丝的直径。

五、注意事项

1．读数显微镜在调节中要防止物镜与 45°玻璃片或被测牛顿环元件相碰。

2．在测量牛顿环直径的过程中，为了避免螺距误差，只能单方向前进，不能中途倒退后再前进。

六、思考题

1．牛顿环干涉条纹形成在哪一个面上？

2．实验中为什么测牛顿环直径而不测半径？如何保证测出的是直径而不是弦长？

3．使用读数显微镜时要注意哪些问题？

4．若牛顿环装置中落入灰尘，使平凸透镜与平面玻璃间离开了 δ 距离，此时仍要测量透镜的曲率半径 R，则其测量关系式是怎样的？为什么？

实验二十三　薄透镜焦距的测量

透镜是最常用的光学元件之一，是构成显微镜、望远镜等光学仪器的基本光学元件。焦距是透镜的主要特征参量。测定焦距不仅是一项产品检验工作，更重要的是为光学系统的设计提供依据。学习透镜焦距的测量，不仅可以加深对几何光学中透镜成像规律的理解，而且有助于训练光路分析方法、掌握光学仪器的调节技术。常见的焦距测量方法有自准法、共轭法、物距像距法等。

一、实验目的

1．学会光学系统共轴调节，了解视差原理的实际应用。

2．掌握并理解薄透镜成像的原理及规律。

3．掌握薄透镜焦距的测量方法。

4．通过实验验证凸透镜成像规律。

5．通过对实验结果进行分析，比较各种测量方法的优缺点。

二、实验仪器

光源、光具座、物屏、凸透镜、凹透镜、平面镜、白屏等。

三、实验原理

(一)薄透镜成像公式

透镜按其对光线的作用可以分为两类。对光线有会聚作用的称为会聚透镜，又称正透镜或凸透镜。凸透镜的几何特点是中间厚，边缘薄。对光线有发散作用的称为发散透镜，又称负透镜或凹透镜。凹透镜的几何特点是中间薄、边缘厚。

一束平行于凸透镜主光轴的光线通过凸透镜后聚于凸透镜的主光轴上，会聚点 F 称为该凸透镜的焦点。凸透镜中心 O 到焦点 F 的距离称为焦距 f，如图 2.23.1 所示。同样，当一束平行于凹透镜主光轴的光线通过凹透镜后发散，将发散光的延长线与主光轴的交点 F 称为该凹透镜的焦点。凹透镜中心 O 到焦点 F 的距离称为焦距 f，如图 2.23.2 所示。

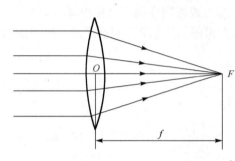

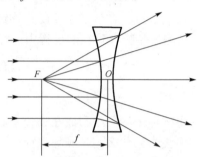

图 2.23.1　凸透镜的焦点和焦距　　　　图 2.23.2　凹透镜的焦点和焦距

当透镜厚度与焦距相比很小时，这种透镜称为薄透镜。所如图 2.23.3 所示，设薄透镜的像方焦距为 f，物距为 l，对应的像距为 l'，在近轴光线的条件下，薄透镜成像的高斯公式为

$$\frac{1}{l'} - \frac{1}{l} = \frac{1}{f} \tag{2.23.1}$$

由上式得到

$$f = \frac{ll'}{l - l'} \tag{2.23.2}$$

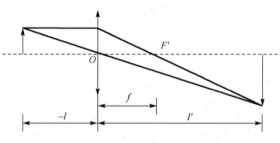

图 2.23.3　薄透镜成像原理图

应用式 (2.23.2) 时必须注意各物理量所适用的符号法则。本实验规定，光线自左向右进行，距离自参考点(薄透镜光心)量起；向左为负，向右为正，即与光线行进方向一致时为正，反之为负；运算时已知量须添加符号，未知量则根据求得结果中的符号判断其物理意义。

常用的测定透镜焦距的方法有自准法、共轭法和物距像距法等。凹透镜所成的是虚像，像屏接收不到,只有与凸透镜组合起来才可以成实像,凹透镜的发散作用和凸透镜的会聚特性结合得好时,屏上才会出现清晰的像。

(二)凸透镜焦距的测量原理

1. 自准法

自准法是光学实验中常用的方法。用自准法测量透镜焦距简单迅速,能直接测得透镜焦距的数值。在光学信息处理中,多使用相干的平行光束,而自准法作为检测平行光的手段之一,不失为一种重要的方法。

如图2.23.4所示,若物体AB正好处在凸透镜L的前焦面处,那么物体上各点发出的光经过凸透镜后,变成不同方向的平行光,经凸透镜后方的反射镜M把平行光反射回来,反射光经过凸透镜后,成一倒立的与原物大小相同的实像A'B',像A'B'位于原物平面处,即成像于该凸透镜的前焦面上。此时,物与凸透镜之间的距离就是凸透镜的焦距f,它的大小可用刻度尺直接测量出来。

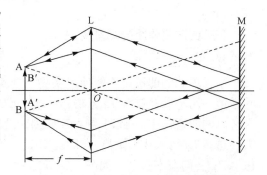

图2.23.4 自准法测凸透镜焦距原理图

2. 共轭法(二次成像法、贝塞尔法、位移法)

当物体与白屏的距离$l > 4f$时,保持其相对位置不变,将凸透镜置于物体与白屏之间,可以找到两个位置,在白屏上都能看到清晰的像。如图2.23.5所示,当透镜在位置 I 时,屏上将会出现一个放大的倒立的实像;当凸透镜在位置 II 时,屏上将会出现一个缩小的倒立的实像。凸透镜两位置 I 与 II 之间的距离的绝对值为d,位置 II 与白屏之间的距离为s_2'。对于位置 I,物距$l = -(L - d - s_2')$,像距$l' = d + s_2'$,代入式(2.23.2)可得

$$f = \frac{(L - d - s_2')(d + s_2')}{L} \tag{2.23.3}$$

对于位置 II,物距$l = -(L - s_2')$,将像距$l' = s_2'$代入式(2.23.2)可得

$$f = \frac{(L - s_2')s_2'}{L} \tag{2.23.4}$$

由式(2.23.3)和式(2.23.4)可得

$$s_2' = \frac{L - d}{2} \tag{2.23.5}$$

将式(2.23.5)代入式(2.23.4)可得

$$f = \frac{L^2 - d^2}{4L} \tag{2.23.6}$$

式(2.23.6)表明,只要测出d和L,就可以算出f。由于是通过凸透镜两次成像而求得的f,这种方法又称为二次成像法或贝塞尔法。由于该方法无须考虑凸透镜本身的厚度,因此测出的焦距一般较为准确。

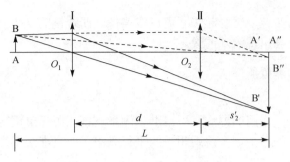

图 2.23.5　共轭法测凸透镜的焦距

(三)凹透镜焦距的测量原理

1. 物像法

由于单独的凹透镜不能使"实物"成实像于屏幕上,因此测定凹透镜的焦距时要借助于凸透镜。用辅助凸透镜 L_1 将物 AB 成一倒立缩小的实像 A'B',在凸透镜 L_1 与像 A'B'之间加入待测的凹透镜 L_2,此时像 A'B'成为凹透镜 L_2 的虚物。因凹透镜是发散透镜,故当逐步增大凹透镜 L_2 到 A'B'的距离(在凹透镜 L_2 的焦距内)时,虚物 A'B'经凹透镜 L_2 所成的放大的实像 A"B"必向左右移动。如图 2.23.6 所示,l 是凹透镜 L_2 的物距,l' 是凹透镜 L_2 的像距,代入式(2.23.2)可求出凹透镜 L_2 的焦距 f。值得注意的是,由于虚物距 $l<0$,实像距 $l'>0$,计算出的焦距为负值,即 $f=\dfrac{ll'}{l-l'}<0$。

2. 自准法

如图 2.23.7 所示,实物 AB 经凸透镜 L_1 成像于 A'B',在 L_1 与 A'B'之间插入待测凹透镜 L_2 和平面反射镜 M,移动凹透镜,当凹透镜与 A'B'的间距等于凹透镜焦距 f 时,经凹透镜折射后的光线变成一组平行光线,该平行光线经平面镜反射,凸透镜会聚于原物平面成一清晰的倒立实像,测出 O_2 到 A'B'的距离,即可得到凹透镜的焦距 f。

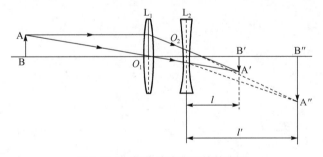

图 2.23.6　物像法测凹透镜的焦距

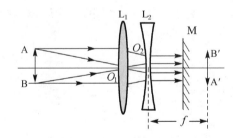

图 2.23.7　自准法测凹透镜的焦距

四、实验内容及步骤

(一)光学系统的共轴调节

先利用水平尺将光具座导轨在实验桌上调节成水平,然后对各光学元件进行同轴等高的粗调和细调,直到各光学元件的光轴共轴,并与光具座导轨平行为止。

1. 粗调

把物、凸透镜、凹透镜、平面镜、白屏等光学元件放在光具座上，使它们尽量靠拢，用眼睛观察，进行粗调使各元件的中心大致在与导轨平行的同一直线上，并使物平面、透镜面和白屏面相互平行且垂直于光具座导轨。

2. 细调

利用透镜二次成像法来判断是否共轴，并进一步调至共轴。

当物屏与像屏距离大于 $4f$ 时，沿光轴移动凸透镜，将出现两次大小不同的实像。若两个像的中心重合，表示已经共轴；若不重合，以小像的中心位置为参考，调节透镜(或物)的高低或水平位置，使大像中心和小像的中心完全重合，调节技巧为大像追小像，如图 2.23.8 所示。

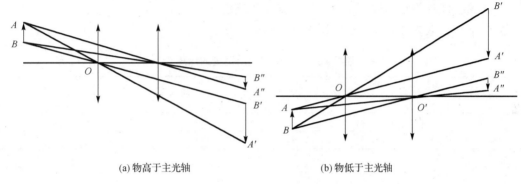

(a) 物高于主光轴   (b) 物低于主光轴

图 2.23.8 共轴细调

图 2.23.8(a)表明透镜位置偏低(或物偏高)，这时应将透镜升高(或把物降低)。图 2.23.8(b)表明应将透镜降低(或物升高)。水平调节类似上述情况。

当两个透镜需要调整时，必须逐个进行上述调整，即先将一个透镜(凸透镜)调好，记住像中心在屏上的位置，然后加上另一透镜(凹透镜)，再次观察成像的情况，对凹透镜进行上下、左右调整，直到像中心仍然保持在第一次成像时的中心位置上。注意，已调至同轴等高状态的透镜在后续的调整测量中绝对不允许再变动。

(二)凸透镜焦距的测定

1. 自准法

(1)固定物屏，记录物屏的位置 $x_{物}$。

(2)移动凸透镜，并绕铅直轴略转动靠近透镜的平面镜，看到物屏上一个移动的像，用"左右逼近法"移动凸透镜使其成清晰的倒立实像于物平面上，记录此时凸透镜光心在光具座上的坐标位置 $x_{左}$ 与 $x_{右}$，重复测量 5 次。

(3)将数据记入表 2.23.1，并计算出凸透镜焦距 f。

表 2.23.1 自准法测凸透镜的焦距

测量量	1	2	3	4	5
$x_{左}$					
$x_{右}$					
$x_i = (x_{左} + x_{右})/2$					

测量量	1	2	3	4	5
$\overline{x_i} = \sum\limits_{i=1}^{5} \dfrac{x_i}{5}$					
$f = \overline{x_i} - x_{物}$					

2. 共轭法

(1)先用粗略估计法测量待测凸透镜的焦距，然后将物屏和像屏放在光具座上，使它们的距离略大于粗测焦距的 4 倍，在两屏间放入凸透镜，调节物屏、凸透镜与像屏共轴，并与主轴垂直，记录物屏、像屏的位置 $x_{物}$、$x_{屏}$。

(2)固定屏的位置不动，用"左右逼近法"移动凸透镜测成大像时凸透镜的坐标位置 $x_{左}$ 与 $x_{右}$，以及成小像时的坐标位置 $x'_{左}$ 与 $x'_{右}$，重复测量 5 次。

(3)将数据记入表 2.23.2，并计算出凸透镜焦距 f。

表 2.23.2　共轭法测凸透镜的焦距

测量量	1	2	3	4	5
$x_{左}$					
$x_{右}$					
$x_i = (x_{左} + x_{右})/2$					
$x'_{左}$					
$x'_{右}$					
$x'_i = (x'_{左} + x'_{右})/2$					
$d = \left| \overline{x'_i} - \overline{x_i} \right|$					
$L = \left| x_{屏} - x_{物} \right|$					
$f = \dfrac{L^2 - d^2}{4L}$					

(三)凹透镜焦距的测定

1. 物像法

(1)利用共轭法中得到的清晰的小像作为凹透镜的物，记下小像的位置 x_{p1}。

(2)保持凸透镜 L_1 的位置不变，将凹透镜 L_2 放入 L_1 与像屏之间，联合移动凹透镜和像屏，使屏上重新得到清晰的、放大的、倒立的实像 $A'B'$，记下像屏的位置 x_{p2}。

(3)用"左右逼近法"移动凹透镜测得清晰时凹透镜的位置坐标 $x_{O_2左}$、$x_{O_2右}$，重复测 5 次。

(4)将数据记入表 2.23.3，并计算出凹透镜焦距 f。

表 2.23.3　物像法测凹透镜的焦距

测量量	1	2	3	4	5
$x_{O_2左}$					
$x_{O_2右}$					
$x_{O_2i} = (x_{O_2左} + x_{O_2右})/2$					

测量量	1	2	3	4	5
$\bar{x}_{O_2} = \sum\limits_{i=1}^{5} \dfrac{x_{O_2 i}}{5}$					
$f = \dfrac{ll'}{l-l'} = \dfrac{\left|x_{p1}-\bar{x}_{O_2}\right|\cdot\left|x_{p2}-\bar{x}_{O_2}\right|}{\left|x_{p1}-\bar{x}_{O_2}\right|-\left|x_{p2}-\bar{x}_{O_2}\right|}$					

2. 自准法

(1)取凸透镜与物的间距略大于 $2f$，然后固定凸透镜。

(2)用"左右逼近法"移动光屏测清晰像的位置 $x_左$ 与 $x_右$，重复测 5 次并求平均值。

(3)再将凹透镜和平面镜放于凸透镜和光屏之间，用"左右逼近法"移动凹透镜，看到物平面上清晰的倒立实像时，记录凹透镜的坐标位置 $x'_左$ 与 $x'_右$，重复测 5 次并求平均值。

(4)将数据记入表 2.23.4，并计算出凹透镜焦距 f。

表 2.23.4　自准法测凹透镜的焦距

测量量	1	2	3	4	5
$x_左$					
$x_右$					
$x_i = (x_左 + x_右)/2$					
$x'_左$					
$x'_右$					
$x'_i = (x'_左 + x'_右)/2$					
$f = \overline{x_i} - \overline{x'_i}$					

五、注意事项

1. 不能用手摸透镜的光学面。

2. 不使用透镜时，应将其放在光具座的另一端，不能放在桌面上，避免摔坏。

3. 区分物光经凸透镜内表面和平面镜反射后所成的像的方法是，前者不随平面转动而移动，但后者移动。

4. 由于人眼对成像的清晰度分辨能力有限，所以观察到的像在一定范围内都清晰，加之视差的影响，清晰成像位置会偏离高斯像，为使两者接近，减小误差，记录数值时应使用左右逼近的方法。

六、思考题

1. 做光学实验为何要调节共轴？共轴调节的基本步骤是什么？对多透镜系统应如何处理？

2. 共轭法测透镜焦距，为何物屏间距要大于四倍焦距？此方法有何优点？物屏间距为何不能取得太大？

3. 怎样用视差法确定实像的位置？

4. 能否用眼睛直接观察实像？为什么人们喜欢用毛玻璃(或白屏)看实像？

5. 物像距法测凹透镜焦距的成像前提条件是什么？

6. 自准法测凸透镜的焦距，当物距小于焦距时，也会在物屏上生成一倒立、等大的实像，且取走平面镜后，此像依然存在，请予以解释。

实验二十四　用旋光仪测旋光性溶液的旋光度和浓度

偏振光是 1808 年由德国的马露(E. Malus)首先发现的，随后人们发现当一束偏振光分别通过两种晶体时，其中的一种能使偏振面向右旋转一定的角度，而另一种则使偏振面向左旋转相等的角度。后来进一步发现某些天然有机物不仅在固体状态，而且在液态或溶液中也都有旋光性，这些事实说明物质的旋光性是分子本身所固有的，证明了旋光性与分子的不对称结构有关。利用旋光现象可测量溶液浓度及旋光度，这种方法具有迅速、可靠的优点，可被广泛应用于工业测量当中。

一、实验目的

1. 观察线偏振光通过旋光物质的旋光现象。
2. 了解旋光仪的结构和原理。
3. 学习用旋光仪测旋光性溶液的旋光度和浓度。

二、实验仪器

WXG-4 旋光仪、待测溶液。

三、实验原理

(一)实验装置

测量物质旋光度的装置为旋光仪，结构如图 2.24.1 所示。

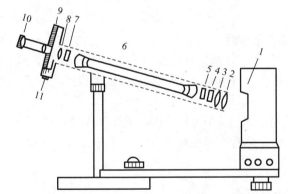

1-光源；2-凸透镜；3-滤色片；4-起偏镜；5-石英片；6-测试管；7-检偏镜；
8-望远镜物镜；9-刻度盘；10-望远镜目镜；11-刻度盘转动手轮

图 2.24.1　旋光仪示意图

与分光计一样，旋光仪也采用双游标读数系统以消除偏心差。刻度盘分为 360 格，每格 1°，游标最小分度值为 0.05°。左右游标窗前都装有放大镜供读数用。刻度盘与检偏镜固为一体，可通过手轮转动。若左、右游标读数分别为 ϕ'、ϕ''，则 $\phi = \frac{1}{2}(\phi' + \phi'')$。

测量方法如下：

先将旋光仪中起偏镜和检偏镜的偏振面调到相互正交，这时在目镜中看到最暗的现场；然后装上测试管，转动检偏镜，使因偏振面旋转而变亮的视场重新达到最暗，此时检偏镜的旋转角度即表示被测溶液的旋光度。

因为人的眼睛难以准确地判断视场是否最暗，故多采用半荫法通过比较相邻两光束的强度是否相等来确定旋光度。若在起偏镜后再加一石英片，石英片和起偏镜的一部分在视场中重叠，随石英片安放的位置不同，可将视场分为两部分[见图2.24.2(a)]或三部分[见图2.24.2(b)]，同时在石英片旁装上一定厚度的玻璃片，以补偿由石英片产生的光强变化。取石英片的光轴平行于自身表面并与起偏轴成一角度 θ（仅几度）。有光源发出的光经起偏镜后变成线偏振光，其中一部分光再经过石英片（其厚度恰使在石英片内分成的 e 光和 o 光的相差为 π 的奇数倍，出射的合成光仍为线偏振光），其偏振面相对于入射光的偏振面转过了 2θ，所以进入测试管里的光是振动面间的夹角为 2θ 的两束线偏振光。

在图 2.24.3 中，如果以 OP 和 OA 分别表示起偏镜和检偏镜，OP' 表示透过石英片后偏振光的振动方向，β 表示 OP 与 OA 的夹角，β' 表示 OP' 与 OA 的夹角；再以 AP 和 AP' 分别表示通过起偏镜和检偏镜加石英片的偏振光在检偏镜轴方向的分量。则由图 2.24.3 可知，当转动检偏镜时，AP 和 AP' 大小将发生变化，在从目镜中看到的视场上将出现亮暗交替变化（图 2.24.3 的下半部分），图中列出显著不同的各种情形：

(a) 二分视场　　　(b) 三分视场

图 2.24.2　石英片的两种安装方法

图 2.24.3(a) 中，当 $\beta' > \beta$、$AP < AP'$ 时，通过检偏镜观察，与石英片对应的部分为暗区，与起偏镜对应的部分为亮区，视场被分成清晰的两（或三）部分。当 $\beta' = \pi/2$ 时，亮暗反差最大。

图 2.24.3(b) 中，当 $\beta' = \beta$、$AP = AP'$ 时，通过检偏镜观察，视场中两（或三）部分界线消失，亮度相等，较暗。

图 2.24.3(c) 中，当 $\beta' < \beta$、$AP > AP'$ 时，通过检偏镜观察，视场又被分为清晰的两（或三）部分，与石英片对应的部分为亮区，与起偏镜对应的部分为暗区。当 $\beta = \pi/2$ 时，亮暗反差最大。

图 2.24.3(d) 中，当 $\beta' = \beta$、$AP = AP'$ 时，通过检偏镜观察，视场中两（或三）部分界线消失，亮度相等，较亮。

由于在亮度不太强的情况下，人眼辨别亮度微小差别的能力较强，所以常取图 2.24.3(b) 所示的视场作为参考视场，并将此时检偏的偏振轴所指的位置取为刻度盘的零点。

在旋光仪中放上测试管后，透过起偏镜和石英片的两束偏振光均通过测试管，它们的振动面转过相同的角度 ϕ，并保持两振动面间的夹角 2θ 不变，如果转动检偏镜，使视场仍回到图 2.24.3(b) 所示的状态，则检偏镜转过的角度即为被测试溶液的旋光度。

（二）实验原理

线偏振光通过某些物质后，偏振光的振动面将旋转一定的角度 ϕ，这种现象称为旋光现象，旋转的角度 ϕ 称为旋转角或旋光度。能够使线偏振光振动面发生旋转的物质，称为旋光物质。面向光源，如果旋光物质使偏振光的振动面沿逆时针方向旋转，称为左旋物质；反之，若使偏振光的振动面沿顺时针方向旋转，称为右旋物质。

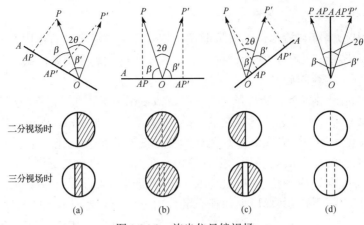

图 2.24.3　旋光仪目镜视场

实验表明振动面旋转的角度 ϕ 与其所通过旋光物质的厚度成正比。

1.　固体的旋光度

对固体而言，旋光度 ϕ 为

$$\phi = \alpha L \tag{2.24.1}$$

式中，L 为旋光物质通光方向的厚度，单位为 mm，α 为光线通过 1mm 厚固体时振动面旋转的角度，称为该物质的旋光率。

2.　溶液或液体的旋光度

对溶液或液体而言，旋光度 ϕ 不仅与光线在液体中通过的距离 L 有关，还与其浓度成正比，即

$$\phi = \alpha \cdot C \cdot L \tag{2.24.2}$$

式中，α 是该溶液的旋光率，它在数值上等于偏振光通过单位长度（1dm）、单位浓度（$1\mathrm{g \cdot cm^{-3}}$）的溶液后引起振动面旋转的角度。

3.　同一旋光物质在不同情况下的旋光度

同一旋光物质对不同波长的光有不同的旋光度，在一定的温度下，旋光度与入射光波长 λ 的平方成反比，即随波长的减小而迅速增大，这种现象称为旋光色散。考虑到这一情况，通常采用钠黄光的 D 线（$\lambda =589.3\mathrm{nm}$）来测定旋光度。

若已知待测旋光性溶液的浓度为 C 和液体层厚度为 L，则测出旋光度 ϕ 就可由式（2.24.2）算出其旋光率。显然，在液体层厚度 L 不变时，如果依次改变浓度 C，测出相应的旋光度 ϕ，然后画出 ϕ-C 曲线——旋光曲线，则得到一条直线，其斜率为 $\alpha \cdot L$。由该直线的斜率也可以算出旋光率 α。反之，通过测量旋光性溶液的旋光度，可确定溶液中所含旋光物质的浓度，通常可根据测出的旋光度从该物质的旋光曲线上查出对应的浓度。

在这里，我们忽略了温度和溶液浓度对于旋光度的影响，实际上旋光度 α 与温度和浓度均有关。例如，在 20℃ 时，用钠黄光 D 线测糖水溶液的旋光率为

$$\alpha_{20} = 66.412 + 0.012670C - 0.000376C^2$$

其中溶液百分浓度 $C = 0 \sim 50$（$\mathrm{g \cdot cm^{-3}}$ 溶液）。

当温度 t 偏离 20℃，为 14～30℃ 时，其旋光率随温度变化的关系为

$$\alpha_t = \alpha_{20}\left[1 - 0.00037(t-20)\right]$$

四、实验内容

1. 旋光仪调整练习(必做，并记录数据)

(1)取下测试管，调节旋光仪的目镜，使能看清视场中三部分的分界线。

(2)转动检偏镜(调节刻度盘转动手轮)，观察并熟悉视场明暗变化的规律。

(3)校验零点位置。在没有放入测试管时，转动检偏镜，使三部分亮度相等且较暗，此时刻度上的读数即为零点误差数值 ϕ_0，反复测量 3 次取平均值，确定零点误差数值，对以后的测量值进行校正。

(4)测量起偏镜的偏振轴和石英片，光轴之间的夹角为 θ，根据半荫法原理转动检偏镜从亮暗分明态 θ_1(中间暗，两边亮，反差最大)到均匀较暗态 θ_0，夹角 $\theta = \theta_1 - \theta_0$(仅几度)。

(5)将溶液注入测试管，然后装进旋光仪，检验溶液是否有旋光现象。

2. 测定旋光性溶液的旋光度和浓度

(1)由于旋光度和所用光波波长、温度以及溶液浓度均有关系，所以测定旋光度时应对上述各量做出记录或加以说明。

(2)放入浓度已知的糖溶液试管，测量 6 组数据，计算溶液的旋光度。

(3)放入浓度未知的糖溶液试管，测量 6 组数据，计算溶液的浓度，估算不确定度，写出结果表达式。

五、注意事项

1. 溶液应装满试管，不能有气泡。

2. 注入溶液后，试管和试管两端透光窗均应擦干净才可装上旋光仪。

3. 试管的两端经过精密磨制，保证其长度为确定值，使用时应十分小心，以防损坏试管。

4. 为降低测量误差，测定旋光度 ϕ 时应重复测量 5 次，取平均值。

5. 每次调换溶液，试管应清洁，并重复上述操作。

六、思考题

1. 什么是旋光现象？

2. 什么是旋光度？旋光度与哪些因素有关？

3. 如何用旋光原理测量溶液的浓度？

4. 为什么要采用半荫法？

第三章　综合性实验

实验二十五　声速的测量

声波是一种在弹性介质中传播的机械波。声波的波长、频率、强度和传播速度是其重要的性质，而对于声波特性的测量是声学技术的重要内容。从频率上区分，声波可分为可闻声波、超声波和次声波。可闻声波的频率范围为 20～20000Hz，这个范围是人耳可以识别的；次声波的频率低于 20Hz，具有不易衰减、不易被水和空气吸收的特点，而且它的波长可以很长，因此能绕开某些大型障碍物传播；超声波的频率高于 20000Hz，具有方向性好、穿透能力强、能定向传播等优点，可用于测距、测速、清洗、焊接、碎石、杀菌消毒等领域。基于超声波的特性，本实验测量超声波的声速。声速是描述声波在介质中传播特性的一个基本物理量，它的测量方法可分为两类：第一类方法根据关系式 $v = l/t$，测出传播距离 l 和所需时间 t 后，计算出声速 v；第二类方法利用关系式 $v = f\lambda$，测出频率 f 和波长 λ 后，计算出声速 v。本实验所采用的时差法属于前者，驻波法和行波法属于后者。

一、实验目的

1. 学习用驻波法、行波法和时差法测量空气中的声速。
2. 了解超声波产生和接收的原理。
3. 学习用空气中的声速求空气的比热容比。

二、实验仪器

声速测试仪、声波信号发生器、示波器、温度计。

三、实验原理

1. 超声波的产生和接收

实验中使用压电陶瓷换能器完成声压和电压之间的转换，从而实现对超声波在介质中传播速度这一非电量的测量。实验所用声速测试仪的主要器件为可产生和接收超声波的压电陶瓷换能器，它的外形、电路符号及内部结构如图 3.25.1 所示。压电陶瓷换能器由压电陶瓷晶片、锥形辐射喇叭、底座、引线、金属外壳及金属网等构成。其中压电陶瓷晶片是压电陶瓷换能器的核心，压电陶瓷晶片在交流电的作用下由于逆压电效应而产生超声波，从而产生机械振动，进而在介质中激发出超声波；压电陶瓷换能器还可以利用压电陶瓷晶片的正压电效应来接收超声波。锥形辐射喇叭可以使发射和接收超声波的能量比较集中，使发射和接收超声波有一定的方向角。本实验使用的压电陶瓷晶片的共振频率约为 36kHz（最佳工作频率需要在实验中测量），相应的超声波波长约为几毫米。当输入的正弦电压信号的频率调到最佳工作频率附近时，电信号的频率与压电陶瓷晶片的频率相同，压电陶瓷晶片产生共振，其振动幅度达到最大值，致使压电陶瓷换能器输出的超声波能量达到最大。此时所对应的频率称为压电陶瓷换能器的共振频率。需要指出的是，同一个压电陶瓷换能器既可用于超声波的产生，也可用于超声波的接收。

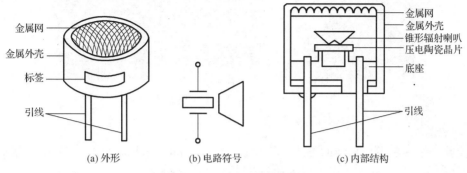

图 3.25.1　压电陶瓷换能器

2. 声速测试仪

图 3.25.2 为声速测试仪的示意图，其主要部件由两只相同规格的压电陶瓷换能器(发射换能器和接收换能器)、数显游标卡尺、测试槽、摇手鼓轮等组成。压电陶瓷换能器的功能是实现电能和声能之间的相互转换，将电能转换成声能是通过信号发生器给发射换能器输入一定频率和一定功率的信号，使之作为声源发出声波；将声能转换成电能是通过将接收换能器作为声波的接收端来实现的。这两只换能器还起到声波反射面的作用。两只换能器分别与示波器的两个通道相连接，可以同时观测到声源信号和接收端的电压信号，两只换能器之间的距离 l 可以通过摇手鼓轮调节，移动的距离 Δl 可由数显游标卡尺读出。测试槽中可装入液体，测定待测液体中的声速；也可以在压电陶瓷换能器之间夹入一根均匀固体介质，测定声音在其中的传播速度。

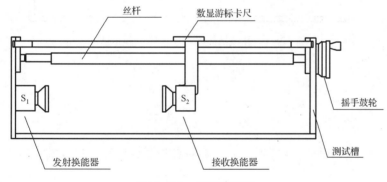

图 3.25.2　声速测试仪

3. 声波信号发生器

本实验使用的声波信号发生器具有正弦电磁波输出功能，其输出正弦波的频率范围为 $25\sim45\mathrm{kHz}$，最大输出电压为 18V，最大输出功率为 5W。脉冲信号的频率为 36.5kHz，脉冲周期为 8ms。声波信号发生器面板如图 3.25.3 所示，其中的"信号频率"旋钮用于调节输出信号的频率；"发射强度"旋钮用于调节输出信号的功率；"接收增益"旋钮用于调节仪器内部对接收信号的放大和缩小的倍率；"测试方式"按键用于在"脉冲波"和"连续波"两种输出方式之间进行切换；"传播介质"按键用于在"液体"和"空气"之间进行切换；"信号指示灯"亮表示两只压电陶瓷换能器工作在最佳频率状态。

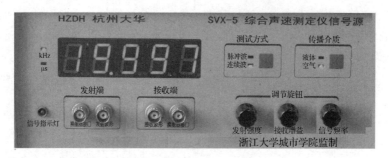

图 3.25.3　声波信号发生器面板

4. 实验原理

本实验介绍 3 种测定声速的方法：驻波法、行波法和时差法。其中，驻波法和行波法都是利用关系式 $v = f\lambda$，先测出其频率 f 和波长 λ，再计算声速 v；时差法利用关系式 $v = l/t$，先测出传播距离 l 和传播时间 t，再计算声速。

(1) 驻波法 (共振干涉法) 测声速

驻波法测声速的实验装置示意图如图 3.25.4 所示，发射换能器发出近似于平面波的声波，经接收换能器反射后，回到发射换能器并再次反射，这样声波将在两个换能器的端面之间来回反射并叠加，产生干涉现象，形成驻波。

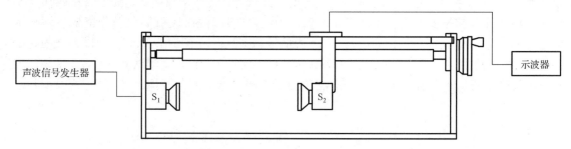

图 3.25.4　驻波法测声速的实验装置示意图

设入射波为

$$y_1 = A\cos\left(\omega t - \frac{2\pi x}{\lambda}\right) \qquad (3.25.1)$$

反射波为

$$y_2 = A\cos\left(\omega t + \frac{2\pi x}{\lambda}\right) \qquad (3.25.2)$$

当入射波与反射波在两个换能器之间相遇并且相互叠加时，其合成波为

$$y = y_1 + y_2 = A\cos\left(\omega t - \frac{2\pi x}{\lambda}\right) + A\cos\left(\omega t + \frac{2\pi x}{\lambda}\right)$$

将上式中的余弦函数展开，化简得

$$y = y_1 + y_2 = 2A\cos\frac{2\pi x}{\lambda}\cos\omega t \qquad (3.25.3)$$

式中，A 为入射波或反射波的振幅，ω 为角频率，λ 为波长。

波腹的位置点为

$$\left| \cos \frac{2\pi x}{\lambda} \right| = 1 \text{的各点, 即} x = k\frac{\lambda}{2} \quad (k = 0, \pm 1, \pm 2, \cdots) \tag{3.25.4}$$

波节的位置点为

$$\left| \cos \frac{2\pi x}{\lambda} \right| = 0 \text{的各点, 即} x = (2k+1)\frac{\lambda}{4} \quad (k = 0, \pm 1, \pm 2, \cdots) \tag{3.25.5}$$

由式(3.25.4)和式(3.25.5)可知, 相邻波腹及相邻波节之间的距离都为半波长 $\lambda/2$。实验中, 当发生共振时, 接收换能器端面近似为波节, 接收到的声压最大, 经接收换能器转换成的电信号也最强。声压变化与接收换能器位置的关系如图 3.25.5 所示。当接收换能器端面移动到某个共振位置时, 如果示波器上出现了最强的电信号, 继续移动接收换能器, 将再次出现最强的电信号。这样可通过实验测得声压变化与接收换能器位置的关系, 即这两次最强电信号位置点之间的距离 $l = \lambda/2$, 从声速测试仪的数显游标卡尺上即可读出半波长的值, 然后由公式 $v = f\lambda$ 计算出声速。

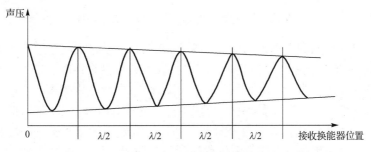

图 3.25.5　声压变化与接收换能器位置的关系

(2) 行波法(相位比较法或利萨茹图形法)测声速

行波法测声速的实验装置示意图如图 3.25.6 所示。由于发射换能器发出的声波近似于平面波, 因此介质在发射换能器与接收换能器之间同一截面处各质点的振动情况基本相同。设声波源的振动为

$$y_1 = A\cos(2\pi f t + \varphi) \tag{3.25.6}$$

式中, A 为振幅, f 为振动频率, φ 为初相位。距离声源 x 处的任一质点的振动情况, 即距声源 x 处接收换能器接收到的振动情况为

$$y = A\cos\left[2\pi f\left(t - \frac{x}{v}\right) + \varphi\right] \tag{3.25.7}$$

式中, v 为声速。该位置的振动情况与声源振动之间的相位差为

$$\Delta\varphi = \frac{2\pi f x}{v} = \frac{2\pi x}{\lambda} \tag{3.25.8}$$

由式(3.25.7)可知, 发射与接收换能器所在位置的相位差 $\Delta\varphi = \frac{2\pi x}{\lambda}$ 不随时间而变化, 只随 x 的变化而变化, 即只随接收换能器位置的变化而变化。如果在 x_1 处有

$$\Delta\varphi_1 = \frac{2\pi x_1}{\lambda} = 2k\pi \quad (k = 0, 1, 2, \cdots) \tag{3.25.9}$$

在 x_2 处有
$$\Delta\varphi_2 = \frac{2\pi x_2}{\lambda} = (2k+1)\pi \quad (k = 0,1,2,\cdots) \tag{3.25.10}$$

则
$$\Delta\varphi_2 - \Delta\varphi_1 = (2k+1)\pi - 2k\pi = \pi \tag{3.25.11}$$

即
$$\Delta x = x_2 - x_1 = \frac{\lambda}{2} \tag{3.25.12}$$

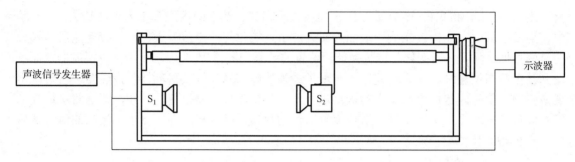

图 3.25.6　行波法测声速的实验装置示意图

根据式(3.25.11)和式(3.25.12)可知，如果测得两个邻近的相位差为 π 的位置点之间的距离 Δx ，即可求得声波的波长 λ 。将发射换能器的发射波和接收换能器接收到的反射波信号分别输入示波器的 Y_1 、Y_2 端，那么在示波器的 Y_1 、Y_2 方向就分别输入了在两只换能器所在处的声波的简谐振动信号，这两个简谐振动的振幅、频率相同，相位差与两换能器之间的距离以及波的传播速度、波长有关。这两个简谐振动在示波器中为相互垂直的简谐振动的合成，而且它们的振幅、频率相同，合成的图像称为利萨茹图形，如图 3.25.7 所示。图像的形状和旋转的方向由两个简谐振动的相位差决定。图像由某一方位的直线变为另一方位的直线，相位差 $\Delta\varphi$ 改变了 π ，相应的接收换能器移动的距离为半波长 $\Delta x = \lambda/2$ 。然后，由公式 $v = f\lambda$ 计算声速的值。

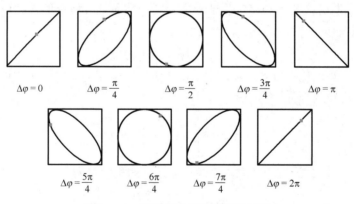

图 3.25.7　不同相位差的利萨茹图形

(3)时差法测声速

将脉冲波由发射换能器发射到介质中，经过时间 t ，到达距离 l 处的接收换能器，即可算出声波在空气中的传播速度 $v = l/t$ 。测出两换能器之间的距离 l 和时间 t ，即可计算出声波在空气中的传播速度 v 。

5. 声速与气体比热容比之间的关系

声波在理想气体中传播的过程可认为是绝热过程，理论上可以证明声波在理想气体中的传播速度为

$$v = \sqrt{\frac{\gamma RT}{\mu}} \qquad (3.25.13)$$

式中，R 为摩尔气体常数，$R = 8.314472\text{J}/(\text{mol·K})$；$\gamma$ 是气体的比热容比，为气体的定压摩尔热容量 C_P 和定容摩尔热容量 C_V 之比，即 $\gamma = \dfrac{C_P}{C_V}$；$\mu$ 为气体的摩尔质量。由式 (3.25.13) 得

$$\gamma = \frac{v^2 \mu}{RT} \qquad (3.25.14)$$

测出热力学温度 T 时的声速 v，即可求出气体比热容比 γ。

若用摄氏温度 t 计算，由于

$$T = (t + 273.15)\text{K}$$

代入式 (3.25.13) 得

$$v = \sqrt{\frac{\gamma R}{\mu}(t + 273.15)} = \sqrt{\frac{\gamma RT_0}{\mu}\left(1 + \frac{t}{T_0}\right)} = v_0\sqrt{1 + \frac{t}{T_0}} \qquad (3.25.15\text{-}1)$$

式中，$T_0 = 273.15℃$；v_0 为 0℃时的声速，对于空气介质有 $v_0 = 331.45\text{m/s}$。若考虑到空气中水蒸气的影响，则有

$$v = v_0\sqrt{1 + \frac{t}{T_0}\left(1 + \frac{0.3192P_{\text{W}}}{P}\right)} \qquad (3.25.15\text{-}2)$$

式中，P 为大气压强；P_{W} 为空气中水蒸气的分压强，$P_{\text{W}} = eH$，e 为测量温度下空气中水蒸气的饱和蒸汽压；H 为相对湿度。根据式 (3.25.15) 可计算出 t℃时空气中声速的理论值。

四、实验内容

1. 连接和调试仪器线路

按照图 3.25.6 所示的线路连接声速测试仪、声波信号发生器和示波器，并按照使用规则调试仪器至正常工作状态。

2. 调整测试系统的最佳工作频率

接通电源，调节声速测试仪发射换能器与接收换能器之间的距离到合适位置，同时调节声波信号发生器的发射频率 f，使示波器的波形显示为接收换能器的接收波形。调节发射频率 f，使接收波形的显示电压值至最大，同时声波信号发生器的"信号指示灯"会亮，记录下此时发射波的频率 f 即为仪器的最佳工作频率 f_N；改变两换能器的间距，重新调节声波信号发生器的发射频率 f，直到接收波形电压值至最大且"信号指示灯"亮为止；重复测量 5 次，取平均值作为系统的最佳工作频率（范围为 35~39kHz）。将测得的数据记入表 3.25.1，并计算最佳工作频率 f_N 的平均值 $\overline{f_N}$。

表 3.25.1　最佳工作频率测试值

测量量	1	2	3	4	5	平均值 $\overline{f_N}$ (kHz)
f_N (kHz)						

3. 用驻波法测空气中的声速

将声速测试仪调节至最佳工作频率 $\overline{f_N}$，移动接收换能器到合适的位置，将示波器接收波形的电压值调至最大，记录此时接收换能器的初始位置 l_0；而后连续地移动接收换能器的位置，记录相继出现 10 个波形电压最大值的位置 l_n，用逐差法求波长 λ 的值。将测得的 $\overline{f_N}$ 和 $\overline{\lambda}$ 的值代入式 $v = f\lambda$，计算声速 v，并计算声速 v 的 A 类不确定度。将测得的数据记入表 3.25.2。记录实验时的室温。注意，测量时，接收换能器只能向 l_n 增大的方向移动，不能往复。

表 3.25.2　驻波法测声速电压最大值位置

测量量	l_0	l_1	l_2	l_3	l_4	l_5	l_6	l_7	l_8	l_9	l_{10}
数显游标尺读数 l_n(mm)											

逐差法计算波长 λ：

$$l_0 = A\frac{\lambda}{2} \tag{3.25.16-0}$$

$$L_1 = l_1 - l_0 = \frac{\lambda}{2} \tag{3.25.16-1}$$

$$L_2 = l_2 - l_0 = 2 \cdot \frac{\lambda}{2} \tag{3.25.16-2}$$

$$L_3 = l_3 - l_0 = 3 \cdot \frac{\lambda}{2} \tag{3.25.16-3}$$

$$\vdots$$

$$L_{10} = l_{10} - l_0 = 10 \cdot \frac{\lambda}{2} \tag{3.25.16-10}$$

将式 (3.25.16) 分成两组：(3.25.16-1)～(3.25.16-5) 为一组；(3.25.16-6)～(3.25.16-10) 为另一组。采用逐差法计算：

$$\Delta L_1 = L_6 - L_1 = l_6 - l_1 = 5 \cdot \frac{\lambda}{2} \tag{3.25.17-1}$$

$$\Delta L_2 = L_7 - L_2 = l_7 - l_2 = 5 \cdot \frac{\lambda}{2} \tag{3.25.17-2}$$

$$\vdots$$

$$\Delta L_5 = L_{10} - L_5 = l_{10} - l_5 = 5 \cdot \frac{\lambda}{2} \tag{3.25.17-5}$$

由式 (3.25.17-1) 得到

$$\lambda_1 = \frac{2}{5}(l_6 - l_1)$$

同理，得

$$\lambda_2 = \frac{2}{5}(l_7 - l_2), \quad \lambda_3 = \frac{2}{5}(l_8 - l_3), \quad \lambda_4 = \frac{2}{5}(l_9 - l_4), \quad \lambda_5 = \frac{2}{5}(l_{10} - l_5)$$

计算波长的平均值为

$$\bar{\lambda} = \frac{1}{5}(\lambda_1 + \lambda_2 + \lambda_3 + \lambda_4 + \lambda_5)$$

根据波长的计算值，还可以计算波长的不确定度。

4. 用行波法测空气中的声速

将发射换能器与示波器的 Y_1 端相连，接收换能器与 Y_2 端相连，即可利用利萨茹图形观察发射波与接收波的相位差。调节 Y_1、Y_2 方向扫描信号的周期，在显示屏范围内尽可能放大图形以便于观察和调节。移动接收换能器的位置，将利萨茹图形调节成一条倾斜的直线，记录下此时接收换能器的位置 l_1，然后向使 l_1 增大的方向移动接收换能器，当第 $m+1$ 次将利萨茹图形调节成同一方向的倾斜的直线时，记录此时接收换能器的位置 l_2，则 $\Delta l = |l_2 - l_1|$ 表示 m 个波长的距离。

实验时每次测量 5～10 个波长的距离 Δl，测量 5 次，将测量值代入公式 $\Delta l = m\lambda$，分别计算出波长 λ_i，并计算波长的平均值 $\bar{\lambda}$ 和不确定度。将测得的 $\overline{f_N}$ 和 $\bar{\lambda}$ 的值代入式 $v = f\lambda$，计算声速 v，并计算声速 v 的 A 类不确定度。将测得的数据记入表 3.25.3。记录实验时的室温。

表 3.25.3 行波法测声速有关数据

测量量	1	2	3	4	5	平均值
l_1 (mm)						—
l_2 (mm)						—
$\Delta l = \lvert l_2 - l_1 \rvert$						
m						—
$\lambda = \Delta l / m$						

5. 用时差法测空气中的声速

将声波信号发生器的"测试方式"设置为"脉冲波"。将"发射端"和"接收端"的间距调节到合适的距离 l，再调节"接收增益"旋钮，使显示的时间差值读数稳定。记录下此时的数显游标卡尺的读数 l_0 和显示的时间值 t_0；然后移动接收换能器，使发射换能器和接收换能器的间距增大约 1 倍，同时调节"接收增益"旋钮，使示波器显示的接收波信号幅度始终保持一致，记录下此时接收换能器的位置 l_1 和时间 t_1，则声速可由下式计算：

$$v = \left| \frac{l_1 - l_0}{t_1 - t_0} \right| \tag{3.25.18}$$

重复以上测量 5 次，计算出声速的平均值和 A 类不确定度。将测得的数据记入表 3.25.4。记录实验时的室温。

表 3.25.4　时差法测声速有关数据

测量量	1	2	3	4	5	平均值
l_0 (mm)						—
l_1 (mm)						—
$\Delta l = \lvert l_0 - l_1 \rvert$						
t_0						—
t_1						
$\Delta t = \lvert t_0 - t_1 \rvert$						

6. （选做）测量声波在液体中的速度

将水或其他待测液体注入测试槽中，可用实验 3、4、5 中的方法测量声波在液体中的速度 v 及其 A 类不确定度 $\mu_A(v)$。

7. 用空气中的声速求空气的比热容比

计算得到声速 $\bar{v}$ 的值后，利用式(3.25.14)即可计算出当时温度下空气的比热容比。

8. 利用室温测量值计算声速

用驻波法、行波法和时差法测声速时，都记录了当时的室温，将室温值代入式(3.25.15)计算理论声速值，并与实验 3、4、5 中测得的声速值对比。

五、注意事项

1. 实验测量完毕后，用干燥清洁的布将测试架、螺杆和测试槽内壁清洁干净。

2. 使用声速测试仪时应保持实验室环境的清洁，避免阳光直接暴晒和剧烈颠震。

3. 在向测试槽中注入水或其他液体进行测量时，严禁将液体滴到数显游标卡尺杆和表头上，若不慎将液体滴到其上，要在 70℃ 以下的温度下将其烘干。

六、思考题

1. 实验前为什么要先调整测试系统的最佳工作频率？如何调整最佳工作频率？

2. 比较 3 种测量方法的测量结果和理论计算值的差异，试分析误差来源。

3. 为什么不测量单个的 $\lambda/2$ 或 λ，而要测量多个？在计算波长时，采用逐项逐差法和分组逐差法中的哪一种较好？

实验二十六　用气垫导轨研究力学规律

气垫导轨是一种阻力极小的力学实验装置。它利用气源将压缩空气打入导轨型腔内，再由导轨表面的小孔喷出气流，在导轨与滑块之间形成一层很薄的气垫，将滑块浮起并使滑块能在导轨上做近似无阻力的直线运动。利用气垫导轨可以观察和研究在近似无阻力的情况下物体的各种运动规律，极大地避免了力学实验中由于摩擦力而出现的较大误差，实验结果更接近理论值，实验现象更加真实、直观。

本实验利用气垫导轨和数字毫秒计测量重力加速度，并验证牛顿第二定律和动量守恒定律。

一、实验目的

1. 掌握气垫导轨和数字毫秒计的工作原理和使用方法。
2. 学习使用倾斜气垫导轨测定重力加速度。
3. 学习在气垫导轨上验证牛顿第二定律。
4. 学习在气垫导轨上验证动量守恒定律。

二、实验仪器

气垫导轨、气源、滑块、光电门、数字毫秒计、砝码、游标卡尺、物理天平、水平仪、垫块、尼龙粘胶带、米尺、弹簧圈、配重块。

三、实验原理

（一）气垫导轨

气垫导轨是一种摩擦阻力很小的力学实验装置，由导轨、滑块和光电计时器等组成，如图 3.26.1 所示。

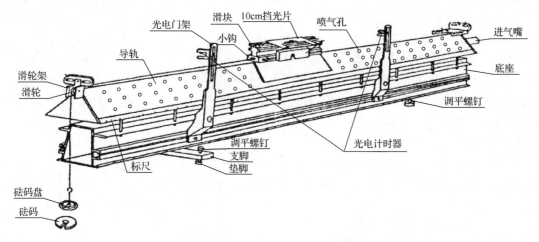

图 3.26.1　气垫导轨结构示意图

导轨是长约1.5m 的三角形中空铝管，固定在"工"字钢架底座上，底座上装有调节导轨水平的调平螺钉。在铝管的表面两侧各有 3 排直径约为 0.5mm 的喷气孔，铝管一端有进气嘴，压缩空气由进气嘴进入，从喷气孔高速喷出，在导轨表面和滑块内表面之间形成一层很薄的空气层，即气垫层，气垫将滑块从导轨表面托起，从而将滑块和导轨表面的滑动摩擦转化为空气层之间的黏滞摩擦，摩擦阻力几乎降为零。导轨的两端装有碰撞缓冲弹簧圈(简称弹簧圈)，一端装有滑轮，在导轨一侧装有两个光电计时器，光电计时器的位置可沿导轨移动。

滑块由长约 15cm 的角形铝材制成，其内表面和导轨表面精密吻合。滑块两端装有弹簧圈，上面装有挡光片，并可附加重物。

光电计时器包括两个光电门和一个数字毫秒计。光电门由光电二极管和聚光灯泡组成，光电门和数字毫秒计相连，当聚光灯泡的光照射到光电二极管上时，光电二极管导通。若用挡光片挡住光路，则光电二极管截止，数字毫秒计中的光电控制器会发出一个计时脉冲，数字毫秒计开始计时；当光路再次被挡光片遮挡住时，数字毫秒计停止计时。若显示记录的时间为 t，挡光片的宽度为 d，则在 t 时间内挡光片的平均速度为

$$\bar{v} = \frac{d}{t} \qquad (3.26.1)$$

挡光片如图 3.26.2 所示。$d(d = d_1+d_2)$ 为挡光片第一前沿到第二前沿的距离。使用时沿运

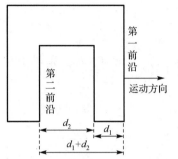

动方向，挡光片第一前沿遮挡住光路，数字毫秒计开始计时，直到挡光片第二前沿再次遮挡住光路，数字毫秒计停止计时，显示的时间 t 即为滑块在光电门处通过距离 d 所用的时间，平均速度 $\bar{v}$ 可用式(3.26.1)计算。适当减小 d，可使测出的平均速度接近滑块通过光电门处的瞬时速度。

图 3.26.2　挡光片

(二)实验原理

1. 导轨调水平

导轨调水平是指将光电门 A 和光电门 B(见图 3.26.3)调到同一水平线上。实验时先调节双脚调平螺钉，通过观察水平仪，使导轨两侧相对于水平面的高度相同。导轨调水平时一般只升降单脚调平螺钉。可用动态法和静态法进行调平。

(1)动态法

设滑块通过光电门 A 时的速度为 v_A，通过光电门 B 时的速度为 v_B，若 A、B 已调水平，则滑块从 A 向 B 运动时，因气垫导轨本身存在一定的摩擦阻力，此时有 $v_B < v_A$，$\Delta v_{AB} = v_A - v_B$；滑块从 B 向 A 运动时有 $v_A < v_B$，$\Delta v_{BA} = v_B - v_A$，动态调平就是通过调节单脚调平螺钉，使得 $\Delta v_{AB} = \Delta v_{BA}$。

(2)静态法

将滑块静止地置于光电门 A 和 B 中间，若气垫导轨未调水平，滑块便向较低的一端运动，通过调节单脚调平螺钉，使滑块在 A 和 B 中间附近做摆幅很小的简谐振动，此时即可认为气垫导轨已调水平。

2. 测量气垫导轨的黏性阻尼系数 b

设滑块运动时受到气垫层的摩擦阻力为 $F_{阻}$，由流体力学的知识有

$$F_{阻} = b\bar{v} \qquad (3.26.2)$$

式中，b 称为气垫导轨的黏性阻尼系数。

气垫导轨已调水平，滑块以速度 v_A、v_B 通过光电门 A、B，滑块所受气垫导轨气垫层的摩擦阻力为

$$F_{阻} = b\frac{v_A + v_B}{2} \qquad (3.26.3)$$

阻尼加速度为

$$a_{阻} = \frac{v_A^2 - v_B^2}{2s} \qquad (3.26.4)$$

式中，s 表示光电门 A、B 之间的距离。设滑块的质量为 m，有

$$F_{阻} = ma_{阻} \tag{3.26.5}$$

$$b\frac{v_A + v_B}{2} = m\frac{v_A^2 - v_B^2}{2s} \tag{3.26.6}$$

$$b = \frac{m(v_A - v_B)}{s} = \frac{m\Delta v_{AB}}{s} \tag{3.26.7}$$

同理，当滑块从光电门 B 向光电门 A 运动时，有

$$b = \frac{m(v_B - v_A)}{s} = \frac{m\Delta v_{BA}}{s} \tag{3.26.8}$$

综合式 (3.26.7) 和式 (3.26.8)，分别测量出 Δv_{AB} 和 Δv_{BA}，然后代入下式：

$$b = \frac{m(\Delta v_{AB} + \Delta v_{BA})}{2s} \tag{3.26.9}$$

3. 测量滑块运动加速度 a

如图 3.26.3 所示，滑块从光电门 A 向光电门 B 运动，挡光片第一前沿到第二前沿的距离为 d，滑块依次通过光电门 A、B 所用的时间为 t_A 和 t_B，由匀加速运动的知识可知，对某段路程的平均速度等于该段路程时间中点的瞬时速度，即平均速度 d/t_A 和 d/t_B 分别指挡光片通过光电门 A、B 时的中点时刻的瞬时速度。由图 3.26.3 可知，d/t_A 相当于 $(t_{1A} + t_{1A} + t_A)/2$ 时刻的瞬时速度，d/t_B 相当于 $(t_{1A} + t_{AB} + t_{1A} + t_{AB} + t_B)/2$ 时刻的瞬时速度，以上两时刻的间隔 Δt 为

$$\Delta t = \frac{(t_{1A} + t_{AB} + t_{1A} + t_{AB} + t_B)}{2} - \frac{(t_{1A} + t_{1A} + t_A)}{2} = t_{AB} + \frac{t_B}{2} - \frac{t_A}{2} \tag{3.26.10}$$

则滑块运动的加速度 a 为

$$a = \frac{\Delta v_{BA}}{\Delta t} = \frac{v_B - v_A}{\Delta t} = \frac{d/t_B - d/t_A}{t_{AB} + \frac{t_B}{2} - \frac{t_A}{2}} = \frac{d}{t_{AB} + \frac{t_B}{2} - \frac{t_A}{2}}\left(\frac{1}{t_B} - \frac{1}{t_A}\right) \tag{3.26.11}$$

式中，t_{AB} 为挡光片第一前沿依次通过两个光电门的时间间隔。

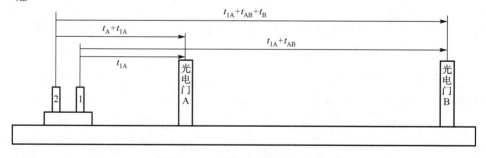

图 3.26.3　滑块运动加速度的测量

4. 倾斜气垫导轨上滑块运动的加速度 a 与重力加速度 g 的关系

设气垫导轨倾斜角为 θ，滑块质量为 m，滑块运动的加速度为 a，滑块在斜面上运动受到气垫层的摩擦阻力为 $F_{阻} = b\bar{v}$，方向沿斜面向上，则有

$$ma = mg\sin\theta - b\bar{v}$$

整理后，重力加速度 g 为

$$g = \frac{a + \dfrac{b\overline{v}}{m}}{\sin\theta} \tag{3.26.12}$$

在测量重力加速度 g 时，通过加垫块的方法，使气垫导轨与水平面之间有一定的倾斜角 θ，该垫块是与气垫导轨配套的，高度固定。设垫块的高度为 h，气垫导轨两端支撑点（调平螺钉）间距为 L，则 $\sin\theta \approx h/L$。

5. 验证牛顿第二定律

根据牛顿第二定律，质量为 m 的物体所受外力 F 和其加速度 a 之间的关系为

$$F = ma \tag{3.26.13}$$

验证牛顿第二定律就是验证：

(1) 运动系统总质量 m 保持不变时，加速度 a 与系统所受外力 F 存在线性关系，即 $a \propto F$；

(2) 运动系统所受外力 F 保持不变时，加速度 a 与系统总质量的倒数存在线性关系，即 $a \propto 1/m$。

用最小二乘法计算关联系数 γ，当 $\gamma > 0.88$ 时，即可认为两物理量之间存在线性关系。

如图 3.26.4 所示，将滑块和砝码看作运动系统，此时系统所受合外力为

$$F = m_{\Sigma}g - b\overline{v} \tag{3.26.14}$$

式中，m_{Σ} 为悬挂砝码的总质量（包含砝码盘的质量），$\overline{v}$ 为滑块在两光电门之间的平均速度。

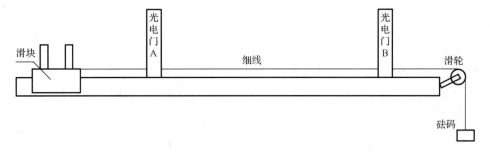

图 3.26.4　验证牛顿第二定律

系统总质量包括滑块质量 m_0 和所有砝码的总质量 m_{Σ}（包含砝码盘的质量），即

$$m = m_0 + m_{\Sigma} \tag{3.26.15}$$

因滑块质量较小，且滑轮处的摩擦亦非常小，所以可以忽略滑轮带来的影响。

保持砝码总质量 m_{Σ} 不变，将砝码不断地从滑块上移到砝码盘上，这样可以在保持系统总质量不变的情况下通过改变系统合外力来改变系统的加速度，从而验证 $a \propto F$。

保持砝码盘上的砝码质量不变，依次改变滑块上所加砝码的质量，这样可以在保持系统合外力不变的情况下通过改变系统总质量来改变系统的加速度，从而验证 $a \propto 1/m$。

6. 验证动量守恒定律

若系统不受外力或所受合外力为零，则系统的总动量保持不变；若系统在某方向上受到的合外力为零，则系统在此方向上的总动量保持不变，此结论称为动量守恒定律。

当两滑块在水平轨道上沿直线做对心碰撞时，忽略滑块运动过程中受到的黏滞阻力和空

气阻力，则两滑块在水平方向上除受到碰撞时彼此相互作用的内力外，不受其他外力作用。根据动量守恒定律，两滑块在水平方向上的总动量保持不变。

设两滑块的质量分别为 m_1 和 m_2，它们在碰撞前的速度分别为 v_{10} 和 v_{20}，碰撞后的速度分别为 v_1 和 v_2，按照动量守恒定律有

$$m_1\boldsymbol{v}_{10} + m_2\boldsymbol{v}_{20} = m_1\boldsymbol{v}_1 + m_2\boldsymbol{v}_2 \tag{3.26.16}$$

在给定速度的正方向后，碰撞是一维的，上述矢量式可写成下面的标量式：

$$m_1 v_{10} + m_2 v_{20} = m_1 v_1 + m_2 v_2 \tag{3.26.17}$$

牛顿曾提出"恢复系数"的概念，其定义为碰撞后的相对速度与碰撞前的相对速度的比值，用字母 e 表示，即

$$e = \frac{v_2 - v_1}{v_{10} - v_{20}} \tag{3.26.18}$$

当 $e=1$ 时，为完全弹性碰撞，此时系统动能损失为零；当 $e=0$ 时，为完全非弹性碰撞，此时系统动能损失最大；当 $0 < e < 1$ 时，为非完全弹性碰撞，此时系统动能损失介于完全弹性碰撞和完全非弹性碰撞之间，且随着 e 值减小而增大。

四、实验内容

1. 按照仪器使用规则检查并调整仪器设备

(1) 用沾有酒精的纱布擦拭气垫导轨表面和滑块内表面。

(2) 打开气源，给气垫导轨供气，用小纸条逐一检查喷气孔是否通气，若有堵塞可用细钢丝疏通。

(3) 按照实验要求连接光电门和数字毫秒计，用滑块检查光电门和数字毫秒计工作是否正常。

2. 调气垫导轨水平

(1) 使用水平仪先将气垫导轨双脚调平螺钉的两端调节到同一水平线上，调节时，将水平仪放在气垫导轨两端调平螺钉的支架上，气泡的偏移方向与气垫导轨方向保持平行。

(2) 使用动态法(或静态法)将导轨调至水平状态。

3. 测量气垫导轨的黏性阻尼系数 b

(1) 使用游标卡尺测量挡光片第一前沿到第二前沿的距离 $d = d_1 + d_2$，其中 d_1、d_2 各测量 5 次分别取平均值；用物理天平称衡滑块的质量 m，测量 5 次取平均值；用气垫导轨自带的米尺测量两光电门的间距 s，测量 5 次取平均值。

(2) 轻推滑块，使滑块以适中的速度 v_0 先后通过光电门 A 和 B，记录时间 t_A 和 t_B，计算速度损失

$$\Delta v_{AB} = v_A - v_B = d\left(\frac{1}{t_A} - \frac{1}{t_B}\right)$$

测量 5 次取其平均值；再反向使滑块依次通过光电门 B 和 A，记录时间 t_B 和 t_A，计算速度损失

$$\Delta v_{BA} = v_B - v_A = d\left(\frac{1}{t_B} - \frac{1}{t_A}\right)$$

测量 5 次取平均值。

(3)将所测数据记入表 3.26.1，并将 Δv_{AB} 和 Δv_{BA} 的平均值代入式(3.26.9)计算 b 值。

表 3.26.1　测量气垫导轨的黏性阻尼系数 b 有关数据

测量量	1	2	3	4	5	平均值
d_1 (mm)						
d_2 (mm)						
m (g)						
s (cm)						
t_A (s)						—
t_B (s)						—
Δv_{AB} (m/s)						
t_B (s)						—
t_A (s)						—
Δv_{BA} (m/s)						

4. 测量重力加速度 g

(1)用游标卡尺测量 3 次垫块的高度 h_1、h_2、h_3，它们分别为 1 个、2 个、3 个垫块的高度，每改变一次垫块的高度分别测量 5 次取平均值；用米尺测量两端支撑点(调平螺钉)的间距 L，测量 5 次取平均值，有 $\sin\theta \approx h/L$。将所测数据记入表 3.26.2。

表 3.26.2　测量重力加速度表格 1

测量量	1	2	3	4	5	平均值
h_1 (mm)						
h_2 (mm)						
h_3 (mm)						
L (cm)						

(2)每次在气垫导轨的单脚调平螺钉支点下加一个垫块，共加 3 次，每加一次垫块需将滑块从气垫导轨上的固定位置处静止释放 5 次，分别记录滑块经过光电门 A、B 的时间 t_A、t_B 和 t_{AB}，然后取平均值，代入式(3.26.11)计算滑块运动的加速度 a。将所测数据记入表 3.26.3。

表 3.26.3　测量重力加速度表格 2

垫块数量	测量量	1	2	3	4	5	平均值
1	t_A (s)						
	t_B (s)						
	t_{AB} (s)						
2	t_A (s)						
	t_B (s)						
	t_{AB} (s)						
3	t_A (s)						
	t_B (s)						
	t_{AB} (s)						

(3)依据式(3.26.12)计算当地的重力加速度 g 及其标准不确定度 $\mu(g)$。

5. 验证牛顿第二定律

(1) 保持运动系统总质量不变验证牛顿第二定律

① 采用 5 个质量为 5g 的砝码和一个质量为 5g 的砝码盘，悬挂砝码的总质量(包括砝码盘)依次为 10g、15g、20g、25g、30g，其余的砝码放在滑块上，以保持运动系统总质量不变。每改变一次悬挂砝码的质量，都需要将滑块从固定位置处静止释放，记录时间 t_A、t_B 和 t_{AB}(A 为距离滑块较近的光电门)，每个质量的砝码都需要释放 5 次，然后代入式(3.26.11)计算相应的加速度 a。将所测数据记入表 3.26.4。

表 3.26.4　保持运动系统总质量不变验证牛顿第二定律

悬挂砝码总质量(含砝码盘)	测量量	1	2	3	4	5	平均值
10g	t_A (s)						
	t_B (s)						
	t_{AB} (s)						
15g	t_A (s)						
	t_B (s)						
	t_{AB} (s)						
20g	t_A (s)						
	t_B (s)						
	t_{AB} (s)						
25g	t_A (s)						
	t_B (s)						
	t_{AB} (s)						
30g	t_A (s)						
	t_B (s)						
	t_{AB} (s)						

② 用最小二乘法处理数据。利用公式 $a = \dfrac{1}{m}F + B$，设 $y_i = a_i$，$x_i = F_i$，$k = \dfrac{1}{m}$，将测量所得数据代入其中，计算斜率 k、S_k［参见式(1.6.28)］和关联系数 γ 的值，由 γ 值大小可判断 a 与 F 的线性关系，并计算相对误差

$$E_m = \frac{\left| \dfrac{1}{k} - m_{测} \right|}{m_{测}} \times 100\% \tag{3.26.18}$$

(2) 保持运动系统合外力不变验证牛顿第二定律

① 将悬挂砝码的质量固定为 30g，然后依次向滑块上增加质量为 20g、40g、60g、80g 和 100g 的砝码，增加的砝码质量每改变一次，都需要将滑块从固定位置处静止释放 5 次，分别记录每次的时间 t_A、t_B 和 t_{AB}(A 为距离滑块较近的光电门)，取平均值代入式(3.26.11)计算相应的加速度 a。将所测数据记入表 3.26.5。

表 3.26.5　保持运动系统合外力不变验证牛顿第二定律

滑块上砝码质量	测量量	1	2	3	4	5	平均值
20g	t_A (s)						
	t_B (s)						
	t_{AB} (s)						

滑块上砝码质量	测量量	1	2	3	4	5	平均值
40g	t_A (s)						
	t_B (s)						
	t_{AB} (s)						
60g	t_A (s)						
	t_B (s)						
	t_{AB} (s)						
80g	t_A (s)						
	t_B (s)						
	t_{AB} (s)						
100g	t_A (s)						
	t_B (s)						
	t_{AB} (s)						

② 用最小二乘法处理数据。设运动系统总质量（包括砝码盘）为 m_0，利用公式 $a = \dfrac{1}{m}F + B$，设 $y_i = a_i$，$x_i = \dfrac{1}{m}$，$k = F$，将测量所得数据代入其中，计算斜率 k、S_k 和关联系数 γ 的值，由 γ 值大小可判断 a 与 $\dfrac{1}{m}$ 的线性关系，并计算相对误差

$$E_F = \frac{|k - m_0 g|}{m_0 g} \times 100\% \tag{3.26.19}$$

③ 分析和比较两种验证方式的实验结果。

6. 验证动量守恒定律

取一对大小相同、质量相差不多的滑块，将挡光片都置于滑块的中间位置，在其相碰撞的两端分别加上弹簧圈和尼龙粘胶带。将两滑块放在水平桌面上，调节两弹簧圈至同一水平高度，以保证两滑块做对心碰撞，并使两弹簧圈自然接触，使用米尺测量两挡光片左边沿的间距 s_0，测量 5 次取平均值。在进行碰撞时，将滑块 2 置于光电门 A、B 之间（设自右向左两光电门顺序为 A、B），将滑块 1 沿由 A 向 B 的方向与滑块 2 发生碰撞，碰撞前的瞬间，滑块 2 每次需在 A、B 之间的某固定位置处静止释放，滑块 2 放置的位置要满足滑块 1 的挡光片刚好通过光电门 A 后即与滑块 2 发生碰撞的条件。

因为气垫导轨本身存在气垫层的摩擦阻力 $F_{阻} = -b\overline{v}$，所以需要对碰撞后使用光电门测量的速度进行修正。设在完全弹性碰撞时，滑块 1 先后通过光电门 A、B 时的速度为 v_{1A}、v_{1B}，滑块 2（初速度为 0）通过光电门 B 时的速度为 v_{2B}，发生碰撞后的瞬间滑块 1、2 的速度分别为 v'_{1B}、v'_{2B}，设 $\overline{AB} = s$，则

$$a_1 = \frac{F_{阻}}{m_1} = \frac{b\overline{v}}{m_1} = -\frac{b(v_{1A} + v_{1B})}{2m_1}, \quad v'_{1B} = \sqrt{v_{1B}^2 - 2a_1 s}$$

$$a_2 = \frac{F_{阻}}{m_2} = \frac{b\overline{v}}{m_2} = -\frac{bv_{2B}}{2m_2}, \quad v'_{2B} = \sqrt{v_{2B}^2 - 2a_2(s - s_0)}$$

对于完全非弹性碰撞，碰撞后两滑块黏合在一起，滑块 1 通过光电门 A 时的速度为 v_{1A}，两滑块通过光电门 B 时的速度为 v_B，发生碰撞后的瞬间两滑块的速度为 v'_B，则

$$a = F_{阻} / (m_1 + m_2) = b(v_B + v'_B) / (m_1 + m_2)$$

v'_B 可通过求解方程 $v'^2_B - v^2_B + 2as = 0$ 得出。

(1) 验证等质量物体碰撞时的动量守恒定律。用橡皮泥将两滑块质量补为相等，用物理天平称衡滑块的质量 m，重复称量 5 次取平均值。

① 完全弹性碰撞。将滑块 1 以初速度 v_{1A} 滑向滑块 2，即将滑动到滑块 2 时，将滑块 2 于两光电门 A、B 间的固定位置静止释放。因两滑块质量相等，碰撞后滑块 1 的速度基本为零，可忽略不计，只需记录滑块 1 通过光电门 A 所用的时间 t_{1A} 和滑块 2 通过光电门 B 所用的时间 t_{2B}。实验重复 5～10 次，选其中偶然误差较小的 5 组数据进行处理。所有测量数据记入表 3.26.6。

表 3.26.6　验证等质量物体完全弹性碰撞时的动量守恒定律

测量量	1	2	3	4	5	平均值
s_0 (cm)						
m (g)						
t_{1A} (s)						—
t_{2B} (s)						—

② 完全非弹性碰撞。将两滑块的接触面换成有尼龙粘胶带的一侧，将滑块 1 以初速度 v_{1A} 滑向滑块 2，即将滑动到滑块 2 时，将滑块 2 于两光电门 A、B 间的固定位置静止释放。碰撞后两滑块粘在一起向光电门 B 运动。记录滑块 1 通过光电门 A 所用的时间 t_{1A} 与滑块 1 和 2 一起通过光电门 B 所用的时间 t_B。实验重复 5～10 次，选其中偶然误差较小的 5 组数据进行处理。所有测量数据记入表 3.26.7。

表 3.26.7　验证等质量物体完全非弹性碰撞时的动量守恒定律

测量量	1	2	3	4	5
t_{1A} (s)					
t_B (s)					

(2) 验证不等质量物体碰撞时的动量守恒定律。将两个 50g 的配重块分别加在滑块 1 的两侧进行碰撞实验，滑块 1、2 的质量分别为 m_1、m_2，此时，$m_1 > m_2$。

① 完全弹性碰撞。将滑块 1 以初速度 v_{1A} 滑向滑块 2，即将滑动到滑块 2 时，将滑块 2 于两光电门 A、B 间的固定位置静止释放。因 $m_1 > m_2$，所以碰撞后滑块 1 仍向前运动，分别记录滑块 1 通过光电门 A 所用的时间 t_{1A}，滑块 2 通过光电门 B 所用的时间 t_{2B}，以及滑块 1 通过光电门 B 所用的时间 t_{1B}。实验重复 5～10 次，选其中偶然误差较小的 5 组数据进行处理。所有测量数据记入表 3.26.8。

表 3.26.8　验证不等质量物体完全弹性碰撞时的动量守恒定律

测量量	1	2	3	4	5
t_{1A} (s)					
t_{2B} (s)					
t_{1B} (s)					

② 完全非弹性碰撞。将两滑块的接触面换成有尼龙粘胶带的一侧，将滑块 1 以初速度 v_{1A} 滑向滑块 2，即将滑动到滑块 2 时，将滑块 2 于两光电门 A、B 间的固定位置静止释放。碰

撞后两滑块粘在一起向光电门 B 运动。记录滑块 1 通过光电门 A 所用的时间 t_{1A} 与滑块 1 和 2 一起通过光电门 B 所用的时间 t_B。实验重复 5～10 次，选其中偶然误差较小的 5 组数据进行处理。所有测量数据记入表 3.26.9。

表 3.26.9　验证不等质量物体完全非弹性碰撞时的动量守恒

测量量	1	2	3	4	5
t_{1A} (s)					
t_B (s)					

(3) 数据处理。

① 分别计算 4 种碰撞后、碰撞前的动量之比 C 及其标准不确定度 $\mu(C)$。

② 分别计算 2 种完全弹性碰撞的恢复系数 e 及其不确定度 $\mu(e)$。

③ 分析实验结果。

五、注意事项

1．气垫导轨未供气时，不能在气垫导轨上推动滑块，实验结束后先拿下滑块再关闭气源。

2．长时间不使用气垫导轨时，应盖上布罩，防止灰尘堵塞喷气孔。

3．滑块与气垫导轨碰撞端要加上弹簧圈，以减小滑块对气垫导轨的碰撞压力，保护气垫导轨。

4．进行碰撞实验时，碰撞前、后，滑块运动的速度既不能太大，也不能太小。

六、思考题

1．在验证牛顿第二定律的实验中，用最小二乘法处理实验数据时，可计算出截距 B 值。严格地讲，B 值应为 0，B 值的物理意义表示系统误差对实验结果的影响，试分析系统误差的主要来源。

2．使用气垫导轨应注意哪些问题？如何检查和调整气垫导轨水平？

3．实验时若滑块不从同一位置静止释放，对数据的测量和处理会造成什么影响？

4．能否将气垫导轨的一端稍降低，使气垫导轨产生一个微小的坡度用于平衡气垫层的摩擦阻力？为什么？

5．用滑块做碰撞实验时，两光电门之间的距离大一些好还是小一些好？设计实验方案验证你的设想。

6．不使用气垫导轨，请设计实验方案验证牛顿第二定律。

实验二十七　弦线上驻波的研究

对于弦线上波的传播规律的研究是力学实验中的一个重要部分。本实验重点观测在弦线上形成的驻波，并确定弦线振动时，驻波波长与张力的关系、驻波波长与振动频率的关系，以及驻波波长与弦线密度的关系。利用驻波原理测量横波波长的方法不仅在力学中有重要应用，在声学、无线电学和光学等学科的实验中都有许多应用。

一、实验目的

1. 观察在弦线上形成的驻波，并用实验确定弦线振动时驻波波长与张力的关系。
2. 在弦线张力不变时，用实验确定弦线振动时驻波波长与振动频率的关系。
3. 学习用对数作图法或最小二乘法进行数据处理。

二、实验仪器

FD-SWE-II 型弦线上驻波实验仪。

三、实验原理

1. 弦线上驻波的形成

将一根细弦线的一端固定在电振音叉的顶端，另一端绕过滑轮用悬挂的砝码将其拉直，如图 3.27.1 所示。当音叉以固有频率 f 振动时，将在细弦线上产生一列向前传播的横波，当这列横波传播到滑轮处时，由于受到滑轮的作用，会发生反射，产生反射波，此反射波的频率、振幅与入射波的完全相同。入射波与反射波在同一条弦线上传播，传播方向相反，在弦线上将发生干涉，产生干涉图像。

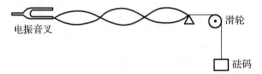

图 3.27.1 弦线上驻波示意图

考虑两列振幅、频率相同，有固定相位差，传播方向相反的简谐波

$$u_1(x, t) = A\cos(kx - \omega t - \varphi) \tag{3.27.1}$$

$$u_2(x, t) = A\cos(kx + \omega t) \tag{3.27.2}$$

式中，u 为质点在 x 处 t 时刻的位移，A 为振幅，ω 为各质点运动的角频率，k 为波数，φ 为 u_1 与 u_2 之间相位差的叠加。两列波的合成运动为

$$u(x,t) = u_1(x,t) + u_2(x,t) = A\cos(kx - \omega t - \varphi) + A\cos(kx + \omega t) \tag{3.27.3}$$

$$u(x,t) = 2A\cos\left(kx - \frac{\varphi}{2}\right)\cos\left(\omega t + \frac{\varphi}{2}\right) \tag{3.27.4}$$

由式 (3.27.4) 可见，空间各点仍以角频率 ω 做简谐振动，但振幅不同；空间部分和时间部分是分离的，x 点不随时间改变，为

$$A(x) = \left| 2A\cos\left(kx - \frac{\varphi}{2}\right) \right| \tag{3.27.5}$$

考察式 (3.27.5)，在 $\left|\cos\left(kx - \frac{\varphi}{2}\right)\right| = 1$ 处的那些点 $A(x) = 2A$，振幅最大，称为波腹；在 $\left|\cos\left(kx - \frac{\varphi}{2}\right)\right| = 0$ 处的那些点 $A(x) = 0$，没有振动，称为波节。我们称满足式 (3.27.1) 的运动

为驻波。弦线上入射波与反射波相互干涉叠加的运动就是弦驻波。

对两端固定的弦线，将其有效长度调节为 L，任何时刻都有

$$(u_1 + u_2)\big|_{x=0} = 0 , \quad \text{则} \cos\left(-\frac{\varphi}{2}\right) = 0 \tag{3.27.6}$$

$$(u_1 + u_2)\big|_{x=L} = 0 , \quad \text{则} \cos\left(kL - \frac{\varphi}{2}\right) = 0 \tag{3.27.7}$$

由式(3.27.6)得 $\varphi = \pi$，这意味着入射波 u_1 和反射波 u_2 在固定端的相位差为 π，即在固定端有半波损失。在确定了 φ 后，根据式(3.27.7)得到 k 的取值，即

$$kL = n\pi \quad (n = 1, 2, 3, \cdots) \tag{3.27.8}$$

而波数 k 与波长 λ 存在关系 $k = \dfrac{2\pi}{\lambda}$，所以式(3.27.8)可写为

$$L = n \cdot \frac{\lambda}{2} \quad (n = 1, 2, 3, \cdots) \tag{3.27.9}$$

式(3.27.9)表明，当产生驻波时，弦线的有效长度 L 正好等于半波长的整数倍。测量弦线长 L，计数半波形个数 n，利用式（3.27.9）就可以计算出波长 λ 的值。由 $v = f\lambda$ 可得

$$v = f \cdot \frac{2L}{n} \tag{3.27.10}$$

2. 弦线上驻波的特性

如图 3.27.2 所示，沿传播方向取一段弦线微元，其位移为 $u(x,t)$，根据勾股定理，其弧长为

$$\mathrm{d}s = \sqrt{\mathrm{d}^2 x + \mathrm{d}^2 u} = \mathrm{d}x\sqrt{1 + \left(\frac{\partial u}{\partial x}\right)^2} \tag{3.27.11}$$

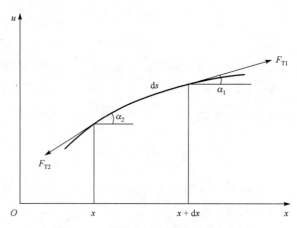

图 3.27.2 横波中的弦线微元受力分析

设弦线的线密度为 μ，被选取的弦线微元质量为 $\mu\mathrm{d}s$，弦线两端所受张力分别为 F_{T1} 和 F_{T2}，方向沿微元切线方向，与 x 轴分别成角度 α_1 和 α_2。根据牛顿第二定律，弦线微元段的动力学方程为

$$F_{T1}\cos\alpha_1 - F_{T2}\cos\alpha_2 = 0 \tag{3.27.12}$$

$$F_{T1} \sin \alpha_1 - F_{T2} \sin \alpha_2 = \mu ds \frac{\partial^2 u}{\partial t^2} \tag{3.27.13}$$

对于微小振动，有

$$\cos \alpha_1 \approx \cos \alpha_2 = 1$$

$$\sin \alpha \approx \tan \alpha \approx \frac{\partial u}{\partial x}$$

$$ds \approx dx$$

而弦线内部张力为

$$F_{T1} = F_{T2} \equiv T \tag{3.27.14}$$

因此，式(3.27.12)和式(3.27.13)可写为

$$T \tan \alpha_1 - T \tan \alpha_2 = \mu dx \frac{\partial^2 u}{\partial t^2} \tag{3.27.15}$$

由导数的几何意义可知

$$\tan \alpha_1 \approx \left(\frac{\partial u}{\partial x} \right)_{x+dx}$$

$$\tan \alpha_2 \approx \left(\frac{\partial u}{\partial x} \right)_x$$

代入式(3.27.15)得

$$T \left[\left(\frac{\partial u}{\partial x} \right)_{x+dx} - \left(\frac{\partial u}{\partial x} \right)_x \right] = \mu dx \frac{\partial^2 u}{\partial t^2} \tag{3.27.16}$$

考虑到导数的定义，上式中

$$\left(\frac{\partial u}{\partial x} \right)_{x+dx} - \left(\frac{\partial u}{\partial x} \right)_x = \left(\frac{\partial^2 u}{\partial x^2} \right)_x dx$$

代入式(3.27.16)得

$$T \left(\frac{\partial^2 u}{\partial x^2} \right)_x dx = \mu dx \frac{\partial^2 u}{\partial t^2} \tag{3.27.17}$$

即

$$\frac{\partial^2 u}{\partial t^2} - \frac{T}{\mu} \cdot \frac{\partial^2 u}{\partial x^2} = 0 \tag{3.27.18}$$

将式(3.27.18)与典型的波动方程

$$\frac{\partial^2 u}{\partial t^2} = v^2 \frac{\partial^2 u}{\partial x^2} \tag{3.27.19}$$

相比较，即可得到波的传播速度为

$$v = \sqrt{\frac{T}{\mu}} \tag{3.27.20}$$

若波源的振动频率为 f，横波波长为 λ，由于波速 $v = f\lambda$，因此波长与张力及线密度之间的关系为

$$\lambda = \frac{1}{f}\sqrt{\frac{T}{\mu}} \tag{3.27.21}$$

为了用实验证明式(3.27.21)成立，将该式两边取自然对数，得

$$\ln\lambda = \frac{1}{2}\ln T - \frac{1}{2}\ln\mu - \ln f \tag{3.27.22}$$

固定振动频率 f 及线密度 μ，改变张力 T，并测出各相应波长 λ，作 $\ln\lambda - \ln T$ 曲线。根据式(3.27.22)可知，$\ln\lambda - \ln T$ 曲线应为一条直线，用图解法计算其斜率，若为 0.5，则证明了 $\lambda \propto T^{1/2}$ 的关系成立。同理，固定线密度 μ 及张力 T，改变振动频率 f，测出各相应波长 λ，作 $\ln\lambda - \ln f$ 曲线，根据式(3.27.22)可知，$\ln\lambda - \ln f$ 曲线也为一条直线，用图解法计算其斜率，若为 –1，则验证了 $\lambda \propto f^{-1}$ 的关系。

3. FD-SWE-Ⅱ型弦线上驻波实验仪

FD-SWE-Ⅱ型弦线上驻波实验仪结构图如图 3.27.3 所示，弦线的一端系在能做水平方向振动的可调频率数显机械振动源的振动簧片上，频率在 0～200Hz 范围内连续可调，频率最小变化量为 0.01Hz，弦线一端通过定滑轮悬挂一砝码盘；在振动装置(振动簧片)的附近有可动刀口，在实验装置上还有一个可沿弦线方向左右移动并撑住弦线的可动刀口支架 5。若弦线下端所悬挂的砝码(包含砝码盘)的质量为 m，则张力 $T = mg$。当波源振动时，即在弦线上形成向右传播的横波；当波传播到定滑轮与弦线的切点时，由于弦线在该点受到定滑轮两壁阻挡而不能振动，波在切点被反射形成了向左传播的反射波。这种传播方向相反的两列波叠加即形成驻波。当振动簧片与弦线的固定点至可动刀口支架与弦线的切点的长度 L 等于半波长的整数倍时，即可得到振幅较大而稳定的驻波，振动簧片与弦线固定点为近似波节，弦线与定滑轮的切点为波节。

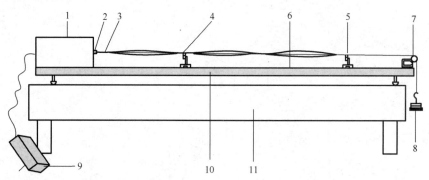

1-可调频率数显机械振动源；2-振动簧片；3-弦线；4、5-可动刀口支架；6-标尺；7-定滑轮；

8-砝码与砝码盘；9-变压器；10-实验平台；11-实验桌

图 3.27.3　FD-SWE-Ⅱ型弦线上驻波实验仪结构图

由式(3.27.9)即可得出弦线上横波波长。由于振动簧片与弦线的固定点在振动中不易测准，实验也可将最靠近振动端的波节作为 L 的起始点，并用可动刀口指示读数。

四、实验内容

1. 验证横波波长与弦线中张力的关系

(1)将变压器(黑色壳)输入端连接至 220V 交流电源,输出端(五芯航空线)与主机上的航空座连接。打开可调频率数显机械振动源面板上的电源开关(见图 3.27.4)。面板上数码管显示振动源的振动频率。根据需要按频率调节键中的▲(增加频率)或▼(减小频率)键,改变振动源的振动频率,调节幅度调节旋钮,使振动源有振动输出;当不需要输出振动时,可按复位键复位,数码管显示全部清零。

(2)在某些频率(60Hz 附近)上,由于振动簧片会产生共振使振幅过大,此时应逆时针旋转幅度调节旋钮以减小振幅,便于实验的进行;不在共振频率点工作时,可将幅度调节旋钮调节到输出最大。

(3)固定一个波源振动的频率(一般取 100Hz,若振幅太小,可将频率取小一些,如 90Hz),在砝码盘上添加不同质量的砝码,以改变同一弦线上的张力 T。每改变一次张力 T(增加一次砝码),均要左右移动可动刀口(保持在第一波节)和可动刀口支架的位置,使弦线出现振幅较大而稳定的驻波。用实验平台上的标尺测量 L 值,记录振动频率 f、砝码质量 m、产生整数倍半波长的弦线有效长度 L 及半波个数 n,根据式(3.27.9)计算出波长 λ,记入表 3.27.1,并作 $\ln\lambda - \ln T$ 曲线,求其斜率,验证关系式(3.27.22)。也可利用最小二乘法进行数据处理。

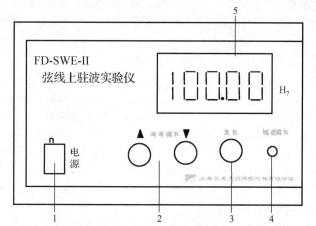

1-电源开关;2-频率调节键;3-复位键;4-幅度调节旋钮;5-数码管(频率指示)

图 3.27.4 可调频率数显机械振动源面板示意图

表 3.27.1 验证横波波长与弦线中张力的关系

振动源频率 f(Hz)						
砝码质量 m(g)						
弦线有效长度 L(cm)						
半波个数 n						
波长 $\lambda = 2L/n$(m)						
弦线上的张力 $T = mg$(N)						
$\ln\lambda$						
$\ln T$						

2. 验证振动源的振动频率与横波波长的关系

固定砝码盘上砝码的质量(如放置 5 个砝码)以保持弦线内张力 T 固定不变。改变振动源频率 f，左右移动可动刀口支架 4，使其保持在第一波节位置，移动可动刀口支架 5，使弦线出现振幅较大而稳定的驻波。用实验平台上的标尺测量 L 值，记录振动频率 f、产生整数倍半波长的弦线有效长度 L 及半波个数 n。计算波长 λ，记入表 3.27.2，并作 $\ln\lambda - \ln f$ 曲线，求其斜率，验证关系式(3.27.22)。也可利用最小二乘法进行数据处理。

表 3.27.2　验证振动源的振动频率与横波波长的关系

砝码质量 m(g)									
振动源频率 f(Hz)									
弦线有效长度 L(cm)									
半波个数 n									
波长 $\lambda = 2L/n$ (m)									
$\ln\lambda$									
$\ln f$									

3. (选做)验证横波波长与弦线密度的关系

固定砝码盘上砝码的质量(如放置 5 个砝码)以保持弦线内张力 T 固定不变；固定振动源振动频率 f，通过改变弦丝的粗细来改变弦线的线密度 μ，用驻波法测量相应的波长，作 $\ln\lambda - \ln\mu$ 曲线，求其斜率，得出弦线上波传播规律与线密度的关系。也可利用最小二乘法进行数据处理。

表 3.27.3　验证横波波长与弦线密度的关系

砝码质量 m (g)									
振动源频率 f(Hz)									
线密度 μ (kg/m)									
弦线有效长度 L(cm)									
半波个数 n									
波长 $\lambda = 2L/n$ (m)									
$\ln\lambda$									
$\ln\mu$									

五、注意事项

1. 须在弦线上出现振幅较大而稳定的驻波时，再测量驻波波长。

2. 张力包括砝码与砝码盘的质量，砝码盘的质量用物理天平称衡。

3. 在实验中，发现振动源发生机械共振时，应减小振幅或改变振动源频率，以便调节出振幅较大而稳定的驻波。

六、思考题

1. 当弦线上的半波区不是整数时，能否用来测量驻波的波长？

2. 用作图法处理实验数据，将结果和用最小二乘法处理的结果相比较。

实验二十八　受迫振动与共振的研究

受迫振动与共振在工程和科学研究中经常遇到。例如，在建筑、机械等工程中，经常需要避免共振现象，以保证工程的质量；而在石油、化工等领域，常根据共振原理，利用振动式液体密度传感器和液位传感器，在线检测液体密度和液位高度。受迫振动与共振是重要的物理规律，受到物理和工程技术的广泛重视。

本实验使用的受迫振动与共振实验仪采用音叉振动系统作为研究对象，用激振线圈的电磁力作为激振力，用压电换能片作为检测振幅传感器，测量受迫振动系统振幅与策动力频率的关系，研究受迫振动与共振现象及其规律。

一、实验目的

1. 学习测量及绘制振动系统的共振曲线，并求出共振频率和振动系统振动的锐度。
2. 掌握音叉共振频率与对称双臂质量关系曲线的测量方法。
3. 掌握用共振法测量一对附在音叉固定位置上的物块的质量。

二、实验仪器

FD-VR-C 型受迫振动与共振实验仪。

三、实验原理

1. 简谐振动与阻尼振动

许多振动，如弹簧振子的振动、单摆的振动、扭摆的振动等，在振幅较小且空气阻尼可以忽略的情况下，都可视为简谐振动，即此类振动满足简谐振动方程

$$\frac{\mathrm{d}^2 x}{\mathrm{d}t^2} + \omega_0^2 x = 0 \tag{3.28.1}$$

简谐振动方程 (3.28.1) 的解为

$$x = A\cos(\omega_0 t + \phi) \tag{3.28.2}$$

式中，A 为系统最大振幅，ω_0 为振动角频率，ϕ 为初相位。

弹簧振子振动角频率

$$\omega_0 = \sqrt{\frac{k}{m + m_0}} \tag{3.28.3}$$

式中，k 为弹簧刚度系数（又称劲度系数），m 为振子的质量，m_0 为弹簧的等效质量。弹簧振子的振动周期 T 满足

$$T = 2\pi \sqrt{\frac{m + m_0}{k}} \tag{3.28.4}$$

但实际的振动系统存在各种阻尼因素，因此此式 (3.28.1) 左边需增加阻尼项。在小阻尼情况下，阻尼与速度成正比，阻尼项表示为 $2\beta\dfrac{\mathrm{d}x}{\mathrm{d}t}$，相应的阻尼振动方程为

$$\frac{\mathrm{d}^2 x}{\mathrm{d}t^2} + 2\beta \frac{\mathrm{d}x}{\mathrm{d}t} + \omega_0^2 x = 0 \tag{3.28.5}$$

式中，β 为阻尼系数。

2. 受迫振动

阻尼振动的振幅会随时间衰减，最后停止振动，为了使振动持续下去，外界必须给系统一个周期性变化的力(一般采用随时间做正弦函数或余弦函数变化的力)，振动系统在周期性外力作用下所发生的振动称为受迫振动，这个周期性外力称为策动力。假设策动力有简单的形式 $F(t) = F_0 \cos \omega t$，ω 为策动力角频率，此时，振动系统的运动满足方程

$$\frac{\mathrm{d}^2 x}{\mathrm{d}t^2} + 2\beta \frac{\mathrm{d}x}{\mathrm{d}t} + \omega_0^2 x = \frac{F_0}{m'} \cos \omega t \tag{3.28.6}$$

式中，m' 为振动系统的有效质量。式(3.28.6)为振动系统做受迫振动的方程，它的解包括两项，第一项为瞬态振动的解，由于阻尼的存在，振动开始后振幅不断衰减，最后较快地变为零；第二项为稳态振动的解，为

$$x = A \cos(\omega t + \phi) \tag{3.28.7}$$

式中，

$$A = \frac{F_0}{m'\sqrt{\left(\omega_0^2 - \omega^2\right)^2 + 4\beta^2 \omega^2}} \tag{3.28.8}$$

3. 共振

由式(3.28.7)可知，稳态时受迫振动的角频率与策动力角频率相等，受迫振动的速度为

$$v = \frac{\mathrm{d}x}{\mathrm{d}t} = v_A \cos\left(\omega t + \phi + \frac{\pi}{2}\right) \tag{3.28.9}$$

式中，

$$v_A = \omega A = \frac{F_0}{\sqrt{4\beta^2 m'^2 + \left(\dfrac{k}{\omega} - \omega m'\right)^2}} \tag{3.28.10}$$

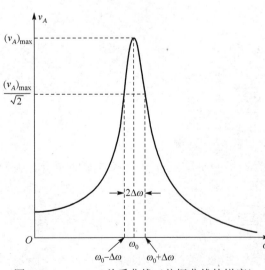

图 3.28.1　$v_A - \omega$ 关系曲线（共振曲线的锐度）

令 $\dfrac{\mathrm{d}v_A}{\mathrm{d}\omega} = 0$ 可得，当 $\omega = \omega_0$ 时，速度振幅 v_A 达到最大值，称为速度共振。

$v_A - \omega$ 关系曲线如图 3.28.1 所示，描述曲线陡峭程度的物理量称为锐度，其值等于品质因数

$$Q = \frac{\omega_0}{\omega_2 - \omega_1} = \frac{f_0}{f_2 - f_1} \tag{3.28.11}$$

式中，ω_2 和 ω_1 是速度振幅 v_A 降到其最大值 $(v_A)_{max}$ 的 $1/\sqrt{2}$ 时所对应的策动力角频率。显然 $\omega_2 - \omega_1$ 越小，锐度越大。

4. 可调频率音叉的振动周期

一个可调频率音叉一旦起振，它将以某一基频振动而无谐频振动。音叉的两臂是对

称的，导致两臂的振动完全反向，从而在任意瞬间对中心杆都有等值反向的作用力。中心杆的净受力为零而不振动，因此紧紧握住它是不会引起振动衰减的。同样的道理，音叉的两臂不能同向振动，因为同向振动将对中心杆产生振荡力，这个力将使振动很快衰减为零。

可以通过将相同质量的物块对称地加在两臂上来减小音叉的基频(音叉两臂所加载的物块必须对称)。这种加载的音叉的振动周期 T 由下式给出：

$$T^2 = B(m + m_0) \tag{3.28.12}$$

式中，B 为常数，它取决于音叉材料的力学性质、大小及形状；m 为加载在每个臂上物块的质量；m_0 为每个臂的等效质量。利用式(3.28.12)可以制成各种音叉传感器，如液体密度传感器、液位传感器等。通过测量音叉的共振频率可求得音叉管内的液体密度或液位高度。这类音叉传感器在石油、化工等领域的实时测量和监控中发挥着重要作用。

5. FD-VR-C 型受迫振动与共振实验仪

FD-VR-C 型受迫振动与共振实验仪主要包括两台控制主机和一个音叉振动系统实验平台。

如图 3.28.2 所示，FD-VR-C 型受迫振动与共振实验仪主要包括以下结构。

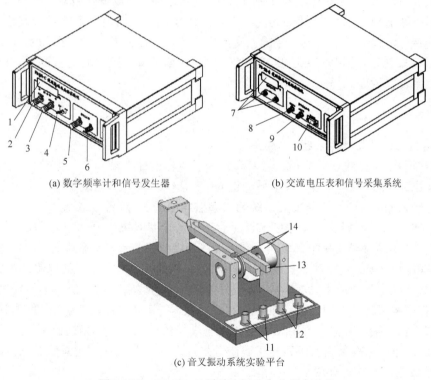

(a) 数字频率计和信号发生器　　　　　(b) 交流电压表和信号采集系统

(c) 音叉振动系统实验平台

图 3.28.2　FD-VR-C 型受迫振动与共振实验仪

1——数字频率计：显示信号发生器输出波形的频率；

2——频率粗调旋钮：大范围地调节信号发生器输出波形的频率；

3——频率细调旋钮：小范围地调节信号发生器输出波形的频率；

4——手动/自动切换开关：在"手动调频"和"电脑调频"之间进行切换；

5——幅度调节旋钮：调节信号发生器输出波形的幅度；

6——信号输出 Q9 座：信号发生器的波形输出端；

7——交流电压表：显示"共振信号"的电压有效值；

8——起振信号输入 Q9 座：起振信号由此输入端经 A/D 转换后送入计算机；

9——共振信号输入 Q9 座：共振信号由此输入端经 A/D 转换后送入计算机；

10——串口输出：通过此端口与计算机通信；

11——共振信号输出 Q9 座：电磁线圈的电压(共振信号)输出端；

12——起振信号输入 Q9 座：激振线圈的电压(起振信号)输入端；

13——音叉：双臂不加负载时的音叉；

14——激振线圈。

图 3.28.2(c)中，在音叉的双臂外侧两端对称地放置两个激振线圈，其中一个激振线圈在由低频信号发生器供给的正弦交变电流作用下产生交变磁场激振音叉，使之产生正弦振动。当线圈中的电流最大时，吸力最大；电流为零时磁场消失，吸力为零，音叉被释放，因此音叉产生的振动频率与激振线圈中的电流有关。电流频率越高，磁场交变越快，音叉振动的频率越大；反之则小。另一个激振线圈因变化的磁场产生感应电流，输出到交流数字电压表中。因为 $I = dB/dt$，而 dB/dt 取决于音叉振动的速度，速度越快，磁场变化越快，产生的电流越大，电压表显示的数值越大，即电压值和速度振幅成正比，因此可用电压表的示数代替速度振幅。由此可知，将探测线圈产生的电信号输入交流电压表，可研究音叉受迫振动系统在周期性外力作用下振幅与策动力频率的关系及其锐度，以及在增加音叉阻尼力的情况下，振幅与策动力频率的关系及其锐度。

四、实验内容

1. 测量欠阻尼音叉的共振曲线与锐度

(1)用一根 Q9 连接线(同轴屏蔽导线)将信号发生器的输出端与音叉振动系统实验平台上的"起振信号输入 Q9 座"相连，并用另一根 Q9 连接线将音叉振动系统实验平台上的另一个"起振信号输入 Q9 座"与信号采集系统的"起振信号输入 Q9 座"相连。

(2)用 Q9 连接线将音叉振动系统实验平台上的一个"共振信号输出 Q9 座"与信号采集系统上的"共振信号输入 Q9 座"相连，并用串口连接线将信号采集系统的"串口输出"与计算机上的串口相连(如果没有计算机模拟，则不接)。接通两个控制主机的电源，预热 15min。

(3)将数字频率计上的手动/自动切换开关拨至"手动调频"挡，调节信号发生器的输出信号频率(有"频率粗调"和"频率细调"两个旋钮，实验时结合起来使用，偏离共振频率时用频率粗调旋钮，接近共振点时用频率细调旋钮)，由低到高缓慢调节(音叉共振频率参考值约为 250Hz)，仔细观察交流电压表的读数，当读数达最大值 A_y 时，记录音叉共振时的频率，这样可以粗略地找出音叉的共振频率 f_0。

(4)将信号发生器的频率调至低于共振频率约 5Hz，然后调节频率由低到高，测量交流电压表读数 A 与策动力频率 f 之间的关系。注意，在共振频率附近应多测几个点，直至测量至共振点以上 5Hz 左右，即在共振点 5Hz 左右测量共振曲线，总共测量 30 个以上的点；所测数据记入表 3.28.1。

表 3.28.1　欠阻尼状态下策动力频率 f 与振幅 A 的关系

策动力频率 f(Hz)													
电压值 A(V)													

策动力频率 f(Hz)												
振幅 A(V)												

(5)根据表 3.28.1 中的数据，绘制共振曲线，根据共振曲线求出音叉的共振频率 f_0，并计算共振曲线的锐度。

2. 测量音叉阻尼振动的共振曲线与锐度

用小磁铁对称地将一对阻尼片吸附在音叉双臂上，然后按照测量空载音叉的共振曲线与锐度的方法，测量在增加空气阻尼的情况下的共振曲线和锐度。所测数据记入表 3.28.2，根据表 3.28.2 中的数据绘制共振曲线(与空载音叉的共振曲线绘入同一个坐标图)，并计算共振曲线的锐度。

表 3.28.2　较大阻尼状态下策动力频率 f 与振幅 A 的关系

策动力频率 f(Hz)												
振幅 A(V)												
策动力频率 f(Hz)												
振幅 A(V)												

3. 利用共振法测量未知物块的质量

(1)利用天平称量出(6 对)不同质量块的质量，记入表 3.28.3。

表 3.28.3　利用天平称量不同质量块的质量

测量量	1	2	3	4	5	平均值
m_1(g)						
m_2(g)						
m_3(g)						
m_4(g)						
m_5(g)						
m_6(g)(待测 m_x)						

(2)选取 5 对不同质量块对分别加到音叉双臂指定的位置上，并用螺钉旋紧。测出音叉双臂对称加相同质量块时，相对应的共振频率 f_0，记录质量 m 和对应的共振频率 f_0，所测数据记入表 3.28.4。由式(3.28.12)可知，周期的平方 T^2 与质量 m 存在线性关系，根据表 3.28.4 中的数据，作 m 与 T^2 的关系图。

表 3.28.4　共振频率 f_0 与音叉双臂上质量块的质量 m 的关系

m(g)					
共振频率 f_0(Hz)					
周期 $T^2 \times 10^{-5}$(s^2)					

(3)用一对未知质量的物块 m_x 代替已知质量块，测出此时音叉的共振频率 f_{0x}，根据上面拟合的 T^2-m 曲线，用图解法计算该物块的质量，并与天平实际测量值进行比较。

4. 选做实验

(1)若有计算机模拟条件，也可以将数字频率计上的手动/自动切换开关拨至"电脑调频"挡，通过计算机自动扫描共振曲线，并计算共振频率和共振曲线的锐度。利用计算机模拟完成上述 3 个实验，并与手动计算结果相比较。软件的具体使用方法参见该软件的使用说明。

(2) 用示波器观测激振线圈的输入信号和电磁线圈传感器的输出信号，测量它们的相位关系。

五、注意事项

1. 注意信号源的输出不要短路，以防止烧坏仪器。

2. 请勿随意用工具将固定螺钉拧松，以避免电磁线圈引线断裂。

3. 本实验所绘制的曲线是在策动力振幅恒定的条件下进行的。所以低频信号发生器的输出电压一经确定，在整个实验过程中都要保持该电压输出幅度不变，而且要及时核对、调节。

4. 传感器是敏感部位，外面有保护罩，使用时不可以将保护罩拆去，或将工具伸入保护罩内，以免损坏电磁线圈传感器及引线。

5. 加不同质量的物块时注意每次的位置一定要固定，因为不同的位置会引起共振频率的变化。

6. 适当调节幅度调节旋钮，使信号发生器的输出电压不宜过大，避免共振时因输出振幅过大而超出电压表量程，或造成音叉响度过大，给人耳带来不适。

六、思考题

1. 在测量振动频率与振幅关系的过程中，为何低频信号发生器输出幅度要保持不变？

2. 从实验所绘制的共振曲线来看，在策动力振幅不变的情况下，欲降低振动系统的共振幅度，应采取什么措施？有何实际价值？

3. 举例说明共振现象在实际生活中的应用。

实验二十九　压力传感器基本特性的研究

力学传感器的种类繁多，但应用最为广泛的是电阻应变式传感器。电阻应变片(简称应变片)是一种将被测件上的应变转换成电信号的敏感器件。它是电阻应变式传感器的主要组成部分。当被测物理量作用在弹性元件上时，弹性元件的变形引起应变片阻值变化，通过转换电路将其转换成电量输出，电量变化的大小反映了被测物理量的大小。电阻应变式传感器目前广泛应用于力、力矩、压力、加速度、重量等参数的测量。本实验只研究电阻应变式压力传感器。

一、实验目的

1. 了解电阻应变式传感器的基本原理、结构、基本特性和使用方法。

2. 比较电阻应变式传感器配合不同的转换和测量电路的灵敏度特性。

3. 掌握电子秤的测量原理。

二、实验仪器

电阻应变式压力传感器、应变悬梁式压力传感器、4 片应变片、标准电阻(与应变片的静态电阻相同)、标准砝码、直流稳压电源、直流毫伏表。

三、实验原理

1. 电阻应变效应

当电阻在外力作用下发生机械变形时，其阻值将发生变化，这种现象称为电阻应变效应。考察一段金属电阻丝，设其长度为 L，横截面积为 S，在其未受力时，原始电阻值为

$$R = \rho \frac{L}{S} \tag{3.29.1}$$

式中，ρ 为电阻丝的电阻率。如图 3.29.1 所示，如果沿导线轴线方向施加拉力或压力使其变形，其电阻值也会随之变化，这种现象称为电阻应变效应。

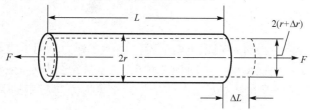

图 3.29.1　金属丝受力时几何尺寸变化示意图

将式(3.29.1)两边取对数后微分，得

$$\frac{\mathrm{d}R}{R} = \frac{\mathrm{d}\rho}{\rho} + \frac{\mathrm{d}L}{L} - \frac{\mathrm{d}S}{S} \tag{3.29.2}$$

式中，$\dfrac{\mathrm{d}L}{L}$ 为电阻丝长度的相对变化量，用应变 ε 表示；$\dfrac{\mathrm{d}S}{S}$ 为电阻丝的截面积相对变化量；$\dfrac{\mathrm{d}\rho}{\rho}$ 为电阻丝的电阻率相对变化量，即

$$\varepsilon = \frac{\mathrm{d}L}{L} \tag{3.29.3}$$

$$\frac{\mathrm{d}S}{S} = 2\frac{\mathrm{d}D}{D} \tag{3.29.4}$$

式中，D 为电阻丝的直径。由材料力学可知，在弹性范围内，电阻丝受到拉力时，沿轴向伸长，沿径向缩短，那么轴向应变和径向应变的关系可表示为

$$\frac{\mathrm{d}D}{D} = -\mu\frac{\mathrm{d}L}{L} = -\mu\varepsilon \tag{3.29.5}$$

式中，μ 为电阻丝材料的泊松比，负号表示应变方向相反。将式(3.29.3)、式(3.29.4)和式(3.29.5)代入式(3.29.2)，得

$$\frac{\mathrm{d}R}{R} = \frac{\mathrm{d}\rho}{\rho} + \left(1 + 2\mu\right)\varepsilon = k_0\varepsilon \tag{3.29.6}$$

式中，k_0 称为电阻应变敏感元件的灵敏度系数，其物理意义是单位应变所引起的电阻相对变化量，是由材料性质决定的，其表达式为

$$k_0 = \frac{\mathrm{d}\rho}{\rho\varepsilon} + \left(1 + 2\mu\right) \tag{3.29.7}$$

灵敏度系数受两个因素影响：一个是受力后材料几何尺寸的变化，即 $1+2\mu$；另一个是受力后材料电阻率的变化，即 $\dfrac{\mathrm{d}\rho}{\rho\varepsilon}$。对一般的金属材料来说，灵敏度系数表达式中 $1+2\mu$ 的值要比 $\dfrac{\mathrm{d}\rho}{\rho\varepsilon}$ 大得多；而半导体材料的 $\dfrac{\mathrm{d}\rho}{\rho\varepsilon}$ 的值比 $1+2\mu$ 大得多。

大量实验证明，在金属电阻丝拉伸极限内，其电阻的相对变化与应变成正比，即 k_0 为常数。

一般的金属材料，在弹性范围内，其泊松比 μ 通常为 $0.25\sim0.4$，因此 $1+2\mu$ 为 $1.5\sim1.8$，而其电阻率也稍有变化。一般用金属材料制作的电阻应变敏感元件的灵敏度系数 k_0 约为 2（对于由半导体材料制作的电阻应变敏感元件来说，以压阻效应为主，其灵敏度系数要比由金属材料制作的大数十倍）。

2. 由电阻应变效应测量应变

用应变片测量应变或应力时，根据电阻应变效应，在外力作用下被测对象产生微小机械变形，应变片随之发生相同的变化，同时应变片电阻值也发生相应的变化。当测得应变片电阻值变化量为 ΔR 时，便可得到被测对象的应变值。根据应力与应变的关系，得到应力 σ 为

$$\sigma = E\varepsilon \tag{3.29.8}$$

式中，σ 表示试件的应力，ε 表示试件的应变，E 表示试件材料的弹性模量。由此可知，应力 σ 正比于应变 ε。而试件的应变 ε 正比于电阻值的变化，所以应力 σ 正比于电阻值的变化，这就是利用应变片测量应变的基本原理。

3. 电阻应变片的结构与特性

电阻应变式传感器的核心元件是电阻应变片，它可将试件上的应变转换成电阻值的变化。电阻丝应变片由直径为 $0.01\sim0.05$mm、具有高电阻率的电阻丝制成。为了获得高的阻值，将电阻丝排列成栅网状，称为敏感栅，并粘贴在绝缘的基片上，电阻丝的两端焊接引线，敏感栅上面粘贴有保护用的覆盖层，如图 3.29.2 所示。金属应变片敏感栅由厚度为 $0.003\sim0.010$mm 的金属箔制成栅状或由金属丝制成，也可以根据传感器的不同要求制成特定的形状、尺寸和所需的电阻值。

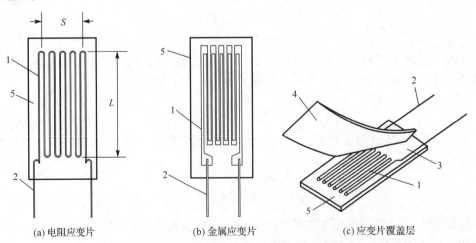

(a) 电阻应变片　　　　(b) 金属应变片　　　　(c) 应变片覆盖层

1-敏感栅；2-引线；3-黏合剂；4-覆盖层；5-基片

图 3.29.2　应变片的结构示意图

因应变片的性质直接影响电阻应变敏感元件的性能指标,故其制造工艺(大部分是手工工艺)精细且要求严格,封装固化后的应变片可作为成品电阻应变敏感元件使用。

电阻应变片有多方面的优点,在诸多领域得到广泛的应用。必须指出的是,在不同使用场合及条件下,对电阻应变片性能指标的要求相差很大。例如,使用的环境温度可能是常温、高温或低温,就要求电阻应变片的温度特性要与其相适应。又如,被测物件的大小、形状的复杂程度等的不同,也是选择电阻应变片时要考虑的条件。而对每种电阻应变片来说,不太可能同时满足相差很大的使用要求,使用者需根据不同的要求选择适宜的电阻应变片。电阻应变片的主要特性如灵敏系数、机械滞后、应变极限、最大工作电流、疲劳寿命、绝缘电阻、蠕变和温度效应等,都是选择时应该考虑的。

实际进行实验设计时,要根据具体的实验条件、要求、用途等选择具有适当性能指标的电阻应变片。

4. 电阻应变式传感器的转换电路

电阻应变片将应变 ε 转换成电阻相对变化 $\Delta R / R$,为了测量 $\Delta R / R$,通常采用各种电桥电路。根据使用电源的不同,分为直流电桥和交流电桥,其基本电路如图 3.29.3(a) 所示。

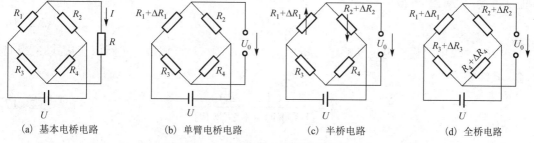

(a) 基本电桥电路　　　(b) 单臂电桥电路　　　(c) 半桥电路　　　(d) 全桥电路

图 3.29.3　电阻应变式传感器的转换电路

首先讨论直流电桥,根据电路理论得到电流 I 与电压 U 之间的关系为

$$I = \frac{(R_1 R_4 - R_2 R_3)U}{R_1(R_1 + R_2)(R_3 + R_4) + R_1 R_2(R_3 + R_4) + R_3 R_4(R_1 + R_2)} \tag{3.29.9}$$

当 $I = 0$ 时称电桥平衡,其条件为

$$R_1 R_4 = R_2 R_3 \quad \text{或} \quad R_1 / R_2 = R_3 / R_4 \tag{3.29.10}$$

平衡条件可表述为电桥的相对两臂的电阻乘积相等,或相邻两臂的电阻比值相等。

电阻应变片工作时,通常其电阻变化很小,电桥相应的输出电压也很小。要使检测或记录仪器工作,必须将电桥输出电压进行放大,为此必须了解 $\Delta R / R$ 与电桥输出电压的关系。

在基本电桥中,如果只有 R_1 为工作应变片,由于应变而产生的相应的电阻变化为 ΔR_1,而 R_2、R_3 及 R_4 为固定电阻,则此电桥称为单臂电桥,电桥电路如图 3.29.3(b) 所示。U_0 为电桥输出电压,并设 $R \to \infty$。初始状态下,电桥处于平衡状态,$U_0 = 0$。当有 ΔR_1 时,电桥输出电压 U_0' 为

$$U_0' = \frac{U(R_4 / R_3)(\Delta R_1 / R_1)}{[1 + (R_2 / R_1) + (\Delta R_1 / R_1)](1 + R_4 / R_3)} \tag{3.29.11}$$

电桥的电压灵敏度定义为

$$k_\mu = U_0' / (\Delta R_1 / R_1) \tag{3.29.12}$$

式中，设桥臂比 $n = R_2 / R_1$，由于电桥初始平衡时有 $R_2 / R_1 = R_4 / R_3$，略去分母中的 $\Delta R_1 / R_1$，可得

$$U_0' = \frac{nU}{(1+n)^2} \Delta R_1 / R_1 \tag{3.29.13}$$

于是可得单臂为工作应变片的电桥的电压灵敏度为

$$k_\mu = \frac{nU}{(1+n)^2} \tag{3.29.14}$$

由此可以看出，k_μ 与电桥的电源电压成正比，同时与桥臂比 n 有关。U 值的选择受应变片功耗的限制。为此可通过选择 n 值而获得最高的 k_μ。当 U 为定值时，由 $\dfrac{\mathrm{d}k_\mu}{\mathrm{d}n} = 0$ 可知，当 $n = 1$，即 $R_1 = R_2$、$R_3 = R_4$ 时，k_μ 为最大值。此时，由式 (3.29.13) 可得

$$U_0' = \frac{U \Delta R_1}{4 R_1} \tag{3.29.15}$$

因此，由式 (3.29.12) 可得

$$k_\mu = U / 4 \tag{3.29.16}$$

式 (3.29.13) 中求出的输出电压忽略了分母中的 $\Delta R_1 / R_1$ 项，是近似值。实际值应按式 (3.29.11) 计算，其结果为

$$U_{01}' = \frac{nU(\Delta R_1 / R_1)}{(1+n)(1+n+\Delta R_1 / R_1)} \tag{3.29.17}$$

因此，有非线性误差

$$\Delta = \frac{U_0' - U_{01}'}{U_0'} = \frac{\Delta R_1 / R_1}{1 + n + \Delta R_1 / R_1} \tag{3.29.18}$$

为了减小和克服非线性误差，常用的方法就是采用差动电桥法 (半桥电路)。差动电桥法的思路如下：如图 3.29.3 (c) 所示，在试件上安装两片工作应变片，一片受拉力，另一片受压力，然后接入电桥的相邻两臂，电桥输出电压 U_{02}' 为

$$U_{02}' = U \left[\frac{R_1 + \Delta R_1}{(R_1 + \Delta R_1 + R_2 - \Delta R_2)} - \frac{R_3}{R_3 + R_4} \right] \tag{3.29.19}$$

设初始时 $R_1 = R_2 = R_3 = R_4$，$\Delta R_1 = \Delta R_2$，则

$$U_{02}' = U \cdot \Delta R_1 / 2 R_1 \tag{3.29.20}$$

可见，此时输出电压与 $\Delta R_1 / R_1$ 呈严格的线性关系，没有非线性误差，而且电桥的电压灵敏度比单臂电桥的提高 1 倍，还具有温度补偿作用。

为了提高电桥的电压灵敏度或进行温度补偿，往往在桥臂中安置多个应变片。电桥也可采用四臂电桥（或称为全桥），如图 3.29.3 (d) 所示。初始时 $R_1 = R_2 = R_3 = R_4$，若忽略高阶微小量，可得

$$U_{03} = U \cdot \Delta R_1 / R_1 \tag{3.29.21}$$

可见，此时电桥的电压灵敏度最高，且输出与 $\Delta R_1 / R_1$ 呈线性关系。

直流电桥的优点是高稳定度直流电源易于获得，电桥调节平衡电路简单，传感器至测量仪表的连接导线的分布参数影响小，等等。但是后续要采用直流放大器，容易产生零点漂移，电路也较复杂。因此现在多采用交流电桥，在用交流电供电时，在平衡条件、导线分布电容影响、平衡调节、后续信号放大电路等许多方面与直流电桥有明显的差异。

交流电桥电路与直流电桥电路类似，区别只是各桥臂均为含有 L、C、R 或任意组合的复阻抗。U 为交流电压源，开路输出电压为 U_0。交流电桥的输出特性方程和平衡条件在形式上与直流电桥很相似，但在内容上却有不同。根据交流电路阻抗的复数表示和计算分析可求出输出电压为

$$U_0 = U \frac{(Z_1 Z_4 - Z_2 Z_3)}{(Z_1 + Z_2)(Z_3 + Z_4)} \tag{3.29.22}$$

要满足电桥平衡条件，即 $U_0 = 0$，应有

$$Z_1 Z_4 - Z_2 Z_3 = 0 \quad 或 \quad Z_2 / Z_1 = Z_4 / Z_3 \tag{3.29.23}$$

设四桥臂阻抗分别为

$$Z_i = R_i + jX_i = z_i e^{j\varphi^i} \qquad (i = 1, 2, 3, 4) \tag{3.29.24}$$

式中，R_i 为各桥臂的电阻，X_i 为各桥臂的电抗，z_i 和 φ^i 分别为各桥臂复阻抗的模值和幅角。将这些值代入式 (3.29.22) 中，得到交流电桥的平衡条件是

$$z_1 z_4 = z_2 z_3 \quad 且 \quad \varphi_1 + \varphi_4 = \varphi_2 + \varphi_3 \tag{3.29.25}$$

上式说明，交流电桥平衡时要满足两个条件，即相对两臂复阻抗的模之积相等，同时其幅角之和也必须相等。这正是交流电桥与直流电桥的不同之处。

以下讨论交流电桥的输出特性及平衡的调节。设交流电桥的初始状态是平衡的，当工作应变片电阻 R_1 改变 ΔR_1 后，引起 Z_1 改变 ΔZ_1，可计算出

$$U_{01} = U \cdot \frac{Z_4 / Z_3 (\Delta Z_1 / Z_1)}{(1 + Z_2 / Z_1 + \Delta Z_1 / Z_1)(1 + Z_4 / Z_3)} \tag{3.29.26}$$

略去上式分母中的 $\Delta Z_1 / Z_1$ 项，并设初始时 $Z_1 = Z_2$，$Z_3 = Z_4$，则有

$$U_{01} = U \cdot (\Delta Z_1 / 4Z_1) \tag{3.29.27}$$

一般来说，电桥电路中总会存在一定的分布电容，因而构成电容电桥。对于这种交流电容电桥，除要满足电阻平衡条件外，还必须满足电容平衡条件。为此在电桥电路上除设有电阻平衡调节外，还设有电容平衡调节。交流电桥平衡调节电路如图 3.29.4 所示，R_p 与电位器 R_5 组成电阻平衡调节电路，C_p 与电位器 R_6 组成电容平衡调节电路，实验中应反复调节使交流电桥平衡。

5. 电阻应变式压力传感器的分类

(1) 膜片式：它的弹性敏感元件为周边固定的圆形金属平膜片。膜片受压力变形时，中心处径向应变和切向应变均达到正的最大值，而边缘处径向应变达到负的最大值，切向应变为零。因此常把两个应变片分别贴在正、负最大应变处，并接成相邻桥臂的半桥电路以获得较大的灵敏度和温度补偿作用。

(2) 应变管式：应变管式又称为应变筒式，它的弹性敏感元件为一端封闭的薄壁圆筒，其另一端带有法兰与被测系统连接。在筒壁上贴有 2 片或 4 片应变片，其中一半贴在实心部分作为温度补偿片，另一半作为测量应变片。这种传感器还可以利用活塞将被测压力转换为力

传递到应变筒上，或通过垂链形状的膜片传递被测压力。应变管式压力传感器的结构简单、制造方便、适用性强，在火箭弹、炮弹和火炮的动态压力测量方面有广泛应用。

(3) 组合式：它的弹性敏感元件可分为感受元件和弹性应变元件。其中，感受元件把压力转换为力传递到元件应变最敏感的部位，而应变片则贴在元件的最大应变处。实际上，较为复杂的应变管式和应变梁式都属于这种形式。

(4) 应变梁式：测量较小压力时，可采用固定梁或等强度梁的结构。一种方法是用膜片把压力转换为力再通过传力杆传递给应变梁，固定梁的最大应变处在梁的两端和中点，应变片就贴在这些地方。这种结构还有其他形式，如可由悬梁与膜片或波纹管构成。本实验采用的就是应变悬梁式压力传感器。

如图 3.29.5 所示，将 4 片应变片分别粘贴在弹性平行梁的上下两表面适当的位置，梁的一端固定，另一端自由，用于加载荷外力 F。弹性平行梁受载荷作用而弯曲，梁的上表面受拉力，电阻片 R_1 和 R_3 亦受拉伸作用使电阻增大；梁的下表面受压力，R_2 和 R_4 减小。这样，外力的作用通过梁的形变而使 4 个电阻值发生变化，这就是应变悬梁式压力传感器的原理。应变片可以把应变转换为电阻的变化。为了显示和记录应变的大小，还需把电阻的变化再转换为电压或电流的变化。通常，应变悬梁式压力传感器采用如图 3.29.3 (d) 所示的全桥电路，电桥将产生并输出电压，且正比于所受到的压力。

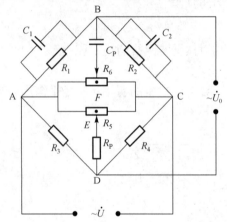

图 3.29.4 交流电桥平衡调节电路

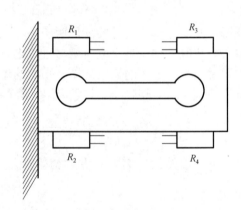

图 3.29.5 应变悬梁式压力传感器结构

四、实验内容

本实验可使用传感器实验仪或其组合装置。应具备平行梁结构，梁上粘贴有 4 片应变片，梁的上、下两表面上各粘贴 2 片应变片。当梁受压力(可通过称量托盘上的砝码实现)时，上表面被拉长，下表面被压缩，应变片反应不同。

1. 测量电阻应变式压力传感器单臂电桥的电压灵敏度

如图 3.29.6 所示为电阻应变式压力传感器的电路结构，其中左边电路为应变片电桥电路，右边为放大电路；V_{01} 和 V_{02} 分别为应变片电桥电路输出电压和放大电路输出电压。观察传感器的结构及应变片的位置，熟悉仪器上的电桥电路。

将一片应变片接在电桥电路中(其他桥臂用标准电阻)构成单臂电桥，如接在 R_1 位置，检查线路无误后接通总电源及单元电路电源。装上传感器称重托盘或测力装置。

逐渐增加托盘里的砝码质量，形成等差数列，测量各砝码质量对应的电压值 V_{02}；再逐渐减小砝码的质量，记录对应的电压值 V_{02}'，所有数据记入表 3.29.1。

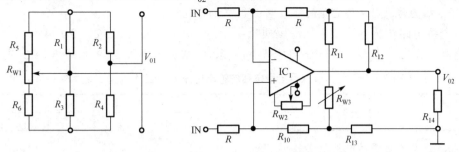

图 3.29.6　电阻应变式压力传感器的电路结构

作输出电压 V_{02} 与加载砝码质量 m 的关系曲线，用图解法求灵敏度 $S=\Delta V/\Delta m$。（注意 Δm 应作上升和下降两条曲线，讨论两条曲线是否一致，为什么？）

用逐差法求解灵敏度 S（逐差法求解过程参见实验六），并与用图解法求得的 S 值相比较。

表 3.29.1　测量电阻应变传感器电桥灵敏度

转换电路	砝码质量 m (g)								
单臂电桥电路	加砝码-电压值 V_{02} (mV)								
	减砝码-电压值 V_{02}' (mV)								
半桥电路	加砝码-电压值 V_{02} (mV)								
	减砝码-电压值 V_{02}' (mV)								
全桥电路	加砝码-电压值 V_{02} (mV)								
	减砝码-电压值 V_{02}' (mV)								

2. 测量电阻应变式压力传感器半桥电路灵敏度

将 2 片应变片接在电桥电路中（其他桥臂用标准电阻）构成半桥电路，如接在 R_1 和 R_2 位置，注意 R_1 和 R_2 工作状态相反。逐渐增加托盘里的砝码质量，形成等差数列，测量各砝码质量对应的电压值 V_{02}；再逐渐减小砝码的质量，记录对应的电压值 V_{02}'，所有数据记入表 3.29.1。

作输出电压 V_{02} 与加载砝码质量 m 的关系曲线，用图解法求灵敏度 $S=\Delta V/\Delta m$。（注意 Δm 应作上升和下降两条曲线，讨论两条曲线是否一致，为什么？）

用逐差法求解灵敏度 S，并与用图解法求得的 S 值相比较。

3. 测量电阻应变式压力传感器全桥电路灵敏度

将 4 片应变片电阻接在电桥电路中构成全桥电路，注意每个应变片的工作状态和受力方向（R_1 与 R_3 的工作状态相同、R_1 与 R_2 的工作状态相反）。逐渐增加托盘里的砝码质量，形成等差数列，测量各砝码质量对应的电压值 V_{02}；再逐渐减小砝码的质量，记录对应的电压值 V_{02}'，所有数据记入表 3.29.1。

作输出电压 V_{02} 与加载砝码质量 m 关系曲线，图解法求灵敏度 $S=\Delta V/\Delta m$。（注意 Δm 应作上升和下降两条曲线，讨论两条曲线是否一致，为什么？）

用逐差法求解灵敏度 S，并与用图解法求得的 S 值相比较。

4. 比较电阻应变式压力传感器三种电桥电路（单臂电桥、半桥、全桥）的灵敏度

将作出的 3 条输出电压 V_{02} 与加载砝码质量 m 的关系曲线画在同一坐标图中，比较灵敏度（直线斜率），分析产生差别的原因；分别与用逐差法计算的 3 个灵敏度的值进行比较，并

分析；将采用图解法与逐差法计算的灵敏度综合比较。

5. 测量压力传感器全桥电路的输出电压 U 与工作电压 E 之间的关系

保持全桥电路传感器托盘里的砝码质量不变，改变工作电压，如 2V、3V、4V、5V、6V……测量传感器工作电压 E 与电桥输出电压 U 的关系，将数据记入表 3.29.2，并作 E–U 关系曲线。

表 3.29.2　测量压力传感器全桥电路的输出电压 U 与工作电压 E 之间的关系

工作电压 E (V)										
输出电压 U (mV)											

6. （选做）交流全桥的电子秤实验

（1）用 4 片应变片按图 3.29.7 所示的交流全桥电路接成工作电桥，图中 $R_1 \sim R_4$ 均为应变片（注意应变片的受力状态及其组合，R_A、R_D、C、R 为调平衡电路）。

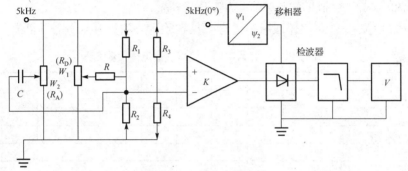

图 3.29.7　交流全桥电路

（2）将差分放大器调零并观察移相电路与检波电路的输入和输出波形的关系。

（3）将音频振荡器的幅度调至适中位置，调整好移相器（使输出与输入同相位）。

（4）调整 W_1 与 W_2 使电压表指零。

（5）加上砝码，记录电压表读数，将数据结果列表。根据所得数据作出 m–V 曲线，并与前面直流电桥的结果相比较。

（6）加上质量未知的重物并记录电压表读数，利用内插法计算重物的质量。

五、注意事项

1．在更换应变片时应将电源关闭。

2．在实验过程中若发现直流毫伏表过载，应将其量程扩大。

3．直流稳压电源不能过大，以免损坏应变片或造成严重的自热效应。

4．接半桥和全桥电路时，应注意区别各应变片的工作状态和受力方向（R_1 与 R_3 的工作状态相同，R_1 与 R_2 的工作状态相反）。

六、思考题

1．未加负载时，若电压表读数不为零，而又没有调零电位器，能否制成一台实用的电子秤？

2．在许多物理实验中（如伸长法测金属丝的杨氏模量、金属线膨胀系数的测量及本实验），加载（或加热）与减载（降温）过程中对应物理量的变化有滞后效应，试总结它们的共同之处并提出解决方案。

3．你所用的传感器实验装置还能测量哪些物理量或演示哪些物理规律？选一两项进行实践。

实验三十　温度传感器及半导体制冷实验研究

温度是一个重要的热学物理量，它不仅与我们的生活环境密切相关，在科研及生产过程中，温度的变化对实验及生产的结果至关重要。温度的测量往往会用到温度传感器，温度传感器是利用金属、半导体等材料与温度相关的特性制成的。一般把金属热电阻称为热电阻，把半导体热电阻称为热敏电阻。

一、实验目的

1．学习用恒电流法测量热电阻。
2．学习用直流电桥法测量热电阻。
3．学习测量铂电阻温度传感器(Pt100)的温度特性。
4．学习测量热敏电阻(负温度系数)温度传感器(NTC1K)的温度特性。
5．学习测量 PN 结温度传感器的温度特性。
6．学习测量电流型集成温度传感器(AD590)的温度特性。
7．学习测量电压型集成温度传感器(LM35)的温度特性。
8．掌握半导体致冷堆的原理。
9．学习智能温度调节仪的原理。

二、实验仪器

FD-TTT-A 型温度传感器温度特性实验仪、电阻箱、FD-TM 型温度传感器测试及半导体致冷控温实验仪。

三、实验原理

如前所示，温度传感器是利用金属、半导体等材料与温度相关的特性制成的。常用温度传感器的类型、测温范围和特点见表 3.30.1。

表 3.30.1　常用温度传感器的类型、测温范围和特点

类　型	传　感　器	测温范围(℃)	特　　点
热电阻	铂电阻	−200～650	准确度高、测量范围大
	铜电阻	−50～150	
	镍电阻	−60～180	
	半导体热敏电阻	−50～150	电阻率大、温度系数大、线性度差、一致性差
热电偶	铂铑-铂(S)	0～1300	用于高温测量、低温测量两大类，必须有恒温参考点(如冰点)
	铂铑-铂铑(B)	0～1600	
	镍铬-镍硅(K)	0～1000	
	镍铬-康铜(E)	−200～750	
	铁-康铜(J)	−40～600	
其他	PN 结温度传感器	−50～150	体积小、灵敏度高、线性度良好、一致性差
	IC 温度传感器	−50～150	线性度极好、一致性好

1. 恒电流法测量热电阻

恒电流法测量热电阻电路如图 3.30.1 所示，电源采用恒流源，R_1 为已知数值的固定电阻，R_t 为热电阻。U_{R1} 为 R_1 上的电压，U_{Rt} 为 R_t 上的电压。U_{R1} 用于监测电路电流，当电路电流恒定时，只要测出热电阻两端的电压 U_{Rt}，即可知道被测热电阻的阻值。当电路电流为 I_0，温度为 t 时，热电阻 R_t 为

$$R_t = \frac{U_{Rt}}{I_0} = \frac{R_1 U_{Rt}}{U_{R1}} \qquad (3.30.1)$$

2. 直流电桥法测量热电阻

直流平衡电桥(惠斯通电桥)电路如图 3.30.2 所示，把 4 个电阻 R_1、R_2、R_3、R_t 连成一个四边形回路 ABCD，每条边称作电桥的一个"桥臂"，在四边形的一组对角节点 A、C 之间接入直流电源 E，在另一组对角节点 B、D 之间接入平衡指示器，B、D 两点的对角线形成一条"桥路"，它的作用是将桥路两个端点电位进行比较，当 B、D 两点电位相等时，桥路中无电流通过，指示器示值为零，电桥达到平衡。当 B、D 两点电位相等时，指示器指零，有 $U_{AB} = U_{AD}$，$U_{BC} = U_{DC}$，电桥平衡，电流 $I_g = 0$，流过电阻 R_1、R_3 的电流相等，即 $I_1 = I_3$，同理 $I_2 = I_{Rt}$，因此，有

$$\frac{R_1}{R_3} = \frac{R_2}{R_t} \qquad (3.30.2)$$

$$R_t = \frac{R_1}{R_2} R_3 \qquad (3.30.3)$$

选择条件 $R_1 = R_2$，得到 $\qquad\qquad R_t = R_3 \qquad (3.30.4)$

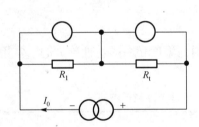

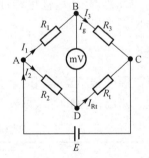

图 3.30.1 恒电流法测量热电阻电路　　　　图 3.30.2 直流平衡电桥(惠斯通电桥)电路

3. 铂电阻温度传感器(Pt100)

铂电阻温度传感器(Pt100)是一种利用铂金属导体电阻随温度变化的特性制成的温度传感器。铂的物理、化学性能极其稳定，抗氧化能力强，复制性好，易于工业化生产，电阻率较高。因此铂电阻大多用于工业检测中的精密测温。其缺点是高质量的铂电阻(高级别)价格十分昂贵，温度系数偏小，受磁场影响较大。按国际电工委员会(IEC)标准，铂电阻的测温范围为–200～650℃，其相应的 R_t 与 t 的关系可查阅 Pt100 铂电阻分度表(请扫描本实验后的二维码)。Pt100 铂电阻允许的 A 类不确定度为 $\pm(0.15℃ + 0.002|t|)$，B 类不确定度为 $\pm(0.3℃ + 0.005|t|)$。铂电阻的阻值与温度之间的关系：当温度 t 为–200～0℃时，关系式为

$$R_t = R_0[1 + At + Bt^2 + C(t - 100℃)t^3] \qquad (3.30.5)$$

当温度为0～650℃时，关系式为

$$R_t = R_0(1 + At + Bt^2) \tag{3.30.6}$$

式(3.30.5)和式(3.30.6)中，R_t 和 R_0 分别为铂电阻在温度 t℃和0℃时的电阻值，A、B、C 为温度系数，对于常用的工业铂电阻，

$$A = 3.90802 \times 10^{-3} / ℃$$
$$B = -5.80195 \times 10^{-7} / ℃^2$$
$$C = -4.27350 \times 10^{-12} / ℃^3$$

在0～100℃范围内 R_t 的表达式可近似表示为线性，即

$$R_t = R_0(1 + A_1 t) \tag{3.30.7}$$

式中，A_1 为温度系数，近似为 $3.85 \times 10^{-3} / ℃$。0℃时，$R_t = 100\Omega$；100℃时，$R_t = 138.5\Omega$。

4. 热敏电阻温度传感器(NTC1K)

热敏电阻是利用半导体电阻阻值随温度变化的特性来测量温度的，按电阻阻值随温度升高而减小或增大，分为NTC型(负温度系数)、PTC型(正温度系数)和CTC型(临界温度)。热敏电阻电阻率大、温度系数大，但其线性度差、置换性差、稳定性差，通常只适用于一般要求不高的温度测量。以上3种热敏电阻的特性曲线如图3.30.3所示。在一定的温度范围内(小于450℃)，热敏电阻的阻值 R_T 与温度 T 之间有如下关系：

$$R_T = R_0 e^{B\left(\frac{1}{T} - \frac{1}{T_0}\right)} \tag{3.30.8}$$

式中，R_T 和 R_0 分别是温度为 T (K)和 T_0 (K)时的电阻值；B 是热敏电阻的材料常数，一般情况下 B 为2000～6000K。对于一定的热敏电阻，B 为常数，对式(3.30.8)两边取对数，则有

$$\ln R_T = B\left(\frac{1}{T} - \frac{1}{T_0}\right) + \ln R_0 \tag{3.30.9}$$

由式(3.30.9)可见，$\ln R_T$ 与 $1/T$ 呈线性关系，作 $\ln R_T - 1/T$ 曲线，用直线拟合，由斜率可求出常数 B 的值。

5. PN结温度传感器

PN结温度传感器是利用半导体PN结的结电压对温度的依赖性实现对温度检测的。实验证明，在一定电流通过的情况下，PN结的正向电压与温度之间有良好的线性关系。通常将硅三极管的b、c极短路，用b、e极之间的PN结作为温度传感器来测量温度。硅三极管基极和发射极间正向导通电压 V_{be} 一般约为 600mV

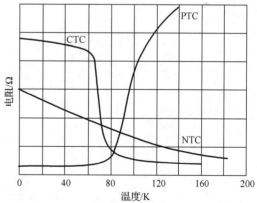

图3.30.3 3种热敏电阻的特性曲线

(25℃时)，且与温度成反比，线性度良好，温度系数约为-2.3mV/℃，测温精度较高，测温范围可达-50～150℃。其缺点是一致性差，互换性差。

通常PN结组成二极管的电流 I 和电压 U 满足

$$I = I_S(e^{qU/kT} - 1) \tag{3.30.10}$$

在常温条件下，且 $e^{qU/kT} \gg 1$ 时，式(3.30.10)可近似为

$$I = I_S e^{qU/kT} \tag{3.30.11}$$

式 (3.30.10) 和式 (3.30.11) 中，$q = 1.602 \times 10^{-19}\text{C}$，为电子电量；$k = 1.381 \times 10^{-23}\text{J}/\text{K}$，为玻尔兹曼常量；$T$ 为热力学温度；I_S 为反向饱和电流。

在正向电流保持恒定的条件下，PN 结的正向电压 U 和温度 t 近似满足下列线性关系：

$$U = Kt + U_{go} \tag{3.30.12}$$

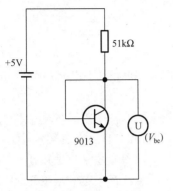

图 3.30.4　测量 9013 三极管 b、e 极之间 PN 结温度特性实验电路

式中，U_{go} 为半导体材料参数，K 为 PN 结的结电压温度系数。

实验测量电路如图 3.30.4 所示，图中用恒压源串联 51 kΩ 电阻，使流过 PN 结的电流近似为恒流源。

6. 电流型集成温度传感器 (AD590)

AD590 是一种电流型集成温度传感器，它将 PN 结 (温度传感器) 与处理电路利用集成化工艺制作在同一芯片上，具有测温功能。其输出电流大小与温度成正比，线性度极好，具有精度高、动态电阻大、响应速度快、使用方便等特点。AD590 等效于一个高阻抗的恒流源，其输出阻抗大于 10 MΩ，能大大减小因电源电压变动而产生的测温误差。AD590 是一个二端器件，其电路符号如图 3.30.5 所示，电路结构如图 3.30.6 所示。

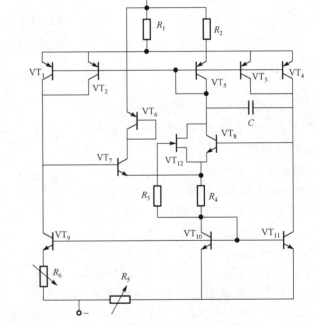

图 3.30.5　AD590 电路符号　　　　　图 3.30.6　AD590 电路结构

R_1、R_2 是采用激光校正的电阻。在 298.15K（+25℃）下，输出电流为 298.15 μA。VT_8 和 VT_{11} 产生与热力学温度 T 成正比的电压信号，再通过 R_5、R_6 把电压信号转换成电流信号。为了保证良好的温度特性，R_5、R_6 采用激光校准的 SiCr 薄膜电路，其温度系数低至 $(-30 \sim -50) \times 10^{-6}/℃$。$VT_{10}$ 的 c 极电流跟随 VT_9 和 VT_{11} 的 c 极电流变化，使总电流达到额定

值。R_5、R_6 同样在 298.15K（+25℃）的温度标准下校正。AD590 的工作电压为 4~30V，测温范围是 -55~150℃。对应于热力学温度，每变化 1K，输出电流变化 1μA。其输出电流 I_0（μA）与热力学温度 T(K) 严格成正比。其电流灵敏度 K_1 的表达式为

$$K_1 = \frac{I_0}{T} = \frac{3k}{qR}\ln 8 \qquad (3.30.13)$$

式中，k、q 分别为玻尔兹曼常量和电子电量，R 是内部集成的电阻。$\ln 8$ 表示 VT_9 与 VT_{11} 的 e 极面积之比，即 $S_9/S_{11} = 8$，再取自然对数值，将 $k/q = 0.0862\text{mV/K}$、$R = 538\Omega$ 代入式(3.30.13)，即可得到

$$K_1 = \frac{I_0}{T} = 1.000\mu\text{A/K} \qquad (3.30.14)$$

因此，输出电流 I_0 以 μA 为单位时，与被测温度的热力学温度在数值上相等。在 $T = 0$（K）时其输出电流为 273.15μA（AD590 有几种级别，一般准确度差异为 ±3~5μA）。AD590 的电流-温度（$I-T$）特性曲线如图 3.30.7 所示。其输出电流的表达式为

$$I = K_1 T + B \qquad (3.30.15)$$

式中，B 等于 0K 时的输出电流。如需显示摄氏温标(℃)，则要加温标转换电路，其关系式为

$$t = T - 273.15 \qquad (3.30.16)$$

AD590 温度传感器的准确度(在整个测温范围内)≤±0.5℃，线性度极好。利用 AD590 的上述特性，在最简单的应用中，用一个电源、一个电阻、一个数字式电压表即可测量温度。由于 AD590 以热力学温度定标，在摄氏温标应用中，应进行摄氏温度的转换。实验测量电路如图 3.30.8 所示。

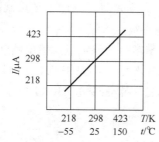

图 3.30.7　AD590 电流-温度特性曲线

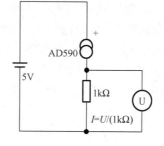

图 3.30.8　AD590 测量电路

7. 电压型集成温度传感器(LM35)

LM35 采用标准 T0-92 工业封装，其准确度一般为 ±0.5℃(有几种级别)。由于其输出为电压，且线性度极好，故只要配上电压源、数字式电压表就可以构成一个精密数字测温系统。其内部的激光校准保证了极高的准确度及一致性，且无须校准；输出电压的温度系数 $K_V = 10.0\text{mV/℃}$，利用下式可计算出被测温度 t（℃）：

$$U_0 = K_V t = (10.0\text{mV/℃})t \qquad (3.30.17)$$

即

$$t(℃) = U_0/(10.0\text{mV}) \qquad (3.30.18)$$

LM35 温度传感器的电路符号如图 3.30.9 所示，U_o 为输出端。

图 3.30.9　LM35 温度传感器的电路符号

8. 半导体致冷堆原理

把一个 N 型和 P 型半导体粒子用金属片焊接成一个电偶对，当直流电流从 N 极流向 P 极时，一端产生吸热现象(此端称为冷端)，另一端产生放热现象(此端称为热端)。由于一个电偶对产生的热效应较小，实际上是将几十个或上百个电偶对连成一个热电堆(半导体致冷堆)。半导体致冷堆从吸热到放热是由载流子(电子和空穴)流过结点，由势能的变化引起能量传递的(见图 3.30.10)，这就是半导体致冷的本质，称为佩尔捷(Peltier)效应。把直流电流反向，半导体致冷堆的冷端、热端就会互换。

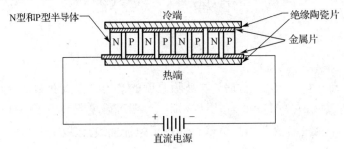

图 3.30.10　半导体致冷堆原理图

9. TCF-708 型智能温度调节仪原理及应用

TCF-708 型智能温度调节仪是一种高精度的单片 PC 控温仪表，该仪表的 P.I.D 自适应整定功能使仪表能适应不同的加热、致冷系统及不同的工作环境，使控温精度保证达到 0.5%±1 字或 0.2%±1 字(两挡)，而对于要求超高精度的控制显然是不够的。但合理的操作控制能使仪表在全量程范围内达到更高的控温精度(如在−20～120℃范围内达到±0.1℃)。控温系统的 P.I.D 参数调节(比例、积分、微分)是控温精度的关键，即使专业人员调节一个加热、致冷系统的 P.I.D 参数，也得花费大量的时间，如果 P.I.D 参数失调，则达不到满意的控温精度。TCF-708 型智能温度调节仪即把专家对系统调节的经验参数存入仪表内存，由仪器根据加热、致冷系统及环境进行自适应整定，经仪表的 P.I.D 自适应整定，在整定点的控温精度可达±0.1℃。即使这样，对全温度范围，仪表仍无法达到±0.1℃的控温精度，如果在 0～100℃的温度范围内，P.I.D 自整定点选为 50℃，则仪表的全温度范围控温误差如图 3.30.11 所示。

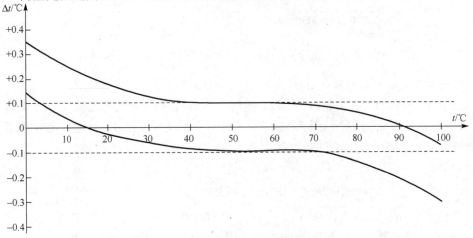

图 3.30.11　TCF-708 型智能温度调节仪控温误差示意图

由图 3.30.11 可见，一个加热、致冷系统如果在上述温度范围内为 50℃时自整定，则在 40～60℃时尚能达到±0.1℃的控温精度；低于 40℃时，控温出现过冲；高于 60℃时，则出现滞后。但由于该仪表除了具备 P.I.D 自适应整定，还有一个功能——保温时功率与加热功率比（UU，用%表示）可设定为 1%～100%。这样改变温度设定点时，根据上述"过冲"及"滞后"合理地调节 UU 值，就能使仪表在全温度范围内的控温精度达到令人满意的±0.1℃。

设加热系统全温度范围为 30～120℃，60℃自适应整定，UU 初始值为 30%，当温度<60℃时 UU 逐渐从 30%至 5%方向下调。当温度≥60℃，UU 则逐渐从 30%开始上调（均由系统实际控温偏差大小决定），经过 UU 值的每个设定点微调，系统在全温度范围内可达到令人满意的控温效果（±0.1℃），如表 3.30.2 所示。

表 3.30.2 自适应整定和 UU 微调的温度偏差值

实际控温效果及测试记录		
定标（Pt100）		UU 值
t（℃）	不确定度（℃）	
110	±0.1	37
105	±0.1	36
100	±0.1	35
95	±0.1	34
90	±0.1	33
85	±0.1	33
80	±0.1	32
75	±0.1	31
70	±0.1	31
65	±0.1	31
60	±0.1	30
55	±0.1	30
50	±0.1	29
45	±0.1	28
40	±0.1	28
35	±0.1	27
30	±0.1	26

10. FD-TTT-A 型温度传感器温度特性实验仪

FD-TTT-A 型温度传感器温度特性实验仪由精密智能控温加热致冷系统、恒流源、直流电桥、直流稳压电源、Pt100 温度传感器、NTC1K 热敏电阻温度传感器、PN 结温度传感器、电流型集成温度传感器（AD590）、电压型集成温度传感器（LM35）、数字电压表、实验插接线等组成。实验仪面板如图 3.20.12 所示。

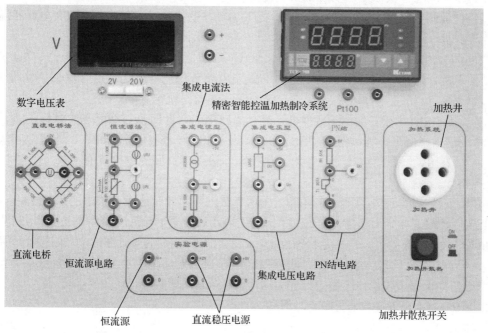

图 3.30.12 FD-TTT-A 型温度传感器温度特性实验仪面板

11. FD-TM 型温度传感器测试及半导体致冷控温实验仪

FD-TM 型温度传感器测试及半导体致冷控温实验仪具备半导体致冷功能,可用于环境温度以下的实验,主要用来测试 AD590 温度传感器的性能及了解半导体致冷堆的性能。该实验仪的面板如图 3.30.13 所示,温度传感器采用三线制 Pt100 温度传感器,加热、致冷由琴键开关选择。测试 AD590 温度传感器的性能时,AD590 与 Pt100 需同时插入加热井(测环境温度以上,即加热)或致冷井(测环境温度以下,即致冷)。仪器开机后根据要求设定所需温度,在设定点进行 P.I.D 自适应整定,待自适应整定完成后(大约需要 45min)才能进行温度测试。

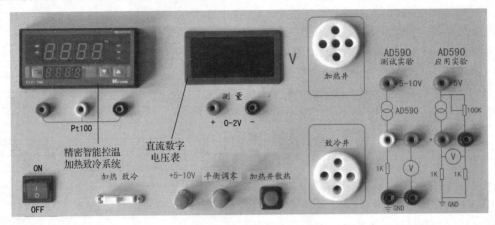

图 3.30.13　FD-TM 型温度传感器测试及半导体致冷控温实验仪面板

四、实验内容

1. TCF-708 型智能温度调节仪 P.I.D 自适应整定

(1)将三线制 Pt100 温度传感器(A 级)插入加热井的中央孔,并与 TCF-708 型智能温度调节仪相连。

(2)短按"SET"键,PV 屏幕上显示"SO",此时可通过数字增、减键(△、▽)来设定所需要的温度,这里首次使用 TCF-708 型智能温度调节仪,将温度设定为 60℃,此时 SV 屏幕上显示"60";设好后再短按"SET"键,保存并退出设定。

(3)长按"SET"键,直到 PV 屏幕上显示"LOK",此时通过数字增、减键(△、▽)在 SV 屏幕上输入"66";连续短按"SET"键,直到 PV 屏幕上出现"cd",通过数字增、减键(△、▽)在 SV 屏幕上输入"01"为加热状态,输入"11"为致冷状态;长按"SET"键,保存并退出设定状态。

(4)长按"SET"键,直到 PV 屏幕上显示"LOK",此时连续短按"SET"键,直到 PV 屏幕上显示"AT",通过数字增、减键(△、▽)在 SV 屏幕上输入"01";长按"SET"键,保存并退出设定状态,进入自整定状态。此时,"AT"指示灯闪烁,在设定点附近经过调节仪控制达 3 个周波后(整定时间根据不同对象而不同)自整定结束,"AT"指示灯熄灭,整定的 P.I.D 参数自动保存于仪器内。整定过程大约需要 45min,请耐心等待。

2. Pt100 铂电阻温度特性的测量

(1)恒电流法

将 FD-TTT-A 型温度传感器温度特性实验仪面板上的恒流源与恒流源电路相连,将两线 Pt100 铂电阻串联接入其中,并将此 Pt100 铂电阻插入加热井的边孔。将铂电阻温度传感器

(A 级)插入加热井的中央孔，并与 TCF-708 型智能温度调节仪相连。用直流数字电压表检测 R_1 上的电流是否为 1mA（即 $U_{R1}=1V$，$R_1=1.00k\Omega$），并记录电压表的读数 U_{R1}。从室温起开始测量，开启加热器，每隔 10℃ 控温系统设置一次，到 100℃ 为止。控温稳定 2min 后，用直流数字电压表记录 Pt100 铂电阻两端的电压值 U_{Rt}。所有测量数据记入表 3.30.3。用式（3.30.1）计算各温度下 Pt100 铂电阻的阻值 R_t，并将点 (t,R_t) 代入式（3.30.7），用最小二乘法直线拟合，求出温度系数 A_1 和相关系数，并求出 Pt100 铂电阻的温度特性方程。

表 3.30.3　恒电流法测量 Pt100 铂电阻温度特性

温度 t（℃）									
U_{R1}（V）									
U_{Rt}（V）									
$R_t = R_1 U_{Rt}/U_{R1}$（Ω）									

注：一般冬季可从 20～80℃ 开始调节，夏季可从 40～100℃ 开始调节；如需节省时间，可每隔 5℃ 控温系统设置一次。

（2）直流电桥法

将 FD-TTT-A 型温度传感器温度特性实验仪面板上的 +2V 直流稳压电源与直流电桥相连，将两线 Pt100 铂电阻接入直流电桥的 R_t 桥臂，并将此 Pt100 铂电阻插入加热井的边孔。将铂电阻温度传感器（A 级）插入加热井的中央孔，并与 TCF-708 型智能温度调节仪相连。桥臂 R_3 接入电阻箱。从室温起开始测试，开启加热器，每隔 10℃ 控温系统设置一次，到 100℃ 为止。控温稳定 2min 后，调整 R_3 使输出电压为零，电桥平衡，用式（3.30.4）计算各温度下待测 Pt100 铂电阻的阻值 R_t。所有测量数据记入表 3.30.4。将点 (t,R_t) 代入式（3.30.7），用最小二乘法直线拟合，求出温度系数 A_1，并求出 Pt100 铂电阻的温度特性方程。

表 3.30.4　直流电桥法测量 Pt100 铂电阻温度特性

温度 t（℃）									
R_3（Ω）									
$R_t = R_3$（Ω）									

注：一般冬季可从 20～80℃ 开始调节，夏季可从 40～100℃ 开始调节；如需节省时间，可每隔 5℃ 控温系统设置一次。

3. NTC 热敏电阻温度特性的测量

（1）恒电流法

将 FD-TTT-A 型温度传感器温度特性实验仪面板上的恒流源与恒流源电路相连，将 NTC 热敏电阻串联接入其中，并将此 NTC 热敏电阻插入加热井的边孔。将铂电阻温度传感器（A 级）插入加热井的中央孔，并与 TCF-708 型智能温度调节仪相连。用直流数字电压表检测 R_1 上的电流是否为 1mA（即 $U_{R1}=1V$，$R_1=1.00k\Omega$），并记录电压表的读数 U_{R1} 的值。从室温起开始测量，开启加热器，每隔 10℃ 控温系统设置一次，到 100℃ 为止。控温稳定 2min 后，用直流数字电压表记录 NTC 热敏电阻两端的电压值 U_{Rt}。所有测量数据记入表 3.30.5。用式（3.30.1）计算各温度下 Pt100 铂电阻的阻值 R_t，并将点 $(1/T,\ln R_T)$ 代入式（3.30.9），用最小二乘法直线拟合，求出温度系数 B 和相关系数，并求出 NTC 热敏电阻的温度特性方程。NTC 热敏电阻的温度特性方程为 $\ln R_T = B\left(\dfrac{1}{T}-\dfrac{1}{T_0}\right)+\ln R_0$，其中 $T=t+273.15$ 为热力学温度。

表 3.30.5　恒电流法测量 NTC 热敏电阻的温度特性

温度 t（℃）								
$1/T$（K^{-1}）								
U_{R1}（V）								
U_{Rt}（V）								
$R_t = R_1 U_{Rt}/U_{R1}$（Ω）								
$\ln R_T = \ln R_t$（$\ln\Omega$）								

注：一般冬季可从 20～80℃开始调节，夏季可从 40～100℃开始调节；如需节省时间，可每隔 5℃控温系统设置一次。

（2）直流电桥法

将 FD-TTT-A 型温度传感器温度特性实验仪面板上的+2V 直流稳压电源与直流电桥相连，将 NTC 热敏电阻接入直流电桥的 R_t 桥臂，并将此 NTC 热敏电阻插入加热井的边孔。将铂电阻温度传感器（A 级）插入加热井的中央孔，并与 TCF-708 型智能温度调节仪相连。将桥臂 R_3 接入电阻箱。从室温起开始测试，开启加热器，每隔 10℃控温系统设置一次，到 100℃为止。控温稳定 2min 后，调整 R_3 使输出电压为零，电桥平衡，用式（3.30.4）计算各温度下待测 Pt100 铂电阻的阻值 R_t。所有测量数据记入表 3.30.6。将点 $(1/T, \ln R_T)$ 代入式（3.30.9），用最小二乘法直线拟合，求出温度系数 B 和相关系数，并求出 NTC 热敏电阻的温度特性方程。

表 3.30.6　直流电桥法测量 NTC 热敏电阻的温度特性

温度 t（℃）								
$1/T$（K^{-1}）								
R_3（Ω）								
$R_t = R_3$（Ω）								
$\ln R_T = \ln R_t$（$\ln\Omega$）								

注：一般冬季可从 20～80℃开始调节，夏季可从 40～100℃开始调节；如需节省时间，可每隔 5℃控温系统设置一次。

4. PN 结温度传感器温度特性的测量

将 FD-TTT-A 型温度传感器温度特性实验仪面板上的+5V 直流稳压电源与 PN 结电路相连，将 PN 结温度传感器的 b、c、e 极接入对应的接线口，并将此 PN 结温度传感器插入加热井的边孔。将铂电阻温度传感器（A 级）插入加热井的中央孔，并与 TCF-708 型智能温度调节仪相连。用直流数字电压表测量 PN 结温度传感器的正向导通电压 U。从室温起开始测量，开启加热器，每隔 10℃控温系统设置一次，到 100℃为止。控温稳定 2min 后，用直流数字电压表记录 PN 结温度传感器的正向导通电压 U。所有测量数据记入表 3.30.7。将点 (t, U) 代入式（3.30.12），用最小二乘法直线拟合，求出温度系数 K 和半导体材料参数 U_{go}，并求出 PN 结温度传感器的温度特性方程。

表 3.30.7　PN 结温度传感器温度特性的测量

温度 t（℃）								
正向导通电压 U（V）								

注：一般冬季可从 20～80℃开始调节，夏季可从 40～100℃开始调节；如需节省时间，可每隔 5℃控温系统设置一次。

5. 电压型集成温度传感器(LM35)温度特性的测量

将 FD-TTT-A 型温度传感器温度特性实验仪面板上的+5V 直流稳压电源与集成电压电路相连，将 LM35 的 3 个极接入对应的接线口，并将其插入加热井的边孔。将铂电阻温度传感器(A 级)插入加热井的中央孔，并与 TCF-708 型智能温度调节仪相连。用直流数字电压表测量 LM35 的输出电压U_0 从室温起开始测量，开启加热器，每隔 10℃控温系统设置一次，到 100℃为止。控温稳定 2min 后，用直流数字电压表记录 LM35 的输出电压U_0。所有测量数据记入表 3.30.8。将点(t, U_0)代入式(3.30.17)，用最小二乘法直线拟合，求出温度系数K_V，并求出 LM35 的温度特性方程。

表 3.30.8　电压型集成温度传感器（LM35）温度特性的测量

温度 t（℃）									
输出电压 U_0（V）									

注：一般冬季可从 20～80℃开始调节，夏季可从 40～100℃开始调节；如需节省时间，可每隔 5℃控温系统设置一次。

6. 电流型集成温度传感器(AD590)温度特性的测量

(1)利用 FD-TTT-A 型温度传感器温度特性实验仪或 FD-TM 型温度传感器测试及半导体致冷控温实验仪，将实验仪面板上的+5V 直流稳压电源与 AD590 实验电路相连，将 AD590 串联接入对应的接线口，并将其插入加热井的边孔。将铂电阻温度传感器(A 级)插入加热井的中央孔，并与 TCF-708 型智能温度调节仪相连。用直流数字电压表测量串联的 1kΩ 电阻两端的电压，进而得到回路电流。从室温起开始测量，开启加热器，每隔 10℃控温系统设置一次，到 100℃为止。控温稳定 2 min 后，用直流数字电压表记录串联的 1kΩ 电阻两端的电压U_1。对于 FD-TM 型温度传感器测试及半导体致冷控温实验仪，测量过程是将输出电压从+5～+10V 改变，观察U_1是否有变化，测量时调成加热模式。

(2)利用 FD-TM 型温度传感器测试及半导体致冷控温实验仪测量 AD590 的致冷效应。如图 3.30.13 所示，将琴键开关调到致冷模式；将 TCF-708 型智能温度调节仪设置成致冷状态，方法如前所述[四.1.(3)]；在致冷状态下进行 P.I.D 适应自整定，将仪器温度设置为比环境温度低至少 15℃进行 P.I.D 自整定，方法如前所述[四.1.(2)]。

(3)P.I.D 自整定结束后，将温度设置成从环境温度起致冷，每降低 5℃设置一次，每次待温度稳定 2min 后，记录一次串联的 1kΩ 电阻两端的电压U_1，直到–15℃停止。同时将输出电压从+5～+10V 改变，观察 1kΩ 电阻两端的电压是否有变化。所有测量数据记入表 3.30.9。并将点(T, I)代入式(3.30.15)，用最小二乘法直线拟合，求出温度系数K_1与相关系数B，并求出 AD590 的温度特性方程。

表 3.30.9　电流型集成温度传感器(AD590)温度特性的测量

	温度 t（℃）								
加热状态	热力学温度 T(K)								
	串联 1 kΩ 电阻电压 U_1(V)								
	工作电流 I（mA）								
致冷状态	温度 t（℃）								
	热力学温度 T(K)								

致冷状态	串联 1 kΩ 电阻电压 U_1（V）								
	工作电流 I（mA）								

注：一般冬季可从 20～80℃开始调节，夏季可从 40～100℃开始调节；如需节省时间，可每隔 5℃控温系统设置一次。由于控温系统 P.I.D 只对一个系统自适应调节有效，加热、致冷两个系统要分别调节，自适应调节大约需要 45min，故建议实验时用两台仪器，一台做加热实验（室温～120℃），另一台做致冷实验（室温～–15℃）。两组（加热实验、致冷实验）分别做完后，将被测传感器（AD590）互换继续做实验。这样两个传感器将分别得到全温度范围（–15～120℃）的测试数据。

7. 测试电流型集成温度传感器（AD590）在实际温度测量中的应用特性

实验电路采用图 3.30.13 中的"AD590 应用实验"电路。按实验电路接线，AD590 在一个非平衡电桥中由可变电阻 R_X 改变电桥的输出电压，调节图 3.30.13 中的"平衡调零"旋钮，使电桥的输出电压在 0℃时（用冰水混合物定标）为零，并观察输出电压随温度变化而产生的变化。（加热和致冷操作步骤参见实验内容 6）。此方法可用来设计电子温度计。

五、注意事项

1．由于加热、致冷是两个不同的系统公用一个智能控温系统，因此在加热或致冷时必须分别进行自适应整定，否则达不到理想控温的效果。特别要注意，由于加热、致冷公用一个智能控温系统，加热和致冷的控制指令不同，改变加热或致冷时必须改变工作指令仪器才能正常控温。

2．每次做完实验（待致冷井恢复环境温度）后，用纸巾将致冷井中的冷凝水擦拭干净。

3．仪器装有温度保护装置，最高温度不会超过 120℃。

4．为了达到理想的实验效果，可以在 P.I.D 自适应整定的基础上进行 UU 微调，参照表 3.30.2 进行。

5．不得用手触摸传感器的测量触头，不得磕碰传感器，应轻拿轻放。

六、思考题

1．除了最小二乘法，是否还有其他方法可以用来处理实验数据？

2．为什么需要对 TCF-708 型智能温度调节仪进行 P.I.D 自适应整定？

3．为什么不将半导体致冷原理应用于普通冰箱？

请扫描二维码获取本实验相关知识

实验三十一　绝热膨胀法测定空气的比热容比

气体的摩尔定压热容 $C_{p,m}$ 和摩尔定容热容 $C_{v,m}$ 之比称为气体比热容比 γ（绝热指数），它是一个重要的热力学量，在热力学理论及工程技术应用中起着重要作用。例如，理想气体绝热方程可以表示为 $pV^{\gamma} =$ 常量，这一过程方程被广泛用于循环过程和热机效率的研究。声波传播是绝热的，其传播速度 $v = \sqrt{\gamma p / \rho}$（其中 p 为气体压强，ρ 为气体密度），可见，γ 影响声波的速率。理想气体比热容比还与分子自由度 f 有关，即 $\gamma = (f + 2) / f$。单原子分子有3 个自由度，$\gamma = 5/3 = 1.67$；常温下双原子分子有 3 个平动自由度和 2 个转动自由度（振动自由度需要在高温下才能激发），$\gamma = 7/5 = 1.4$。实验表明，气体的摩尔定压热容 $C_{p,m}$、摩尔定

容热容 $C_{v,m}$ 和比热容比 γ 都与温度有关。量子理论告诉我们，分子转动能和振动能都是量子化的，只有达到一定温度时，转动自由度和振动自由度才能解冻，从而对热容有贡献。因此，也可以根据 γ 的数值推断所研究的气体分子有哪些自由度被激发。

本实验将采用绝热膨胀法测定空气的比热容比。

一、实验目的

1．掌握用绝热膨胀法测定空气比热容比的原理和方法。
2．观测热力学过程中的状态变化及基本物理规律。
3．学会使用标准指针式压力表对气体压力传感器进行定标。
4．学习气体压力传感器和电流型集成温度传感器的原理及使用方法。

二、实验仪器

FD-NCD-C 型空气比热容比测定仪，包括储气瓶、气体压力传感器及线缆、AD590 温度传感器及线缆、电压表（2 只）、压力表（1 只）、蜂鸣器等。

三、实验原理

1．测量空气比热容比的原理

理想气体在准静态绝热过程中，其状态参量压强 p、体积 V 和温度 T 遵守绝热过程方程，即 $pV^{\gamma}=$ 常量。其摩尔定压热容 $C_{p,m}$ 和摩尔定容热容 $C_{v,m}$ 的关系为

$$C_{p,m}-C_{v,m}=R \tag{3.31.1}$$

$$\gamma=C_{p,m}/C_{v,m} \tag{3.31.2}$$

式（3.31.1）中，R 为气体普适常量；式（3.31.2）中，γ 为气体的比热容比。

如图 3.31.1 所示为 FD-NCD-C 型空气比热容比测定仪的结构图。将储气瓶内的空气作为待研究的热力学对象，实验过程如下。

（1）先打开放气活塞 C_1，使储气瓶与大气相通，再关闭 C_1，储气瓶内充满与周围空气等温等压的气体。设周围空气的压强为 p_0。

（2）打开打气球活塞，用打气球向瓶内快速打气，充入一定量的气体后关闭打气球活塞。充气过程中，瓶内空气被压缩，压强增大，温度升高。充气过程结束后，瓶内气体即刻经历等容放热过程，最终达到稳定状态，即瓶内气体温度稳定（与周围空气温度平衡），此时气体处于状态 I (p_1, V_1, T_0)。

（3）迅速打开放气活塞 C_1，使瓶内气体与大气相通，立刻有部分气体喷出，当瓶内气体压强降至 p_0 时，立刻关闭放气活塞 C_1，由于放气过程较快，气体来不及与外界进行热交换，可以近似认为是一个绝热膨胀过程。在此过程后，瓶中保留的气体由状态 I (p_1, V_1, T_0) 变为状态 II (p_0, V_2, T_1)。其中 V_2 为储气瓶体积，V_1 为保留在瓶中的气体在状态 I (p_1, T_0) 时的体积。

（4）关闭放气活塞 C_1 后，由于瓶内气体温度 T_1 低于初温 T_0，气体将从外界吸热直至达到初温 T_0，此时瓶内气体的体积仍为 V_2，但压强升高至 p_2，即气体由状态 II 经历一个等容吸热过程，最终达到稳定状态 III (p_2, V_2, T_0)。

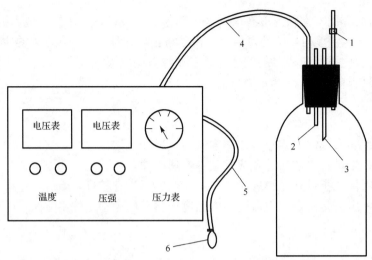

1-放气活塞 C_1；2-AD590 温度传感器；3-气体压力传感器；
4-与容器瓶相连的皮管；5-与打气球相连的皮管；6-打气球及活塞

图 3.31.1　FD-NCD-C 型空气比热容比测定仪的结构图

根据上述实验过程，可以画出由图 3.31.2(a) 所示的气体状态变化的 p–V 曲线，如图 3.31.2(b) 所示。

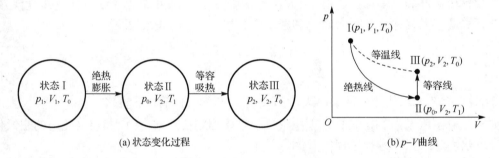

(a) 状态变化过程　　　　　　　　(b) p–V 曲线

图 3.31.2　气体状态变化图

对于图 3.31.2 所示的热力学过程，可以得到如下关系：

状态 I → 状态 II 是绝热膨胀过程，由绝热过程方程得

$$\left(\frac{p_1}{p_0}\right)^{\gamma-1} = \left(\frac{T_0}{T_1}\right)^{\gamma} \tag{3.31.3}$$

状态 II → 状态III 是等容吸热过程，由等容过程方程得

$$\frac{p_2}{T_0} = \frac{p_0}{T_1} \tag{3.31.4}$$

由式 (3.31.3) 和式 (3.31.4) 得

$$\left(\frac{p_1}{p_0}\right)^{\gamma-1} = \left(\frac{p_2}{p_0}\right)^{\gamma} \tag{3.31.5}$$

则有

$$\gamma = \frac{\ln p_1 - \ln p_0}{\ln p_1 - \ln p_2} = \frac{\ln(p_1/p_0)}{\ln(p_1/p_2)} \tag{3.31.6}$$

由式(3.31.6)可以看出，只要测得 p_0、p_1、p_2，即可求得空气的比热容比 γ 的值。

2. AD590 温度传感器

AD590 是一种常用的电流型集成温度传感器，测温灵敏度为 1μA/℃，测温范围为 −50～150℃。AD590 温度传感器的外观、工作特性曲线和测温电路如图 3.31.3 所示，当施加 +4～+30V 电压时，输出电流稳定不变，因而可以起到恒流源的作用。在本实验中，将 AD590 与 6V 直流电源连接组成一个恒流源，如图 3.31.3(c)所示，串联一个 5kΩ 电阻，从而可产生 5mV/℃ 的电压信号，即测量灵敏度为 5mV/℃，接 0～1.9999V 量程四位半数字电压表，可检测到最小 0.02℃温度的变化。如图 3.31.3(c)所示的测温电路已内置于仪器中，实验时只需将测温探头与仪器面板的测温接线柱相连即可。若电压用 U 表示，以 mV 为单位，则其测量所得的温度为 $t = \left(\dfrac{U}{5} - 273\right)℃$。

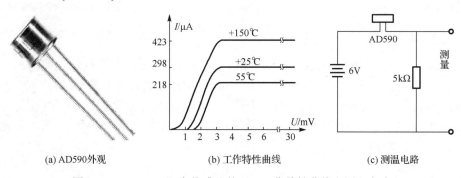

(a) AD590外观　　　　(b) 工作特性曲线　　　　(c) 测温电路

图 3.31.3　AD590 温度传感器外观、工作特性曲线和测温电路

3. 扩散硅压阻式压力传感器

半导体材料(如单晶硅)因受力产生应变时，由于载流子的浓度和迁移率的变化而导致电阻率发生变化的现象称为压阻效应。扩散硅压阻式压力传感器（简称扩散硅压力传感器）就是利用半导体的压阻效应制成的，摩托罗拉公司设计出的 X 形扩散硅压力传感器结构如图 3.31.4 所示，用扩散或离子注入法在单晶硅膜片表面形成 4 个阻值相等的电阻条，将它们连接成惠斯通电桥，在 AB 方向连接一个恒定电压源(或电流源)，CD 方向为电桥输出端。将电桥的电源端和输出端引出，用制造集成电路的方法封装起来，就制成了 X 形扩散硅压力传感器。该传感器的工作原理是：在 X 形扩散硅压力传感器的一个方向上加偏置电压形成电流 i，如图 3.31.4 所示，当敏感芯片没有外加压力作用时，内部电桥处于平衡状态；当有剪切力(与电流方向垂直的压力)作用时，由于应变导致电阻率发生变化($\Delta\rho$)，进而在垂直电流方向产生电场变化($E = \Delta\rho i$)，该电场变化将引起电位变化，电桥失去平衡，在电桥输出端可得到由垂直电流方向的两侧压力引起的输出电压 U_0

$$U_0 = dE = d\Delta\rho i \tag{3.31.7}$$

式中，d 为元件两端的距离。U_0 与应变在一定范围内呈线性关系。由此可得，输出电压 U_0 与压力在一定范围内具有线性关系，从而可以通过测量输出电压 U_0 推算出压力的大小。

在敏感芯片垂直电流方向施加的两个压力 f_1 和 f_2 对膜片产生的应力正好相反，因此，作

用在膜片上的净压力为 $\Delta f = f_1 - f_2$，这样，传感器测量的实际上是两个压力的差值。

本实验采用扩散硅压力传感器来测量储气瓶内气体的压强。图 3.31.5 所示为扩散硅压力传感器外形图，将传感器的 M 端与瓶内被测气体相连，N 端与大气相通。它显示的是容器内的气体压强与容器外环境大气压强的压强差值。

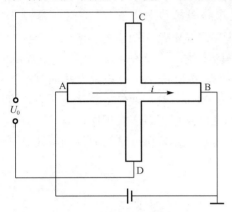
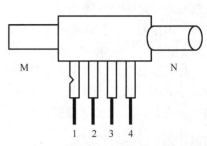

1 脚-电源输入(+)；2 脚-信号输出(+)；
3 脚-电源输入(−)；4 脚-信号输出(−)

图 3.31.4 X 形扩散硅压力传感器结构　　　　　图 3.31.5 扩散硅压力传感器外形图

将扩散硅压力传感器的探头放入储气瓶内，如图 3.31.1 所示，由同轴电缆输出信号，与仪器内的放大器及三位半数字电压表(0～199.9mV)相接，其测量范围为大于环境大气压强 0～10kPa，灵敏度 S 为 20mV/kPa，可检测到最小 5Pa 的压力变化。当待测气体压强为环境大气压强 p_0 时，调节调零旋钮，使三位半数字电压表的示值 U_0 为 0mV。显然，当电压表显示的数值为 U 时，待测气体压强 p 为

$$p = p_0 + U/S = p_0 + p' \tag{3.31.8}$$

式中，U 是压差为 $p' = p - p_0$ 时传感器的输出电压值。

根据式(3.31.8)，实验中要测量的 p_1、p_2 可分别表示为

$$p_1 = p_0 + U_1/S = p_0 + p_1' \tag{3.31.9}$$

$$p_2 = p_0 + U_2/S = p_0 + p_2' \tag{3.31.10}$$

考虑到 $p_1' \ll p_0$、$p_2' \ll p_0$，将式(3.31.5)改写为

$$\left(1 + \frac{p_1'}{p_0}\right)^{\gamma-1} = \left(1 + \frac{p_2'}{p_0}\right)^{\gamma} \tag{3.31.11}$$

进行泰勒级数展开，忽略二阶以上的小量，得到

$$1 + (\gamma - 1)\frac{p_1'}{p_0} = 1 + \gamma \frac{p_2'}{p_0} \tag{3.31.12}$$

$$\gamma = \frac{p_1'}{p_1' - p_2'} \tag{3.31.13}$$

由此，只要分别测出状态 I 和状态 III 的气体压强相对于环境大气压强的变化 p_1' 和 p_2'，就可以求出气体比热容比 γ。

四、实验内容

1. 气体压力传感器灵敏度的测量

(1)将气体压力传感器同轴电缆接口、AD590温度传感器电缆接口分别连接至FD-NCD-C型空气比热容比测定仪面板的相应接口。AD590 的正、负极请勿接错(红导线为正极、黑导线为负极)。打开放气活塞 C_1,打开主电源,电子仪器预热 20min,然后用调零旋钮将用于测量空气压强的三位半数字电压表示值调为零。用 Forton 式气压计测定环境大气压强 p_0。

(2)关闭放气活塞 C_1,关闭打气球活塞,将 Forton 式气压计旁边的打气控制开关开启。用打气球把空气稳定地、缓缓地打入储气瓶内,注意测量空气压强的三位半数字电压表示值不能超过 200mV。仔细观测气压计指针,记录压力表指示分别为 2.00kPa、3.00kPa、4.00kPa、5.00kPa、6.00kPa、7.00kPa、8.00kPa 时气体压力传感器输出的电压值。所有数据记入表 3.31.1。

表 3.31.1 气体压力传感器电压与压强之间的关系

压强(kPa)	2.00	3.00	4.00	5.00	6.00	7.00	8.00
电压值 U (mV)							

(3)作气体压力传感器输出电压 U 与气压计示值 p' 之间的关系曲线图,由式(3.31.8)用图解法求出气体压力传感器灵敏度 S(注意打气控制开关的设置)。$U = Sp' + U_0$。

2. 测定空气的比热容比 γ

(1)打开放气活塞 C_1,将储气瓶中的气体排尽(此时如果气体压力传感器输出值偏离零点,再调节调零旋钮使其归零),在环境中静置一段时间,待温度稳定后,关闭放气活塞 C_1。用打气球将空气缓缓地压入储气瓶内,充气结束时,关闭打气球活塞。当瓶内压强和温度均匀稳定时,用气体压力传感器和 AD590 温度传感器测量环境大气的压强和温度,当瓶内压强及温度稳定时,记录瓶内气体的初始压强 p_1' 和温度 T_0 值。

(2)突然打开放气活塞 C_1,当储气瓶内空气压强降至环境大气压强 p_0 时(这时放气声消失),放气持续时间约为零点几秒,迅速关闭放气活塞 C_1。这时瓶内空气温度下降至 T_1。由于数字电压表显示滞后,不要用数字电压表示值为零作为判断储气瓶内气体压强降至环境大气压强 p_0 的依据。

(3)由于瓶内气体温度低于环境温度,因此要从外界吸收热量以达到热平衡。此时瓶内气体温度上升,压强增大,当瓶内压强稳定时,测量此时储气瓶内气体压强 p_2' 和温度 T_0' 值。测量数据全部记入表 3.31.2。

表 3.31.2 测定空气的比热容比 γ

测量量	1	2	3	4	5	6	7	8	9	10
p_1' (mV)										
T_0 (℃)										
p_2' (mV)										
T_0' (℃)										

(4)把测得的瓶内气体压强 p_1'、p_2' 代入式(3.31.13),计算出空气的比热容比 γ。测量 10 组数据,求空气的比热容比 γ 的平均值 $\bar{\gamma}$ 和不确定度 $\mu(\bar{\gamma})$。

五、注意事项

1. 打气过程中若蜂鸣器发出警报声，务必注意压力表指针位置，切勿让压力表指针超出量程，以免损坏压力表。

2. 实验中，切勿用手压气体压力传感器，以免影响测量准确性。

3. 若放气活塞 C_1 漏气，可用乙醚将油脂擦干净，重新涂真空油脂。

4. 若橡皮塞与储气瓶或玻璃管等的接触部位有漏气，只需涂 704 硅化橡胶，即可防止漏气。

5. 用指针式压力表对传感器进行定标及后续实验测量时，可以将面板上的"打气控制"开关置"关"，以避免打气球漏气。

6. 转动放气活塞 C_1 的阀门时，一定要一只手扶住玻璃活塞座，另一只手转动活塞，以免折断活塞把手。

7. 打开放气活塞 C_1 放气时，当听到放气声结束应迅速关闭放气活塞 C_1，提早或推迟关闭都将影响实验结果。由于数字电压表会滞后显示，用计算机实时测量可以发现此放气时间仅约零点几秒，并与放气声音的消失一致，因此关闭放气活塞用听声的方法更可靠。

8. 由于热学实验受外界环境因素，特别是温度的影响较大，测量过程中应随时留意环境温度的变化。测量时只要做到瓶内气体在放气前降低至某一温度，放气后又能回升到某一温度即可，这一温度不一定等于充气前的室温。

六、思考题

1. 实验过程中温度变化的范围有多大？可否用普通温度计进行测量？
2. 温度测量值在计算公式中并没有出现，你认为设置温度测量的意义何在？
3. 本实验是否需要对温度进行定标？

实验三十二　振动法测定空气的比热容比

目前对气体比热容比的测定方法有绝热膨胀或压缩法(通过一次绝热膨胀或压缩来测定，测量准确度不高)、振动法(通过已知参数的小铜球在装有被测气体的长玻璃管内做阻尼振动，由衰减周期求出，由于振动频率有限，绝热条件难以实现，测量准确度不高)、共振法(在振动法基础上发展起来的，典型的共振法由 Ruchar 设计，测量准确度较高)、声速法(利用声波在气体中传播，使之发生绝热膨胀和压缩，从而求出声波在气体中的传播速度，再确定气体的比热容比，典型的有 Kundt 管法、Partington 和 Shiling 法、超声波法，测量准确度高)。

本实验采用振动法测定空气的比热容比。

一、实验目的

1. 掌握用振动法测定空气比热容比的原理和方法。
2. 学习气体压力传感器和数字温度传感器的使用。
3. 进一步理解绝热过程方程 $pV^\gamma =$ 常数和比热容比 γ 的含义。

二、实验仪器

YJ-RZT-2 型数字智能化热学综合实验平台、游标卡尺、精密电子天平、振动法测定空气比热容比实验装置、微型气泵、有机玻璃管、半导体激光器、光电接收器、光电门支架等。

三、实验原理

1. 空气比热容比的计算

空气的比热容比表示为

$$\gamma = \frac{c_p}{c_v} = \frac{C_{p,m}}{C_{v,m}} \tag{3.32.1}$$

式中，$C_{p,m}$ 为空气的摩尔定压热容，$C_{v,m}$ 为空气的摩尔定容热容。

对理想气体有

$$C_{v,m} = \frac{i}{2}R \tag{3.32.2}$$

$$C_{p,m} = C_{v,m} + R = \frac{i+2}{2}R \tag{3.32.3}$$

式中，R 为普适气体常量，$R = 8.31\text{J}/(\text{mol}\cdot\text{K})$；$i$ 为气体分子的自由度，单原子分子 $i=3$，双原子分子 $i=5$，多原子分子 $i=6$。

将式(3.32.2)和式(3.32.3)代入式(3.32.1)，得

$$\gamma = \frac{i+2}{i} \tag{3.32.4}$$

由此可见，理想气体的比热容比 γ 仅与气体分子的自由度 i 有关。对单原子分子的气体，$\gamma = 1.67$；对双原子分子的气体，$\gamma = 1.40$；对多原子分子的气体，$\gamma = 1.33$。

现在假设有一个容器，内装待测气体，由一质量为 m 的活塞将其与外界隔绝，且与外界处于平衡状态，外界的气体压力为 p_0，气柱长为 l_0，活塞截面积为 S，此时气柱的体积为 $V_0 = l_0 S$。

建立坐标系，如图 3.32.1 所示，当活塞产生一个小位移 x 时，气柱体积变为

$$V = (l_0 - x)S \tag{3.32.5}$$

如果这是一个绝热过程，则有 $pV^\gamma = $ 常数，即

$$p_0(l_0 S)^\gamma = p(l_0 - x)^\gamma S^\gamma \tag{3.32.6}$$

$$p = p_0\left(1 - \frac{x}{l_0}\right)^{-\gamma} \tag{3.32.7}$$

由于 x 是小位移，故 $\dfrac{x}{l_0} \gg 1$。泰勒级数展开取一级近似，有

$$p = p_0\left(1 + \frac{\gamma x}{l_0}\right) \tag{3.32.8}$$

此时活塞两边压力不相等，活塞受力为

$$F = (p_0 - p)S = -\frac{p_0 \gamma x S}{l_0} = -kx \tag{3.32.9}$$

式中，$k = \dfrac{p_0 \gamma S}{l_0}$ 是一个常量，k 前的负号表示 F 指向平衡位置。通过以上分析可知，活塞受到的是回复力，它与空气柱组成一个谐振系统，做简谐振动，其固有频率为

$$f = \frac{1}{2\pi}\sqrt{\frac{k}{m}} = \frac{1}{2\pi}\sqrt{\frac{p_0 \gamma S}{ml_0}} \tag{3.32.10}$$

通过实验测出空气谐振系统的固有频率 f 及其他参量，即可求得待测气体的比热容比

$$\gamma = \frac{4\pi^2 f^2 ml_0}{p_0 S} \tag{3.32.11}$$

若活塞两边的空气柱均密闭，如图 3.32.2 所示，相当于两个空气弹簧并联，则容易求得该系统的固有频率。对该系统有

$$k = k_a + k_b = \frac{p_0 \gamma S}{l_a} + \frac{p_0 \gamma S}{l_b} = p_0 \gamma S \left(\frac{1}{l_a} + \frac{1}{l_b} \right) \tag{3.32.12}$$

式中，l_a 和 l_b 分别为活塞两边空气柱长度。仿照前面的讨论，测得该系统的固有频率后，可求得待测气体的比热容比

$$\gamma = \frac{4\pi^2 f^2 ml_a l_b}{p_0 S (l_a + l_b)} \tag{3.32.13}$$

当活塞两边空气柱长相等，且均为 l_0 时，有

$$k = \frac{2p_0 \gamma S}{l_0} \tag{3.32.14}$$

$$f = \frac{1}{2\pi}\sqrt{\frac{2p_0 \gamma S}{ml_0}} \tag{3.32.15}$$

$$\gamma = \frac{2\pi^2 f^2 ml_0}{p_0 S} \tag{3.32.16}$$

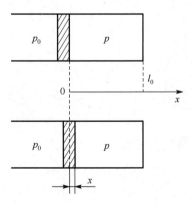

图 3.32.1　绝热过程示意图

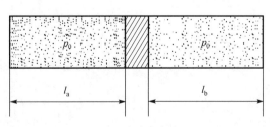

图 3.32.2　空气柱结构示意图

2. 振动法测定空气的比热容比

如图 3.32.3 所示是振动法测定空气比热容比实验装置示意图。小钢球的直径比玻璃细管内径略小，它能在管中上下移动，细管的截面积为 A，气体由供气泵源源不断地注入储气瓶中，储气瓶容积为 V。小钢球的质量为 m，半径为 r，若容器内压强 P 满足条件：

$$P = P_L + \frac{mg}{A} \tag{3.32.17}$$

则小钢球处于受力平衡状态。式中，P_L 为大气压强。当小钢球满足式(3.32.17)时，若给小钢球一个竖直方向的微小扰动，则小钢球会在玻璃细管内做上下简谐振动。然而由于空气阻尼作用，小钢球的运动为阻尼振动。为了补偿由于空气阻尼作用引起振动物体振幅的衰减，通过供气泵源源不断地注入一个小气压的气流，在精密的玻璃细管中央开设一个小孔，当振动小钢球处于小孔下方的半个振动周期时，注入气体使容器的内压强增大，引起小钢球向上运动；而当小钢球处于小孔上方的半个振动周期时，容器内的气体将通过小孔流出，使小钢球下沉，以后重复上述过程。只要适当控制注入气体的流量，小钢球便能在玻璃细管的小孔上下做简谐振动，振动周期可利用光电计时装置测得。

若小钢球偏离平衡位置一定距离 x，容器内的压强变化 dp，则小钢球的运动方程为

$$m\frac{d^2 x}{dt^2} = A dp \tag{3.32.18}$$

因为小钢球的振动过程相当快，可以看作绝热过程，绝热方程 $pV^\gamma =$ 常数，全微分得到

$$dp = -\frac{\gamma p}{V} dV \tag{3.32.19}$$

将式(3.32.19)代入式(3.32.18)，得到

$$m\frac{d^2 x}{dt^2} = -\frac{\gamma p A}{V} dV \tag{3.32.20}$$

而 $V = Ax$，所以 $dV = A dx$，代入式(3.32.20)得到

$$\frac{d^2 x}{dt^2} + \frac{\gamma p A^2}{mV} dx = 0 \tag{3.32.21}$$

式(3.32.21)是简谐振动的微分方程，其通解形式为

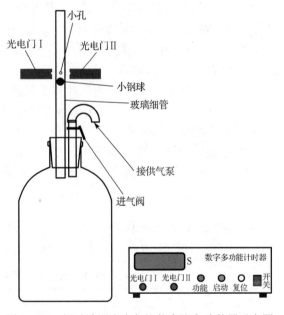

图 3.32.3　振动法测定空气比热容比实验装置示意图

$$x = B\sin(\omega t + \varphi) \tag{3.32.22}$$

式中，

$$\omega = \frac{2\pi}{T} = \sqrt{\frac{\gamma p A^2}{mV}} \tag{3.32.23}$$

由式(3.32.23)得到

$$T = 2\pi\sqrt{\frac{mV}{\gamma p A^2}} \tag{3.32.24}$$

由式(3.32.24)得到比热容比的表达式为

$$\gamma = \frac{4\pi^2 mV}{pA^2T^2} = \frac{4\pi^2 f^2 mV}{pA^2} \tag{3.32.25}$$

将式(3.32.11)与式(3.32.25)比较,发现它们有相同的表达形式,理论上一致。测出式(3.32.25)中小钢球的质量 m,储气瓶体积 V,瓶内压强 p,玻璃细管内径 d,振动周期 T,便可计算出空气的比热容比 γ。

四、实验内容

测量 m、V、d。

(1)用天平测出 n 个小钢球的质量 M,然后计算 $m = M/n$,测量 10 次,取平均值。

(2)用游标卡尺测量玻璃细管的内径 d,测量 10 次取平均值。

(3)测量振动周期 T。

① 如图 3.32.3 所示,将光电门 I 和光电门 II 的线缆接头分别接到数字多功能计时器的相应接口上,将数字多功能计时器的开关打开,调节光电门 I 和光电门 II 的位置,使光电门 I(半导体激光器)发出的激光穿过玻璃细管后正好射入光电门 II(光电接收器)的接收小孔中。

② 将供气泵接在玻璃进气管上,打开进气阀,接通供气泵电源,待储气瓶内注入一定压力的气体后,玻璃细管中的小钢球开始向上方运动,此时应调节进气速度的快慢,使小钢球在玻璃细管中以小孔为中心做上下简谐振动,振幅约为 12cm。注意,小钢球在振动过程中不能触碰到管底或飞出管外。

③ 待小钢球运动稳定后,按动数字多功能计时器上的"功能"键选择测量的周期数为 10 个(或 20 个),按"启动"键,计时开始,按"复位"键,重新开始下一次测量。重复测量 10 次取平均值,计算周期 T。

(4)用灌水法测量储气瓶的容积 V,测量 10 次取平均值,测完后将瓶内的水清理干净,并保持其干燥(选做,可直接使用参考值,因为打开瓶塞会影响瓶子的密封效果)。

(5)瓶内压强 P 由式(3.32.17)计算得到:$P = P_L + \frac{mg}{A} = P_L + \frac{4mg}{\pi d^2}$。

(6)将以上所测数据代入式(3.32.25)计算出空气的比热容比 γ,导出其不确定度的计算公式,并计算不确定度 $\mu(\gamma)$。以上所有测量结果记录在表 3.32.1 中。

表 3.32.1 振动法测定空气得比热容比数据表格

测量量	1	2	3	4	5	6	7	8	9	10	平均值
$M(\text{g})$											
$m(\text{g})$											
$d(\text{mm})$											
$t(\text{s})$											
$T(\text{s})$											
$V(\text{L})$											

本实验中 m 的参考值为 3.53g;V 的参考值为 8.530L。

五、注意事项

1. 供气泵的气压要适中,以保持小钢球做简谐振动,小钢球在振动过程中不能触碰到管底或飞出管外。

2. 实验中，切勿用手触碰光电门传感器，以免影响测量准确性。

3. 若橡皮塞与储气瓶或玻璃细管接触部位有漏气，只需涂 704 硅化橡胶即可防止漏气。

六、思考题

1. 实验过程中温度变化对测量结果是否有影响？

2. 实验中没有记录玻璃细管的体积，对测量结果是否有影响？

3. 储气瓶的体积大小对测量结果是否有影响？

实验三十三　拉脱法测量液体表面张力系数

液体的表面张力是表征液体性质的一个重要参数。测量液体表面张力系数有多种方法，拉脱法是其中之一。该方法的特点是，用测量仪器直接测量液体的表面张力，测量方法直观，概念清楚。拉脱法对测量力的仪器要求较高，由于用拉脱法测量液体表面的张力范围约为 $1×10^{-3}$～$1×10^{-2}$ N，因此需要使用量程范围较小、灵敏度高、稳定性好的测量力的仪器。近年来新发展的硅压阻式力敏传感器张力测定仪正好能满足测量液体表面张力的需求，它比传统的焦利秤、扭秤等灵敏度高，稳定性好，且可以数字信号显示，便于计算机实时测量。为了能对各类液体表面张力系数的不同有深刻的理解，先对水进行测量，再对不同浓度的酒精溶液进行测量，这样可以明显地观察到表面张力系数随液体浓度的变化而变化的现象。

一、实验目的

1. 掌握用拉脱法测量室温下液体表面张力系数的原理和方法。

2. 学习力敏传感器的定标方法。

3. 掌握计算力敏传感器灵敏度的方法。

二、实验仪器

DH4607 型液体表面张力系数测定仪、游标卡尺、蒸馏水、乙醇、丙三醇等。

三、实验原理

1. 压力传感器的压力特性

压力传感器能将压力转换成计算机数字显示，其核心部件是应变片，应变片可以把应变转换为电阻的变化。关于压力传感器，已在实验二十九中详细介绍。为了显示和记录应变的大小，还需把电阻的变化再转换为电压或电流的变化。最常用的测量电路为电桥电路，由应变片组成的全桥测量电路如图 3.33.1 所示，$R_1 = R_2 = R_3 = R_4$。当应变片受到压力作用时，引起弹性体的变形，使粘贴在弹性体上的电阻应变片 R_1~R_4 的阻值发生变化，电桥将产生输出电压，其输出电压正比于所受到的压力，即

$$U = \alpha F + U_0 \qquad (3.33.1)$$

式中，F 为应变片所承受的力，U_0 为压力传感器系统的附加初始电压，U 为相应的电压输出值，系数 α 为压力传感器的灵敏度。

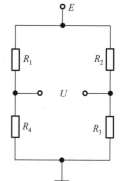

图 3.33.1　应变片全桥电路

2. 压力传感器的压力特性测量

用标准砝码测量压力传感器的压力特性,作用在压力传感器上的压力表现为砝码的重力,由式(3.33.1)得

$$U = \alpha m g + U_0 \qquad (3.33.2)$$

把一系列标准砝码加在压力传感器上，得到相对应的电压值，从而得到一系列的点，如表 3.33.1 所示。根据这些点作 $m-U$ 定标曲线，这条曲线就是压力传感器的压力特性曲线，如图 3.33.2 所示，根据压力特性曲线用图解法计算压力传感器的特性方程。

表 3.33.1　测量压力传感器的压力特性

砝码质量 m (g)	0	m_1	m_2	m_3	m_4	m_5	m_6	m_7	m_8	m_9
电压 U (V)	U_0	U_1	U_2	U_3	U_4	U_5	U_6	U_7	U_8	U_9

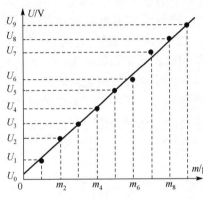

图 3.33.2　压力传感器的压力特性曲线

在测量压力传感器的压力特性时，也可采用逐差法计算特性方程，实验六有关于用逐差法求解压力传感器特性方程的详细介绍。此处采用最小二乘法计算压力传感器的特性方程。

对于式(3.33.2)，设每组测量数据的误差为 δ_i，将表 3.33.1 中的数据代入，则有

$$\delta_0 = U_0 - (a \cdot 0 \cdot g + U_0)$$
$$\delta_1 = U_1 - (a m_1 g + U_0)$$
$$\delta_2 = U_2 - (a m_2 g + U_0)$$
$$\vdots$$
$$\delta_8 = U_8 - (a m_8 g + U_0)$$
$$\delta_9 = U_9 - (a m_9 g + U_0)$$

将上述式子两边平方后求和，得

$$\sum_{i=0}^{9} \delta_i^2 = \sum_{i=0}^{9} (U_i - a m_i g - U_0)^2 \qquad (3.33.3)$$

由式(1.6.25)得

$$\begin{cases} l_{mU} = \sum_{i=0}^{9} (m_i - \bar{m})(U_i - \bar{U}) = 10\overline{mU} - 10\bar{m} \cdot \bar{U} \\ l_{mm} = \sum_{i=0}^{9} (m_i - \bar{m})^2 = 10\overline{m^2} - 10\bar{m}^2 \\ l_{UU} = \sum_{i=0}^{9} (U_i - \bar{U})^2 = 10\overline{U^2} - 10\bar{U}^2 \end{cases} \qquad (3.33.4)$$

由式(1.6.26)和式(1.6.27)得

$$ag = \frac{l_{mU}}{l_{mm}} = \frac{\overline{mU} - \bar{m} \cdot \bar{U}}{\overline{m^2} - \bar{m}^2} \qquad (3.33.5)$$

$$\gamma = \frac{l_{mU}}{\sqrt{l_{mm} \cdot l_{UU}}} = \frac{\overline{mU} - \overline{m} \cdot \overline{U}}{\sqrt{(\overline{m^2} - \overline{m}^2) \cdot (\overline{U^2} - \overline{U}^2)}} \tag{3.33.6}$$

$$U_0 = \overline{U} - S\overline{m} \tag{3.33.7}$$

由式 (1.6.28) 和式 (1.6.29) 得，a、U_0 的标准不确定度 $\mu(a)$、$\mu(U_0)$ 分别为

$$\mu(a) = \sqrt{\frac{1-\gamma^2}{10-2}} \cdot \frac{S}{\gamma} \tag{3.33.8}$$

$$\mu(U_0) = \sqrt{\frac{\sum_{i=0}^{9} U_i^2}{10}} \, g \cdot \mu(a) \tag{3.33.9}$$

计算出式 (3.33.4)～式 (3.33.9) 中的各数值，即可确定 a、U_0、$\mu(a)$、$\mu(U_0)$，从而可计算出压力传感器的特性方程。

3. 液体表面的张力系数

液体由于表面层分子内部作用力的影响，表面犹如一层张紧的弹性薄膜，使液体表面有收缩的趋势，表面积总是保持最小。液体表面层处的这种力称为表面张力。在液面作一长为 l 的线段，表面张力表现为直线两侧大小相等的力 f，方向与线段垂直且与液面相切，力 f 的大小与线段的长度成正比，即

$$f = \beta l \tag{3.33.10}$$

式中，β 为液体表面张力系数，单位是 $\mathrm{N \cdot m^{-1}}$。

本实验采用拉脱法测量液体表面张力系数，实验装置如图 3.33.3 所示，用细金属线水平吊着一个硬质金属圆环，圆环被从液体里缓慢拉出，在圆环的底部即将出液体时，会有一层液膜被拉起。由于液体的表面张力作用，当液膜高于平静的液面一定高度时，才会被拉破。设液膜可达到的最高高度为 h，圆环的内、外直径分别为 D_1 和 D_2，忽略液膜自身的重力，在液膜即将被拉破的瞬间，有如下关系式：

$$F = W + \beta\pi(D_1 + D_2) = \frac{U_2}{\alpha} \tag{3.33.11}$$

式中，W 为金属圆环的重力。由于拉起的液膜有内外两层，因此表面张力分为两部分，其中 $\beta\pi D_1$ 为外膜的表面张力，$\beta\pi D_2$ 为内膜的表面张力，方向都垂直液面竖直向下。液膜被拉破后，有

$$F = W = mg = \frac{U_1}{\alpha} \tag{3.33.12}$$

由式 (3.33.11) 和式 (3.33.12) 可得

$$\beta = \frac{U_2 - U_1}{\pi\alpha(D_1 + D_2)} \tag{3.33.13}$$

式中，U_1、U_2 为压力传感器的电压输出值。

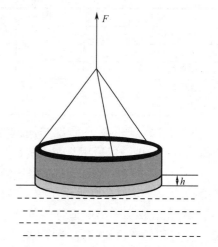

图 3.33.3 拉脱法测量液体表面张力系数实验装置示意图

四、实验内容

1. 硅压阻式力敏传感器的定标

(1)将10g肌张力传感器(硅压阻式力敏传感器)的输出插座与DH4607型液体表面张力系数测定仪面板上的"传感器"插座相连;接通电源,预热5min,待稳定后,通过"调零旋钮"对毫伏表进行调零;将砝码盘挂在传感器的挂钩上,保持其静止,记录电压值;在砝码盘中依次增加砝码的质量(每次增加 500mg)至 3500mg,读取数字电压表显示的传感器输出电压值,并记入表 3.33.2。

表 3.33.2　测量压力传感器的压力特性

电压	砝码质量 m(mg)							
	0	500	1000	1500	2000	2500	3000	3500
加砝码电压 U (V)								
减砝码电压 U (V)								

(2)按顺序减小砝码的质量(每次减小500mg)直至 0mg,分别测传感器的输出电压,并记入表 3.33.2。

(3)根据表 3.33.2 所测得的点,在坐标纸上作压力传感器的压力特性曲线,并用图解法计算压力传感器的特性方程。

(4)用逐差法处理数据,求出压力传感器的特性方程,并与用图解法求得的特性方程进行对比。

(5)用最小二乘法处理数据,求出压力传感器的特性方程,并与用图解法和逐差法求得的特性方程进行对比。

2. 测量水表面张力系数 β

(1)用游标卡尺测量金属圆环的外直径 D_1 和内直径 D_2,测量 5 次求平均值,测量数据记入表 3.33.3。

表 3.33.3　测量水表面张力系数相关数据表格

测量量	1	2	3	4	5	平均值
外直径 D_1 (mm)						
内直径 D_2 (mm)						
置零读数 U_1 (V)						
峰值读数 U_2 (V)						
$U = U_2 - U_1$ (V)						

(2)金属圆环的表面状况与测量结果有很大的关系,实验前应将金属圆环浸泡在 NaOH 溶液中 20～30s,然后用蒸馏水洗净。

(3)将水平仪放在 DH4607 型液体表面张力系数测定仪的升降台上,调节脚底调平螺钉,使升降台水平,然后拿掉水平仪,放回收纳盒。

(4)在玻璃皿中盛装适量的蒸馏水,放在升降台上;将金属圆环挂在传感器的挂钩上,调节升降台和传感器的位置,将液体升至靠近圆环的下沿,观察圆环下沿与待测液面是否平行,如果不平行,将圆环取下后,调节圆环上的细丝,使圆环与待测液面平行。

(5)按测定仪面板上的"复位"键一次,再按"置零"键,将数字电压表的读数清零;若按动"置零"键无法清零,记录下此时的读数 U_1。

(6) 调节玻璃皿下的升降台,使其缓缓上升,将圆环的下沿部分全部浸没于待测蒸馏水中;按动测定仪面板上的"峰值保持"键一次,指示灯点亮,测定仪将会记录此后过程电压的最大值;然后反向调节升降台,使液面缓缓下降,注意调节液面下降的速度时一定要缓慢操作。这时,金属圆环和液面间形成一层桶形液膜,随着液面缓缓下降,桶形液膜逐渐增高变薄,进而被拉破,在被拉破的一瞬间,液膜的内部张力达到最大,压力传感器将会记录该最大张力所对应的最大电压值 U_2,记录之,测量 5 次,求平均值;注意重复测量 U_2 时,U_1 也需要重新测量;测量数据记入表 3.33.3。

(7) 换其他待测液体(乙醇、丙三醇等),重复上述测量过程,所测数据记入表 3.33.4。

表 3.33.4　测量其他液体表面张力系数相关数据表格

液体	测量量	1	2	3	4	5	平均值
乙醇	置零读数 U_1 (V)						
	峰值读数 U_2 (V)						
	$U = U_2 - U_1$ (V)						
丙三醇	置零读数 U_1 (V)						
	峰值读数 U_2 (V)						
	$U = U_2 - U_1$ (V)						
待测液体	置零读数 U_1 (V)						
	峰值读数 U_2 (V)						
	$U = U_2 - U_1$ (V)						

(8) 利用式(3.33.13)计算待测蒸馏水的表面张力系数 β 和不确定度 $\mu(\beta)$,并和标准值相比较。

(9) 利用式(3.33.13)计算其他待测液体的表面张力系数 β_i 和不确定度 $\mu(\beta_i)$,并和标准值相比较。

五、注意事项

1. 金属圆环须严格处理干净。可用 NaOH 溶液洗净油污或杂质后,再用蒸馏水冲洗干净,并用热吹风烘干。

2. 金属圆环须调节至水平,若偏差为 10,测量结果引入的误差为 0.5%;若偏差为 20,则误差为 1.6%。

3. 测定仪开机需预热 15min。

4. 在旋转升降台时要缓慢,尽量使液体的波动最小。

5. 实验室内不可有风,以免金属圆环摆动致使零点波动,导致所测系数不正确。

6. 若液体为纯净水,在使用过程中要防止灰尘、油污及其他杂质污染,特别注意手指不要接触被测液体。

7. 使用力敏传感器时用力不宜大于 0.098N,过大的拉力易使传感器损坏。

8. 实验结束须将金属圆环用清洁纸擦干,并用清洁纸包好,放入干燥缸内。

六、思考题

1. 实验过程中温度变化对测量结果是否有影响?

2．若金属圆环不够光滑，对测量结果是否有影响？

3．误差的主要来源有哪些？

实验三十四　金属线膨胀系数的测量

绝大多数物体都具有"热胀冷缩"的特性，这是由于物体受热后分子间的平均距离增大，内部分子热运动加剧；冷却后分子间的平均距离缩小，内部分子热运动减弱。该性质在工程结构设计、机械和仪器制造及材料的加工（如焊接）中都应考虑到，否则将影响结构的稳定性和仪器的精度等。若考虑失当，甚至会造成工程毁损、仪器失灵、加工焊接中的缺陷和失败等。

测定金属线膨胀系数，实际上可归结为测量其在某一温度范围内的微小伸长量，测量方法通常有光杠杆法（非接触式光放大法）、螺旋测微法及其他微位移测量法。

本实验采用螺旋测微法测量加热后的金属线膨胀系数。

一、实验目的

1．掌握测量金属线膨胀系数的原理与方法。

2．学习用螺旋测微法测量微小伸长量的原理和方法。

3．掌握加热型恒温控制与测量实验仪的原理和使用方法。

二、实验仪器

金属线膨胀系数测量实验装置、加热型恒温控制与测量实验仪、游标卡尺等。

三、实验原理

1．实验原理

我们把由于热膨胀而发生长度变化的现象称为固体的线膨胀，长度变化的大小取决于温度改变的大小、材料的种类和它原来的长度。实验指出，固体的长度一般随温度的升高而增加，其长度 l 和温度 t 之间的关系为

$$l = l_0(1 + \alpha t + \beta t^2 + \cdots) \tag{3.34.1}$$

式中，l_0 为温度 $t = 0{}^\circ\text{C}$ 时的长度，α，β，$\cdots$ 是和被测物质有关的常数，都是很小的数值，而 β 后的各系数和 α 相比甚小，在常温下可以忽略，于是式（3.34.1）可写成

$$l = l_0(1 + \alpha t) \tag{3.34.2}$$

式中，α 就是通常所称的线膨胀系数，单位是 ${}^\circ\text{C}^{-1}$，可以理解为当温度升高 $1{}^\circ\text{C}$ 时，物体长度的膨胀量和原长度之比。线膨胀系数 α 本身稍与温度有关，但从实用观点来说，对于大多数物体在变化不太大的温度范围内可以把它看作常量。

设物体在温度 $t_1{}^\circ\text{C}$ 时的长度为 l_1，温度升高到 $t_2{}^\circ\text{C}$ 时，其长度为 l_2，长度变化为 $\Delta l = l_1 - l_2$，根据式（3.34.2）可得

$$l_1 = l_0(1 + \alpha t_1) \tag{3.34.3}$$

$$l_2 = l_0(1 + \alpha t_2) \tag{3.34.4}$$

由式（3.34.3）和式（3.34.4），消去 l_0，得

$$\alpha = \frac{l_2 - l_1}{l_1 t_2 - l_2 t_1} = \frac{\Delta l}{l_1 (t_2 - t_1) - \Delta l t_1} \qquad (3.34.5)$$

由于 $\Delta l \ll l_1$，$l_1 (t_2 - t_1) \gg \Delta l t_1$，因此式(3.34.5)可近似写成

$$\alpha = \frac{\Delta l}{l_1 (t_2 - t_1)} \qquad (3.34.6)$$

由式(3.34.5)知，测得 l_1、l_2、t_1、t_2，便可计算出线膨胀系数 α 的值。

2. 测量仪器原理

测量线膨胀系数的主要问题是：怎样测准温度变化所引起的长度的微小变化 Δl。本实验借助千分表，利用螺旋放大原理测量微小长度的变化。实验装置如图 3.34.1 所示，待测金属杆放在加热盘的通道中，一端与固定鞘接触，固定鞘被紧固螺钉紧紧固定在底座中；待测金属杆的另一端与千分表的测头相接触，千分表被另一枚紧固螺钉紧紧固定在底座中。固定鞘和千分表的触头都经过处理，受热不易膨胀，对实验测量结果影响很小。产热盘中内置有控温测温电路，可以精确控制加热盘中的温度，并且能实时测量实际温度。良导热层可以将产热盘产生的热量定向、及时地导入加热盘中，绝热层将底座与加热盘隔开，防止热量散失而引起误差。

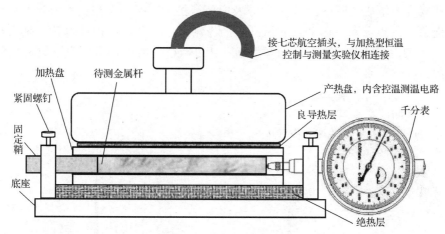

图 3.34.1　金属线膨胀系数测量实验装置示意图

金属线膨胀系数测量仪与加热型恒温控制与测量实验仪用带七芯航空插头的电缆线相连，如图 3.34.2 所示为加热型恒温控制与测量实验仪面板示意图，该实验仪可以通过温度调节旋钮对产热盘进行温度设定，并且可对温度进行实时测量。千分表可以读出待测金属杆的长度变化 Δl。

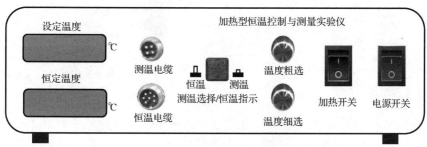

图 3.34.2　加热型恒温控制与测量实验仪面板示意图

3. 千分表原理

(1)千分表的构造和原理

千分表是通过齿轮或杠杆将一般的直线位移(直线运动)转换成指针的旋转运动，然后在刻度盘上进行读数的长度测量仪器，是一种利用精密齿条齿轮机构制成的表式通用长度测量工具。千分表的测量范围一般为 0～10mm，大的可以达到 100mm。改变测头形状并配以相应的支架，可制成千分表的变形品种，如厚度千分表、深度千分表和内径千分表(孔径测量)等。如果用杠杆代替齿条，可制成杠杆千分表，适用于测量普通千分表难以测量的外圆、小孔和沟槽等的形状和位置误差。

千分表有纵形(T)、横形(Y)、垂直形(S)等，要根据用途选择合适的种类。

● 纵形(T)：正面观测刻度板，测头为前后移动型；

● 横形(Y)：正面观测刻度板，测头为左右移动型；

● 垂直形(S)：纵形刻度板相对于测头垂直安装。

此外还有电子数显千分表等。

本实验使用的是垂直形千分表，简称千分表。图 3.34.3 为千分表外部结构示意图，由可转动刻度盘、主指针、防尘帽、副表盘、刻度盘紧固螺钉、量程、精度指示、钻石数、套筒、测头和表壳等组成。图 3.34.4 为千分表内部结构示意图。当测头受力向上运动时，测量杆由于连带作用也会向上运动，测量杆上的齿轮跟着转动，主指针偏转，副表盘轮盘也跟着转动，当主指针转过一周后，副表盘指针转过一格。所以，千分表读数=主表盘读数+副表盘读数。

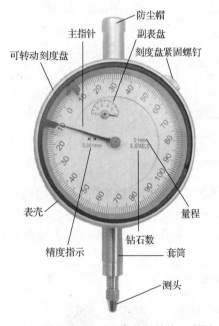

图 3.34.3 千分表外部结构示意图

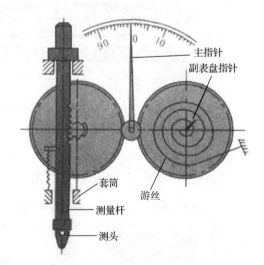

图 3.34.4 千分表内部结构示意图

(2)千分表的读数

本实验使用量程为 1mm 的千分表。如图 3.34.3 所示，副表盘等分为 10 份，每小格表示 0.1mm。副表盘一小格等于主表盘一圈，主表盘等分为 100 份，主表盘每小格表示 0.001mm。读数时，主表盘需要再向下估读一位，副表盘不需要估读，所以读数以 mm 为单位时，小数点后有四位小数。如图 3.34.5 所示，副表盘指针指示为 2 格，主表盘指针指示为 83.1 格，其中小数点后的"1"是估读位，于是读数为

$$2 \times 0.1 + 83.1 \times 0.001 = 0.2831\text{mm}$$

图 3.34.5　千分表读数

一般情况下，千分表的读数应为两次读数的差值，即测量后读数减去测量前读数。为了读数方便，千分表的主表盘是可活动的，可将测量前的读数调整为零。具体的调零方法是：转动主表盘，使主指针与主表盘的零刻度对齐，然后拧动刻度盘紧固螺钉，将主刻度盘锁紧。

(3) 千分表的使用方法

① 使用前，先检查测量杆的灵活性。轻轻推动测量杆，测量杆应在套筒内可灵活弹动，没有任何阻滞卡顿现象，且每次放松后，指针能回复到原来的刻度位置。

② 使用时，必须把千分表固定在可靠的夹持架上(如固定在万能表架或磁性表座上，本实验中千分表固定在金属线膨胀系数测量仪的底座上)，夹持架要安放平稳，以免使测量结果不准确或摔坏千分表。通过夹持千分表的套筒来固定千分表时，夹紧力不要过大，以免因套筒变形而使测量杆活动不灵活，甚至损坏千分表。

③ 千分表可以用来检查工件的平整度或平行度，测量工件在某一温度或压强范围内的长度变化，校正零件安装偏差等。本实验使用千分表测量金属杆在温度变化范围内的长度变化。

④ 不管千分表用于什么用途，测量方法都是一样的。将被测表面靠近千分表的测头，并与表面接触，测量杆垂直于被测表面；调整夹持位置，使测量杆有一定的初始测力，即在测量头与零件表面接触时，测量杆应有大约 0.05mm 的压缩量，使主指针转过半圈左右。为了测量方便，一般情况下转动主表盘，使主表盘的零位刻度线对准主指针，然后拧紧刻度盘紧固螺钉。轻轻地拉动手提测量杆的防尘帽，拉起和放松几次，检查指针所指的零位有无改变。当指针的零位稳定后，再开始测量或校正零件的工作。

⑤ 如果测量工件在某一温度或压强范围内的长度变化，以上工作都准备完成后，等待环境条件(温度或压强)改变完成，读出千分表的读数就是待测值，多次测量求平均值即可。

⑥ 若测量工件平整度或用于其他用途时，需要移动夹持架或待测表面，以测量偏差度，要特别注意，不论是移动夹持架还是待测表面，都必须严格保证在一个平面内移动。

(4) 使用千分表的注意事项

① 必须将千分表固定在表架或夹持架上，稳定可靠；装夹时，夹紧力不能过大，以免套筒变形卡住测量杆。

② 调整千分表的测量杆轴线垂直于被测平面，对于圆柱形工件，测量杆的轴线要垂直于工件的轴线，否则会产生很大的误差并可能损坏千分表。

③ 测量时，用手轻轻抬起测量杆，将工件放入测头下测量，不可把工件强行推入测头下；凹凸显著的工件不能用千分表测量。

④ 不要使测量杆突然撞落到工件上，也不可强烈震动、敲打千分表。

⑤ 测量时注意表的测量范围，不要使测头位移超出量程，以免过度伸长弹簧，损坏千分表。

⑥ 不要使测头和测量杆做过多无效的运动，否则会加快零件磨损，使表失去应有的精度。

⑦ 当测杆移动发生阻滞时，不可强力推压测头，须送计量室或维修处处理。

四、实验内容

1. 测量待测金属杆的原长

用游标卡尺测出待测金属杆的原长 L，测量 5 次，求平均值 $\bar{L}$，将数据记入表 3.34.1。

表 3.34.1　测量金属杆的原长

测量量	1	2	3	4	5	平均值
L（mm）						

2. 组装实验装置

按图 3.34.1 组装好实验装置：将待测金属杆置于加热盘的通道中，一端与固定鞘接触，固定鞘被紧固螺钉紧紧固定在底座中；待测金属杆的另一端与千分表的测头相接触，调节千分表的位置使千分表转过一定数值（主指针转过半圈左右），拧紧紧固螺钉将千分表固定在底座中。

将金属线膨胀系数测量实验装置与加热型恒温控制与测量实验仪用带七芯航空插头的电缆线相连接。打开电源开关，设定恒温温度，顺时针调节"温度粗选"和"温度细选"旋钮到所需温度（如50.0℃）。打开加热开关，加热指示灯亮（加热状态），同时观察加热盘的温度变化，当加热盘温度达到恒温状态时，恒温指示灯闪烁或变暗。待加热盘温度不再变化后，比较恒定温度与设定温度的差别 Δt，根据 Δt 的大小仔细微调"温度细选"旋钮，使恒定温度稳定在所需温度（如50.0℃）。

3. 测量

当加热盘温度恒定在设定温度（50.0℃）3min 以后，读出千分表的读数值 l_1。

重复以上步骤测出温度分别为 55.0℃、60.0℃、65.0℃、70.0℃、75.0℃、80.0℃、85.0℃、90.0℃、95.0℃、100.0℃时，千分表的读数 $l_2,l_3,\cdots,l_{10},l_{11}$。所有数据记入表 3.34.2。

表 3.34.2　测量金属的线膨胀系数

设定温度（℃）	50	55	60	65	70	75	80	85	90	95	100
金属杆长度变化（mm）											

4. 计算

由式（3.34.6）导出如下公式：

$$\Delta l = l_2 - l_1 = \alpha \bar{L}(t_2 - t_1) \tag{3.34.7}$$

用逐差法求出金属杆在50.0～100.0℃ 温度区间内的线膨胀系数 α 和线膨胀系数的不确定度 $\mu(\alpha)$。

换另一种金属杆，重复上述测量。

五、注意事项

1. 千分表要按使用要求使用，不能违规操作。
2. 千分表读数时，要估读 1 位。
3. 设定温度应与恒定温度相等。
4. 待测金属杆一定要完全放在加热盘内，不能外露。

5．待恒定温度等于设定温度且稳定 3min 后再读千分表的数值。

6．加热过程中加热盘温度较高，小心烫伤。

六、思考题

1．除了使用千分表，你还学过哪些测量微小长度的方法？

2．两根材料相同，粗细、长度不同的金属棒，在同样的温度变化范围内，它们的线膨胀系数是否相同？膨胀量是否相同？为什么？

3．误差的主要来源有哪些？

实验三十五　示波器的使用

示波器是一种直接观察和测量电压波形及其参数(如周期、频率和相位差)的电子仪器。一切可以转换为电压的电学量(如电流、功率、阻抗)和非电学量(如温度、位移、速度、压力、光强、磁场、频率等)，以及它们随时间变化的动态过程都可以用示波器来观察和测量。现代示波器的频率响应可以从直流(0Hz)到 10^9Hz；示波器既可观察连续变化的信号，也可以捕捉、存储和回放单个快速脉冲信号，因而在科学研究、工程实验、电工电子、仪器仪表等领域有着广泛的应用。通过此实验可以了解示波器的工作原理，学习使用示波器观察各种信号波形和测量正弦信号的电压、频率及相位差。

一、实验目的

1．了解通用示波器的基本结构和原理，学习示波器的调节和使用方法。

2．初步掌握通用示波器各旋钮的作用和使用方法。

3．学习用示波器观察电信号波形，并学会测量其振幅和周期。

4．学会用示波器观察利萨茹图形，并掌握使用利萨茹图形测频率的方法。

二、实验仪器

CA9020/CA9040F 双踪示波器、TDS1002B 型数字存储示波器、CALTEK-CA1640-02 函数信号发生器。

三、实验原理

示波器是一种用途非常广泛的电子测量仪器，主要用来观察信号的波形，将被测量的电学量、非电学量转换成电压信号，并将其随时间变化的瞬时规律用图形表示出来，这样就可以比较形象地观察到被测物理量的变化情况。示波器除了可以直接观察被测信号，还可以进行波形参数的定量测量，如测量电压、电流、频率、相位、频率特性等；利用转换器或传感器，还可以用来测量温度、压力、振动、密度、声、光、热和磁效应等。现代示波器不仅是一种显示波形的模拟仪器，而且具有数字测量功能，因而在医学、机械、农业、物理、宇航等各种学科领域中得到越来越多的应用。

按用途与特点的不同，示波器可分为通用示波器、多束示波器、取样示波器、记忆与存储示波器和特种示波器五大类，本实验主要介绍通用示波器的基本原理和使用方法。

1. 示波器的基本组成

示波器的结构包括垂直放大、水平放大、扫描、示波管及电源等,其结构方框图如图 3.35.1 所示。

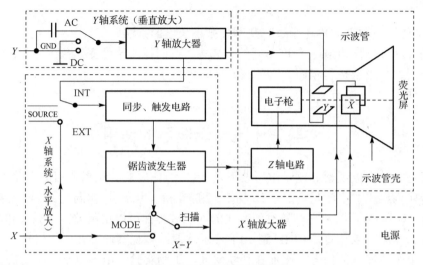

图 3.35.1　示波器的结构方框图

(1)电子示波管

如图 3.35.2 所示,电子示波管主要由电子枪、偏转系统、荧光屏三部分组成。电子枪包括灯丝、阴极、栅极和阳极。偏转系统包括 Y 轴偏转和 X 轴偏转两部分,它们能使电子枪发射出来的电子束按照加于偏转板上的电压信号做出相应的偏移,荧光屏是位于示波管顶端涂有荧光物质的透明玻璃屏,当电子枪发射出来的电子束轰击到荧光屏时,荧光屏上被击中的点会发光。

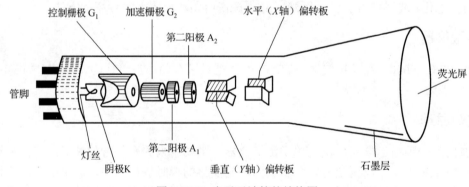

图 3.35.2　电子示波管的结构图

(2)水平(X 轴)、垂直(Y 轴)放大器

电子示波管的灵敏度较低,假如偏转板上没有足够的控制电压,就不能明显地观察到光点的位移。为了保证有足够的偏转电压,必须设置放大器将被观察的电压信号加以放大。

(3)扫描(锯齿波)发生器

扫描(锯齿波)发生器的作用是形成一条线性电压模拟时间轴,以展示被观察波形信号随时间而变化的情况。

2. 示波器显示波形的原理

示波器是如何描绘被测量信号图像的呢？下面就来讨论直流和交变电压作用时电子束运动的轨迹。

当示波器的垂直（Y 轴）和水平（X 轴）偏转板都没有加电压时，电子束穿过它们之间将不会发生偏转，直射至荧光屏，在荧光屏的中心位置上出现一个亮点。如果只在垂直偏转板上加直流电压，则电子束受到电场力作用而发生偏转，这时亮点沿垂直方向移动，相对位移和偏转电压成正比。同理，在水平偏转板上加上直流电压，光点将在水平方向移动，移动位移与水平电压大小成正比。当在两对极板上同时加直流电压时，光点将按电场力的合力方向移动。因此，只要在两对偏转板上加上不同极性、不同大小的直流电压，光点就能显示在荧光屏的任何位置上，示波器面板上的"垂直位移"（▲▼POSITION）和"水平位移"（◄►POSITION）旋钮就是调节偏转板上直流电压的电位器。

由于偏转电压能控制电子束在荧光屏上移动的轨迹，即光点显示在荧光屏上的位置，那么若在示波器的 Y 轴输入加上一个正弦电压信号 U_Y，电子束的垂直偏转距离正比于正弦信号的瞬时值；同时再在示波管的水平偏转板上加一个锯齿波电压信号 U_X，则电子束的水平偏转距离正比于时间，这样在示波器的荧光屏上就会显示出正弦信号的波形，如图 3.53.3 所示。

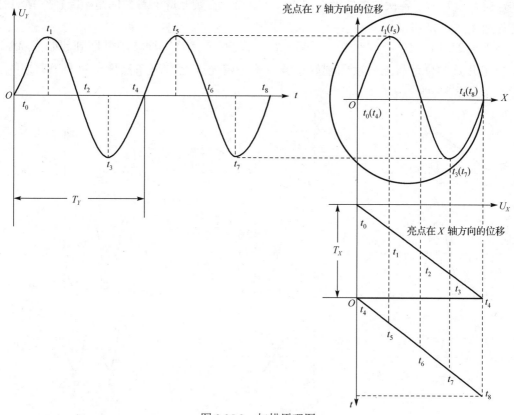

图 3.35.3　扫描原理图

当锯齿波电压的周期 T_X 等于输入正弦信号的周期 T_Y 时，每次出现的正弦波轨迹正好完全重合，这时在荧光屏上将显示出正弦信号的一个稳定的波形图像。

在分析波形显示的过程中，可将图 3.53.3 中的正弦电压信号 U_Y 分割成若干小段，即把时间轴分割成为 8 段，分别用 t_0, t_1, $\cdots$, t_8 点表示不同的时刻。当 $T=0$ 时，Y 轴、X 轴偏转板上的电压都等于零，荧光屏上的光点在"0"点；当 $T=1$ 时，Y 轴、X 轴偏转板上都加有正向电压，荧光屏上的光点向右上方移动，光点的位置为"t_1"；以此类推，则在荧光屏上形成了与 Y 轴偏转板上所加电压信号相同的波形。当光点到达"t_4"时，Y 轴的正弦信号变化一个周期，X 轴上锯齿波电压立即回到 0，光点也迅速回到左边"0"的位置（假定忽略光点回程所需的时间）；第二个周期又进行同样的移动，只要保持光点每次移动的起始点一样，光点移动的轨迹完全相同，荧光屏上就可显示一个完整稳定的正弦信号波形。这种使光点在 X 轴上的移动称为"扫描"，锯齿波电压称为扫描电压。因为 X 轴上加的锯齿波电压代表时间基线，所以 X 轴又可称为"时基"。

上面讨论了扫描电压周期 T_X 等于被测信号周期 T_Y 的情况。当 T_X 不等于 T_Y 时，所显示的波形又会出现什么情况呢？下面将分别分析 $T_X > T_Y$，$T_X < T_Y$ 和 $T_X = 2T_Y$ 三种情况下的波形，如图 3.35.4 所示。

在图 3.35.4(a) 中，由于 $T_X > T_Y$，U_X 完成一次扫描之后，U_Y 的波形已到 M 点，光点回到左边时不是在 A_1 位置而是在 A_2 位置，并从 A_2 位置开始下一周期的扫描，描绘出 M 点以后的 U_Y 波形。这样延续下去起始点总是没有重合的时候，从荧光屏看到的是不断往左移动的波形。同样，当 $T_X < T_Y$ 时，各次扫描的波形起点也不重合，在荧光屏上看到的是不断往右移动的波形，如图 3.35.4(b) 所示。

当 $T_X = 2T_Y$ 时，U_X 经过一次扫描后，U_Y 出现两个完整周期，刚好回到起始点 M，下一次扫描开始的位置与上一次的刚好重合，于是荧光屏上出现完整稳定的两个周期的 T_Y 波形，如图 3.35.4(c) 所示。

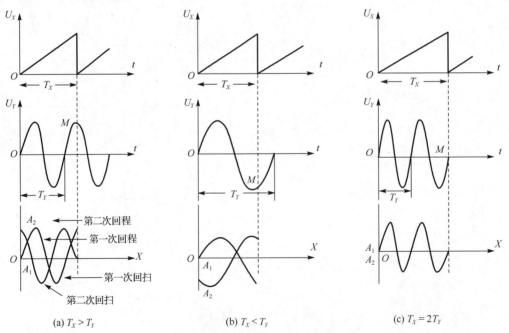

(a) $T_X > T_Y$ (b) $T_X < T_Y$ (c) $T_X = 2T_Y$

图 3.35.4 当 $T_X \neq T_Y$ 时显示的波形

从以上分析可以得出结论：当 T_X 与 T_Y 成简单的整数倍关系时，即 $T_X = nT_Y$（$n=1, 2, 3, \cdots$），荧光屏上就能描绘出 U_Y 稳定完整的 n 个波形；当破坏这个整数倍关系时，即 $T_X \neq nT_Y$，显示的波形就不稳定或不完整。这是因为在连续扫描时，荧光屏显示的波形不是一次扫描的结果，而是反复扫描轨迹重合的结果。通常把 T_X 与 T_Y 成整数倍的关系称为扫描电压与被测信号"同步"。

3. 显示波形的同步方式

由上述分析可知，要使示波器显示稳定而清晰的波形，必须保证扫描电压的周期与被测信号的周期成整数倍关系，即 $T_X = nT_Y$（$n = 1, 2, 3, \cdots$）。要满足这个条件不是简单地调整扫描速度就可以的。因为无论是扫描电压周期 T_X 还是被测电压信号周期 T_Y，其值都不可能是绝对稳定不变的，即使某一时刻能满足 $T_X = nT_Y$（$n = 1, 2, 3, \cdots$），只要稍等一会儿，T_X 或 T_Y 有一微小变化，就会破坏 $T_X = nT_Y$（$n = 1, 2, 3, \cdots$）的关系，显示的波形就不稳定了，以至于难以观测。解决这个问题的方法是在示波器中加入同步或触发信号以保证同步。通常示波器有两种同步工作方式可以使其工作状态得到同步：一种是连续扫描方式，另一种是触发扫描方式。

(1)连续扫描方式

示波器中的扫描发生器工作在自激状态，无论 Y 轴是否有信号输入，扫描发生器总是连续不断地产生锯齿电压，形成时基扫描，在荧光屏的水平方向出现一条亮线，这种扫描方式称为连续扫描。采用连续扫描方式只适用于粗略地观测一般的正弦波、方波或比较对称的正弦波，这是因为这种类型的示波器所显示的波形实际上是不稳定的，只能暂时同步，而实现暂时同步的方法是通过改变扫描发生器中多谐振器的振荡频率。也就是说，扫描发生器产生的锯齿波电压与被测信号电压同步，实际上是自激多谐振器与被测波形信号的同步关系。显然这种通过改变自激振荡频率实现的暂时同步对观察波形很不方便，只能做到粗略观察，且无法观察占空比(占空比是指高、低电平所占时间之比)较大的脉冲波形。

(2)触发扫描方式

触发扫描方式就是在示波器中必须加触发信号，这时扫描发生器中的自激多谐振荡器产生的重复频率除了与自身的固有频率有关，还与触发信号有关。从而使扫描电压周期 T_X 在一定范围内受到激发信号控制，使扫描电压的周期 T_X 与被测信号的周期 T_Y 成整数倍关系。因为示波器中的扫描发生器是在受触发信号的作用时才开始扫描的，扫描一经开始，以后的触发脉冲即被禁止，不再起作用。而要到第一次扫描过程结束(扫描一个周期包括扫描正程、回程及等待时间)，下一次触发脉冲到来时才重新开始第二次扫描,触发信号通常取自被测信号。触发信号的选择方式由"触发选择"按钮控制,如果触发信号是取自输入示波器的被测信号，则称为"内触发"，而根据被测信号的正负极性可分为"内+"和"内-"；当触发信号是取自触发输入端引入的外加其他信号时，称为"外触发"，而根据外加信号的正负极性，又分为"外+"和"外-"；当触发信号取自 50Hz 的交流电网电压时，称为"电源触发"。触发扫描的方式既适用于观察连续变化的信号和脉冲信号，也适用于观察占空比很大的脉冲信号或单脉冲信号。所以在一般的示波器中只采用连续扫描方式，脉冲示波器只采用触发扫描方式，而对于较高级的示波器则采用两种扫描方式。

4. CA9020 模拟示波器说明书

(1)前面板介绍(见图 3.35.5)

① CRT

7——电源：主电源开关，当此开关开启时发光二极管发亮；

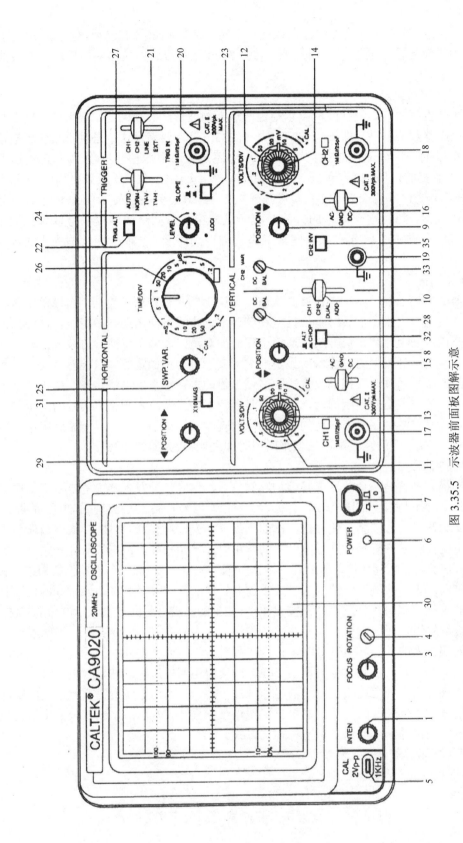

图 3.35.5　示波器前面板图解示意

1——亮度：调节光迹或亮点的亮度；

3——聚焦：调节光迹或亮点的清晰度；

4——轨迹旋转：半固定的电位器用来调整水平轨迹与刻度线平行；

30——滤色片：使波形显示效果更舒适。

② 垂直轴

17——CH1（X）输入：Y1 通道输入端，在 X–Y 模式下，作为 X 轴输入端；

18——CH2（Y）输入：Y2 通道输入端，在 X–Y 模式下，作为 Y 轴输入端；

28、33——CH1 和 CH2 的 DC BAL：用于两个通道的衰减器平衡调试（详见 DC BAL 调试）；

15、16——AC-GND-DC：选择垂直轴输入信号的方式。

● AC：交流耦合；

● GND：垂直放大器的输入接地，输入端断开；

● DC：直流耦合。

11、12——垂直衰减开关：调节垂直偏转灵敏度从 5mV/div～5V/div，分 10 挡；

13、14——垂直微调：微调比≥2.5：1，在校正位置时，灵敏度校正为标示值；

8、9——▲▼垂直位移：调节光迹在屏幕（即荧光屏）上的垂直位置；

10——垂直方式：选择 CH1 与 CH2 放大器的工作模式。

● CH1 或 CH2：通道 1 和通道 2 单独显示；

● DUAL：两个通道同时显示；

● ADD：显示两个通道的代数和 CH1+ CH2；按下"CH2 INV"按钮，为代数差 CH1- CH2。

32——ALT/CHOP：在双踪显示时，放开此键，通道 1 与通道 2 交替显示（通常用于扫描速度较快的情况）；按下此键时,通道 1 和通道 2 同时断续显示（通常用于扫描速度较慢的情况）；

35——CH2 INV：通道 2 的信号反向，当此键按下时，通道 2 的信号以及通道 2 触发信号同时反向。

③ 触发

20——外触发输入端子：用于外部触发信号。当使用该功能时，触发源选择开关应设置在 EXT 的位置上；

21——触发源选择：选择内（INT）或外（EXT）触发。

● CH1：当垂直方式选择开关 10 设定在 DUAL 或 ADD 状态下，选择通道 1 作为内部触发信号源；

● CH2：当垂直方式选择开关 10 设定在 DUAL 或 ADD 状态下，选择通道 2 作为内部触发信号源；

● LINE：选择交流电源作为触发信号源；

● EXT：外部触发信号接于 20 作为触发信号源；

● TRIG ALT 22：当垂直方式选择开关 10 设定在 DUAL 或者 ADD 状态下，而且触发源开关 21 选在通道 1 或通道 2 上，按下此键时，则交替选择通道 1 和通道 2 作为内触发信号源。

23——极性：触发信号的极性选择。"+"为上升沿触发，"–"为下降沿触发；

24——触发电平：显示一个同步稳定的波形，并设定一个波形的起始点，向"+"（顺时针）旋转触发电平增大，向"–"（逆时针）旋转触发电平减小；

27——触发方式：选择触发方式。

● AUTO：自动，当没有触发信号输入时扫描在自由模式下；

- NORM：常态，当没有触发信号时，踪迹在待命状态（并不显示）；
- TV-V：电视场，适用于观察一场的电视信号；
- TV-H：电视行，适用于观察一行的电视信号；

（仅当同步信号为负脉冲时，方可同步电视场和电视行。）

24——触发电平锁定：将触发电平旋钮向逆时针方向转到底听到"咔哒"一声后，触发电平被锁定在一个固定电平上，这时改变扫描速度或信号幅度，不再需要调节触发电平，即可获得同步信号。

④ 时基

26——水平扫描速度开关：扫描速度可以分为19挡，从0.2μS/div 到0.2S/div（当设置到 X-Y 位置时该开关不起作用）；

25——水平微调：微调水平扫描时间，使扫描时间被校正到与面板上 TIME/DIV 指示的一致。TIME/DIV 扫描速度可连续变化，当顺时针旋转到底为校正位置。整个延时可达2.5倍甚至更多；

29—— ◄► 水平位移：调节光迹在屏幕上的水平位置；

31——扫描扩展开关：按下时扫描速度扩展10倍。

⑤ 其他

5——CAL：提供幅度为 $2V_{P-P}$ 频率 1kHz 的方波信号，用于校正10:1探头的外补偿电容器和检测示波器垂直与水平的偏转因数；

19——GND：示波器机箱的接地端子。

（2）后面板介绍（见图 3.35.6）

39——Z 轴输入：外部亮度调制信号输入端；

38——外侧频输出：提供与被测信号相同频率的脉冲信号，适合外接频率计；

37——电源插座及保险丝座：220V 电源插座。

（3）基本操作（单通道操作）

接通电源前务必先检查电压是否与当地电网电压一致，然后将有关控制元件按表 3.35.1 设置。

表 3.35.1　开机前控制元件设置

功　　能	序　　号	设　　置	功　　能	序　　号	设　　置
电源(POWER)	7	关	AC-GND-DC	15、16	GND
亮度(INTEN)	1	居中	触发源(SOURCE)	21	通道1
聚焦(FOCUS)	3	居中	极性(SLOPE)	23	+
垂直方式(VERT MODE)	10	通道1	触发交替选择(ERIG.ALT)	22	释放
交替/断续(ALT/CHOP)	32	释放(ALT)	触发方式(TRIGGER MODE)	27	自动
通道2反向(CH2 INV)	35	释放	扫描时间(TIME/DIV)	26	0.5mSec/DIV
垂直位移(▲▼POSITION)	8、9	居中	微调(SWP.VAR)	25	校正位置
垂直衰减(VOLTS/DIV)	11、12	50mV/DIV	水平位移(◄►POSITION)	29	居中
微调(VARIABLE)	13、14	CAL(校正位置)	扫描扩展(×10 MAG)	31	释放

将开关和控制部分按以上设置完成后，接上电源线，继续以下操作。

a. 电源接通，电源指示灯亮约20s后，屏幕上出现光迹。如果60s后还没有出现光迹，请检查开关和控制旋钮的设置；

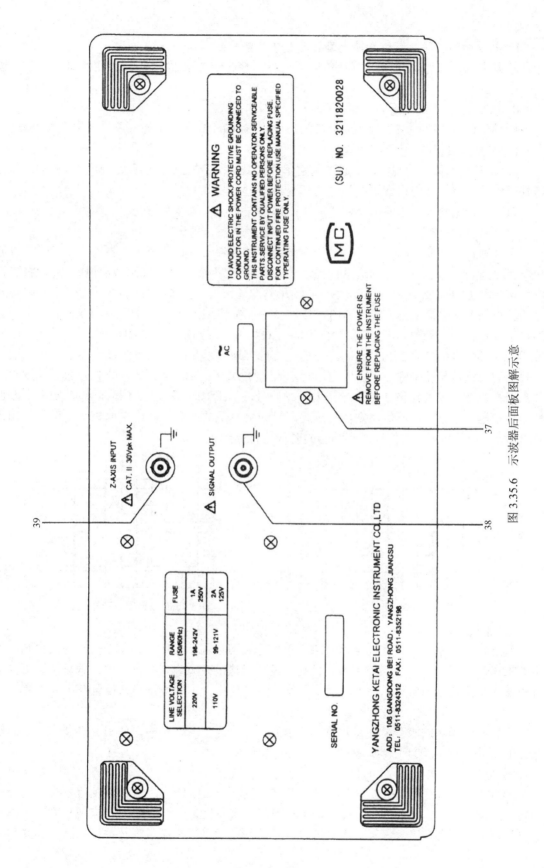

图 3.35.6　示波器后面板图解示意

b. 分别调节亮度、聚焦，使光迹亮度适中且清晰；

c. 调节通道 1 位移旋钮与光迹旋转电位器，使光迹与水平刻度平行（用螺钉刀调节光迹旋转电位器 4）；

d. 用 10:1 探头将校正信号输入至 CH1 输入端；

e. 将 AC-GND-DC 开关设置在 AC 状态，一个如图 3.35.7 所示的方波将会出现在屏幕上；

f. 调整聚焦使图形到清晰状态；

g. 对于其他信号的观察，可通过调整垂直衰减开关、扫描时间开关、垂直和水平位移旋钮到所需的位置，从而得到幅度与时间都容易读出的波形。

以上为示波器最基本的操作，通道 2 的操作与通道 1 的操作相同。

（4）双通道操作

选择垂直方式到 DUAL 状态下，这时通道 2 的光迹出现在屏幕上。通道 1 显示一个方波（来自信号输出的波形），而通道 2 仅显示一条直线（因为没有信号接到该通道）。现在将校正信号接到 CH2 的输入端，将 AC-GND-DC 开关设置到 AC 状态，调整垂直位移 8 和 9 使两通道的波形如图 3.35.8 所示，释放 ALT/CHOP 开关（置于 ALT 方式）。CH1 和 CH2 的信号交替地显示在屏幕上，此设定用于观察扫描时间短的两路信号。按下 ALT/CHOP 开关（置于 CHOP方式），CH1 和 CH2 的信号以 400kHz 的速度独立地显示在屏幕上，此设定用于观察扫描时间较长的两路信号。在进行上通道操作时，如选择 DUAL 或加减方式，则必须通过触发源开关来选择通道 1 或者通道 2 的信号作为触发信号，如果 CH1 与 CH2 信号同步，则两个波形都会稳定地显示出来。不然，则仅有选择了相应触发源的通道可以稳定地显示出信号；如果TRIG/ALT 开关按下，则两个波形都会同时稳定地显示出来。

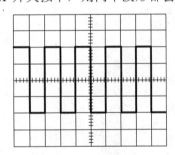

图 3.35.7 矫正方形波

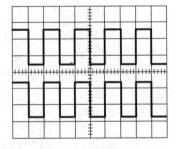

图 3.35.8 双通道方形矫正波形

（5）加减操作

通过将垂直方式开关设置为"ADD"的状态，可以显示 CH1 与 CH2 信号的代数和，如果 CH2 INV 开关按下，则为代数减。此时，两个通道的衰减设置必须一致。垂直位置可以通过"▲▼"位置键来调整。鉴于垂直放大器的线性变化，最好将该旋钮设置在中间位置。

（6）触发源的选择

正确地选择触发源有利于有效地使用示波器，这是至关重要的，使用者必须十分熟悉触发源的选择、功能及其工作次序。

① MODE 开关

AUTO：自动模式，扫描发生器自己振荡产生一个扫描信号，当有触发信号时，它会自动转换到触发扫描，通常第一次观察一个波形时，将其设置于"AUTO"，当观察到一个稳定的波形以后，再调整其他设置。当其他控制部分设定好以后，通常将开关设回到"NORM"

触发方式，因为该方式更加灵敏。当测量直流信号或小信号时必须采用"AUTO"方式。

NORM：常态，通常扫描发生器保持在静止状态，屏幕上无光迹显示。当触发信号经过由"触发电平"设置的阀门电平时，扫描一次。之后扫描发生器又回到静止状态，直到下一次被触发。在双踪显示"ALT"与"NORM"的扫描时，除非通道 1 与通道 2 都有足够的触发电平，否则不会显示。

TV-V：电视场，当需要观察一个整场的电视信号时，将 MODE 开关设置到"TV-V"，对电视信号的场信号进行同步，扫描时间通常设定到 2ms/div（一帧信号）或 5ms/div（一场两帧隔行扫描信号）。

TV-H：电视行，对电视信号的行信号进行同步，扫描时间通常设为 10μS/div，显示几行信号波形，可以用微调旋钮调节扫描时间到所需要的行数。送入示波器的同步信号必须是负极性的，如图 3.35.9 所示。

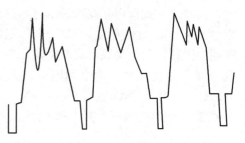

图 3.35.9　TV-H 同步

② 触发信号源功能

为了在屏幕上显示一个稳定的波形，需要给触发电路提供一个与显示信号在时间上有关联的信号（即触发信号），触发源开关就是用来选择触发信号的。

CH1：大部分情况下采用的内触发模式。

CH2：送到垂直输入端的信号在预放以前分一支到触发电路中。由于触发信号就是测试信号本身，因此屏幕上会出现一个稳定的波形。

在 DUAL 或 ADD 方式下，触发信号由触发源开关来选择。

LINE：用电网交流电源的频率作为触发信号。这种方法对于测量与电源频率有关的信号十分有效，如音响设备的交流噪音，可控硅电路等。

EXT：用外来信号驱动扫描触发电路。该外来信号因与要测的信号有一定的时间关系，波形即由外来信号触发而显示出来。

③ 触发电平和极性开关

触发信号形成时通过一个预置的阀门电平，调整触发电平旋钮可以改变该电平，向"+"方向时，阀门电平增大；向"−"方向时，阀门电平减小；当在中间位置时，阀门电平设定在信号的平均值上。

触发电平可以用来调节所显示波形的扫描起点。对于正弦信号，起始相位是可变的。注意：如果触发电平的调节过正或过负，就不会产生扫描信号，因为这时触发电平已经超过了同步信号的幅值。

极性开关设置在"+"时，上升沿触发；极性开关设置在"−"时，下降沿触发，如图 3.35.10 所示。

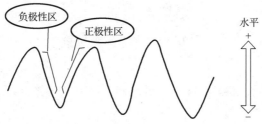

图 3.35.10　上升沿与下降沿触发

触发电平锁定：逆时针调节触发电平旋钮到底，听到"咔嗒"一声后，触发电平被锁定在一固定值，此时改变信号幅度和频率不需要调整触发电平即可获得一稳定的波形。当输入信号的幅度或外触发信号的幅度在以下范围内时该功能有效：

CA9020：50Hz～5MHz ≥ 1div（EXT：0.5V）

  5MHz～20MHz ≥ 2div（EXT：1V）

CA9040：50Hz～10MHz ≥ 1div（EXT：0.5V）

  10MHz～40MHz ≥ 2div（EXT：1V）

④ 触发交替开关

当垂直方式选定在双踪显示时，该开关用于交替触发和交替显示（适用于 CH1、CH2 和相加方式）。在交替方式下，每一个扫描周期，触发信号交替一次。这种方式有利于波形幅度、周期的测试，甚至可以观察两个在频率上并无联系的波形，但不适合于相位和时间对比的测量，对于此类测量，两个通道必须采用同一同步信号触发。注意：在双踪显示时，如果"CHOP"和"TRIG.ALT"同时按下，则不能同步显示，因为"CHOP"信号成为触发信号。一般使用 ALT 方式或直接选择 CH1 或 CH2 作为触发信号源。

(7) 扫描速度控制

调节扫描速度旋钮，可以选择想要观察的波形个数，如果屏幕上显示的波形过多，则将扫描速度调节更快一些，如果屏幕上只有一个周期的波形，则可以减少扫描时间。当扫描速度太快时，屏幕上只能观察到周期信号的一部分。如被测信号是一个方波信号，可能在屏幕上显示的只是一条直线。

(8) 扫描扩展

当需要观察一个波形的一部分时，需要很高的扫描速度。但是如果想要观察的部分远离扫描的起点，则所要观察的那部分波形可能已经出到屏幕以外。这时就需要使用扫描扩展开关。当扫描扩展开关被按下后，显示的范围会扩展 10 倍。这时的扫描速度是"扫描速度开关"上的值的十分之一，如图 3.35.11 所示。例如，1μs/div 可以扩展到 100ns/div。

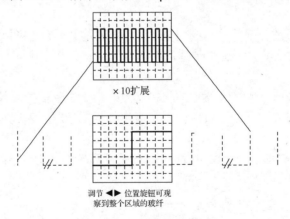

图 3.35.11　扫描扩展 10 倍

(9) X–Y 操作

将扫描速度开关设定在 X–Y 位置时，示波器工作方式为 X–Y。

X 轴：CH1 输入；

Y 轴：CH2 输入。

注意：当高频信号在X-Y方式时，应注意X轴与Y轴的频率、相位的不同。

X-Y方式允许示波器进行常规示波器所不能完成的很多测试。CRT可以显示一个电子图形或两个瞬时的电平。它可以是两个电平直接的比较，就像向量示波器显示视频彩条图形。如果使用传感器将动态参数(频率、温度、速度等)转换成电压信号，X-Y方式就可以显示这些参数的图形。一个通用的例子就是频率相位的测试。这里Y轴对应于信号幅度，X轴对应于频率，如图3.35.12所示。

在某些应用场合需要观察利萨茹图形，可用X-Y方式，当从X-Y这两个输入端输入正弦信号时，在示波管荧光屏上可显示出利萨茹图形，根据图形可以推算出两个信号之间频率及相位关系，如图3.35.13所示。

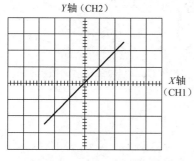

图3.35.12　X-Y操作

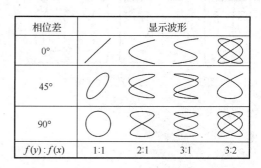

图3.35.13　利萨茹图形

（10）探头校正

如前所述，示波器探头可用于一个很宽的频率范围，但必须进行相位补偿。失真的波形会引起测量误差。因此，在测量前，要进行探头校正，详细方法参见(12)b。

（11）直流平衡调整（DC BAL）

a. 将CH1和CH2的输入耦合开关设定为GND，触发方式为自动，将光迹调整到中间位置；

b. 将被衰减开关在5mV和10mV之间来回转换，调整DC BAL到光迹在零水平线不移动为止。

（12）测量

① 测量前的检查和调整

为了得到较高的测量精度，减少测量误差，在测量前应对如下项目进行检查和调整。

a. 光迹旋转

在正常情况下，屏幕上显示的水平光迹应与水平刻度线平行，但由于地球磁场与其他因素的影响，会使水平迹线产生倾斜，给测量造成误差，因此在使用前可按下列步骤检查或调整：

a.1 预置示波器面板上的控制键，使屏幕上获得一条水平扫描线；

a.2 调节垂直移位使扫描基线处于垂直中心的水平刻度线上；

a.3 检查扫描基线与水平刻度线是否平行，如不平行，用螺钉刀调整前面板上的"ROTATION"电位器。

b. 探极补偿

探极的调整用于补偿由于示波器输入特性的差异而产生的误差，调整方法如下：

b.1 按表3.35.1设置面板控制键，并获得一条扫描基线；

b.2 设置 V/DIV 为 50mV/div 挡级;

b.3 将 10:1 探极接入 Y1 通道,并与本机校正信号 5 连接;

b.4 按前面所述内容操作有关控制键,使屏幕上获得图 3.35.14 所示波形;

b.5 观察波形补偿是否适中,否则调整探极补偿元件,如图 3.35.15 所示;

b.6 设置垂直方式到"Y2",并将 10:1 探极接入 Y2 通道,按步骤 b.3~b.5 方法检查调整 Y_2 探极。

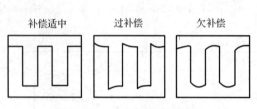

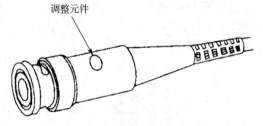

图 3.35.14 探头补偿示意图   图 3.35.15 探头补偿旋钮示意图

② 幅值的测量

a. 峰-峰电压的测量

对被测信号波形峰-峰电压的测量,其步骤如下:

a.1 将信号输入 Y1 或 Y2 通道,将垂直方式置于被选用的通道;

a.2 设置电压衰减器并观察波形,使被显示的波形在 5 格左右,检查微调顺时针旋至校正位置;

a.3 调整电平使波形稳定(如果是电平锁定,无须调节电平);

a.4 调节扫描速度开关,使屏幕上至少出现一个波形周期;

a.5 调整垂直移位,使波形底部在屏幕中某一水平坐标上(见图 3.35.16 中 *A* 点);

a.6 调整水平移位,使波形顶部在屏幕中央的垂直坐标上(见图 3.35.16 中 *B* 点);

a.7 读出垂直方向 *A*、*B* 两点之间的格数;

a.8 按下面公式计算被测信号峰-峰电压值(U_{P-P})。

$$U_{P-P} = 垂直方向的格数 \times 垂直偏移因数$$

例如,图 3.35.16 中,测出 *A*、*B* 两点垂直格数为 4.2 格,10:1 探极的垂直因数系数为 2V/div,则 U_{P-P} =2×4.2=8.4(V)。

b. 直流电压的测量

直流电压的测量步骤如下:

b.1 设置面板控制器,使屏幕上显示一条扫描基线;

b.2 设置被选用通道的耦合方式为"GND"(图 3.35.17 中的"测量前");

b.3 调节垂直移位,使扫描基线在某一水平坐标上,定义此坐标为电压零值;

b.4 将被测电压馈入备选用的通道插座;

b.5 将输入耦合置于"DC",调节电压衰减器,使扫描基线偏移在屏幕中一个合适的位置上,之前将微调顺时针旋至校正位置;

b.6 读出扫描基线在垂直方向上偏移的格数(见图 3.35.17 中的"测量后");

b.7 按下列公式计算被测直流电压值

$$U=垂直方向的格数×垂直偏移系数×偏移方向(+或-)$$

例如，图 3.35.17 中，测出扫描基线比原基线上移 4 格，垂直偏移系数为 2V/div，则 $U=2×4×(+)=+8(V)$。

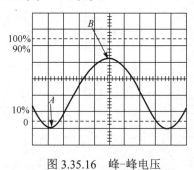

图 3.35.16　峰-峰电压　　　　　　　　图 3.35.17　直流电压测量

c. 幅值比较

在某些应用中，需对两个信号之间的幅值偏差(百分比)进行测量，其步骤如下：

c.1 将作为参考的信号馈入 Y1 或 Y2 通道，设置垂直方式为被选的通道；

c.2 调整电压衰减器和微调控制器使屏幕上显示幅度为垂直方向 5 格；

c.3 在保证电压衰减器和微调控制器在原位置不变的情况下，将探极从参考信号换接至欲比较的信号，调整垂直移位使波形底部对准屏幕的 0% 刻度线；

c.4 调整水平移位使波形顶部在屏幕中央的垂直刻度线上；

c.5 根据屏幕上左侧的 0% 和 100% 的百分比标准，从屏幕中央的垂直坐标上读出百分比(1 小格等于 4%)；

例如，图 3.35.18 中，虚线表示参考波形，幅值为 5 格，实线为被比较的信号波形，垂直幅度为 2 格，则该信号的幅值为参考信号的 40%。

d. 代数叠加

当需要测量两个信号的代数和或差时，可根据下列步骤操作：

d.1 设置垂直方式为"DUAL"，根据信号频率选择"ALT"或"CHOP"；

d.2 将两个信号分别馈入 Y1 或 Y2 通道；

d.3 调节电压衰减器使两个信号的显示幅度适中且 VOLTS/DIV 必须相同，调节垂直移位，使两个信号波形处于屏幕中央；

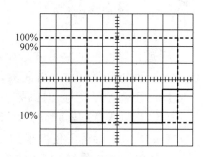

图 3.35.18　幅值比较

d.4 将垂直方式置于"ADD"，即显示两个信号的代数和；若需要观察两个信号的代数差，则将 Y2 反向(按下图 3.35.5 中的开关 35)，图 3.35.19 分别显示出两个信号的代数和及代数差。

③ 时间常数的测量

a 时间间隔的测量

对于一个波形中两点间时间间隔的测量，可按下列步骤进行：

a.1 将作为参考的信号馈入 Y1 或 Y2 通道，设置垂直方式为被选的通道；

a.2 调整电压使波形稳定显示(如峰值自动，则无须调节电平)；

a.3 将水平微调(图 3.35.5 中旋钮 25)顺时针旋至校正位置，调整水平扫描速度开关

（图 3.35.5 中旋钮 26），使屏幕上显示 1～2 个信号周期；

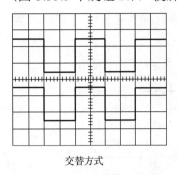
交替方式

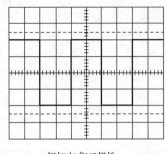
相加方式Y2极性+

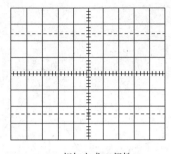
相加方式Y2极性−

图 3.35.19　代数叠加

a.4　分别调整垂直移位和水平移位，使波形中需要测量的两点位于屏幕中央水平刻度线上；

a.5　测量两点之间的水平刻度，按下列公式计算出时间间隔：

$$时间间隔 = \frac{两点之间水平距离(格) \times 扫描时间系数(时间 / 格)}{水平扩展倍数}$$

例如，图 3.35.20 中，测量 A、B 两点的水平距离为 8 格，扫描时间因数为 2μs/div，水平扩展×1，则

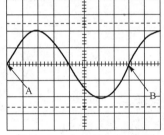

图 3.35.20　时间间隔测量

$$时间间隔 = \frac{2μs / div \times 8div}{1} = 16μs$$

b.　周期和频率的测量

在图 3.35.20 所示的例子中，所测得的时间间隔即为该信号的周期 T，该信号的频率为 $1/T$。例如，$T = 16μs$，则频率为

$$f = \frac{1}{T} = \frac{1}{16 \times 10^{-6}} = 62.5kHz$$

c.　上升或下降时间的测量

上升或下降时间的测量方法和时间间隔测量方法一样，只不过是测量被测波形满幅度的 10% 和 90% 两处之间和水平轴距离，测量步骤如下：

c.1　设置垂直方式为 CH1 或 CH2，将信号馈送到被选中的通道；

c.2　调整电压衰减器和微调，使波形的垂直幅度显示 5 格；

c.3　调整垂直移位，使波形的顶部和底部分别位于 100% 和 0% 的刻度线上；

c.4　调整水平扫描速度开关（图 3.35.5 中旋钮 26），使屏幕显示波形的上升沿或下降沿；

c.5　调整水平移位，使波形上升沿的 10% 处相交于某一垂直刻度线上；

c.6　测量 10% 到 90% 两点间的水平距离（格），如波形的上升沿或下降沿较快则可将水平扩展×10，使波形在水平方向上扩展 10 倍；

c.7　按下列公式计算出波形的上升（或下降）时间：

$$上升(或下降)时间 = \frac{水平距离(格) \times 扫描时间因数(时间 / 格)}{水平扩展倍数}$$

例如，图 3.35.21 中，波形上升沿的 10% 处至 90% 处的水平距离为 2.4 格，扫描时间因数为 1μs / div，水平扩展×10，根据下式计算出：

$$上升时间 = \frac{1\mu s / div \times 2.4 div}{10} = 0.24ms$$

d. 时间差的测量

对两个相关信号的时间差测量，可按下列步骤进行：

d.1 将参考信号和一个待比较信号分别馈入"Y1"和"Y2"通道；

d.2 根据信号频率，将垂直方式置于"交替"或"断续"；

d.3 设置触发源为参考信号通道；

d.4 调整电压衰减器和微调控制器，显示合适的幅度；

d.5 调整电平使波形稳定地显示；

d.6 调整 T/div，使两个波形的测量点之间有一个能方便观察的水平距离；

d.7 调整垂直移位，使两个波形的测量点位于屏幕中央的水平刻度线上。

$$时间差 = \frac{水平距离(格) \times 扫描时间因数(时间/格)}{水平扩展倍数}$$

例如，图 3.35.22 中，扫描时间系数置于 $10\mu s$/div，水平扩展×1，测量两点之间的水平距离为 1 格，则

$$时间差 = \frac{10\mu s / div \times 1 div}{1} = 10\mu s$$

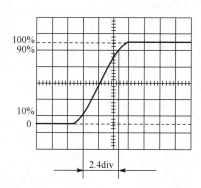

图 3.35.21　上升或下降时间测量

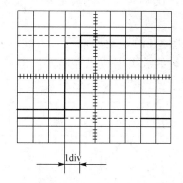

图 3.35.22　时间差测量

e. 相位差的测量

相位差的测量可以参考时间差的测量方法，步骤如下：

e.1 按时间差测量方法的步骤 d.1～d.4 设置有关控制器；

e.2 调整电压衰减器和微调控制器，使两个波形的显示幅度一致；

e.3 调整扫描时间开关和微调，使波形的一个周期在屏幕上显示 9 格，这样水平刻度线上 1DIV = $40°(360° \div 9)$；

e.4 调整两个波形相对位置上的水平距离(格)；

e.5 按下列公式计算出两个信号的相位差：

$$相位差 = 水平距离(格) \times 40° / div$$

例如，图 3.35.23 中，测得两个波形相对位置上的距离为 1 格，则按公式可算出：

$$相位差 = 40° / div \times 1 div = 40°$$

227 ·

④ 电视场信号的观察

示波器具有显示电视场信号的功能，操作方法如下：

a. 将垂直方式置于"Y1"或"Y2"，将电视信号馈送至被选中的通道；

b. 将触发方式置于"电视"，并将扫速开关置于2ms／div；

c. 观察屏幕上显示的是否是负极性同步脉冲信号，如果不是，可将信号改送至Y2通道，并将Y2位电位器拉出，使正极性同步脉冲的电视信号倒相为负极性脉冲的电视信号；

d. 调整电压衰减器和微调控制器，显示合适的幅度；

e. 如需细致观察电视场信号，则可将水平扩展×10。

5. 示波器的应用

(1) 电压的测量

用示波器不仅能测量直流电压，还能测量交流电压和非正弦的电压。它采用比较测量的方法，即用已知电压幅度波形将示波器的垂直方向进行分度，然后与被测电压波形进行比较。如图 3.35.24 所示，图中的方波幅度假定为 8V，占据 4 个分度，因此每个分度表示 2V，即 2V／div。如果待测的正弦波其峰-峰电压(U_{P-P})为 2.0div，则峰-峰电压 $U_{P-P}=4V$，所以按公式 $U=\dfrac{0.71\times U_{P-P}}{2}$ 就可以计算出其有效值。如果将待测信号衰减至1/10，显然 U_{P-P} 只有 0.4V，测量精度降低了；如果放大至 10 倍就不可能测量到它的峰-峰值。如果待测信号较大，衰减至1/10后，显示的波形仍占 3 个分度，则待测信号峰-峰电压为

$$U_{P-P}=2V／div\times10\times3.0div=60V$$

注意，在测量电压幅度时不能调节"增益"旋钮，因为用已知电压分度时，通过"增益"调节 Y 轴的放大倍数已经确定，即灵敏度已定，若再调节"增益"旋钮，灵敏度就会变化，以至于计算出的幅度不正确。

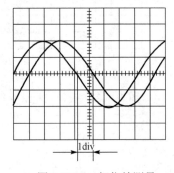

图 3.35.23 相位差测量

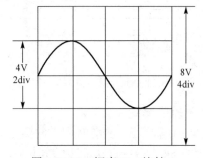

图 3.35.24 幅度 U_{P-P} 比较

(2) 测量频率和周期

用示波器测量频率或周期必须知道 X 轴的扫描速率，即 X 轴方向每分度相当于多少秒或微秒。假定图 3.35.24 所示的 X 轴扫描速率为5ms／div，则被测正弦波的周期为

$$4.0div\times5ms／div=20ms$$

因此，频率 $f=\dfrac{1}{20}$ms$=50Hz$ 就可以计算出来。注意，当显示波形的个数较多时，周期可根据测量几个周期的时间除以 n 来计算，以保证周期有较高的精度。

因为稳定的标准容易得到，示波器判别合成的波形(利萨茹图形)非常直观、灵敏和准确，

所以测量频率时会用到它，在复杂信号的频谱分析中也会用到它。测量的接线方式如图 3.35.25 所示，图中待测频率 f_Y 接在 CH1 端，已知 f_X 的信号作为标准信号接在 CH2 端。如果出现如图 3.35.26 所示的波形，则通过 f_Y 和 f_X 的比值可计算出待测信号的频率 f_Y。

注意，由于两种信号的频率不会非常稳定和严格相等，因此得到的利萨茹图形不太稳定，经常会出现上下左右来回或定向滚动的现象。如果是比较稳定的翻转，则测出翻转一次所用的时间 t(s)，即可知 f_X 和 f_Y 之差为 $1/t$ (Hz)。

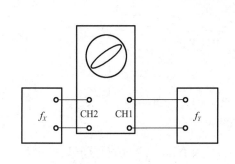

图 3.35.25　观察利萨茹图形接线方式

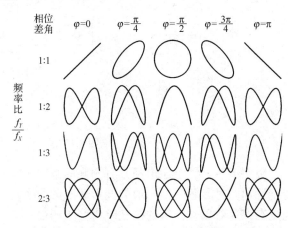

图 3.35.26　几种相位和频率比的利萨茹图形

(3)测量两个正弦信号的相位差

根据利萨茹图形可以计算出相位差，如图 3.35.27 所示，令

$$y = a\sin\omega t$$

$$x = b\sin(\omega t + \varphi)$$

则 x 与 y 的相位差为 φ。假定波形在 X 轴上的截距为 $2x_0$，则对 X 轴上的 P 点有

$$y = a\sin\omega t = 0$$

因而

$$\omega t = 0$$

所以

$$x_0 = b\sin(\omega t + \varphi) = b\sin\varphi$$

得到

$$\varphi = \arcsin\frac{x_0}{b} \quad 和 \quad \pi - \arcsin\frac{x_0}{b}$$

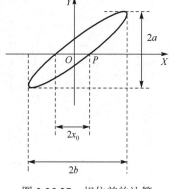

图 3.35.27　相位差的计算

6. 数字存储示波器

(1)数字存储示波器的原理

数字存储示波器简称数字示波器，是显示被测量的瞬时值轨迹变化情况的仪器，在概念上，与模拟示波器一样完成同样的测量，具有相同的功能，不过内部采用的技术不同。数字示波器的技术发展赋予示波器更多波形捕获力，从而可观察现实世界。由于数字示波器具有数学运算功能，它可以是一台具有波形显示的电压表、电流表、FFT 频率计、功率测量和波形参数分析的综合性仪表。数字示波器的结构如图 3.35.28 所示。

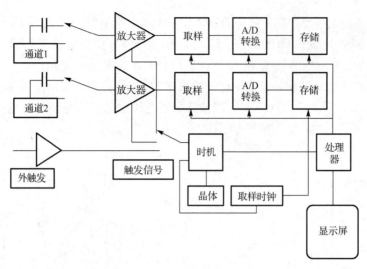

图 3.35.28　数字示波器的结构

数字示波器每个通道都具有相同的数字采集和数字处理系统，无须通过电子开关切换，能精确地同时显示两个通道的波形和时间关系，对两个信号的定时和相位测量没有误差，特别是在高速对单次波形的捕获时优势更明显。

数字示波器经过采样，把模拟信号转换为数字形式存储，经变换后最终恢复成模拟波形显示在示波器上，如图 3.35.29 所示。有了存储功能，波形就可以保留在屏幕上，从而可仔细对波形进行分析。数字示波器不但可以显示重复波形和对低频信号做到无闪烁地清晰显示，而且有捕获显示单次信号的能力。在采样之前，电路必须维持示波器的全部带宽，但在 A/D 转换之后需要的带宽大大降低。

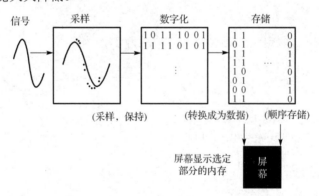

图 3.35.29　模拟信号数字化示意图

图 3.35.30 为数字存储示波器不同功能及其彼此间关系的框图，下面详细介绍其工作原理。

① 触发控制(触发器)

触发器确定示波器开始采集数据和显示波形的时间。正确设置触发后，示波器就能将不稳定的显示结果转换为有意义的波形。触发器主要有 3 种触发类型：边沿触发、视频触发和脉冲宽度触发。

边沿触发：在达到触发电平(阈值)时，输入信号的上升边沿或下降边沿触发示波器，也是示波器默认的触发方式。可将通道 CH1、通道 CH2、外部(Ext)、外部/5(Ext/5)、市电信源选为示波器触发信号。不论波形是否显示，CH1、CH2 都会触发某一通道；使用连接到 Ext Trig（外部触发）前面板 BNC 的信号，允许的触发电平范围是–1.6～+1.6V；Ext/5 与 Ext 一样，但以系数 5 衰减信号，允许的触发电平范围是–8～+8V，扩大了触发电平范围；使用从电源线获得的信号作为触发源，触发耦合设置为"直流"，触发电平设置为 0V。通过耦合过滤选择信号的分量应用在示波器触发采集电路上，包括直流耦合、交流耦合、噪声抑制耦合、高频抑制耦合、低频抑制耦合 5 种方式。直流耦合通过信号的所有分量；交流耦合阻碍直流分量，并衰减 10Hz 以下的信号；噪声抑制耦合向触发电路增加磁滞，这将降低灵敏度，该灵敏度用于减少错误地触发噪声的机会；高频抑制耦合衰减 80kHz 以上的高频分量；低频抑制耦合阻碍直流分量，并衰减低于 300kHz 的低频分量。触发耦合仅影响通过触发系统的信号，它不影响屏幕上所显示信号的带宽或耦合。触发方式可采用自动、正常两种模式，当示波器根据水平标度的设定在一定时间内未检测到触发时，"自动"模式（默认）会强制其触发。在许多情况下都可使用此模式。使用"自动"模式可以在没有有效触发时自由运行采集，此模式允许在 100ms/格或更慢的时基设置下发生未经触发的扫描波形。仅当示波器检测到有效的触发条件时，"正常"模式才会更新显示波形，在用新波形替换原有波形之前，示波器将显示原有波形。

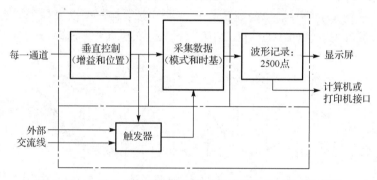

图 3.35.30　数字存储示波器不同功能及其彼此间关系的框图

预触发：触发位置通常设在屏幕的水平中心处。在这种情况下，可以观察到屏幕左侧五格的预触发信息，调整波形的水平位置可以看到更多（或更少）的预触发信息。图 3.35.31 为预/后触发示意图，因为数据被连续地存储到内存中，同时触发事件在数据量足够后停止采集，它容许用户观看触发前的事件，这是数字示波器的最显著特点之一。

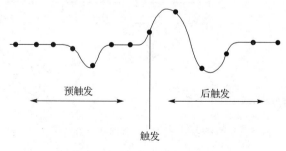

图 3.35.31　预/后触发示意图

视频触发：一般由视频信号的场或线触发示波器。

脉冲宽度触发：一般由异常脉冲触发示波器。这是数字示波器的高级触发模式。

触发频率：示波器计算可触发事件发生的速率以确定触发频率并在屏幕的右下角显示该频率。

② 垂直控制（增益和位置）

垂直控制可以缩放并定位波形，通过调整波形的垂直比例（增益）和垂直位置来更改显示的波形。改变垂直比例时，显示的波形将基于接地参考电平进行缩放；改变位置时，波形会向上、向下移动，在 $X-Y$ 模式下向右、向左移动。通道指示器（位于屏幕刻度的左侧）标识屏幕上的每个波形，指示器指向所记录波形的接地参考电平。

③ 采集数据（模式和时基）

示波器通过在不连续点处采集输入信号的值来数字化波形，数据采集模式定义采集过程中信号被数字化的方式，主要分为采样、峰值检测、平均值、扫描 4 种模式。时基设置影响采集的时间跨度和细节程度，即数值被数字化的频率，要将时基调整到满足要求的水平刻度，可使用示波器前面板水平控制区域的"水平标度"旋钮调节。

a. 采样模式

示波器以均匀时间间隔对信号进行采样以建立波形，如图 3.35.32 所示，采集间隔为 2500 点，在每个间隔采集单个采样点，即采集 2500 点并以水平刻度（s/div）设置进行显示，此方式多数情况下可以精确显示信号，也是默认方式。示波器采样速率以每秒采样点（S/s）来描述，采样速率与其带宽有关，例如，TBS1102B-EDU 型示波器的采样速率最高为 2GS/s。

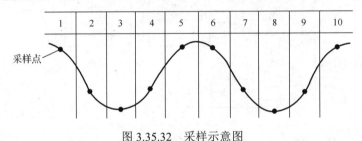

图 3.35.32　采样示意图

b. 峰值检测模式

示波器在每个采样间隔中找到输入信号的最大值和最小值并使用这些值显示波形，如图 3.35.33 所示，采集间隔为 1250 点，在每个间隔采集 2 个采样点（最高和最低电压），即采集 2500 点并以水平标度（s/div）设置进行显示，多用于检测窄至 10ns 的毛刺并减小假波现象的概率。

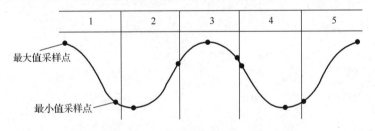

图 3.35.33　峰值检测模式示意图

如果将水平标度（s/div）设置为 2.5ms/div 或更快，采集模式会变为"取样"，因为采样速率足够快，从而无须使用峰值检测。

c. 平均值模式

在采样方式下采集数据，将大量波形进行平均，平均值的数目有 4、16、64、128，此方式可以减少信号中的随机噪声。

如果探测到一个包含断续、狭窄毛刺的噪声方波信号，不同采集模式下波形的显示将不同，如图 3.35.34 所示。

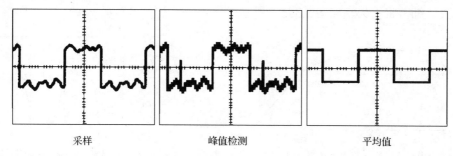

| 采样 | 峰值检测 | 平均值 |

图 3.35.34 不同采集模式波形示意图

d. 扫描模式

当水平时间刻度大于 100ms/div 或更慢，且在自动触发模式下，示波器将使用"扫描"采集模式(也称滚动方式)连续监视变化缓慢的信号。示波器在屏幕上从左到右显示波形更新并在显示新点时删除旧点，一个移动的一分度宽的屏幕空白区将新波形点与旧波形点分开。在扫描模式下，不存在波形触发或水平位置控制。正是有了滚动模式，可以用示波器代替图表记录仪来显示慢变化的现象，如化学过程、电池的充放电周期或温度对系统性能的影响等。

④ 时域假波现象

如果示波器对信号进行采样时不够快，采样速率小于 1/2 信号带宽，违反奈奎斯特采样定律，从而无法建立精确的波形记录时，就会有假波现象。此现象发生时，示波器将以低于实际输入波形的频率显示波形，或者触发并显示不稳定的波形，如图 3.35.35 所示。

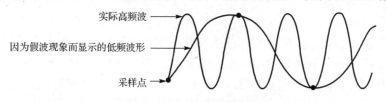

图 3.35.35 假波现象示意图

假波现象的判断：旋转"水平标度"旋钮更改水平刻度，如果波形剧烈变化，则可能有假波现象；选择"峰值检测"采集信号模式，对输入信号最大值和最小值进行采样，示波器可以检测速度更快的信号，如果波形形状剧烈变化，则可能有假波现象；如果触发频率比显示信息的速度快，就可能有假波现象或出现波形多次跨过触发电平的情况；如果正观察的信号也是触发源，则使用刻度或光标来估计所显示波形的频率，并与屏幕右下角的"触发频率"读数相比较。如果它们相差很大，则可能有假波现象。

示波器精确显示信号的能力受到探头带宽、示波器带宽和采样速率的限制，高采样速率会增加假波现象发生的可能性。数字示波器在不出现错误的条件下可以测量的最高频率是采样速率的一半，这个频率称为奈奎斯特频率，采样速率称为奈奎斯特速率。因此，要避免假波现象，示波器的采样速率必须至少比信号中的最高频率分量快 2 倍。

⑤ 带宽对波形的影响

示波器显示波形时通常有某种最大频率，超过它，精度就会下降，这一频率就是示波器的带宽，即定义为：在此频点，灵敏度下降 3dB。如图 3.35.36 所示，带宽决定着示波器测量信号的基本能力。为了精确地显示波形，仪器的带宽必须超过波形所含的带宽。对于非正弦波的波形，必须考虑其谐波。假如谐波超出带宽，示波器不能解析高频变化，幅度将失真，边沿将消失，细节将丢失，如图 3.35.37 所示。

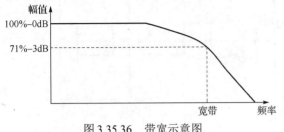

图 3.35.36　带宽示意图

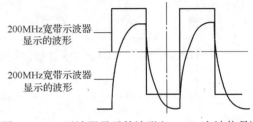

图 3.35.37　示波器显示的波形（20MHz 方波信号）

(2) 交变信号参数测量

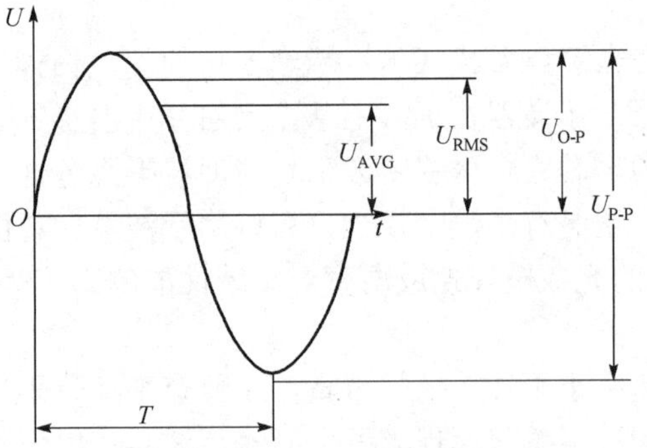

正弦波是交变信号的最简单形式，也是最容易生成的波形，任何复杂信号都可以看成由许多频率不同、幅度不等的正弦波复合而成。信号的幅度、周期、频率、相位是正弦波的主要测量参数，如图 3.35.38 所示，其波形的电压可用有效值 U_{RMS}、零-峰值 U_{O-P}、峰-峰值 U_{P-P}、平均值 U_{AVG} 来表示。U_{O-P} 与 U_{RMS} 之比称为巅峰因子，它是衡量波峰相对于 RMS 值有多高的量度。其他常见的还有方波、三角波、锯齿波等信号。

图 3.35.38　正弦信号电压、周期测量点

方波常用作时钟信号来准确地触发同步电路。理想方波只有高、低两个电平，在两电平之间是瞬时变化的。实际上，由于波形产生系统的物理局限性，这永远不可能实现，常关注对上升时间或下降时间、脉冲宽度、电压等参数的测量，如图 3.35.39 所示，信号从低电平跳变为高电平所需要的时间称为脉冲上升时间，反之称为脉冲下降时间，通常是量度上升/下降沿在 10%～90% 电压幅值之间的持续时间。脉冲宽度是指脉冲所能达到最大值所持续的时间长度，通常是量度上升/下降沿在 50% 电压幅值之间的持续时间。在一个频率周期内高电平所占的时间百分数称为占空比，即 1 个周期内高电平时间除以周期时长，真实方波的占空比是 50%，高电平和低电平占的时间一样。如果方波的最低电平为 0V，方波的平均电压等于最高电平乘以占空比，占空比越高，电压越大，当占空比为 1 时，就变成了直流电压。占空比在高性能、高效率控制中有广泛的用途，例如，在控制电饭煲加热温度时，当温差很大时，以最高占空比工作，尽量缩短加热时间；当温差小时，占空比降下来，输出的平均电压变小，加热缓慢，以实现最高效率的控制。用占空比还可以轻松地调节电动机的转速，占空比高，加在电动机上的电压高，转速就快；占空比低，转速就低。这种技术在电子电气中被称为 PWM（脉冲宽度调制）控制。

三角波是锯齿波的一种特殊形式。锯齿波的特点是电压渐渐增大然后突然降到零，主要用在 CRT 作显示器件的扫描电路中，如模拟示波器、显像管、显示器等。

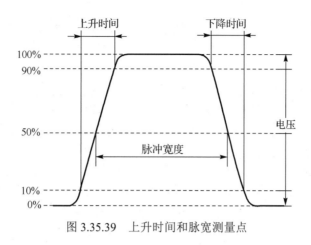

图 3.35.39　上升时间和脉宽测量点

根据示波器显示的电压相对于时间的波形图可以使用屏幕坐标刻度、光标菜单及自动测量菜单对参数进行测量。

① 刻度法

刻度法是指通过测量信号在屏幕上的相关距离并乘以相关标度系数来进行简单的测量，使用此方法能快速、直观地对信号做出估计。

峰–峰电压 $U_{\text{P-P}}$：

$$U_{\text{P-P}} = H_{\text{P-P}} \times S_1 \qquad (3.35.1)$$

式中，$H_{\text{P-P}}$ 是屏上相邻两峰在垂直轴方向的距离，以格为单位；S_1 是垂直标度系数（伏/格）。

信号的周期 T：

$$T = L \times S_2 \qquad (3.35.2)$$

式中，L 是信号一个周期在屏上两点间的距离，以格为单位；S_2 是是水平标度系数（秒/格）。根据周期推算信号的频率 $f = 1/T$。

② 光标法

示波器中的光标有两类，即幅度光标和时间光标，在示波器面板上有相应的功能菜单和旋钮。光标总是成对出现，通过移动光标在波形图上选择测量位置，示波器自动执行算法测量两个光标之间的数据。如图 3.35.40 所示，利用光标可以测量该脉冲的幅度，幅度光标在屏幕上以水平线出现，也称水平光标，可测量垂直参数，幅度是参照基准电平而言的。对于频谱图，光标可以测量频谱幅度。时间光标在屏幕上以垂直线出现，也称垂直光标，可测量水平参数和垂直参数，时间是参照触发点而言的。对于频谱图，光标可以测量频率，时间光标还包含在波形和光标的交叉点处的波形幅度的读数。

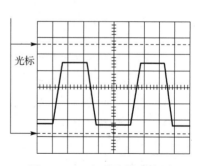

图 3.35.40　幅度光标示意图

注意，使用光标时，要确保将"信源"设置为屏幕上想要测量的波形。

③ 自动测量法

数字存储示波器一般都有自动测量功能，通过 Measure（测量）菜单，示波器会完成所有计算。因为这种测量方式是使用波形的记录点，所以比刻度法、光标法测量更精确。自动测量法使用读数来显示测量结果，示波器采集新数据的同时对这些读数进行周期性更新。

（3）相位差测量

相位是某一物理量随时间（或位置）做余弦（或正弦）变化时，决定该量在任一时间（或位置）状态的一个数值，是描述信号波形变化的度量，通常以度（角度）作为单位，当信号波形以周期的方式变化，波形循环一周即为360°。信号的相位是随时间变化的，测量绝对的相位值是无意义的，相位测量通常是指两个同频率的正弦信号之间的相位差测量，两个频率相同的正弦信号的相位差等于初相之差，是一个不随时间变化的常数。

利用示波器测量相位差，既可采用双踪示波法测量，也可利用利萨茹图形法测量（后面详述），双踪示波法将欲测量的两个信号 A 和 B 分别接到示波器的两个输入通道，示波器设置为 YT 显示方式，调节有关旋钮，使示波器显示两条大小适中的稳定波形，如图 3.35.41 所示，利用示波器屏幕上的刻度坐标，测出信号的一个周期 T 在时间基线（水平方向）上所占的格数 $L(T)$（所对应的相位为360°），以及两波形对应点（如过零点、峰值点等）在时间基线上的间距 Δt 对应的格数 $L(\Delta t)$，就可求得两信号的相位差

$$\varphi = \frac{2\pi L(\Delta t)}{L(T)} \tag{3.35.3}$$

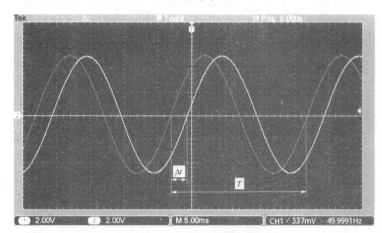

图 3.35.41　相位差测量点

（4）周期信号的频谱

一个时域周期信号只要满足狄里克雷条件，就可分解为一系列谐波分量（正弦波）之和。为了表征不同信号的谐波组成情况，时常画出周期信号各次谐波的分布图形，这种图形称为信号的频谱，它是信号频域表示的一种方式。描述各次谐波振幅与频率关系的图形称为振幅频谱；描述各次谐波相位与频率关系的图形称为相位频谱。周期信号的频谱由频率离散而不连续的谱线组成，各次谐波分量（各谱线）的频率都是基波频率（时域上周期信号的频率）的整数倍，谱线幅度随谐波频率的增大而衰减。

周期锯齿波包含所有整数谐波成分，其傅里叶级数展开式为

$$f(t) = \frac{A}{\pi}\left(\sin 2\pi ft - \frac{1}{2}\sin 4\pi ft - \frac{1}{3}\sin 6\pi ft - \cdots\right) \tag{3.35.4}$$

方波只有奇数谐波成分，其傅里叶级数展开式为

$$f(t) = \frac{4A}{\pi} \left(\sin 2\pi ft + \frac{1}{3}\sin 6\pi ft + \frac{1}{5}\sin 10\pi ft + \cdots \right) \tag{3.35.5}$$

图 3.35.42 给出了包含不同谐波的方波示意图，方波是由基波加无数奇次谐波所构成的，包含的谐波越多，波形越近似方波。

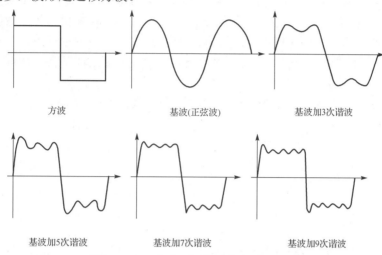

| 方波 | 基波(正弦波) | 基波加3次谐波 |

| 基波加5次谐波 | 基波加7次谐波 | 基波加9次谐波 |

图 3.35.42 包含不同谐波的方波示意图

使用示波器的 FFT(快速傅里叶变换)功能可将时域(YT)信号转换为频率分量(频谱)，如图 3.35.43 所示，使用缩放控制和光标可放大并测量 FFT 频谱，便于进行信号分析。

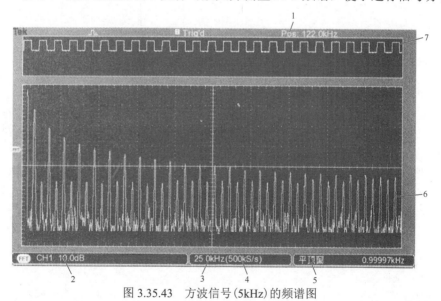

图 3.35.43 方波信号(5kHz)的频谱图

FFT 算法是离散傅里叶变换的快速算法，示波器使用该算法将时域波形中心的 2048 个点转换为 FFT 频谱。最终的 FFT 频谱中含有从直流(0Hz)到奈奎斯特频率的 1024 个点。

通常，示波器屏幕将 FFT 频谱水平压缩到 250 点，但可以使用"FFT 缩放"功能来扩展 FFT 频谱以便更清晰地看到 FFT 频谱中 1024 个数据点各处的频率分量。

① 视窗功能

FFT 算法假设 YT 波形是不断重复的。当周期为整数(1, 2, 3…)时，YT 波形在开始与结束处的幅度相同，并且信号波形不中断。YT 波形中周期为非整数时，会引起该信号开始点和结束点处的幅度不同，开始点和结束点间的跃变会在引入高频瞬态的信号中产生中断。在 YT 波形上采用视窗(又称窗口)会改变该波形，使开始值和结束值彼此接近，以减少中断，如图 3.35.44 所示。因此，使用视窗可减少 FFT 频谱中的频谱遗漏。FFT 功能有 3 个 FFT 窗口选项：Hanning 窗口，频率较好，但幅度精度较差；Flattop 窗口，幅度较好，但频率精度较差；矩形窗口，适用于非中断波形(脉冲或瞬时波形)的特殊用途视窗，实际上相当于没有采用视窗。对于每种类型的视窗，在频率分辨率和幅度精度之间都会有所取舍。

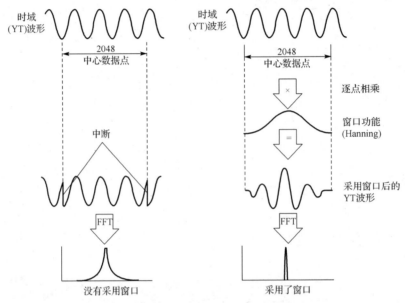

图 3.35.44　视窗功能示意图

② 频域假波现象

当示波器采集的时域波形中含有大于奈奎斯特频率的频率分量时就会出现问题。大于奈奎斯特频率的频率分量将出现采样不足，显示为从奈奎斯特频率"折回"的较低的频率分量。这些不正确的分量称为假波现象，如图 3.35.45 所示。

要消除假波现象，可采用以下方法：旋转"水平标度"(s/div)旋钮将采样速率设置为更快的值。因为增加采样速率将会增加奈奎斯特频率，出现假波现象的频率分量将显示为正确的频率。如果在屏幕上出现太多频率分量，可以使用"FFT 缩放"选项放大 FFT 频谱。如果不需要观察 20MHz 以上的频率分量，可将"带宽限制"选项设置为"开"。将一个外部过滤器放置到源信号上，将信源波形的带宽限制到低于奈奎斯特频率的频率。

(5)拍现象及拍频

拍现象是振动合成过程中产生的一种特有现象，它在光学、电磁学等领域都有重要应用。设两个谐振动的振幅 A 和初相位 φ 相同，频率 ν_1、ν_2 相近，且 $\nu_1 > \nu_2$，则其振动方程分别为

$$y_1 = A\cos(2\pi\nu_1 t + \varphi) \tag{3.35.6}$$

$$y_2 = A\cos(2\pi\nu_2 t + \varphi) \tag{3.35.7}$$

合振动为
$$y = y_1 + y_2 = 2A\cos\left(2\pi\frac{\nu_1 - \nu_2}{2}t\right)\cos\left(2\pi\frac{\nu_1 + \nu_2}{2}t + \varphi\right) \tag{3.35.8}$$

式中，$2A\cos\left(2\pi\dfrac{\nu_1 - \nu_2}{2}t\right)$ 可看作合振动的振幅，它随时间做周期性变化；$\cos\left(2\pi\dfrac{\nu_1 + \nu_2}{2}t + \varphi\right)$

则是以 $\dfrac{\nu_1 + \nu_2}{2}$ 为频率的简谐振动。

由此可见，频率较大而频率之差很小的两个同方向简谐振动的合成结果不再是一个简谐振动，其合振动的振幅时而加强时而减弱，这种现象称为拍，如图 3.35.46 所示。振幅变化的周期(拍周期)为

$$T_{拍} = \frac{1}{\nu_1 - \nu_2} \tag{3.35.9}$$

振幅变化的频率(拍频)为

$$\nu_{拍} = \frac{1}{T_{拍}} = \nu_1 - \nu_2 \tag{3.35.10}$$

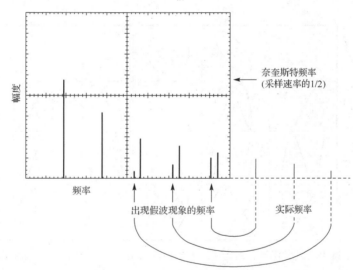

图 3.35.45　频域假波现象示意图

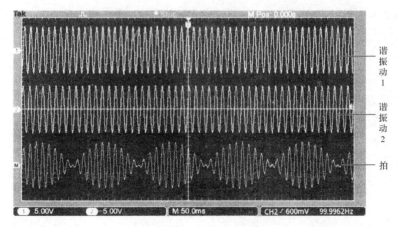

图 3.35.46　拍形成示意图

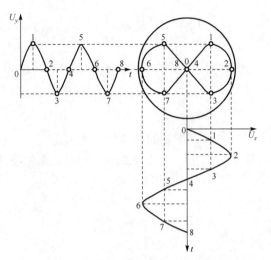

(6)利萨茹图形

在互相垂直的方向上，两个频率成简单整数比的简谐振动所合成的规则的、稳定的闭合曲线称为利萨茹图形，如图3.35.47所示，水平方向与垂直方向上的正弦信号的频率比为 2:1。根据已知信号的频率(或相位)便可求得被测信号的频率(或相位)，利萨茹图形法既可测量频率又可测量相位。图3.35.48给出了不同频率比值、不同相位的两个正弦信号形成的几种利萨茹图形。

图3.35.47　利萨茹图形合成示意图

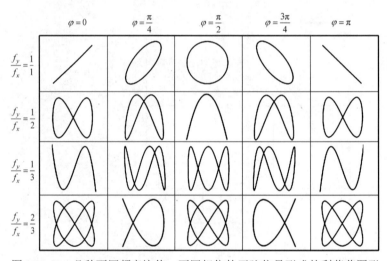

图3.35.48　几种不同频率比值、不同相位的正弦信号形成的利萨茹图形

令 f_x 和 f_y 分别代表水平方向和垂直方向上的正弦信号的频率,当屏幕上显示出稳定的利萨茹图形时,在水平和垂直方向分别作两条线与图形相交(避开图形中曲线交点的地方,直线与图形交点数最多),如图3.35.49所示,数出这两条直线与图形的交点数 N,则

$$\frac{f_x}{f_y} = \frac{N_y}{N_x} \tag{3.35.11}$$

式中, N_x 是水平方向上的交点数, N_y 是垂直方向上的交点数。

利用这一关系可以测量正弦信号的频率。若已知两个正弦信号中的一个信号频率,在示波器上调出稳定的利萨茹图形后,利用式(3.35.11)就可求出另一正弦信号的频率。

利用利萨茹图形测相位的方法也称椭圆法,如图3.35.50所示,从示波器屏幕上测出椭圆在 x 轴方向上的最大偏转距离 A 和在 x 轴的截距 B 的值(格数),则信号的相位差为

$$\varphi = \arcsin\left(\frac{B}{A}\right) \tag{3.35.12}$$

同样，也可采用测量椭圆在 y 轴方向上的最大偏转距离和截距计算两信号的相位差。

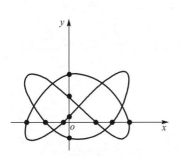

图 3.35.49　利萨如图形二直线画法示意图

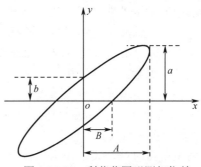

图 3.35.50　利萨茹图形测相位差

(7) TDS1000B-SC 型数字存储示波器

TDS1000B-SC 型数字存储示波器如图 3.35.51 所示，示波器的前面板可分成几个易于操作的功能区。

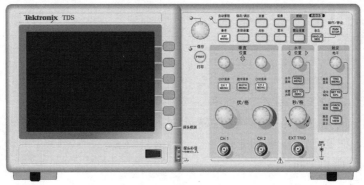

图 3.35.51　TDS1000B-SC 型数字存储示波器

① 显示区域

显示区域如图 3.35.52 所示。

a. 表示采集模式：⌐⌐取样模式；⌐⌐峰值检测模式；⌐⌐平均模式。

b. 表示触发状态,具体显示内容如下：

☐ Armed.示波器正在采集预触发数据。在此状态下忽略所有触发。

Ⓡ Ready.示波器已采集所有预触发数据并准备接受触发。

Ⓣ Trig'd.示波器已发现一个触发，并正在采集触发后的数据。

● Stop.示波器已停止采集波形数据。

● Acq. Complete示波器已经完成单次采集。

Ⓡ Auto.示波器处于自动模式并在无触发的情况下采集波形。

☐ Scan.示波器在扫描模式下连续采集并显示波形数据。

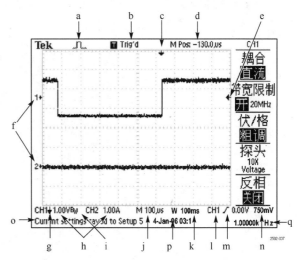

图 3.35.52　示波器显示屏视图

c. 标记显示水平触发位置。旋转"水平位置"(HORIZONTAL　POSITION)旋钮可调整标记位置。

　　d. 显示中心刻度处的时间读数。触发时间为零。

　　e. 显示边沿或脉冲宽度触发电平的标记。

　　f. 屏幕上的标记指明所显示波形的地线基准点。如没有标记，不会显示通道。

　　g. 箭头图标表示波形是反相的。

　　h. 读数显示通道的垂直刻度系数。

　　i. ABW 图标表示通道带宽受限制。

　　j. 读数显示主时基设置。

　　k. 如使用视窗时基，读数显示视窗时基设置。

　　l. 读数显示触发使用的触发源。

　　m. 图标显示选定的触发类型：

　　　　　　　上升沿的边沿触发；

　　　　　　　下降沿的边沿触发；

　　　　　　　行同步的视频触发；

　　　　　　　场同步的视频触发；

　　　　　　　脉冲宽度触发，正极性；

　　　　　　　脉冲宽度触发，负极性。

　　n. 读数显示边沿或脉冲宽度触发电平。

　　o. 显示区显示有用消息；有些消息仅显示 3s。如果调出某个已存储的波形，读数就显示基准波形的信息，如 RefA 1.00V 500μs。

　　p. 读数显示日期和时间。

　　q. 读数显示触发频率。

　　② 垂直控制区域

　　图 3.35.53 为垂直控制面板视图。

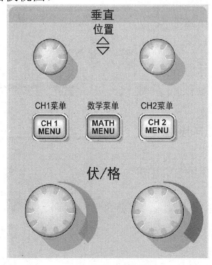

图 3.35.53　垂直控制面板视图

　　可以使用垂直控制来显示和删除波形，调整垂直刻度和位置，设置输入参数，进行数学运算。

垂直位置（VERTICAL POSITION）旋钮：可在屏幕上向上向下移动波形来更改其垂直位置。

伏/格（VOLTS/DIV）（CH 1 和 CH 2）旋钮：控制示波器如何放大或衰减通道波形的信源信号，旋转"垂直标度"旋钮时，示波器将增加或减少屏幕上波形的垂直尺寸。

CH1 菜单（CH1 MENU）和（CH2 菜单（CH2 MENU）按钮：显示"垂直"菜单选择项并打开或关闭通道波形的显示。

数学菜单（MATH MENU）按钮：按下显示波形的数学运算，可选择相加、相减、相乘，再次按下取消波形数学运算。

③ 水平控制区域

图 3.35.54 为水平控制面板视图。

可使用水平控件调整触发点相对于所采集波形的位置及调整水平标度。靠近屏幕右上方的读数以秒为单位显示当前的水平位置。示波器还在刻度顶端用一个箭头图标来表示水平位置（见图 3.35.52 中的 c 和 d）。

水平位置（HORIZ POSITION）旋钮：控制触发相对于屏幕中心的位置。旋转旋钮调整所有通道波形的水平位置，这一控制的分辨率随水平刻度（时基）设置的不同而改变，改变波的水平位置时，实际上改变的是触发位置和屏幕中心之间的时间，这看起来就像在显屏上向右或向左移动波形。

水平菜单（HORIZ MENU）按钮：显示"水平菜单"。

设置为零（SET TO ZERO）按钮：将水平位置设置为零。

秒/格（SEC/DIV）旋钮：用于改变水平时间刻度，以便放大或压缩波形。因为所有活动波形使用的是相同的时基，旋转"水平标度"旋钮可以改变所有波形的水平比例，示波器仅显示一个值 M（见图 3.35.52 中的 j）。

触发控制区域

图 3.35.55 所示为触发控制面板视图。

图 3.35.54　水平控制面板视图

图 3.35.55　触发控制面板视图

触发电平（TRIGGER LEVEL）：使用边沿触发或脉冲触发时，"触发电平"旋钮设置采集波形时信号所必须越过的幅值电平。

触发菜单（TRIG MENU）：显示"触发菜单"，按下一次时，将显示触发菜单。按住超过1.5s 时，将显示触发视图，可观察外部、外部/5 或市电触发信号，意味着将显示触发波形而不是通道波形。

设为 50%（SET TO 50%）：触发电平设置为触发信号峰值的垂直中点。

强制触发(FORCE TRIG)：无论示波器是否检测到触发，都可以使用此按钮完成波形采集。此按钮可用于单次序列采集和"正常"触发模式。（在"自动"触发模式下，如果未检测到触发，示波器会周期性自动地强制触发。）如采集集已停止，则该按钮不产生影响。

触发信号显示(TRIG VIEW)：按下"触发信号显示"（TRIG VIEW）按钮时，显示触发波形而不是通道波形。可用此按钮查看触发设置对触发信号的影响，如触发耦合。

④ 菜单和控件按钮区域

图 3.35.56 所示为菜单和控制按钮面板视图。

多用途旋钮(Multipurpose)：通过显示的菜单或选定的菜单选项来确定功能。激活时，旁边的 LED 变亮。其功能如表 3.35.2 所示。

自动量程(AUTORANGE)：显示"自动量程"菜单，并激活或禁用自动量程功能。自动量程激活时，旁边的 LED 变亮。

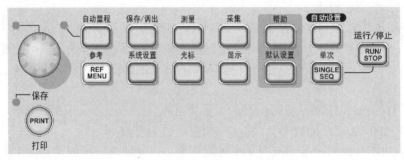

图 3.35.56　菜单和控制按钮面板视图

表 3.35.2　多用途旋钮功能解释

活动菜单或选项	旋钮功能	说　　明
光标	光标1或光标2	定位选定的光标
显示	调节对比度	改变显示屏对比度
帮助	滚动	选择索引项、选择主题链接、显示主题的下一页或上一页
水平	释抑	设置接收其他触发事件前所需时间
数学波形	位置	定位数学波形
	垂直刻度	改变数学波形的刻度
测量	类型	选择每个信源的自动测量类型
存储/调出	动作	将事务设置为保存或调出设置文件、波形文件和屏幕图像
	文件选择	选择要保存的设置文件、波形文件或图像文件，或选择要调整出的设置文件或波形文件
触发	信源	"触发类型"选项设置为"边沿"时，请选择信源
	视频行数	当"触发类型"选项设置为"视频"，"同步"选项设置为"线数"时，将示波器设置为某一指定线数
	脉冲宽度	当"触发类型"选项设为"脉冲"时设置脉冲宽度
"系统设置"（UTILITY）▶文件功能	文件选择	选择要重命名或要删除的文件
	名称项	重命名文件或文件夹
"系统设置"（UTILITY）▶选项▶GPIB设置▶地址	值项	设置 TEK-USB-488 适配器的 GPIB 地址
"系统设置"（UTILITY）▶选项▶设日期和时间	值项	设置日期或时间的值
垂直▶探头▶电压▶衰减	值项	对于通道菜单(如CH1 MENU(CH1菜单))，请设置示波器的衰减系数
垂直▶探头▶电流▶比例	值项	对于通道菜单(如CH1 MENU(CH1菜单))，请设置示波器的比例

"保存/调出"（SAVE/RECALL）：显示设置和波形的"保存/调出菜单"。

测量（MEASURE）：显示自动测量菜单，可以进行自动测量，有34种测量类型。一次最多可以显示6种，选择测量后，示波器在屏幕底部显示测量结果。

采集（ACQUIRE）：显示"采集"菜单。

参考（REF MENU）：显示"参考菜单"以快速显示或隐藏存储在示波器非易失性存储器中的参考波形。

系统设置（UTILITY）：显示"系统设置"菜单。

光标（CURSOR）：显示"光标菜单"，离开"光标菜单"后，光标保持可见（除非"类型"选项设置为"关闭"），但不可调整。

显示（DISPLAY）：显示"显示"菜单。

"帮助"（HELP）：显示"帮助"菜单，其主题涵盖了示波器的所有菜单选项和控制。

默认设置（DEFAULT SETUP）：调出厂家设置。

自动设置（AUTOSET）：自动设置示波器控制状态，以产生适用于输出信号的显示图形。每次按"自动设置（AUTOSET）"按钮，示波器将识别波形的类型并自动调整垂直标度、水平标度和触发设置等，显示出所有通道相应的输入信号波形与部分信号参数值，例如"频率"、"周期"及"峰–峰值"等。该功能可以自动调整参数设置值以跟踪信号。示波器通电后，自动量程设置始终是非活动的。

单次（SINGLE SEQ）：采集单个波形，然后停止。

运行/停止（RUN/STOP）：连续采集波形或停止采集。如果希望示波器连续采集波形，可按下"运行／停止"按钮，再次按下按钮则停止采集。运行采集信号时，波形显示是活动的，停止采集信号将冻结显示。在任一模式中，波形显示可以用垂直和水平控制缩放或定位。

打印（PRINT）：启动打印到 PictBridge 兼容打印机的操作，或执行"保存"到 USB 闪存驱动器功能。

保存（SAVE）：LED 指示"打印"（PRINT）按钮被配置为将数据储存到 USB 闪存驱动器。

⑤ 输入连接器

图 3.35.57 所示为输入连接器视图。

图 3.35.57　输入连接器视图

CH1 和 CH2：用于显示波形的输入连接器。

EXT TRIG（外部触发）：外部触发信源的输入连接器。使用"触发菜单"选择 Ext 或 Ext/5 触发源。按住"触发信号显示"（TRIG VIEW）按钮来查看触发设置对触发信号的影响，例如触发耦合。

⑥ 其他前面板项

图 3.35.58 所示为其他前面板视图。

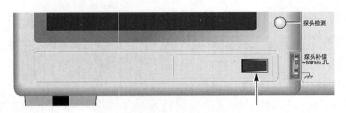

图 3.35.58　其他前面板视图

USB 闪存驱动器端口：插入 USB 闪存驱动器以存储数据或检索数据。主要功能：保存或调出波形数据、屏幕图像；传输波形数据、设置数据或屏幕图像到 PC；使用远程命令控制示波器。

对于具有 LED 的闪存驱动器，在示波器从驱动器读取数据或向其中写入数据时，驱动器会"闪烁"。示波器还会显示时钟符号以指示闪存驱动器处于活动状态的时间。保存或检索文件后，驱动器上的 LED（如果有的话）会停止闪烁，示波器会删除时钟符号，同时会显示一行提示信息，通知保存或调出操作已完成。要取出 USB 闪存驱动器，需等到驱动器上的 LED（如果有的话）停止闪烁，或者出现通知操作已完成的提示行。

探头补偿（PROBE COMP）：探头补偿输出及底座基准。用于将电压探头与示波器输入电路进行电气匹配。

四、实验内容

1. 熟悉示波器面板上各个旋钮（开关）的作用

参照图 3.35.5 和图 3.35.6，对照 CA9020 示波器说明书的前、后面板介绍，参考表 3.35.1，熟悉示波器面板上各个旋钮和可选择开关的作用。

2. 观察信号波形，测量信号的周期和频率

(1) 参照表 3.35.1，电源开启之前，将"辉度""聚焦""位移（X，CH1，CH2）"旋钮旋到适中的位置，垂直方式选 CH1，扫描方式选"自动"，极性选"正"，触发源选"内"，耦合方式选"DC"，微调到校正位置。

(2) 接通电源，指示灯亮，稍等预热后屏幕上出现光迹，分别调亮度和聚焦来辅助聚焦，轨迹旋转，使光迹清晰并与水平刻度平行。

(3) 在屏幕上调出矩形校正波形，用探头将校正信号输入至 CH1 端，并调整"时基"与"垂直衰减"，使得屏幕出现 3～4 个完整的校正波形，在坐标纸上记录矩形矫正波形的图像、频率和电压幅值。

(4) 用函数信号发生器产生 35kHz 的正弦波，输入示波器 CH1 端，观察波形并测量电压幅值和正弦波周期；换 39kHz 重复上述测量。

(5) 计算出示波器测量到的上述两个波形的周期，换算成频率值，并与函数信号发生器上的频率值相比较。

(6) 计算出示波器测量到的上述两个波形的幅值，并与函数信号发生器上的 $U_{\text{P-P}}$ 相比较。

(7) 利用利萨茹图形测量上述波形的频率。

(8) 将上述信号换成同频率同电压的方波，通过图形测量、计算频率和电压的有效值，并与正弦波的对应值相比较，分析产生差别的原因。

(9) 用另一个函数信号发生器输入 CH2 端，并调节函数信号发生器的频率，使得 CH1 与 CH2 在屏幕上合成各种利萨茹图形，并记录 CH1 与 CH2 的频率比值和对应的图形。

1. 必须理清所使用的示波器和信号发生器的信号与面板上各旋钮的作用后再开始实验。

2. 荧光屏上的光点亮度不可跳得太强（即"辉度"旋钮应调至适中），且不可将光点固定在荧光屏上某一点时间过长，以免损坏荧光屏。

3. 示波器上所有的开关与旋钮都有一定强度和调节角度，使用时应轻轻地缓慢旋转，不能用力过猛或随意乱旋，也不要无目的地乱按按键。

六、思考题

1. 用示波器产生利萨茹图形时若 X 轴信号与 Y 轴信号互换，图形会怎么变化？

2. 示波器上观察到正弦波形不断向左跑，扫描频率偏高还是偏低？

3. 测量信号时，有些信号的周期和电压很小，应该如何合理观察与测量？

实验三十六　RLC 电路暂态特性的研究

RLC 电路的暂态过程就是当电源接通或断开的瞬间，电路中的电流或电压非稳定的变化的过程，即形成电路充电或放电的瞬间变化过程。暂态变化快慢由电路内各元件量值和特性决定，描述暂态变化快慢的特性参数就是放电电路的时间常数或半衰期。暂态过程涉及物理学的诸多领域，在电子技术中得到了广泛的应用。

一、实验目的

1. 掌握 RLC 电路中各物理量的变化规律及波形。

2. 加深理解 R、L、C 各元件在不同电路中的性能及其在暂态过程中的作用。

3. 进一步掌握双踪示波器及信号发生器的使用方法。

二、实验仪器

THMJ-2 型 RLC 交流电路综合实验箱、CA9040F 型双踪示波器。

三、实验原理

1. RC 电路的暂态过程

(1) 充电过程

在如图 3.36.1 所示的电路中，开关 S 接 1 后，电源接通，电流流过电阻 R，对电容 C 进行充电，C 两端电压逐渐增加，同时电阻两端电压 $U_R = E - U_C$ 逐渐减小。

开关 S 接 1 的瞬间，电容 C 还没来得及累积电荷，电源电压全部落在 R 上，此时，电流 $i_0 = E/R$ 为最大。随着电容 C 上电荷的累积，U_C 增大，充电电流 $I = (E - U_C)/R$ 随之减小，同时电容 C 上的电量 q 逐渐增多，但是电容电荷增加的速度逐渐变慢，直至 $U_C = E$ 时，充电过程终止，电路稳定。该暂态变化的过程就是电容 C 的充电过程，有 $q = CU_C$，而

$$i = \frac{\mathrm{d}q}{\mathrm{d}t} \tag{3.36.1}$$

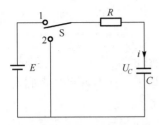

图 3.36.1 RC 串联电路

故
$$i = \frac{dq}{dt} = C\frac{dU_C}{dt} \tag{3.36.2}$$

又由于
$$U_C + iR = E \tag{3.36.3}$$

由式 (3.36.2) 和式 (3.36.3) 得

$$\frac{dU_C}{dt} + \frac{U_C}{RC} = \frac{E}{RC} \tag{3.36.4}$$

考虑到 $t = 0$ 时, $U_C = 0$, 求解式 (3.36.4), 得到

$$U_C = E(1 - e^{-t/RC}) \tag{3.36.5-1}$$

进一步得到
$$i = \frac{E}{R}e^{-t/RC} \tag{3.36.5-2}$$

$$U_R = E - U_C = Ee^{-t/RC} \tag{3.36.5-3}$$

图 3.36.2 即为电容充电过程的 $U_C - t$ 曲线。对式 (3.36.5) 可根据 t 与 RC 乘积的大小关系, 讨论如下:

① 当 $t = RC$ 时, 由式 (3.36.5) 易知

$$U_C = E(1 - e^{-1}) = 0.632E \tag{3.36.6-1}$$

$$i = \frac{E}{R}e^{-1} = 0.368\frac{E}{R} \tag{3.36.6-2}$$

$$U_R = Ee^{-1} = 0.368E \tag{3.36.6-3}$$

由式 (3.36.6) 知, RC 乘积的大小反应充电速度的快慢。将 $\tau = RC$ 称为电路的时间常数, 可见 U_C 由 0 上升到 $E(1 - e^{-1}) = 0.632E$ 时对应的时间即为 τ。为了求得 τ, 人们往往通过测量 RC 电路的半衰期 $T_{1/2}$ 来间接测量 τ, $T_{1/2}$ 与 τ 的数学关系为

$$T_{1/2} = \tau\ln 2 \tag{3.36.7}$$

② 理论上 $t \to +\infty$ 时, 才有 $U_C = E$, $i = 0$, 即充电完毕。但实际上 $t = 5RC$ 时, $U_C = E(1 - e^{-5}) \approx 0.993E$, 我们认为充电已完毕, 如图 3.36.2 所示。

(2) 放电过程

如图 3.36.1 所示, 等到充电过程结束后, 电容 C 带有最多的电荷, 开关 S 由 1 拨向 2 的瞬间 $U_C = E$, 电流最大, $i_0 = E/R$。随后电容 C 开始给电阻 R 供电, 使得所带电荷开始减少, 即放电, U_C 减小, 放电电流 i 也随之减小。随着电流 i 的减小, U_C 减小的速度变慢, 由回路电压方程得

$$U_C + iR = 0 \tag{3.36.8}$$

将 $i = C\dfrac{dU_C}{dt}$ 代入式 (3.36.8), 得

$$\frac{dU_C}{dt} + \frac{U_C}{RC} = 0 \tag{3.36.9}$$

结合初始条件 $t = 0$ 时, $U_C = E$, 求解式 (3.36.9), 得到

$$U_C = Ee^{-t/RC} \tag{3.36.10-1}$$

进一步得到
$$i = -\frac{E}{R}e^{-t/RC} \tag{3.36.10-2}$$

$$U_R = -Ee^{-t/RC} \tag{3.36.10-3}$$

图 3.36.3 所示即为电容 C 放电过程的 U_C-t 曲线。

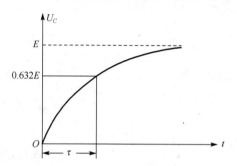

图 3.36.2　RC 串联电路电容充电过程

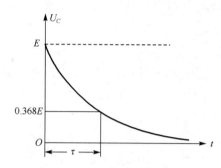

图 3.36.3　RC 串联电路电容放放电过程

由上述分析可知，将图 3.36.1 表示的电路图稍做改进，就得到图 3.36.4，与图 3.36.1 相比较发现，直流电源 E 用方波代替，去掉了单刀双掷开关。这样改进的好处是，调整合适的方波周期，可以不断重复电容充电和放电的过程，从而很方便地用示波器测量电容两端的电压变化情况，示波器测量的图形如图 3.36.5 所示。

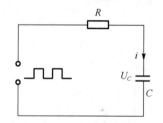

图 3.36.4　RC 串联电路接入方波

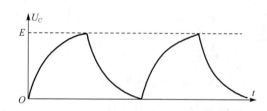

图 3.36.5　RC 串联电路充放电波形

2. RL 电路的暂态过程

如图 3.36.6 所示为 RL 串联电路，开关 S 接 1 时，由于电感 L 的自感作用，回路中的电流不能突变，而是有相应的增长过程，逐渐增加到最大值 E/R。电感上的压降为

$$U_L = L\frac{\mathrm{d}i}{\mathrm{d}t} \tag{3.36.11}$$

而 $U_L + U_R = E$，将式 (3.36.11) 代入，得

$$L\frac{\mathrm{d}i}{\mathrm{d}t} + iR = E \tag{3.36.12}$$

由初始条件 $t=0$ 时，$i=0$，解微分方程式 (3.36.12) 得

$$i = \frac{E}{R}\left(1 - e^{-\frac{R}{L}t}\right) \tag{3.36.13-1}$$

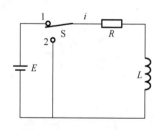

图 3.36.6　RL 串联电路

进一步得
$$U_L = E\mathrm{e}^{-\frac{R}{L}t} \qquad\qquad (3.36.13\text{-}2)$$

$$U_R = E\left(1 - \mathrm{e}^{-\frac{R}{L}t}\right) \qquad\qquad (3.36.13\text{-}3)$$

图 3.36.7 所示即为电流增长过程，i 增长快慢由 L/R 决定，我们定义 $\tau = L/R$ 为 RL 串联电路的时间常数。当开关 S 由 1 拨向 2 的瞬间，电流逐渐减小，由回路电压方程 $U_L + U_R = 0$ 得

$$L\frac{\mathrm{d}i}{\mathrm{d}t} + iR = 0 \qquad\qquad (3.36.14)$$

由初始条件 $t = 0$ 时，$i = E/R$，解微分方程式 (3.36.14) 得

$$i = \frac{E}{R}\mathrm{e}^{-\frac{R}{L}t} \qquad\qquad (3.36.15\text{-}1)$$

进一步得
$$U_L = -E\mathrm{e}^{-\frac{R}{L}t} \qquad\qquad (3.36.15\text{-}2)$$

$$U_R = E\mathrm{e}^{-\frac{R}{L}t} \qquad\qquad (3.36.15\text{-}3)$$

图 3.36.8 所示为电流衰减过程。

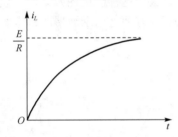
图 3.36.7　RL 串联电路电流增长过程

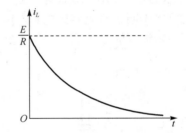
图 3.36.8　RL 串联电路电流衰减过程

由上述分析可知，将图 3.36.6 所示的电路图稍做改进，就得到图 3.36.9，与图 3.36.6 相比较发现，直流电源 E 用方波代替，去掉了单刀双掷开关。这样代替的好处是，调整合适的方波周期，可以不断重复回路电流增长和衰减的过程，从而很方便地用示波器测量电阻两端的电压变化情况，示波器测量的图形如图 3.36.10 所示。

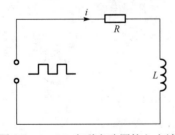
图 3.36.9　RL 串联电路图接入方波

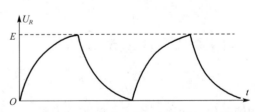
图 3.36.10　RL 串联电路图电阻两端电压波形

3. RLC 电路的暂态过程

以上讨论的 RC 与 RL 串联电路都是理想化的情况，即认为电容和电感都无电阻，实际情况是电路中到处都存在电阻，下面讨论 RLC 串联电路，如图 3.36.11 所示。

（1）放电过程

开关 S 先接 1，使电容充电到 E，然后把开关 S 拨向 2，电容就在闭合的 RLC 电路中放电。放电时，由回路电压方程 $U_L + U_R + U_C = 0$，得

$$L\frac{\mathrm{d}i}{\mathrm{d}t} + iR + U_C = 0 \qquad (3.36.16)$$

图 3.36.11　RLC 串联电路

将 $i = C\dfrac{\mathrm{d}U_C}{\mathrm{d}t}$ 代入式 (3.36.16)，得

$$L\frac{\mathrm{d}^2 U_C}{\mathrm{d}t^2} + R\frac{\mathrm{d}U_C}{\mathrm{d}t} + \frac{U_C}{C} = 0 \qquad (3.36.17)$$

根据初始条件 $t = 0$ 时，$\begin{cases} U_C = E \\ \dfrac{\mathrm{d}U_C}{\mathrm{d}t} = 0 \end{cases}$，解微分方程 (3.36.17)，方程的解分为以下 3 种情况：

① $R^2 < \dfrac{4L}{C}$，对应欠阻尼状态，其解为

$$U_C = \sqrt{\frac{4C}{4L - R^2 C}} E\mathrm{e}^{-\frac{t}{\tau}} \cos\left(\omega t - \phi\right) \qquad (3.36.18)$$

式中，时间常数 $\tau = 2L/R$，振荡角频率为

$$\omega = \frac{1}{\sqrt{LC}}\sqrt{1 - \frac{R^2 C}{4L}} \qquad (3.36.19)$$

图 3.36.12 中的曲线 1 即为欠阻尼状态的 $U_C - t$ 曲线，幅度在逐渐衰减，τ 决定衰减快慢，τ 越小衰减越迅速。

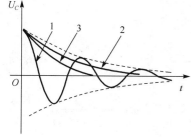

图 3.36.12　RLC 串联电路电容放电过程

当 $R^2 \ll 4L/C$，R 很小时，有

$$\omega \approx \frac{1}{\sqrt{LC}} = \omega_0 \qquad (3.36.20)$$

式中，ω_0 为自由振动的角频率，此时振幅几乎不衰减，振动变为 LC 电路的自由振荡。

② $R^2 > \dfrac{4L}{C}$，对应过阻尼状态，微分方程 (3.36.17) 的解为

$$U_C = \sqrt{\frac{4C}{R^2 C - 4L}} E\mathrm{e}^{-\frac{t}{\tau}} \sinh\left(\beta t - \phi\right) \qquad (3.36.21)$$

式中，时间常数 $\tau = 2L/R$，有

$$\beta = \frac{1}{\sqrt{LC}}\sqrt{\frac{R^2 C}{4L} - 1} \qquad (3.36.22)$$

图 3.36.12 中的曲线 2 即为过阻尼状态的 $U_C - t$ 曲线。

③ $R^2 = \dfrac{4L}{C}$，对应临界阻尼状态，微分方程 (3.36.17) 的解为

$$U_C = E\left(1 + \frac{t}{\tau}\right)\mathrm{e}^{-\frac{t}{\tau}} \tag{3.36.23}$$

式中，时间常数 $\tau = 2L/R$，图 3.36.12 中的曲线 3 即为临界阻尼状态的 $U_C - t$ 曲线。

我们定义 $\lambda = \frac{R}{2}\sqrt{\frac{C}{L}}$，$\lambda$ 称为电路的阻尼系数。于是有

$$\text{欠阻尼：} \lambda < 1；\text{过阻尼：} \lambda > 1；\text{临界阻尼：} \lambda = 1 \tag{3.36.24}$$

(2) 充电过程

如图 3.36.11 所示，开关 S 先接 2，待电容放电结束，再把开关 S 拨到 1，电源 E 对电容充电，于是回路电压方程变为 $U_L + U_R + U_C = E$，得

$$L\frac{\mathrm{d}^2 U_C}{\mathrm{d}t^2} + R\frac{\mathrm{d}U_C}{\mathrm{d}t} + \frac{U_C}{C} = E \tag{3.36.25}$$

根据初始条件 $t = 0$ 时，$\begin{cases} U_C = 0 \\ \dfrac{\mathrm{d}U_C}{\mathrm{d}t} = 0 \end{cases}$，微分方程 (3.36.25) 的解也分 3 种情况，分别如下：

① 欠阻尼，$R^2 < \dfrac{4L}{C}$

$$U_C = E\left[\left(1 - \sqrt{\frac{4C}{4L - R^2C}}\,\mathrm{e}^{-\frac{t}{\tau}}\right)\cos(\omega t + \phi)\right] \tag{3.36.26}$$

② 过阻尼，$R^2 > \dfrac{4L}{C}$

$$U_C = E\left[\left(1 - \sqrt{\frac{4C}{R^2C - 4L}}\,\mathrm{e}^{-\frac{t}{\tau}}\right)\sinh(\beta t + \phi)\right] \tag{3.36.27}$$

③ 临界阻尼，$R^2 = \dfrac{4L}{C}$

$$U_C = E\left[1 - \left(1 + \frac{t}{\tau}\right)\mathrm{e}^{-\frac{t}{\tau}}\right] \tag{3.36.28}$$

式 (3.36.26)、式 (3.36.27) 和式 (3.36.28) 中，$\tau = 2L/R$ 为时间常数，$\omega = \dfrac{1}{\sqrt{LC}}\sqrt{1 - \dfrac{R^2C}{4L}}$，

$\beta = \dfrac{1}{\sqrt{LC}}\sqrt{\dfrac{R^2C}{4L} - 1}$。

图 3.36.13 中的曲线即为充电过程的 $U_C - t$ 曲线，曲线 1、2、3 分别代表欠阻尼、过阻尼和临界阻尼状态的 $U_C - t$ 曲线。

由上述分析可知，将图 3.36.11 所示的电路图稍做改进，就得到图 3.36.14，与图 3.36.11 相比较发现，直流电源 E 用方波代替，去掉了单刀双掷开关。这样代替的好处是，调整合适的方波周期，可以不断重复电容充电和放电的过程，从而很方便地用示波器测量电容两端的电压变化情况，示波器测量的图形如图 3.36.15 所示。不难发现，用示波器得到的电压波形图与图 3.36.12 和图 3.36.13 一致。

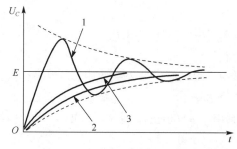
图 3.36.13　RLC 串联电路电容充电过程

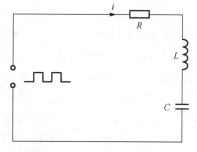
图 3.36.14　RLC 串联电路图接入方波

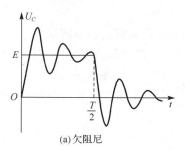
(a) 欠阻尼

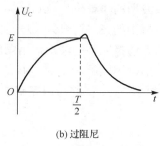
(b) 过阻尼

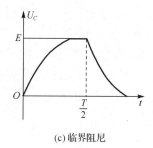
(c) 临界阻尼

图 3.36.15　RLC 串联电路电容两端电压波形

四、实验内容

1. 研究 RC 电路的暂态过程

(1) 按图 3.36.4 连接电路，用示波器 CH1 端测量电容两端的电压信号。

(2) 将示波器用自带的方波校准信号进行校准。

(3) 取电容 $C=0.01\mu F$，调节方波发生器频率 $f=500Hz$，调 $R=0$，用坐标纸记录此时示波器上显示的波形，并记录波形的"单位"（?/div）。

(4) 仍取电容 $C=0.01\mu F$，调节方波发生器频率 $f=500Hz$，调 $R=1k\Omega$，用坐标纸记录此时示波器上显示的波形，并记录波形的"单位"（?/div）。

(5) 仍取电容 $C=0.01\mu F$，调节方波发生器频率 $f=500Hz$，调 $R=20k\Omega$，用坐标纸记录此时示波器上显示的波形，并记录波形的"单位"（?/div）。

(6) 仍取电容 $C=0.01\mu F$，调节方波发生器频率 $f=500Hz$，调 $R=90k\Omega$，用坐标纸记录此时示波器上显示的波形，并记录波形的"单位"（?/div）。

(7) 分析步骤 (3)、(4)、(5) 和 (6) 得到的 4 种波形，哪一种波形是完整的充放电波形？为什么会出现不完整的充放电波形？选择完整的充放电波形，用图解法计算其半衰期 $T_{1/2}$。提示：如前所述，只有当充电时间 $t \geqslant 5\tau$ 时，才能认为充电是完整的；同理，放电时间 $t \geqslant 5\tau$，才能认为放电是完整的；换言之，当方波信号频率 $T \geqslant 10\tau$ 时，才能认为充放电波形是完整的。

(8) 对步骤 (7) 选择的完整的充放电波形，用图解法得到的半衰期为 $T_{1/2}$，如图 3.36.16 所示。利用公式 $T_{1/2}=\tau \ln 2=0.693\tau$，计算时间常数 τ；并与用完整充放电波形参数 R 和 C 计算得到的时间常数 τ' 相比较。

(9) 取电容 $C=0.01\mu F$，取 $R=10k\Omega$，改变方波频率，示波器上会再现几种典型波形，记录这些波形和产生这些波形对应的频率 f，并说明相应波形出现的原因。

2. 研究 RL 电路的暂态过程

(1)按图 3.36.9 连接电路，用示波器 CH1 端测量电阻两端的电压信号。

(2)将示波器用自带的方波校准信号进行校准。

(3)取电感 $L = 40\text{mH}$，调节方波发生器频率 $f = 500\text{Hz}$，调 $R = 1000\Omega$，用坐标纸记录此时示波器上显示的波形，并记录波形的"单位"（?/div）。

(4)仍取电感 $L = 40\text{mH}$，调节方波发生器频率 $f = 500\text{Hz}$，调 $R = 200\Omega$，用坐标纸记录此时示波器上显示的波形，并记录波形的"单位"（?/div）。

(5)仍取电感 $L = 40\text{mH}$，调节方波发生器频率 $f = 500\text{Hz}$，调 $R = 5\Omega$，用坐标纸记录此时示波器上显示的波形，并记录波形的"单位"（?/div）。

(6)分析步骤(3)、(4)和(5)得到的 3 种波形，哪一种波形是完整的电阻两端电压变化波形？为什么会出现不完整的波形？选择完整的波形，用图解法计算其半衰期 $T_{1/2}$。

(7)对步骤(6)选择的完整波形，用图解法得到的半衰期为 $T_{1/2}$，如图 3.36.17 所示。利用公式 $T_{1/2} = \tau\ln 2 = 0.693\tau$，计算时间常数 τ；并与用完整波形参数 R 和 L 计算得到的时间常数 τ' 相比较。

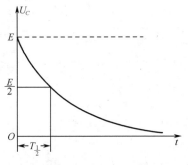
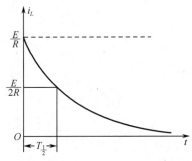

图 3.36.16　RC 串联电路半衰期　　　　图 3.36.17　RL 串联电路半衰期

3. 研究 RLC 电路的暂态过程

(1)按图 3.36.14 连接电路，用示波器 CH1 端测量电容两端的电压信号。

(2)将示波器用自带的方波校准信号进行校准。

(3)取 $L = 0.2\text{mH}$，$C = 0.02\mu\text{F}$，调节 R，并适当调节方波频率 f，产生 3 种阻尼振荡波形，记录 3 种波形，记录波形的"单位"（?/div），并记录产生 3 种波形对应的 R 值和方波频率值 f。

(4)将临界阻尼状态时回路电阻 R 的实验值与理论值 $R = \sqrt{\dfrac{4L}{C}}$ 进行比较。

(5)测量欠阻尼振荡周期 T，$T = \dfrac{\Delta t}{n}$，Δt 为波形某两点之间的时间间隔，n 为 Δt 内波形周期数，将 T 与理论值 T_0 进行比较（$T_0 = \dfrac{2\pi}{\omega}$，$\omega = \dfrac{1}{\sqrt{LC}}$）。

五、注意事项

1. 使用示波器之前一定要对示波器进行校准。

2. 在坐标纸上记录波形的同时，一定要记录每一大格代表的电压或时间。

3. 只有当时间 $t \geqslant 5\tau$ 时，才能认为是完整的充放电波形。

4. 正确使用图解法求解半衰期。

1．RLC 串联电路的暂态过程为什么会出现 3 种不同的工作状态？试从能量转换角度对其做出解释。

2．方波的频率太高，会对测量结果产生什么影响？

3．误差的主要来源有哪些？

实验三十七　电子束在电场和磁场中运动的研究

带电粒子在电场和磁场中的运动是近代科学技术应用的诸多领域中经常遇到的一种物理现象。诸如示波器、电视显像管、摄像管、雷达指示器、电子显微镜等设备，其功能虽各不相同，但它们有一个共同点，就是都利用了电子束的偏转和聚焦，电子束的偏转和聚焦可以通过电场和磁场对电子的作用来实现。本实验主要研究电子束在电场、磁场作用下的偏转和聚焦。

一、实验目的

1．了解示波管的基本结构，掌握示波管的原理。
2．掌握带电粒子在电场中的运动规律及聚焦原理。
3．掌握带电粒子在磁场中的运动规律及聚焦原理。
4．掌握带电粒子在电场和磁场同时存在的区域的运动规律。

二、实验仪器

DH4521 型电子束测试仪。

三、实验原理

1．阴极射线管（示波管）的基本结构

如图 3.37.1 所示，示波管主要由电子枪、偏转板和荧光屏三部分组成。其中电子枪是示波管的核心部分，电子枪由阴极 K、栅极 G、聚焦阳极 A_1、第二阳极 A_2 等同轴金属圆筒组成。偏转板包括垂直偏转板 Y、水平偏转板 X，此外还有荧光屏 S。阴极被灯丝加热而发射电子，电子受阳极的作用而加速，形成一束电子射线，打在荧光屏上。电子从阴极发射出来时，可以认为它的初速度为零。阳极 A_2 相对于阴极 K 具有几百甚至几千伏的加速正电压 U_2，它使电子沿轴向加速。设电子的初始速度为 0，到达 A_2 时的速度为 v，由能量守恒定律有

$$\frac{1}{2}mv^2 = eU_2 \tag{3.37.1}$$

由式(3.37.1)得到，电子到达 A_2 时的速度 v 的表达式为

$$v = \sqrt{\frac{2eU_2}{m}} \tag{3.37.2}$$

栅极 G 相对于阴极 K 具有负电位，两者相距很近（约零点几毫米），其间形成的电场对电子有排斥作用。用电位器 R_1 调节 G 对 K 的电位，可以控制电子枪射出的电子数目，即控制屏上的光点亮度。

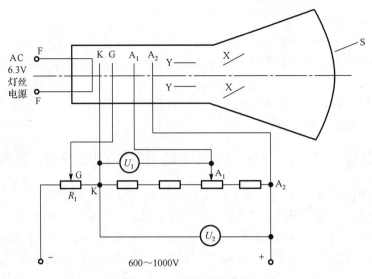

图 3.37.1　示波管结构图

2. 电子束的电偏转

通过阳极 A_2 后的电子具有速度 v，进入一对相对平行的电极板间。若在该对偏转板上加电压 U_d，两平行板间距离为 d，则平行板间的电场强度 $E = U_d/d$，电场强度 $\boldsymbol{E}$ 的方向与电子速度 $\boldsymbol{v}$ 的方向相互垂直，如图 3.37.2 所示。

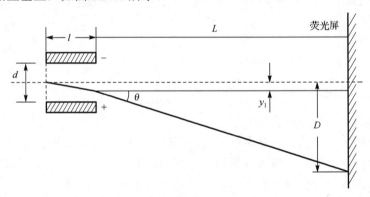

图 3.37.2　电子束的电偏转示意图

设电子的速度方向为 z 轴(沿轴向)，电场方向为 y 轴。当电子进入平行板间后受到垂直于 z 轴方向的电场力作用，在 z 轴方向做匀速直线运动，在 y 轴方向做初速度为零的匀加速运动。设平行板的长度为 l，电子通过 l 所需的时间为 t，则有

$$t = \frac{l}{v} \tag{3.37.3}$$

由于电子在平行板间受电场力的作用，电子在与电场平行的方向产生的加速度大小为

$$a_y = \frac{eE}{m} \tag{3.37.4}$$

式中，e 为电子的电量，m 为电子的质量。当电子射出平行板间时，在 y 轴方向偏离轴的距离为

$$y_1 = \frac{1}{2}a_y t^2 = \frac{1}{2}\frac{eE}{m}t^2 \tag{3.37.5}$$

电子离开平行板间电场的速度为

$$v_z = v \tag{3.37.6-1}$$

$$v_y = a_y t = \frac{eE}{m}t \tag{3.37.6-2}$$

将 $t = \dfrac{l}{v}$、$E = \dfrac{U_d}{d}$ 和 $v = \sqrt{\dfrac{2eU_2}{m}}$ 代入式 (3.37.5)，得

$$y_1 = \frac{1}{4}\frac{U_d l^2}{U_2 d} \tag{3.37.7}$$

由图 3.37.2 可以看出，电子在荧光屏上的偏转距离 D 为

$$D = y_1 + L\tan\theta \tag{3.37.8}$$

$$\tan\theta = \frac{v_y}{v} = \frac{eE}{vm}t = \frac{U_d l}{2U_2 d} \tag{3.37.9}$$

将式 (3.37.7) 和式 (3.37.9) 代入式 (3.37.8)，得

$$D = \frac{1}{2}\frac{U_d l}{U_2 d}\left(L + \frac{l}{2}\right) \tag{3.37.10}$$

从上式可看出，偏转距离 D 随 U_d 增加而增加，与 $L + \dfrac{l}{2}$ 成正比，与 U_2 和 d 成反比。

3. 电子束的磁偏转

如图 3.37.3 所示，电子以速度 v 进入磁感应强度为 $\boldsymbol{B}$ 的匀强磁场中，受到的洛伦兹力为

$$\boldsymbol{F} = e\boldsymbol{v} \times \boldsymbol{B} \tag{3.37.11}$$

在示波管 l 段加垂直于纸面向外的均匀磁场 $\boldsymbol{B}$，电子沿 z 轴进入磁场，受到沿 y 轴方向的洛伦兹力作用，在磁场中做匀速圆周运动，轨道半径为 R。电子离开磁场后做匀速直线运动(忽略重力)，最终打在荧光屏上。由牛顿运动定律知

$$evB = F = m\frac{v^2}{R} \tag{3.37.12}$$

则有

$$R = \frac{mv}{eB} \tag{3.37.13}$$

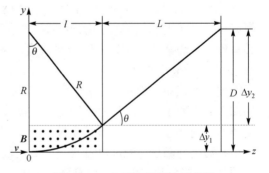

图 3.37.3　电子束磁偏转示意图

电子离开磁场区域后，以原速度 v 做匀速直线运动，运动方向与 z 轴的夹角 θ 满足

$$\sin\theta = \frac{l}{R} = \frac{eBl}{mv} \tag{3.37.14}$$

电子离开磁场区域时在 y 轴方向的位移为

$$\Delta y_1 = R(1 - \cos\theta) = \frac{mv}{eB}(1 - \cos\theta) \qquad (3.37.15)$$

电子离开磁场区域后在 y 轴方向的位移为

$$\Delta y_2 = L\tan\theta \qquad (3.37.16)$$

所以电子打在荧光屏上的点在 y 轴方向的位移为

$$D = \Delta y_1 + \Delta y_2 = \frac{mv}{eB}(1 - \cos\theta) + L\tan\theta \qquad (3.37.17)$$

如果偏角 θ 较小，则可做如下近似计算：

$$\sin\theta \approx \tan\theta \approx \theta \qquad (3.37.18\text{-}1)$$

利用倍角公式 $\cos\theta = 1 - 2\sin^2\dfrac{\theta}{2}$，结合式 (3.37.18-1)，得到

$$\cos\theta = 1 - \frac{\theta^2}{2} \qquad (3.37.18\text{-}2)$$

将式 (3.37.18-1) 和式 (3.37.18-2) 代入式 (3.37.17)，得到

$$D = \frac{mv}{eB}\frac{\theta^2}{2} + L\theta \qquad (3.37.19)$$

将 $\theta \approx \sin\theta$ 及式 (3.37.13) 代入式 (3.37.19)，得到

$$D = \frac{eBl}{mv}\left(\frac{l}{2} + L\right) \qquad (3.37.20)$$

将式 (3.37.2) 代入式 (3.37.20)，可得

$$D = Bl\sqrt{\frac{e}{2mU_2}}\left(\frac{l}{2} + L\right) \qquad (3.37.21)$$

式 (3.37.21) 表明，磁偏转的距离与所加的磁感应强度大小 B 成正比，与加速电压的平方根成反比。B 与偏转线圈的励磁电流 I 成正比，在 U_2 及其他量确定后，式 (3.37.21) 可写成 $D = SI$，S 是常数，称为磁偏转灵敏度。

4. 电子射线束的电聚焦

电子射线束的聚焦是所有射线管(如示波管、显像管和电子显微镜等)都必须解决的问题。如图 3.37.1 所示，在阴极射线管中，阳极被灯丝加热发射电子。电子受阳极 A_1 和 A_2 产生的正电场作用而加速运动，同时又受栅极 G 产生的负电场作用，只有一部分电子能通过栅极 G 上的小孔而飞向阳极。通过电阻改变栅极电位，控制通过栅极小孔的电子数目，从而控制荧光屏上的辉度。当栅极上的负电位高到一定程度时，可使射到荧光屏上的电子射线截止，辉度为零。

聚焦阳极 A_1 和第二阳极 A_2 是由同轴的金属圆筒组成的。由于各电极上的电位不同，在它们之间形成了弯曲的等位面、电场。这样就使电子束的路径发生弯曲，类似光通过透镜那样产生了会聚和发散，这种电子组合称为电子透镜。改变电极间的电位分布，可以改变等位面的弯曲程度，从而实现电子透镜的聚焦。

5. 电子射线束的磁聚焦

如图 3.37.4 所示，将示波管置于长直螺线管中，在不受任何偏转电压和磁场的作用下，

示波管正常工作时，调节亮度和聚焦，可在荧光屏上得到一个小亮点。若第二(加速)阳极 A_2 的电压为 U_2，电子的轴向运动速度用 $v_\parallel$ 表示，则有

$$v_\parallel = \sqrt{\frac{2eU_2}{m}} \tag{3.37.22}$$

当给偏转板加上交变电压时，电子将获得垂直于轴向的分速度(用 $v_\perp$ 表示)，此时荧光屏上便出现一条直线。随后给长直螺线管通以直流电流 I，于是螺线管内便产生沿轴线方向的磁场，磁场方向与 $v_\parallel$ 方向一致(与合速度方向有一定的夹角)，那么电子的运动轨迹就为螺旋线，即图 3.37.4 所示的螺旋线轨迹。

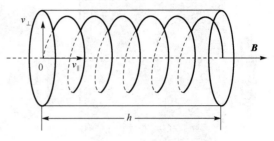

运动的电子在磁场中受到垂直于磁场方向的洛伦兹力的大小为 $F = ev_\perp B$，该洛伦兹力使电子在垂直于磁场的平面内做匀速圆周运动，设其圆周运动的半径为 R，则有

图 3.37.4　电子束磁聚焦示意图

$$F = ev_\perp B = m\frac{v_\perp^2}{R} \tag{3.37.23}$$

所以圆周运动的半径为

$$R = \frac{mv_\perp}{eB} \tag{3.37.24}$$

圆周运动的周期为

$$T = \frac{2\pi R}{v_\perp} = \frac{2\pi m}{eB} \tag{3.37.25}$$

电子做以上圆周运动的同时，在轴线方向做匀速直线运动(速度为 $v_\parallel$)，它在圆周运动一个周期内前进的距离称为螺距，用 h 表示，即

$$h = v_\parallel T = \frac{2\pi}{B}\sqrt{\frac{2mU_2}{e}} \tag{3.37.26}$$

从式(3.37.25)式(3.37.26)可以看出，电子运动的周期和螺距均与 $v_\perp$ 无关。不难想象，电子在做螺线运动时，它们从同一点出发，尽管各个电子的 $v_\perp$ 各不相同，但经过一个周期以后，它们又会在距离出发点相距一个螺距的地方重新相遇，这就是磁聚焦的基本原理。

由式(3.37.26)可得

$$\frac{e}{m} = \frac{8\pi^2 U_2}{h^2 B^2} \tag{3.37.27}$$

对于有限长的螺线管，B 近似地取其轴线上的中心值，即

$$B = \frac{\mu_0 NI}{\sqrt{L^2 + D^2}} \tag{3.37.28}$$

式中，N 为螺线管的匝数，L 为螺线管的长度，D 为螺线管横截面的直径，I 为螺线管中的电流。将式(3.37.28)代入式(3.37.27)，得

$$\frac{e}{m} = \frac{8\pi^2 U_2\left(L^2 + D^2\right)}{\mu_0^2 h^2 N^2 I^2} \tag{3.37.29}$$

保持加速电压 U_2 不变，测得聚焦时螺线管中的电流 I(其他参数由仪器设计给定)，可求

得电子的荷质比实验值。

6. DH4521 型电子束测试仪

DH4521 型电子束测试仪是用来研究电子在电场、磁场中的运动规律的综合性实验仪。该仪器内置 5 个表头，分别显示电偏转电压、磁偏转电流、阳极电压、聚焦电压及磁聚焦电流。图 3.37.5 和图 3.37.6 分别是 DH4521 型电子束测试仪的实物图和面板示意图。测试仪内置电偏转电源、磁偏转电源及磁聚焦电源，可完成电偏转、磁偏转、电聚焦、磁聚焦等实验。

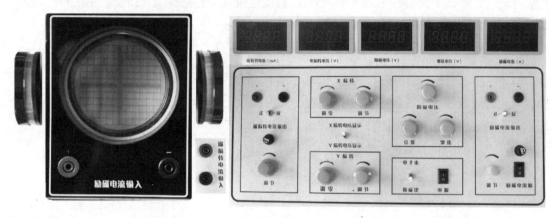

图 3.37.5　DH4521 型电子束测试仪实物图

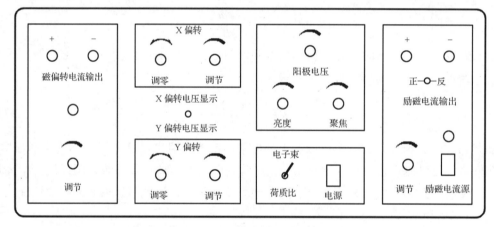

图 3.37.6　DH4521 型电子束测试仪面板示意图

四、实验内容

1. 测量偏转量 D 随 U_d 的变化，并测量电偏转灵敏度

(1) 用专用 10 芯电缆线将 DH4521 型电子束测试仪和示波管连接起来(由于该线缆中电压较高，尽量不要随意插拔，注意安全)。在图 3.37.6 所示的面板上，开启"电源"开关，将"电子束/荷质比"选择开关拨向电子束位置，适当调节"亮度"旋钮，并调节"聚焦"旋钮，使荧光屏上光点聚成一小点。注意，光点不能太亮，以免烧坏荧光屏。

(2) 光点调零：将测试仪面板上的选择开关拨向"X 偏转电压显示"一侧，调节 X 偏转区域的"调节"旋钮，使"电偏转电压"表的读数为零，再调节"调零"旋钮，使光点位于荧光屏垂直中线上；同 X 偏转调零一样，将面板上的选择开关拨向"Y 偏转电压显示"，调节好后，光点位于荧光屏的中心原点。

(3) 测量偏转量 D 随电偏转电压 U_d 的变化：调节"阳极电压"旋钮，设定阳极电压 U_2，并记录其值；将"电偏转电压"表显示拨到"Y 偏转电压显示"（垂直电压），改变 U_d 测对应的 D 值，D 每变化 2mm，记录一次 U_d 的值；改变 U_2 后再测 U_d–D 变化。U_2 的取值范围为 600～1000V，所有测量结果记入表 3.37.1。

表 3.37.1 测量不同阳极电压下电偏转量 D 随 U_d 的变化

阳极电压 U_2 (V)	测量量	1	2	3	4	5	6	7	8	9	10
600	Y 轴电偏转电压 U_d (V)										
	电偏转位移 D (mm)										
700	Y 轴电偏转电压 U_d (V)										
	电偏转位移 D (mm)										
800	Y 轴电偏转电压 U_d (V)										
	电偏转位移 D (mm)										
900	Y 轴电偏转电压 U_d (V)										
	电偏转位移 D (mm)										
1000	Y 轴电偏转电压 U_d (V)										
	电偏转位移 D (mm)										
600	X 轴电偏转电压 U_d (V)										
	电偏转位移 D (mm)										
700	X 轴电偏转电压 U_d (V)										
	电偏转位移 D (mm)										
800	X 轴电偏转电压 U_d (V)										
	电偏转位移 D (mm)										
900	X 轴电偏转电压 U_d (V)										
	电偏转位移 D (mm)										
1000	X 轴电偏转电压 U_d (V)										
	电偏转位移 D (mm)										

(4) 对于不同的 U_2 取值，分别以 U_d 为横坐标、D 为纵坐标作 U_d–D 曲线图，注意所有的曲线画在同一个坐标图中，如图 3.37.7 所示，并分别求其 Y 轴电偏转灵敏度 D/U_d；根据几组实验结果，分析比较 Y 轴电偏转灵敏度 D/U_d 与阳极电压 U_2 的关系。

(5) 将"电偏转电压"表显示拨到"X 偏转电压显示"（水平电压），重复步骤 (3) 和 (4)，测量 X 轴的 U_d–D 曲线图和电偏转灵敏度，测量数据记入表 3.37.1；并分析比较 X 轴电偏转灵敏度 D/U_d 与阳极电压 U_2 的关系。

2. 测量偏转量 D 随磁偏转电流 I 的变化，并测量磁偏转灵敏度

(1) 如图 3.37.8 所示，用专用 10 芯电缆线将 DH4521 型电子束测试仪和示波管连接起来，再用导线将磁偏转电流输出端连到示波管的磁偏转

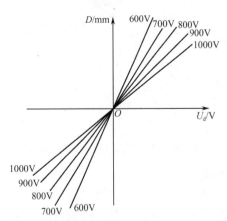

图 3.37.7 电子束在电场中的运动 U_d–D 曲线图

电流输入端，磁偏转电流输出调为零；开启电源开关，将"电子束/荷质比"选择开关拨向电子束位置，适当调节辉度，并调节聚焦，使屏上光点聚成一小点。注意，光点不能太亮，以免烧坏荧光屏。

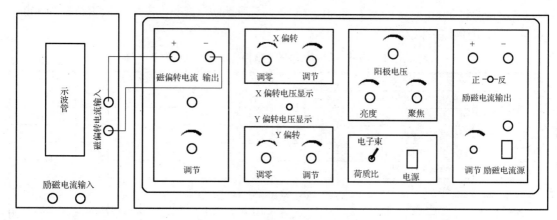

图 3.37.8　测量磁偏转接线示意图

（2）光点调零：将测试仪面板上的选择开关拨向"X偏转电压显示"一侧，调节X偏转区域的"调节"旋钮，使"电偏转电压"表的读数为零，再调节"调零"旋钮，使光点位于荧光屏垂直中线上；同X偏转调零一样，将面板上的选择开关拨向"Y偏转电压显示"，调节好后，光点位于荧光屏的中心原点。

（3）测量偏转量 D 随磁偏转电流 I 的变化：调节"阳极电压"旋钮，设定阳极电压 U_2，并记录其值；调节磁偏转电流"调节"旋钮（改变磁偏转线圈电流 I 的大小）测量一组 D 值；改变磁偏转电流方向，再测一组 I-D 值；改变 U_2 后再测 I-D 变化；改变电流方向再次实验。U_2 的取值范围为 600～1000V，所有测量结果记录在表 3.37.2 中。

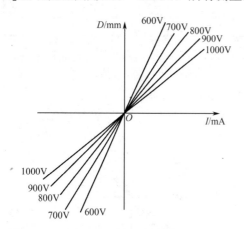

图 3.37.9　电子束在磁场中的运动 I-D 曲线图

（4）对于不同的 U_2 取值，分别以 I 为横坐标、D 为纵坐标作 I-D 曲线图，注意所有的曲线画在同一个坐标图中，如图 3.37.9 所示，并分别求其磁偏转灵敏度 D/I；根据几组实验结果，分析比较磁偏转灵敏度 D/I 与阳极电压 U_2 的关系，解释为什么 U_2 不同，磁偏转灵敏度 D/I 也不同？

3. 电子射线束的电聚焦测量

（1）用专用 10 芯电缆线将 DH4521 型电子束测试仪和示波管连接起来，如图 3.37.6 所示的面板，开启电源开关，将"电子束/荷质比"选择开关拨向"电子束"，适当调节亮度及聚焦，使屏上光点聚成一小点。注意，光点不能太亮，以免烧坏荧光屏。

（2）光点调零：将测试仪面板上的选择开关拨向"X偏转电压显示"一侧，调节X偏转区域的"调节"旋钮，使"电偏转电压"表的读数为零，再调节"调零"旋钮，使光点位于荧光屏垂直中线上；同 X 偏转调零一样，将面板上的选择开关拨向"Y 偏转电压显示"，调节好后，光点位于荧光屏的中心原点。

表 3.37.2　测量不同阳极电压下磁偏转量 D 随磁偏转电流 I 的变化

阳极电压 U_2 (V)	测量量	1	2	3	4	5	6	7	8	9	10
600	磁偏转电流 I (mA)										
	磁偏转位移 D (mm)										
600	反向磁偏转电流 I (mA)										
	磁偏转位移 D (mm)										
700	磁偏转电流 I (mA)										
	磁偏转位移 D (mm)										
700	反向磁偏转电流 I (mA)										
	磁偏转位移 D (mm)										
800	磁偏转电流 I (mA)										
	磁偏转位移 D (mm)										
800	反向磁偏转电流 I (mA)										
	磁偏转位移 D (mm)										
900	磁偏转电流 I (mA)										
	磁偏转位移 D (mm)										
900	反向磁偏转电流 I (mA)										
	磁偏转位移 D (mm)										
1000	磁偏转电流 I (mA)										
	磁偏转位移 D (mm)										
1000	反向磁偏转电流 I (mA)										
	磁偏转位移 D (mm)										

(3) 调节阳极电压 U_2 在 600～1000V 之间变化，对应地调节"聚焦"旋钮（改变聚焦电压 U_1）使光点达到最佳的聚焦效果，测量出对应的聚焦电压 U_1，将所有数据记入表 3.37.3。

(4) 求出 U_2/U_1 的值。

表 3.37.3　测量不同阳极电压下的聚焦电压 U

阳极电压 U_2 (V)						
聚焦电压 U_1 (V)						
U_2/U_1						

4. 电子射线束的磁聚焦研究和电子荷质比的测量

(1) 如图 3.37.10 所示，用专用 10 芯电缆线将 DH4521 型电子束测试仪和示波管连接起来，再用导线将励磁电流输出端连到示波管的励磁电流输入端，将励磁电流输出的"调节"旋钮逆时针方向调节到底，励磁电流开关为关闭状态。

(2) 开启电子束测试仪电源开关，"电子束/荷质比"开关置于"荷质比"，适当调节辉度及聚焦，此时荧光屏上出现一条直线，阳极电压调到 700V。

(3) 将"励磁电流输出"开关拨到正向，打开励磁电流开关，逐渐加大电流使荧光屏上的直线一边旋转一边缩短直到出现第一个小光点，读取此时对应的电流值 I^+，然后将电流值调为零；再将"励磁电流输出"开关拨到反向（改变螺线管中磁场方向），重新从零开始增加电流使屏上的直线反方向旋转并缩短，直至屏幕上再次出现一个小光点，读取此时电流值 I^-。

(4) 改变阳极电压为 800V，重复步骤 (3)，直到阳极电压调到 1000V 为止。

(5)将以上所有测量数据记录在表 3.37.4 中，通过式(3.37.29)计算出电子荷质比 e/m。

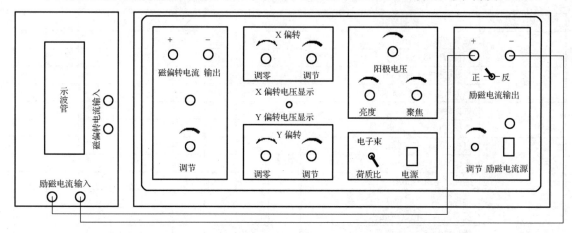

图 3.37.10 电子射线束的磁聚焦研究和电子荷质比的测量接线示意图

表 3.37.4 测量不同阳极电压下产生磁聚焦现象时的励磁电流 I^+ 和 I^-

阳极电压 U_2 (V)	700	750	800	850	900	950	1000
I^+ (A)							
I^- (A)							
$I = (I^+ + I^-)/2$ (A)							
电子荷质比 e/m (C/kg)							

五、注意事项

1．在实验过程中，光点不能太亮，以免烧坏荧光屏。

2．实验通电前，用专用 10 芯电缆连接测试仪和示波管。

3．在改变螺线管励磁电流方向或磁偏转电流方向时，应先将电流调到最小再换向。

4．改变阳极电压 U_2 后，光点亮度会改变，这时应重新调节亮度，若调节亮度后加速电压有变化，再调到规定的电压值。

5．励磁电流输出端有 10A 保险丝，磁偏转电流输出和输入端有 0.75A 保险丝用于保护。

6．切勿在通电的情况下拆卸面板对电路进行查看或维修，以免发生意外。

六、思考题

1．如果电子束同时在电场和磁场中通过，那么在什么条件下荧光屏的光点恰好不发生偏转？

2．在磁聚焦实验中，当螺线管中的电流逐渐增加，使电子束二次聚焦、三次聚焦在荧光屏上时，屏上的光斑如何变化？

3．根据运动电荷在电磁场中的运动规律，你能否设计出另一种测量电子荷质比的实验方案？

实验三十八 霍尔效应研究

霍尔效应是导电材料中的电流与磁场相互作用而产生电动势的效应。1879 年美国约翰斯·霍普金斯大学研究生霍尔在研究金属导电机理时发现了这种电磁现象，故称霍尔效应。后来曾有人利用霍尔效应制成测量磁场的磁传感器，但因金属的霍尔效应太弱而未能得到实际应用。随着半导体材料和制造工艺的发展，人们又利用半导体材料制成霍尔元件，由于其霍尔效应显著而得到实际应用和发展，现广泛应用于非电量的测量、电动控制、电磁测量和计算装置方面。在电流体中的霍尔效应是"磁流体发电"的理论基础。近年来，霍尔效应实验不断有新发现：1980 年，原西德物理学家冯·克利青研究二维电子气系统的输运特性，在低温和强磁场下发现了"整数量子霍尔效应"，并于 1985 年因此获得了诺贝尔物理学奖，这是凝聚态物理领域最重要的发现之一；1982 年，美籍华裔物理学家崔琦、德国物理学家施特默等在更强的磁场作用下研究量子霍尔效应时发现了"分数量子霍尔效应"，该效应不久后由另一位美国物理学家劳佛林给出理论解释，三人因此共同分享了 1998 年诺贝尔物理学奖；2013 年，由清华大学薛其坤院士领衔的团队历时 4 年，在掺杂的拓扑绝缘体材料中首次发现了"量子反常霍尔效应"。目前对量子霍尔效应正在进行深入研究，并取得了重要应用，例如，用于确定电阻的自然基准，可以极为精确地测量光谱精细结构常数。

霍尔效应在半导体材料研究领域也有着重要的应用。半导体材料的掺杂类型、载流子浓度和迁移率是其器件应用中的基本参数，在器件设计和性能优化方面都起着决定性的作用。而霍尔效应测量是获得半导体材料的掺杂类型、载流子浓度和迁移率的重要实验方法。霍尔效应在应用技术领域也发挥着重要的作用，例如，将霍尔效应与现代集成工业相结合，可以制造出诸如测量磁场的特斯拉计、读取磁条信息的读卡器及各种角度、位移、速度传感器等设备。在磁场、磁路等磁现象的研究和应用中，霍尔效应及其元件是不可缺少的，利用它观测磁场具有直观、干扰小、灵敏度高、效果明显等特点。

一、实验目的

1. 学习霍尔效应原理及霍尔元件有关参数的含义和作用。
2. 学习测绘霍尔元件的 $V_H - I_S$、$V_H - I_M$ 曲线，了解霍尔电势差 V_H 与霍尔元件工作电流 I_S、磁感应强度 B 及励磁电流 I_M 之间的关系。
3. 掌握利用霍尔效应测量磁感应强度 B 及磁场分布的方法。
4. 学习用"对称交换测量法"消除副效应产生的系统误差。

二、实验仪器

DH4512A 型霍尔效应实验仪。

三、实验原理

1. 霍尔效应原理

将通有电流 I 的导体置于磁场中，在垂直于电流 I 和磁场 B 的方向上将产生一个附加电场 E_H，这一现象是美国物理学家霍尔于 1879 年首先发现的，称为霍尔效应。电场 E_H 所产生的电压 V_H 称为霍尔电压。

霍尔效应从本质上讲，是运动的带电粒子在磁场中受洛伦兹力的作用而引起的偏转。当带电粒子(电子或空穴)被约束在固体材料中，这种偏转就导致在垂直于电流和磁场的方向上产生的正负电荷在不同侧的聚积，从而形成附加的横向电场。如图 3.38.1 所示，磁场 B 位于 Z 轴正方向，与之垂直的半导体薄片上沿 X 轴正方向通以电流 I_S (称为工作电流)，假设载流子为电子(N 型半导体材料),它沿着与电流 I_S 相反的 X 轴负方向运动。

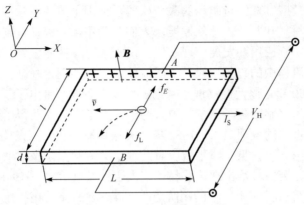

图 3.38.1 霍尔效应示意图

由于洛伦兹力 f_L 的作用,电子即向图中虚线箭头所指的位于 Y 轴负方向的 B 侧偏转,并使 B 侧形成电子积累,而相对的 A 侧形成正电荷积累。与此同时,运动的电子还受到由于两种积累的异种电荷形成的反向电场力 f_E 的作用。随着电荷积累的增加,f_E 增大,当洛伦兹力 f_L 和反向电场力 f_E 大小相等(方向相反)时,即 $f_L = -f_E$,电子积累便达到动态平衡。这时在 A、B 两端面之间建立的电场称为霍尔电场 E_H,相应的电势差称为霍尔电势差 V_H。

设电子以速度 v 向图 3.37.1 所示的 X 轴负方向运动,在磁场 B 的作用下,所受洛伦兹力大小为

$$f_L = -e\overline{v}B \tag{3.38.1}$$

式中,e 为电子电量,$\overline{v}$ 为电子漂移平均速度,B 为磁感应强度大小。同时,霍尔效应产生的电场作用于电子的力的大小为

$$f_E = -eE_H = -eV_H / l \tag{3.38.2}$$

式中,E_H 为霍尔电场强度,V_H 为霍尔电势差,l 为霍尔元件宽度。当达到动态平衡时

$$f_L = f_E \tag{3.38.3-1}$$

$$vB = V_H / l \tag{3.38.3-2}$$

设霍尔元件宽度为 l,厚度为 d,载流子浓度为 n,则由电流的微观解释 $I = nqvs$,得到霍尔元件的工作电流 I_S 为

$$I_S = ne\overline{v}ld \tag{3.38.4}$$

由式(3.38.3-2)和式(3.38.4)可得

$$V_H = E_H l = \overline{v}Bl = \frac{1}{ne}\frac{I_S B}{d} = R_H \frac{I_S B}{d} \tag{3.38.5}$$

即霍尔电压 V_H(A、B 间电压)与 I_S、B 的乘积成正比,与霍尔元件的厚度 d 成反比,比例系数 $R_H = \dfrac{1}{ne}$ 称为霍尔系数(严格来说,对于半导体材料,在弱磁场下应引入一个修正因子 $A = \dfrac{3\pi}{8}$,从而有 $R_H = \dfrac{3\pi}{8}\dfrac{1}{ne}$),它是反映材料霍尔效应强弱的重要参数,根据材料的电导率

$\sigma = ne\mu$ 的关系，还可以得到

$$R_H = \mu / \sigma = \mu p \quad \text{或} \quad \mu = |R_H|\sigma \tag{3.38.6}$$

式中，μ 为载流子的迁移率，即单位电场下载流子的运动速度。一般电子迁移率大于空穴迁移率，因此制作霍尔元件时大多采用 N 型半导体材料。

当霍尔元件的材料和厚度确定时，设

$$K_H = R_H / d = 1 / ned \tag{3.38.7}$$

将式(3.38.7)代入式(3.38.5)，得

$$V_H = K_H I_S B \tag{3.38.8}$$

式中，K_H 称为霍尔元件的灵敏度，它表示霍尔元件在单位磁感应强度和单位控制电流下的霍尔电势大小，其单位是 mV/(mA·T)，一般要求 K_H 越大越好。由于金属的电子浓度 n 很高，它的 R_H 或 K_H 都不大，因此不适宜做霍尔元件。此外元件厚度 d 越小，K_H 越高，所以制作时往往采用减小 d 的方法来增大元件的霍尔灵敏度，但不能认为 d 越小越好，因为此时元件的输入和输出电阻将会增加，这是我们不希望看到的。本实验采用的霍尔元件的厚度 d 为 0.2mm，长度 L 为 1.5mm，宽度 l 为 1.5mm。

由此可见，当电流 I 为常数时，有 $V_H = K_H I B = k_0 B$，通过测量霍尔电压 V_H，就可计算出未知磁感应强度 B 的大小。

应当注意：当磁感应强度 B 和霍尔元件平面法线成一角度时，如图 3.38.2 所示，作用在元件上的有效磁场是其法线方向上的分量 $B\cos\theta$，此时有

$$V_H = K_H I_S B \cos\theta \tag{3.38.9}$$

所以一般在使用时应调整元件两平面方位，使 V_H 达到最大，即 $\theta = 0$，这时有

$$V_H = K_H I_S B \cos\theta = K_H I_S B \cos 0 = K_H I_S B \tag{3.38.10}$$

由式(3.38.10)可知，当工作电流 I_S 或磁感应强度 B 二者之一改变方向时，霍尔电压 V_H 方向随之改变；若二者方向同时改变，则霍尔电压 V_H 极性不变。

霍尔元件测量磁场的基本电路如图 3.38.3 所示，将霍尔元件置于待测磁场的相应位置，并使霍尔元件平面与磁感应强度 B 垂直，在其控制端输入恒定的工作电流 I_S，霍尔元件的霍尔电压输出端接毫伏表，测量霍尔电压 V_H 的值。

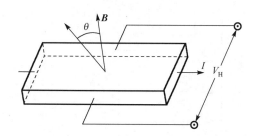

图 3.38.2　霍尔元件平面法线与成角度

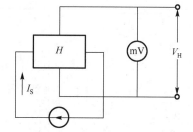

图 3.38.3　霍尔元件测量磁场的基本电路

2. DH4512A 型霍尔效应实验仪

DH4512A 型霍尔效应实验仪用于研究霍尔效应产生的原理及测量方法，通过施加磁场，可以测出霍尔电压并计算它的灵敏度，以及可以通过测得的灵敏度来计算线圈附近各点的磁

场。DH4512A型霍尔效应实验仪可选择两种磁场作为实验对象：双圆线圈磁场和螺线管磁场，结构分别如图3.38.4和图3.38.5所示。图3.38.6为DH4512A型霍尔效应实验仪面板示意图。

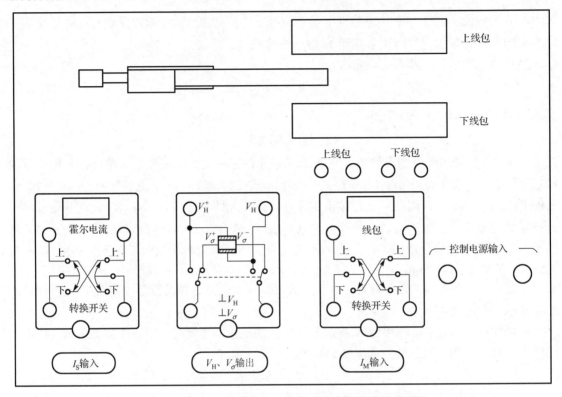

图 3.38.4　DH4512A 型霍尔效应双圆线圈实验架平面图

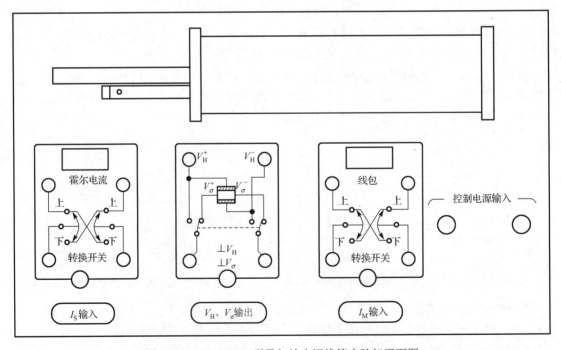

图 3.38.5　DH4512A 型霍尔效应螺线管实验架平面图

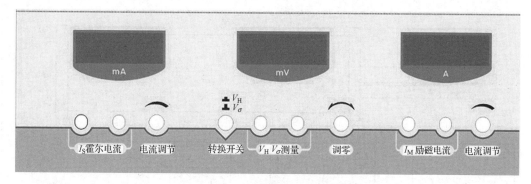

图 3.38.6   DH4512A 型霍尔效应实验仪面板示意图

实验架各接线柱连线说明如图 3.38.7 所示，以螺线管实验架为例来说明。

① 连接到霍尔元件的工作电流端(红色插头为正极，黑色插头为负极；红色插头与红色插座相连，黑色插头与黑色插座相连)。

② 连接到实验仪上霍尔工作电流 I_S 端(红色插头为正极，黑色插头为负极；红色插头与红色插座相连，黑色插头与黑色插座相连)。

③ 电流换向开关。

④ 连接到霍尔元件霍尔电压输出端(红色插头为正极，黑色插头为负极；红色插头与红色插座相连，黑色插头与黑色插座相连)。

⑤ 连接到实验仪上 V_H、V_σ 测量端(红色插头为正极，黑色插头为负极；红色插头与红色插座相连，黑色插头与黑色插座相连)。

⑥ V_H、V_σ 测量切换开关，测量霍尔电压与测量载流子浓度为同一个测量端，只需按下 V_H、V_σ 转换开关即可。

⑦ 连接到实验仪磁场励磁电流 I_M 端(红色插头为正极，黑色插头为负极；红色插头与红色插座相连，黑色插头与黑色插座相连)。

⑧ 用一边是分开的接线插、一边是双芯插头的控制连接线与实验仪背部的插孔相连接(红色插头为正极，黑色插头为负极；红色插头与红色插座相连，黑色插头与黑色插座相连)。

⑨ 连接到磁场励磁线圈端子，出厂前已在内部连接好，实验时不再接线。

图 3.38.7 中，电流换向开关是一个双刀双向继电器，其原理如下。

图 3.38.8(a)所示为单刀双向继电器，当继电器线包不加控制电压时，动触点与常闭端相连接；当继电器线包加上控制电压时，继电器吸合，动触点与常开端相连接。霍尔效应实验架中使用了 3 个双刀双向继电器组成 3 个换向电子闸刀，换向由接钮开关控制，原理图如图 3.38.8(b)所示。当未按下转换开关时，继电器线包不加电，常闭端与动触点相连接；当按下按钮开关时，继电器吸合，常开端与动触点相连接，实现连接线的转换。由此可知，通过按下、按上转换开关，可以实现与继电器相连的连接线的换向功能。

3. 实验存在的系统误差

测量霍尔电势差 V_H 时，不可避免地会产生一些副效应，由此而产生的附加电势叠加在霍尔电势差上，形成测量系统误差，这些副效应主要有以下几方面：

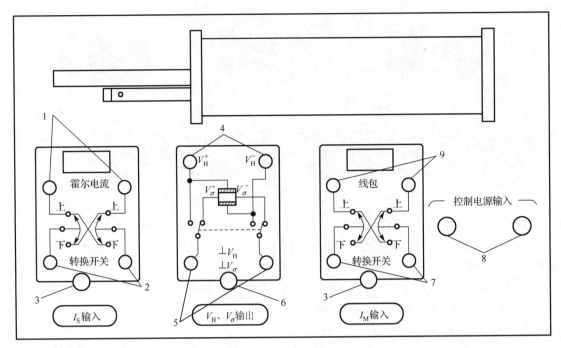

图 3.38.7　DH4512A 型霍尔效应实验架各接线柱连线说明图示

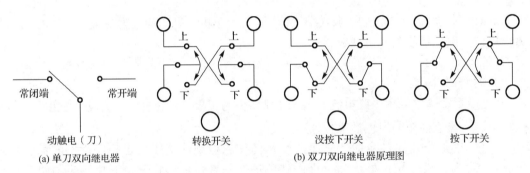

图 3.38.8　单刀双向继电器与双刀双向继电器工作原理图示

(1) 不等位电势 V_0

由于制作时，两个霍尔电极不可能绝对对称地焊在霍尔元件两侧，如图 3.38.9(a)所示，霍尔元件电阻率不均匀、控制电流极的端面接触不良，如图 3.38.9(b)所示，都可能造成 A、B 两极不处在同一等位面上，此时虽未加磁场，但 A、B 间存在电势差 V_0，称为不等位电势，$V_0 = I_S R_0$，R_0 是两等位面间的电阻。由此可见，在 R_0 确定的情况下，V_0 与 I_S 的大小成正比，且其正负随 I_S 的方向而改变。

(2) 爱廷豪森效应

当在元件 X 轴方向通以工作电流 I_S，Z 轴方向加磁场 B 时，由于霍尔元件内的载流子速度服从统计分布，有快有慢。在到达动态平衡时，在磁场的作用下慢速、快速的载流子将在洛伦兹力和霍耳电场的共同作用下，沿 Y 轴分别向相反的两侧偏转，这些载流子的动能将转化为热能，使两侧的温升不同，因而造成 Y 轴方向上两侧的温差 $(T_A - T_B)$。因为霍尔电极和元件两者材料不同，电极和元件之间形成温差电偶，这一温差在 A、B 间产生温差电动势 V_E，

$V_E \propto I_S B$，这一效应称为爱廷豪森效应，V_E 的大小和正负符号与 I_S、$\boldsymbol{B}$ 的大小和方向有关，所以不能在测量中消除。如图 3.38.10 所示是爱廷豪森效应示意图。

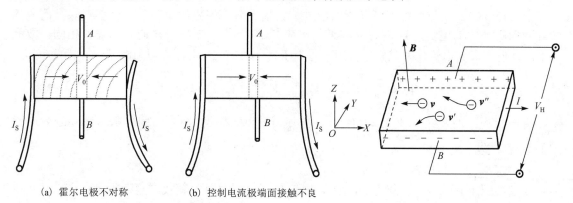

(a) 霍尔电极不对称	(b) 控制电流极端面接触不良	

图 3.38.9　霍尔电极不在同一等势面　　　　　图 3.38.10　爱廷豪森效应示意图

(3) 伦斯脱效应

由于控制电流的两个电极与霍尔元件的接触电阻不同，控制电流在两电极处将产生不同的焦耳热，引起两电极间的温差电动势，此电动势又产生温差电流(称为热电流)Q，热电流在磁场作用下将发生偏转，结果在 Y 轴方向上产生附加的电势差 V_N，且 $V_N \propto QB$，这一效应称为伦斯脱效应，由上式可知 V_N 的符号只与 $\boldsymbol{B}$ 的方向有关。

(4) 里吉-勒杜克效应

以上谈到的热电流 Q 在磁场作用下，除了在 Y 轴方向产生电势差，还将在 Y 轴方向上引起样品两侧的温差，存在温差梯度 $\mathrm{d}T/\mathrm{d}y$，此温差又在 Y 轴方向上产生附加温差电动势 $V_R \propto QB$，其符号与 $\boldsymbol{B}$ 的方向有关，与 I_S 的方向无关。

以上 4 种副效应所产生的的电势差总和，有时甚至远大于霍尔电势差，形成测量中的系统误差以致霍尔电势差难以测准。为了减小或消除以上效应引起的附加电势差，利用这些附加电势差与霍尔元件工作电流 I_S、磁场 $\boldsymbol{B}$（即相应的励磁电流 I_M）的关系，采用对称(交换)测量法进行测量。

① 当 $(+I_S, +I_M)$ 时：

$$V_{(AB)_1} = V_H + V_0 + V_E + V_N + V_R \tag{3.38.11-1}$$

② 当 $(+I_S, -I_M)$ 时：

$$V_{(AB)_2} = -V_H + V_0 - V_E - V_N - V_R \tag{3.38.11-2}$$

③ 当 $(-I_S, -I_M)$ 时：

$$V_{(AB)_3} = V_H - V_0 + V_E - V_N - V_R \tag{3.38.11-3}$$

④ 当 $(-I_S, +I_M)$ 时：

$$V_{(AB)_4} = -V_H - V_0 - V_E + V_N + V_R \tag{3.38.11-4}$$

对以上 4 式做运算①-②+③-④，得

$$\frac{1}{4}[V_{(AB)_1} - V_{(AB)_2} + V_{(AB)_3} - V_{(AB)_4}] = V_H + V_E \tag{3.38.12}$$

由式 (3.38.12) 可见，除爱廷豪森效应外，其他副效应产生的电势差会全部消除，而爱廷豪森效应所产生的电势差 V_E 的符号和霍尔电势 V_H 的符号，与 I_S 及 $\boldsymbol{B}$ 的方向关系相同。故无法消除，但在非大电流、非强磁场作用下，由于 $V_H \gg V_E$，因此 V_E 可以忽略不计，由此可得

$$V_H \approx V_H + V_E = \frac{1}{4}[V_{(AB)_1} - V_{(AB)_2} + V_{(AB)_3} - V_{(AB)_4}] \tag{3.38.13}$$

将实验测出的 $V_{(AB)_1}$、$V_{(AB)_2}$、$V_{(AB)_3}$、$V_{(AB)_4}$ 值代入式 (3.38.13)，即可基本消除副效应引起的系统误差。

4. 载流圆线圈轴线上的磁场分布

设圆线圈半径为 R，匝数为 N，通以电流 I 时，根据毕奥-萨伐尔定律得到线圈轴线上 P 点的磁感应强度为

$$B = \frac{\mu_0 I R^2 N}{2\left(R^2 + x^2\right)^{3/2}} = \frac{\mu_0 I N}{2R\left(1 + \dfrac{x^2}{R^2}\right)^{3/2}} \tag{3.38.14}$$

式中，μ_0 为真空磁导率，x 为 P 点坐标，原点在线圈中心。

5. 载流双圆线圈轴线上的磁场分布

此处讨论的双圆线圈其半径 R、匝数 N 均相同，彼此平行且共轴，线圈间距为 a，坐标原点在两线圈中心连线中点处。给两线圈通以同方向、同大小的电流 I，它们对轴上任一点 P 产生的磁场的方向一致。A 线圈在 P 点产生的磁感应强度大小为

$$B_A = \frac{\mu_0 I R^2 N}{2\left[R^2 + \left(\dfrac{a}{2} - x\right)^2\right]^{3/2}} \tag{3.38.15}$$

B 线圈在 P 点产生的磁感应强度大小为

$$B_B = \frac{\mu_0 I R^2 N}{2\left[R^2 + \left(\dfrac{a}{2} + x\right)^2\right]^{3/2}} \tag{3.38.16}$$

那么在 P 点处，两线圈产生的合磁感应强度大小为

$$B_x = \frac{\mu_0 I R^2 N}{2\left[R^2 + \left(\dfrac{a}{2} - x\right)^2\right]^{3/2}} + \frac{\mu_0 I R^2 N}{2\left[R^2 + \left(\dfrac{a}{2} + x\right)^2\right]^{3/2}} \tag{3.38.17}$$

从式 (3.38.17) 可以看出，$\boldsymbol{B}$ 是 x 的函数，轴线中点 $x = 0$ 处，磁感应强度大小为

$$B_x(0) = \frac{\mu_0 I R^2 N}{\left[R^2 + \left(\dfrac{a}{2}\right)^2\right]^{3/2}} \tag{3.38.18}$$

特别地，当线圈间距为 $a = R$ 时，式(3.38.18)变为

$$B(0) = \frac{\mu_0 IN}{R} \frac{8}{5^{3/2}} \tag{3.38.19}$$

由式(3.38.19)知，在 $x = 0$ 和 $x = \dfrac{R}{10}$ 处两点 B_x 的值相对差异约为 0.012%，在理论上可以证明，当两线圈的距离等于半径，即 $a = R$ 时，在原点附近的磁场非常均匀。这样的一对载流圆线圈称为亥姆霍兹线圈。

6. 载流螺线管轴线上的磁场分布

设螺线管半径为 R，匝数为 N，长度为 $2L$，通以电流 I 时，根据毕奥-萨伐尔定律和式(3.38.14)，轴线上离开中心点 P 点处的磁感应强度大小为

$$B_x = \frac{\mu_0 IN}{4L} \left\{ \frac{x + L}{\left[R^2 + (x + L)^2 \right]^{1/2}} + \frac{x - L}{\left[R^2 + (x - L)^2 \right]^{1/2}} \right\} \tag{3.38.20}$$

由式(3.38.20)可知，对于"无限长"螺线管，由于 $L \gg R$，因此

$$B = \mu_0 nI \tag{3.38.21}$$

式中，n 表示单位长度的线圈匝数。

对于"半无限长"螺线管，有

$$B = \mu_0 nI / 2 \tag{3.38.22}$$

四、实验内容

1. 将霍尔效应实验仪与霍尔效应实验架正确连接

按仪器面板上的文字和符号提示将霍尔效应实验仪与霍尔效应实验架正确连接。

(1)将霍尔元件的引出线(有 4 个接头)，依据导线颜色棕色、红色、黑色和白色的顺序依次插入图 3.38.7 所示的接线口 1 和接线口 4，即接线口 1 的左端接棕色导线，右端接红色导线；接线口 4 的左端接黑色导线，右端接白色导线。

(2)将霍尔效应实验仪面板右下方(见图 3.38.6)的励磁电流 I_M 的直流恒流源输出端(0～0.5A)向左旋转到底调为零，与霍尔效应实验架上的磁场励磁电流 I_M 输入端相连(如图 3.38.7 所示的接线口 7)(红色插头为正极，黑色插头为负极；红色插头与红色插座相连，黑色插头与黑色插座相连)。

(3)将霍尔效应实验仪面板左下方(见图 3.38.6)的霍尔工作电流 I_S 的直流恒流源输出端(0～3mA)向左旋转到底调为零，与霍尔效应实验架上的霍尔元件工作电流 I_S 输入端相连(如图 3.38.7 所示的接线口 2)(红色插头为正极，黑色插头为负极；红色插头与红色插座相连，黑色插头与黑色插座相连)。

(4)将霍尔效应实验仪面板中部(见图 3.38.6)的 V_H、V_σ 测量端，接霍尔效应实验架中部的 V_H、V_σ 输出端(如图 3.38.7 所示的接线口 5)(红色插头为正极，黑色插头为负极；红色插头与红色插座相连，黑色插头与黑色插座相连)。

注意：以上 4 组线千万不能接错，以免烧坏元件。

(5)将一边是分开的接线插入实验架，一边是双芯插头的控制连接线插入实验仪背部的插孔(红色插头与红色插座相连，黑色插头与黑色插座相连)。

2. 研究霍尔效应与霍尔元件特性(双圆线圈磁场)

(1)测量霍尔元件的零位(不等位)电势 V_0 和不等位电阻 R_0

① 将实验架和实验仪的转换开关切换至 V_H，用连接线将霍尔效应实验架上的霍尔电压输出端(如图 3.38.7 所示接线口 4)短接。

② 重复检查 I_M 与 I_S，确保均已向左旋转到底调为零后，打开霍尔效应实验仪上的开关，调节"调零"旋钮使毫伏显示为 0.00mV。

③ 调节霍尔片工作电流 $I_S = 3.00\text{mA}$，利用 I_S 换向开关改变霍尔片工作电流输入方向，分别测出零位霍尔电压 V_{0_1}、V_{0_2}。

④ 重复以上测量 5 次，并分别计算不等位电阻：

$$R_{0_1} = V_{0_1} / I_S, \quad R_{0_2} = V_{0_2} / I_S$$

测量所得数据记入表 3.38.1，求 V_0 和 R_0 的值及其不确定度。

表 3.38.1　测量霍尔元件的零位(不等位)电势 V_0 和不等位电阻 R_0，I_S=3.00mA

	测量量	1	2	3	4	5	平均值
正向	不等位电势 V_{0_1} (mV)						
	不等位电阻 R_{0_1} (Ω)						
反向	不等位电势 V_{0_2} (mV)						
	不等位电阻 R_{0_2} (Ω)						

(2) 测量霍尔电压 V_H 与工作电流 I_S 的关系

① 将 I_M、I_S 都调零，调节霍尔效应实验仪中间的毫伏表，使其显示为 0.00mV。

② 将霍尔效应实验架上的霍尔电压短接线拿掉。

③ 将霍尔片移至线圈中心，调节 $I_M = 500\text{mA}$，调节 $I_S = 0.50\text{mA}$，按表 3.38.2 中 I_S、I_M 正负情况切换"实验架"上的方向，分别测量霍尔电压 V_H 值(V_1、V_2、V_3、V_4)，然后 I_S 每次递增 0.50mA，测量 V_1、V_2、V_3、V_4 的值，所有测量数据填入表 3.38.2。根据表 3.38.2 中的数据，在坐标纸上描绘出 $I_S - V_H$ 曲线，并且验证二者的线性关系。

表 3.38.2　霍尔电压 I_H 与工作电流 I_S 的数据关系，I_M=500mA

I_S (mA)	V_1 (mV) $+I_S$，$+I_M$	V_2 (mV) $+I_S$，$-I_M$	V_3 (mV) $-I_S$，$-I_M$	V_4 (mV) $-I_S$，$+I_M$	$V_H = \dfrac{V_1 - V_2 + V_3 - V_4}{4}$ (mV)
0.50					
1.00					
1.50					
2.00					
2.50					
3.00					

(3)测量霍尔电压 V_H 与励磁电流 I_M 的关系

① 将 I_M、I_S 都调零，调节霍尔效应实验仪中间的毫伏表，使其显示为 0.00mV。

② 调节 $I_S = 3.00\text{mA}$。

③ $I_M = 100\text{mA}$，150mA，200mA，$\cdots$，500mA(间隔为 50mA)，分别测量霍尔电压 V_H 值(V_1、V_2、V_3、V_4)，所有测量数据填入表 3.38.3。根据表 3.38.3 中的数据，在坐标纸上描绘

出 $I_S - V_H$ 曲线，并且验证二者的线性关系的范围。分析当 I_M 达到一定值以后，直线斜率变化的原因。

表 3.38.3　霍尔电压 V_H 与励磁电流 I_M 的数据关系，$I_S = 3.00\text{mA}$

| I_M (mA) | V_1 (mV) | V_2 (mV) | V_3 (mV) | V_4 (mV) | $V_H = \dfrac{V_1 - V_2 + V_3 - V_4}{4}$ (mV) |
	$+I_S$,　$+I_M$	$+I_S$,　$-I_M$	$-I_S$,　$-I_M$	$-I_S$,　$+I_M$	
100					
150					
200					
250					
300					
350					
400					
450					
500					

(4) 计算霍尔元件的霍尔灵敏度

如果已知磁感应强度 B 的大小，根据式 (3.38.10) 可知

$$K_H = V_H / I_S B \tag{3.38.23}$$

本实验采用的双圆线圈的励磁电流 I_M 与中心的磁感应强度 B 的大小对应关系如表 3.38.4 所示。使用螺线管做霍尔效应实验时，螺线管中心的磁感应强度根据式 (3.38.20) 计算。根据表 3.38.3 计算霍尔元件的灵敏度及其不确定度。

表 3.38.4　双圆线圈的励磁电流 I_M 与中心的磁感应强度 B 的大小对应关系 (I_S=300mA)

电流值 I_M (mA)	100	200	300	400	500
中心的磁感应强度大小 B (mT)	2.25	4.50	6.75	9.00	11.25

(5) 计算霍尔元件的电导率 σ

霍尔元件的电导率 σ 为

$$\sigma = \frac{I_S L}{V_\sigma l d} \tag{3.38.24}$$

式中，I_S 是流过霍尔元件的霍尔电流，L、l 和 d 分别为霍尔元件的长、宽和厚，V_σ 是霍尔元件长度 L 方向的电压降，σ 的单位为 $\Omega^{-1} \cdot \text{m}^{-1}$。

实验时，将实验仪和实验架的转换开关切换至 V_σ。测量 V_σ 之前，先对实验仪的毫伏表调零，这时 I_M 必须为 0，或者断开 I_M 连线。将霍尔电流 I_S 从最小开始调节，测量 V_σ 值。由于霍尔元件的引线电阻相对于霍尔元件的体电阻来说很小，因此测量时引线电阻的影响可以忽略不计。霍尔元件的参数 L、l 和 d 可以从本节附录中查得。测量结果记入表 3.38.5。

表 3.38.5　测量霍尔元件的电导率 σ

电流值 I_S (mA)	0.5	1.0	1.5	2.0	2.5
V_σ (mV)					

(6) 对双圆线圈和螺线管都重复上述实验过程。

3. 测量通电双圆线圈中磁感应强度 B 的分布

(1) 将实验架和实验仪的转换开关切换至 V_H。

(2) 将实验仪上的 I_M 与 I_S 向左旋转到底调为零后，打开开关，调节"调零"旋钮使毫伏表显示 0.00mV。

(3) 通过霍尔元件的位置调节旋钮将霍尔元件置于通电双圆线圈中心位置，调节霍尔元件工作电流 $I_S = 3.00\text{mA}$，励磁电流 $I_M = 500\text{mA}$，测量相应的霍尔电压 V_H 的值。

(4) 调节霍尔元件的位置调节旋钮，使得元件从中心沿仪器 x 轴向边缘移动，每隔 5mm 选一个点测出相应的 V_H 的值。

(5) 将以上所有测量数据记入表 3.38.6，由所测 V_H 值，根据式(3.38.10)，得到

$$B = \frac{V_H}{K_H I_S} \tag{3.38.25}$$

由式(3.38.25)计算出各点的磁感应强度，并绘制 B–x 曲线分布图。

表 3.38.6 霍尔电压 V_H 与位置 x 的数据关系，$I_S = 3.00\text{mA}$，$I_M = 500\text{mA}$

x (mm)	V_1 (mV) $+I_S$，$+I_M$	V_2 (mV) $+I_S$，$-I_M$	V_3 (mV) $-I_S$，$-I_M$	V_4 (mV) $-I_S$，$+I_M$	$V_H = \frac{V_1 - V_2 + V_3 - V_4}{4}$ (mV)	B (mT)

(6) 调节霍尔元件的位置调节旋钮，使得元件从中心沿仪器 y 轴向边缘移动，每隔 5mm 选一个点测出相应的 V_H 的值。

(7) 将以上所有测量数据记入表 3.38.7，由式(3.38.25)计算出各点的磁感应强度，并绘制 B–y 曲线分布图。

表 3.38.7 霍尔电压 V_H 与位置 y 的数据关系，$I_S = 3.00\text{mA}$，$I_M = 500\text{mA}$

y (mm)	V_1 (mV) $+I_S$，$+I_M$	V_2 (mV) $+I_S$，$-I_M$	V_3 (mV) $-I_S$，$-I_M$	V_4 (mV) $-I_S$，$+I_M$	$V_H = \frac{V_1 - V_2 + V_3 - V_4}{4}$ (mV)	B (mT)

(8) 调节霍尔元件的位置调节旋钮，使得霍尔元件在 x-y 二维平面内移动，每隔 5mm 选一个点测出相应的 V_H 的值，并将数据记录下来计算出各点的磁感应强度，利用绘图软件画出 B–xy 分布图。

4. 研究霍尔效应与霍尔元件特性(螺线管磁场)

方法与实验内容 2 相同，重复所有步骤。对于螺线管还可以测绘 V_H–L 关系曲线。

5. 测量通电螺线管中磁感应强度 B 的分布

对于螺线管也可以测绘磁感应强度 B 的分布曲线，方法与实验内容 3 相同。

五、注意事项

1．当霍尔元件未连接到实验架，且实验架与实验仪未连接好时，严禁打开电源；否则，极易使霍尔元件遭受冲击电流而损坏。

2．霍尔元件性脆易碎、电极易断，严禁用手触摸，以免损坏，在调节霍尔元件位置时，必须谨慎操作。

3．打开电源前必须保证实验仪的"I_S调节"和"I_M调节"旋钮均置零位(即逆时针旋到底)，严防I_S、I_M电流未置零位就开机。

4．实验仪的"I_S输出"接实验架的"I_S输入"，"I_M输出"接"I_M输入"；决不允许将"I_M输出"接到"I_S输入"处，否则一旦通电，会损坏霍尔元件。

5．仪器接通电源后，需预热10min后才能开始实验操作。

6．移动尺的调节范围有限，在调节到两边移动受阻后，不可继续调节，以免因错位而损坏移动尺。

7．关机前，应将"I_S调节"和"I_M调节"旋钮逆时针方向旋到底，使其输出电流趋于零，然后才可切断电源。

六、思考题

1．试推导计算螺线管磁感应强度的公式。

2．若已知存在一个干扰磁场，如何采用合理的测试方法，尽量减小干扰磁场对测量结果的影响？

3．实验过程中，由于温度漂移的影响而使得毫伏表显示不为零，是否需要进一步对其进行调零？

4．影响测量结果准确度的因素有哪些？

实验三十九　偏振光实验研究

光的偏振现象是波动光学中的一种重要现象，对于光的偏振现象的研究，使人们对光的传播(反射、折射、吸收和散射等)规律有了新的认识。特别是近年来利用光的偏振性所开发出来的各种偏振光元件、偏振光仪器和偏振光技术在现代科学技术中发挥了极其重要的作用，在光调制器、光开关、光学计量、应力分析、光信息处理、光通信、激光和光电子学器件等方面都有着广泛的应用。本实验将对光偏振的基本知识和性质进行观察、分析和研究。

一、实验目的

1．观察光的偏振现象，加深对偏振基本概念的理解。

2．验证马吕斯定律。

3．掌握1/2波片和1/4波片的原理和作用。

4．掌握起偏与检偏的原理和方法。

5．验证布儒斯特定律。

二、实验仪器

KF-WZG 型综合光学实验仪。

三、实验原理

1. 光的偏振性

光是一种电磁波，它的电振动矢量 **E** 和磁振动矢量 **H** 相互垂直，且都垂直于光的传播方向。由于电磁场对物质的作用主要是电场，因此在光学中把电振动矢量 **E** 称为光矢量，并将光矢量的振动方向和光的传播方向所构成的平面称为光的振动面，如图 3.39.1 所示。振动方向对于传播方向的不对称性叫作偏振，它是横波区别于其他纵波的一个最明显的标志，只有横波才有偏振现象，具有偏振性的光称为偏振光。

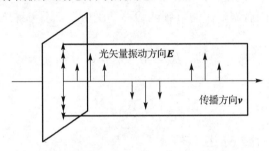

图 3.39.1　光的振动面示意图

按光矢量振动状态的不同，可以把光分为五种偏振态：自然光、平面偏振光（线偏振光）、部分偏振光、圆偏振光和椭圆偏振光，如图 3.39.2 所示为偏振光分类示意图。光矢量沿着一个固定方向振动，称为线偏振光或平面偏振光，如图 3.39.3 所示。如果在垂直于传播方向内，光矢量的方向是任意的，且各个方向的振幅相等，则称为自然光；如果有的方向光矢量振幅较大，有的方向振幅较小，则称为部分偏振光；如果光矢量的大小和方向随时间做周期性变化，且光矢量的末端在垂直于光传播方向的平面内的轨迹是圆或椭圆，则分别称为圆偏振光或椭圆偏振光，如图 3.39.4 和图 3.39.5 所示。

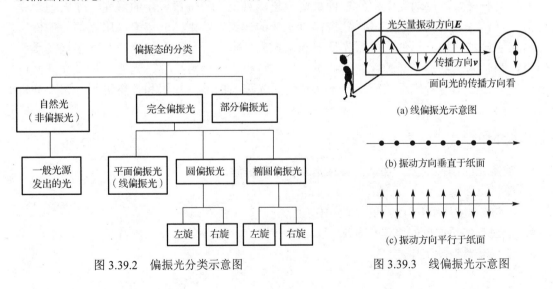

图 3.39.2　偏振光分类示意图

图 3.39.3　线偏振光示意图

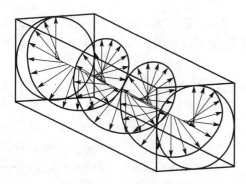

图 3.39.4　圆偏振光示意图

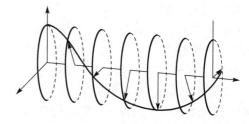

图 3.39.5　椭圆偏振光示意图

2. 线偏振光的产生

（1）反射和折射产生偏振

根据布儒斯特定律，当自然光以 $i_b = \arctan n$ 的入射角从空气或真空入射至折射率为 n 的介质表面上时，其反射光为完全的线偏振光，振动面垂直于入射面；而透射光为部分偏振光；i_b 称为布儒斯特角。如果自然光以 i_b 入射到一叠平行玻璃片堆上，则经过多次反射和折射，最后从玻璃片堆透射出来的光也接近于线偏振光。

（2）偏振片

它是利用某些有机化合物晶体的"二向色性"（有些各向同性介质在某种作用下会呈现各向异性，能强烈吸收入射光矢量在某方向上的分量，而使其垂直分量通过，从而使入射的自然光变为偏振光，介质的这种性质称为"二向色性"）制成的，当自然光通过这种偏振片后，光矢量垂直于偏振片透振方向的分量几乎完全被吸收，光矢量平行于透振方向的分量几乎完全通过，因此透射光基本上为线偏振光。偏振片既可以用来使自然光变为线偏振光——起偏；也可以用来鉴别线偏振光、自然光和部分偏振光——检偏。用作起偏的偏振片称为起偏器；用作检偏的偏振片称为检偏器。实际上检偏器和起偏器是通用的。

3. 波晶片

波晶片简称波片，它通常是一块光轴平行于表面的单轴晶片。一束平面偏振光垂直入射到波晶片后，便分解为振动方向与光轴方向平行的 e 光和与光轴方向垂直的 o 光两部分，如图 3.39.6 所示。这两种光在晶体内的传播方向虽然一致，但它们在晶体内传播的速度却不相同。于是 e 光和 o 光通过波晶片后就产生固定的相位差 δ，即 $\delta = \dfrac{2\pi}{\lambda}(n_o - n_e)l$，式中，$\lambda$ 为入射光的波长，l 为晶片的厚度，n_e 和 n_o 分别为 e 光和 o 光的主折射率。可见相位差 δ 随着晶片厚度 l 的变化而变化。若 $n_o < n_e$，表示正晶体，此时 $\delta < 0$；若 $n_o > n_e$，表示负晶体，此时 $\delta > 0$。

对于某种单色光，能产生相位差 $\delta = (2k+1)\pi/2$ 的波晶片（相当于光程差为 $\lambda/4$ 的奇数倍），称为此单色光的 1/4 波片；能产生 $\delta = (2k+1)\pi$ 的晶片（相当于光程差为 $\lambda/2$ 的奇数倍），称为 1/2 波片；能产生 $\delta = 2k\pi$ 的波晶片，称为全波片。本实验中所用波片是对 650nm 波长而言的。通常波片用云母片剥离成适当厚度的薄片或用石英晶体

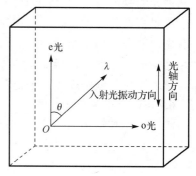

图 3.39.6　波晶片示意图

研磨成适当厚度的薄片。由于石英晶体是正晶体，其 o 光比 e 光的速度快，沿光轴方向振动的光(e 光)传播速度慢，故光轴称为慢轴，与之垂直的方向称为快轴。对于负晶体制成的波片，光轴即为快轴。

从两种波片产生的相位差可以知道，$\lambda/4$ 波片产生 $\pi/2$ 奇数倍的相位延迟，能使入射线偏振光变成椭圆偏振光；当入射线偏振光的光矢量与波片快(慢)轴成 $\pm 45°$ 角时，将得到圆偏振光；当入射线偏振光的光矢量与波片快(慢)轴成 $0°$ 或 $90°$ 角时，得到的仍是线偏振光。同理，$\lambda/2$ 波片产生 π 奇数倍的相位延迟，入射线偏振光经过 $\lambda/2$ 波片后仍为线偏振光，若入射线偏振光的光矢量与波片快(慢)轴的夹角为 α，则出射线偏振光的光矢量向着快(慢)轴方向转 2α。

4. 平面偏振光通过各种波片后偏振态的改变

由图 3.39.6 可知，一束振动方向与光轴成 θ 角的平面偏振光垂直入射到波片后，会产生振动方向相互垂直的 e 光和 o 光，其 E 矢量大小分别为 $E_e = E\cos\theta$ 和 $E_o = E\sin\theta$，通过波片后，二者产生一附加相位差。离开波片时 e 光和 o 光将会合成，合成波的偏振性质取决于相位差 δ 和 θ。如果入射偏振光的振动方向与波片的光轴夹角为 0 或 $\pi/2$，则任何波片对它都不起作用，即从波片出射的光仍为原来的线偏振光。如果不为 0 或 $\pi/2$，线偏振光通过 1/2 波片后，出射的光仍为线偏振光，但它的振动方向将旋转 2θ，即出射光和入射光的电矢量对称于光轴；线偏振光通过 1/4 波片后，e 光和 o 光的电矢量振动方程可写成

$$\begin{cases} E_e = A_e \cos(\omega t + \delta) \\ E_o = A_o \cos \omega t \end{cases} \tag{3.39.1}$$

而 1/4 波片能产生相位差 $\delta = (2k+1)\pi/2$，将其代入式 (3.39.1)，得到

$$\frac{E_e^2}{A_e^2} + \frac{E_o^2}{A_o^2} = 1 \tag{3.39.2}$$

式 (3.39.2) 是一个椭圆方程，说明线偏振光通过 1/4 波片后，可能产生线偏振光、圆偏振光和长轴与光轴垂直或平行的椭圆偏振光，这取决于入射线偏振光的振动方向与光轴夹角 θ。

5. 偏振光的鉴别

鉴别入射光的偏振态，需要借助检偏器和 1/4 波片。使入射光通过检偏器后，检测其透射光强并转动检偏器；若出现透射光强为零(称为"消光")的现象，则入射光必为线偏振光；若透射光的强度没有变化，则可能为自然光或圆偏振光(或两者的混合)；若转动检偏器，透射光强虽有变化但不出现消光现象，则入射光可能是椭圆偏振光或部分偏振光。要进一步做出鉴别，需在入射光与检偏器之间插入一块 1/4 波片。若入射光是圆偏振光，则通过 1/4 波片后将变成线偏振光，当 1/4 波片的慢轴(或快轴)与被检测的椭圆偏振光的长轴或短轴平行时，透射光也为线偏振光，于是转动检偏器也会出现消光现象；否则，就是部分偏振光。

6. 马吕斯定律

设起偏器和检偏器的透振方向之间的夹角为 β，透过起偏器的线偏振光的振幅为 A_0，强度为 I_0；透过检偏器的线偏振光的振幅为 A，强度为 I，则有

$$A = A_0 \cos\beta \tag{3.39.3}$$

$$I = I_0 \cos^2\beta \tag{3.39.4}$$

式(3.39.3)和式(3.39.4)是法国物理学家马吕斯在 1808 年发现的,后人称之为马吕斯定律。显然,当以光线传播方向为轴转动检偏器时,透射光强度 I 将发生周期性变化。当 $\beta=0^{\circ}$ 时,透射光强度最大;当 $\beta=90^{\circ}$ 时,透射光强度为最小值(消光状态),接近于全暗;当 $0^{\circ}<\beta<90^{\circ}$ 时,透射光强度介于最大值和最小值之间。若入射光是部分偏振光或椭圆偏振光,则极小值不为零;若光强完全不变化,则入射光为自然光或圆偏振光。因此,根据透射光强度变化的情况,可以区别线偏振光、自然光和部分偏振光。图 3.39.7 表示自然光通过起偏器和检偏器的变化。

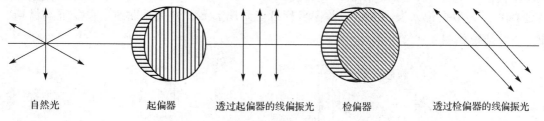

| 自然光 | 起偏器 | 透过起偏器的线偏振光 | 检偏器 | 透过检偏器的线偏振光 |

图 3.39.7　自然光通过起偏器和检偏器的变化

四、实验内容

1. 组装偏振光实验装置

如图 3.39.8 所示,将各光学器件安装于光具座之上,并进行如下调试:

(1)在光具座左侧安装半导体激光器,并将其余激光器电源相连接,开关保持开启状态。

(2)将扩束镜及平行光管安装在光具座之上。

(3)在导轨的右侧放置转台,使转臂刻线对准零位,拧紧锁定螺钉(光源与转台距离不要太远)。

(4)在转臂的外侧孔中插入光电转换器(光电探头),调节光源的微调螺钉和光电转换器,使光源的光斑全部射入光电转换器的遮光罩内;将多功能信号分析仪和光电探头相连接。

(5)在光源与转台之间放入起偏器,调节起偏器高低,使光斑全部射入起偏器,并使其刻线对零位。

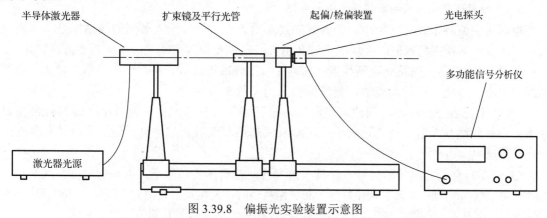

图 3.39.8　偏振光实验装置示意图

2. 观察偏振光现象,验证马吕斯定律

(1)旋转起偏器,观察多功能信号分析仪上显示的电流强度的变化;换不同的光源,观察光电流强度变化情况。若在任何角度下电流强度不变,说明此时光源为自然光;根据实验原

理 5，鉴别光的偏振态。

(2) 在转臂的内侧孔中插入检偏器，并将刻线对零位，此时光通量最大。固定起偏器，旋转检偏器，多功能信号分析仪显示电流强度变小，当旋转过 90° 时，显示电流强度最小，说明此时通过检偏器的光为线偏振光；在检偏器转过 360° 的过程中，观察有几个消光方位？

(3) 根据马吕斯定律，定量观测光电流 I（光强）随检偏器转角的变化关系，并求出 $I-\cos^2\beta$ 关系曲线，验证马吕斯定律。光电流 I（光强）与光功率成线性关系，因此液可以用光功率代替光电流 I。固定起偏器，旋转检偏器，每转过 10° 记录一次相应的光电流值，共转过 180°，将数据记入表 3.39.1，并在坐标纸上画出 $I-\cos^2\beta$ 关系曲线，以验证马吕斯定律。实验装置如图 3.39.9 所示。

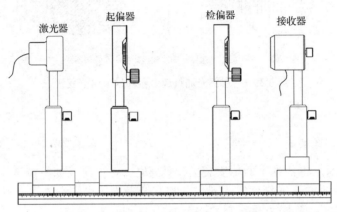

图 3.39.9　验证马吕斯定律实验装置示意图

表 3.39.1　验证马吕斯定律

β	0°	10°	20°	30°	40°	50°	60°	70°	80°	90°
$\cos^2\beta$										
光电流 I（$\times 10^{-8}$A）										

3. 观测布儒斯特角及测定玻璃的折射率

根据布儒斯特定律可推导出，若入射光线振动方向为平行于入射面的线偏振光，则当该入射光线以布儒斯特角入射时，反射光线会消失。根据此原理来测量玻璃堆的布儒斯特角。

(1) 取下检偏器，保持光电转换器在转台上，把玻璃堆放置在转台中心位置，对准转台基准线，用压片固定；转动起偏器，使其偏振方向平行于入射面。

(2) 在激光器与玻璃堆之间放入小孔屏，小孔屏靠近光源放置，调节小孔屏和转台使玻璃堆的反射光线与入射光线都通过小孔，此时玻璃堆与入射光线垂直，记下此时转台基准线所在的角度 φ_1。

(3) 转动转台，同时转动转臂，保持入射光线与转臂的夹角等于入射角的 2 倍（入射角在 50°～60° 之间调节）；当入射角正好等于布儒斯特角时，发生反射光消失的现象，此时光电转换器接收不到反射光，光电流为零，记下此时转台的角度 φ_2；实验装置如图 3.39.10 所示。

(4) 测量数据记入表 3.39.2。计算布儒斯特角，$i_b = \varphi_2 - \varphi_1$，测量 10 次，求平均值和不确定度。

(5) 根据 $i_b = \arctan n$，得到 $n = \tan i_b$，计算玻璃堆的折射率 n，并求 n 的不确定度。

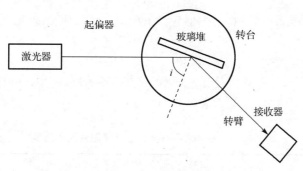

图 3.39.10　测量布儒斯特角实验装置示意图

还可以使用如下方法测量布儒斯特角：

a．若入射光线振动方向为垂直于入射面的线偏振光，则当该入射光线以布儒斯特角入射时，折射光线会消失，所以出射光线也会消失。利用起偏器产生垂直于入射面的线偏振光，利用光电转换器探测，当出射光线消失时，入射角就是布儒斯特角。

b．当入射光线以布儒斯特角入射时，经过玻璃堆的多次折射，出射光线为线偏振光。旋转转台，旋转检偏器和转臂，在某一位置，旋转检偏器时发生消光现象，那么此时的入射角就是布儒斯特角。

表 3.39.2　测定布儒斯特角

测量量	1	2	3	4	5	6	7	8	9	10
φ_1										
φ_2										
$i_b = \varphi_2 - \varphi_1$										
$n = \tan(\varphi_2 - \varphi_1)$										

4. 观测线偏振光经过 $\lambda/4$ 波片时的现象

(1)在光源前面加入滤光片，使出射光中心波长为 650nm。

(2)先调节起偏器和检偏器的偏振轴垂直，即发生消光现象，此时光电转换器上显示光电流为零；把 $\lambda/4$ 波片旋入起偏器上，旋转该波片至消光；然后转动检偏器一周，观察到什么现象？说明此时经过 $\lambda/4$ 波片后光的偏振状态。实验装置如图 3.39.11 所示。

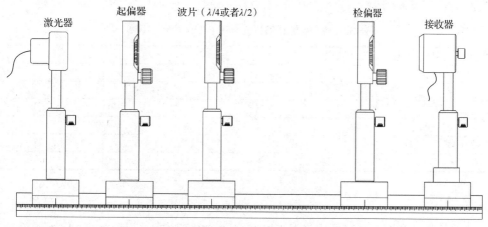

图 3.39.11　观测线偏振光经过波片时的现象的实验装置示意图

(3) 再将 $\lambda/4$ 波片转动 15°，将检偏器转动 360°，观察到什么现象？分析此时经过 $\lambda/4$ 波片后光的偏振状态。

(4) 将 $\lambda/4$ 波片从消光位置分别转动 30°、45°、60°、75°、90°，每次将检偏器转过一周，记录所观察到的现象，分析经过 $\lambda/4$ 波片后光的偏振状态，并分析与理论是否符合。若有误差，分析误差原因。所测现象记入表 3.39.3。

表 3.39.3　观测线偏振光经过 $\lambda/4$ 波片时的现象

相对于消光位置转过的角度	现　象	结　论
0°		
15°		
30°		
45°		
60°		
75°		
90°		

5. 观测线偏振光经过 $\lambda/2$ 波片时的现象

(1) 在光源前面加入滤光片，使出射光中心波长为 650nm。

(2) 先调节起偏器和检偏器的偏振轴垂直，即发生消光现象，此时光电转换器上显示光电流为零；把 $\lambda/2$ 波片旋入起偏器上，旋转该波片至消光；然后转动检偏器一周，观察到什么现象？观察消光的次数并解释这一现象。说明此时经过 $\lambda/2$ 波片后光的偏振状态。实验装置如图 3.39.11 所示。

(3) 再将 $\lambda/2$ 波片转动任意角度，这时消光现象被破坏，然后将检偏器转动 360°，观察到什么现象？分析此时经过 $\lambda/2$ 波片后出来的光的偏振状态。

(4) 将 $\lambda/2$ 波片从消光位置转动 10°，破坏其消光。转动检偏器至消光位置，并记录检偏器所转动的角度。

(5) 将 $\lambda/2$ 波片从消光位置转动 20°、30°、45°、90°，转动检偏器至消光位置，并记录检偏器所转动的角度；对实验结果进行分析，是否与理论符合，若有误差，分析误差原因。所测现象记入表 3.39.4。

表 3.39.4　观测线偏振光经过 $\lambda/2$ 波片时的现象

相对于消光位置转过的角度	现　象	结　论
任意角度		
10°		
20°		
30°		
45°		
90°		

五、注意事项

1. 仪器的使用和存放环境要求室温控制在 $-5 \sim +30℃$ 范围内，相对湿度不大于 70%，不宜将仪器直接放置在地面或靠近暖气及阳光直接照射的地方，存放期间应用仪器包装箱密存。

2．不要在强光、潮湿、震动较大的场合使用，以免影响测量精度。

3．使用完毕，应将起偏器、检偏器、波片等收藏好，以免受污、受损。

4．实验过程避免震动、杂光干扰等外部因素，以免对实验结果产生影响。

5．导轨应保持润滑。

6．光电探头使用完毕后应收妥放置于较暗处，避免光电池长时间暴露于强光下加速老化。

六、思考题

1．做光学实验为何要调节共轴？共轴调节的基本步骤是什么？对多透镜系统应如何处理？

2．你还能想到哪些测量布儒斯特角的方法，请设计。

3．如何使玻璃堆出射的光为线偏振光，为什么会出射线偏振光？

4．影响测量结果准确度的因素有哪些？

实验四十　迈克耳孙干涉仪

1883 年美国物理学家迈克耳孙和莫雷合作，为证明"以太"是否存在而设计制造了世界上第一台用于精密测量的干涉仪——迈克耳孙干涉仪，它是在平板或薄膜干涉现象基础上发展起来的。迈克耳孙干涉仪在科学发展史上起了很大作用。迈克耳孙用该干涉仪所做的重要工作有：否定了"以太"的存在；发现了真空中的光速为恒定值，为爱因斯坦的相对论奠定了基础；以镉红光为光源来测量标准米尺的长度，建立了以光波长为基准的绝对长度标准；推断光谱精细结构。迈克耳孙还用该仪器测量出太阳系以外星球的大小。迈克耳孙因"精密光学仪器和用这些仪器进行光谱学的基本量度"研究中的卓著成绩，获得了 1907 年度诺贝尔物理学奖。

现在，根据迈克耳孙干涉仪的原理研制的各种精密干涉仪已广泛用于近代物理和计量技术中。

一、实验目的

1．熟悉迈克耳孙干涉仪的结构和工作原理。

2．掌握迈克耳孙干涉仪的调节方法，观察等倾干涉条纹。

3．测量半导体激光的波长。

4．测量钠黄光双谱线波长差。

5．了解时间相干性。

二、实验仪器

WSM-200 型迈克耳孙干涉仪(仪器详细说明请扫描本实验后的二维码)、半导体激光器、钠灯等。

三、实验原理

1．迈克耳孙干涉仪的结构原理

WSM-200 型迈克耳孙干涉仪光路图如图 3.40.1 所示，点光源 S 发出的光射在分光镜 G_1 上，G_1 为平玻璃板，右表面镀有半透半反膜，G_1 将入射光分成强度相等的两束：一束反射光(1)，另一束透射光(2)。光束(1)和(2)分别经全反镜 M_1 和 M_2 反射后再回到 G_1，再分别经透射和反射后，形成光束(1′)和(2′)。在光程差小于相干长度的情况下，光束(1′)和(2′)在相遇处发生干涉，在相遇处 E 放置毛玻璃，可观察到干涉条纹。G_2 是补偿板，其厚度和材料与 G_1 完全相同，且相互平行，它的作用是使光线(1′)和(2′)在玻璃中经过的次数相同，即光程差相等。

WSM-200 型迈克耳孙干涉仪结构图如图 3.40.2 所示。干涉仪底座架由 3 只调平螺钉 9 支撑，调平后可以拧紧锁紧圈 10，使底座架稳定。丝杆 6 的螺距为 1mm，转动粗动手轮 2，经可调螺母 4，使移动镜 M_1 在导轨上滑动。粗动手轮 2 刻度盘一圈刻有 100 格；由读数窗口 3 读出，由于粗动手轮 2 转动一圈 M_1 移动 1mm，因此粗动手轮 2 刻度盘每格对应 0.01mm。微动手轮 1 上刻有 100 格，转动一圈后，由于联动作用使得粗动手轮 2 旋转 1 格，即 M_1 移动 0.01mm，因此微动手轮 1 转动 1 格，M_1 移动 0.0001mm。

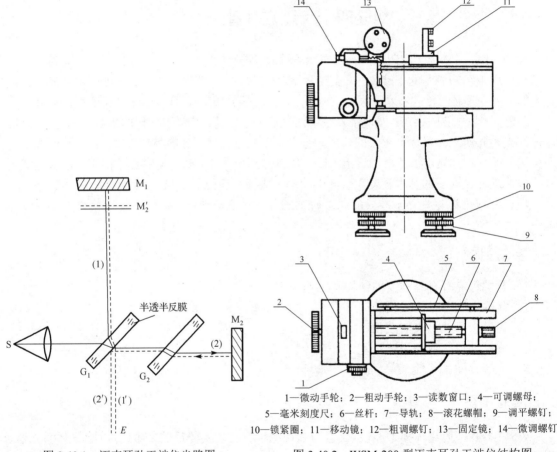

1—微动手轮；2—粗动手轮；3—读数窗口；4—可调螺母；
5—毫米刻度尺；6—丝杆；7—导轨；8—滚花螺帽；9—调平螺钉；
10—锁紧圈；11—移动镜；12—粗调螺钉；13—固定镜；14—微调螺钉

图 3.40.1　迈克耳孙干涉仪光路图　　　　图 3.40.2　WSM-200 型迈克耳孙干涉仪结构图

全反射镜 M_1 和 M_2 的背后各有 3 个螺钉，用来调节 M_1 和 M_2 的方位，M_2 上还附有相互垂直的两个微调螺钉，以便精确微调 M_2 的方位。

2. 干涉图样的形成和分类

(1) 点光源照明——非定域干涉条纹

迈克耳孙干涉仪所产生的两相干光束是全反射镜 M_1 和 M_2 反射而来的，研究干涉图样时，可把光路折 90°，即等效于 M_2' 和 M_1，M_2' 的方位如图 3.40.1 所示。

激光束经凸透镜会聚后形成一个线度小、强度较高的点光源。点光源经平面反射镜 M_1 和 M_2 反射后，相当于由两个虚光源 S_1 和 S_2' 发出的相干光束，如图 3.40.3 所示。S_1 和 S_2' 的距离为 M_1 和 M_2' 之间的距离 d 的 2 倍，即 $2d$。虚光源 S_1 和 S_2' 发出的相干球面波在它们相遇的空间处处相干，因此出现的干涉图样属于非定域的干涉图样。在两光束相遇空间放置平面观察屏（如毛玻璃）就可看到干涉图样。当 M_1 和 M_2' 严格平行，平面屏垂直于 S_1 和 S_2' 延长线时，干涉图样应为一组同心圆。

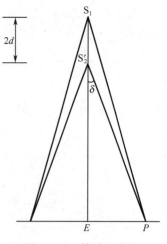

图 3.40.3　等效光路图

对于图 3.40.3 所示的情况，M_1 和 M_2' 平行，观察屏 P 垂直于 S_1S_2' 延长线，干涉图样为一组同心圆，即一组等倾干涉图样，圆心 E 处所对应的干涉级次最高，即 $\delta=0$ 对应的干涉级次最高。

当移动平面镜 M_1 即改变光程差时，干涉环中心会冒出或陷入。中心点的干涉环级次每改变一次，相当于平面镜 M_1 移动了半个波长，如果使中心干涉条纹级次改变 N 次，测出对应平面镜 M_1 移动的距离为 Δd，则 $\Delta d = \dfrac{1}{2}N\lambda$，即

$$\lambda = \frac{2\Delta d}{N} \tag{3.40.1}$$

所以只要读出干涉仪中 M_1 移动的距离 Δd，数出对应冒出或陷入的环数即可求得波长。

（2）扩展光源照明——定域干涉条纹

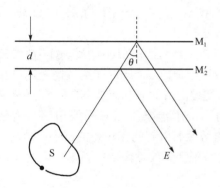

图 3.40.4　等倾干涉原理图

① 等倾干涉条纹：如图 3.40.4 所示，设 M_1 和 M_2' 互相平行，用扩展光源照明。对于倾角 θ 相同的各光束，它们由上、下两表面反射而形成的两光束的光程差均为

$$\Delta L = 2d\cos\theta \tag{3.40.2}$$

此时在 E 处用人眼直接观察，或放一凸透镜在其后焦面处用屏去观察，可以看到一组同心圆，每一个圆各自对应一恒定的倾角 θ，所以称为等倾干涉条纹。等倾干涉条纹定域于无穷远。在这些同心圆中，干涉条纹的级别以圆心处为最高，此时 $\theta=0$，因而有

$$\Delta L = 2d = k\lambda \tag{3.40.3}$$

当移动 M_1 使 d 增加时，圆心处条纹的干涉级次越来越高，可看见圆条纹一条一条地从中心"吐"出来；反之，当 d 减小时，条纹一条一条地向中心"吞"进去。每当"吐"出或"吞"进一条条纹时，d 就增加或减小了 $\lambda/2$。

利用式（3.40.2），可对不同级次干涉条纹进行比较：
对第 k 级有
$$2d\cos\theta_k = k\lambda$$

对第 $k+1$ 级有 $\qquad\qquad 2d\cos\theta_{k+1} = (k+1)\lambda$

以上两式相减，并利用 $\cos\theta \approx 1-\theta^2/2$（当 θ^2 较小时，且为弧度制），可得相邻两条纹的角距离为

$$\Delta\theta_k = \theta_k - \theta_{k+1} \approx \frac{\lambda}{2d\theta_k} \qquad\qquad (3.40.4)$$

式 (3.40.4) 表明：d 一定时，越靠中心的干涉圆环（θ_k 越小），$\Delta\theta_k$ 越大，即干涉条纹中间稀、边缘密；θ_k 一定时，d 越小，$\Delta\theta_k$ 越大，即条纹将随着 d 的减小而变得稀疏。

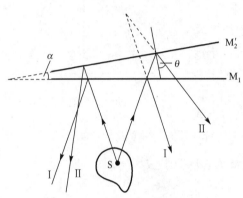

图 3.40.5　等厚干涉原理图

② 等厚干涉条纹：如图 3.40.5 所示，当 M_1 和 M_2' 有一很小的角度 α，且 M_1 和 M_2' 所形成的空气楔很薄时，用扩展光源照明就出现等厚干涉条纹，等厚干涉条纹定域在镜面附近，若用眼睛观测，应将眼睛聚焦在镜面附近。

经过 M_1 和 M_2' 反射的两光束，其光程差仍可近似地表示为 $\Delta L = 2d\cos\theta$（当 M_1 和 M_2' 的交角 α 很小时）。在 M_1 和 M_2' 相交处，由于 $d=0$，光程差为零，应观察到直线亮条纹，但由于光束 I 和 II 是分别在分束板 G_1 背面的内、外侧反射的（见图 3.40.1），相位突变的情况不同，会有附加的光程差。若 G_1 的背面未镀半反射膜，两光束的光程差中会有半波损失，M_1 和 M_2' 相交处的干涉条纹（中央条纹）是暗的；若 G_1 的半反射膜是镀银的或镀铝的又或是多层介质膜，则情况较复杂，M_1 和 M_2' 相交处的干涉条纹（中央条纹）不一定是最暗的。

由于 θ 是有限的（取决于反射镜对眼睛的张角，一般较小），$\Delta L = 2d\cos\theta \approx 2d(1-\theta^2/2)$。在交棱附近，$\Delta L$ 中第二项 $d\theta^2$ 可以忽略，光程差主要取决于厚度 d，所以在空气楔上厚度相同的地方光程差相同，观察到的干涉条纹是平行于两镜交棱的等间隔的直线条纹。在远离交棱处，$d\theta^2$ 项（与波长大小可比）的作用不能忽视，而同一干涉条纹上光程差相等，为使 $\Delta L = 2d(1-\theta^2/2) = k\lambda$，必须通过增大 d 来补偿由于 θ 的增大而引起的光程差的减小，所以干涉条纹在 θ 逐渐增大的地方要向 d 增大的方向移动，使得干涉条纹逐渐变成弧形，而且条纹弯曲的方向是凸向两镜交棱的方向。

3. 时间相干性

时间相干性是光源相干程度的一种描述，由相干长度或相干时间表述，迈克耳孙干涉仪是观察和测量光源时间相干性的仪器之一。

本实验中以入射角 $\delta = 0°$ 进行讨论。此时，两束光的光程差 $\Delta = 2d$，当 d 逐渐增大，达到某一数值 d' 时，干涉条纹变成模糊一片，即看不清干涉条纹，这时 $2d' = \Delta L_m$ 就叫作光源的相干长度。相干长度除以光速 c 为相干时间 Δt_m，即

$$\Delta t_m = \frac{\Delta L_m}{c} \qquad\qquad (3.40.5)$$

对 ΔL_m 和 Δt_m 的解释有两种：

(1)原子发光是断续的、无规则的。任何光源发射出的光波都是一系列有限长的波列，这些波列之间没有固定的相位关系。在迈克耳孙干涉仪中，每个波列经过 G_1 时，由半反射膜分成两个波列，当这两个波列到达观察屏处有部分相遇时，才能形成干涉，相遇部分越多，干涉条纹越清晰；相遇部分越小，干涉条纹越模糊。如果到达观察屏处两列波不相遇，则形成不了干涉。所以相干长度表征了波列的长度。

(2)光源发射的光波不是绝对的单色光，而是存在一个中心波长 λ_0 和谱线宽度 $\Delta\lambda$，即波长从 $\lambda_0 - \dfrac{\Delta\lambda}{2}$ 到 $\lambda_0 + \dfrac{\Delta\lambda}{2}$ 之间的所有光波。由于不同波长的光之间不能发生干涉，因此每个波长对应一套干涉图样，即观察屏上看到的干涉条纹图样是波长从 $\lambda_0 - \dfrac{\Delta\lambda}{2}$ 到 $\lambda_0 + \dfrac{\Delta\lambda}{2}$ 之间所有波长光的干涉条纹叠加的图样。当 d 增大时，$\lambda_0 - \dfrac{\Delta\lambda}{2}$ 和 $\lambda_0 + \dfrac{\Delta\lambda}{2}$ 两套干涉条纹逐渐错开。当 $\lambda_0 + \dfrac{\Delta\lambda}{2}$ 的第 k 级亮条纹落在 $\lambda_0 - \dfrac{\Delta\lambda}{2}$ 的第 $(k+1)$ 级暗纹上时，观察屏上的干涉图样消失，这时有

$$\Delta L_{\mathrm{m}} = k\left(\lambda_0 + \frac{\Delta\lambda}{2}\right) = (k+1)\left(\lambda_0 - \frac{\Delta\lambda}{2}\right) \tag{3.40.6}$$

消去 k，忽略小量 $\dfrac{\Delta\lambda}{4}$，得

$$\Delta L_{\mathrm{m}} \approx \frac{\lambda_0^2}{\Delta\lambda} \tag{3.40.7}$$

即有

$$\Delta t_{\mathrm{m}} \approx \frac{\lambda_0^2}{\Delta\lambda c} \tag{3.40.8}$$

式 (3.40.8) 表明，$\Delta\lambda$ 越小，即光源的单色性越小，相干长度越长。可以证明，以上对相干长度的两种解释是一致的。He-Ne 激光器的 $\Delta\lambda$ 为 $10^{-7}\sim10^{-4}$ nm，相干长度从几米到几千米。普通的钠灯和汞灯的 $\Delta\lambda$ 为纳米量级，相干长度为厘米量级，白炽灯所发出的光的 $\Delta\lambda$ 为波长数量级，相干长度非常短，只能看到级数很小的彩色条纹。

4. 钠光的双线波长差

钠光有 589.0nm 和 589.6nm 两条谱线，它们在迈克耳孙干涉仪中各自形成干涉条纹，视场中的干涉图样为两套条纹的叠加图样，如图 3.40.6 所示。波长不同，条纹间距不同，当移动反射镜 M_1 时，可发生干涉图样清晰度的周期性变化。

假设视场中的某一点，两波长的光对应的干涉级次为 k_1 和 k_2，有 $\Delta = k_1\lambda_1 = k_2\lambda_2$，若 $k_1 - k_2 = p$，则有

$$k_2\lambda_2 = k_2\lambda_1 + p\lambda_1 \tag{3.40.9}$$

即有

$$k_2 = \frac{p\lambda_1}{\lambda_2 - \lambda_1} \tag{3.40.10}$$

当 $p = m$，m 为整数时，λ_1 和 λ_2 的干涉条纹重合或靠得很近，干涉图样对比度最好；反之，当 $p = m + \dfrac{1}{2}$，m 为整数时，一个波长的亮纹与另一波长的暗纹重合或靠近，干涉图样对比度最差。

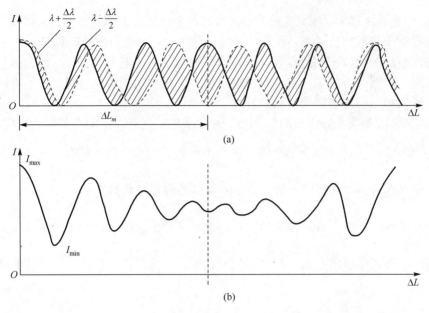

图 3.40.6　含有两种波长的光源的光波叠加时，干涉条纹强度随光程差变化的情形

在视场中心光程差 $\Delta = 2d_1 = k_2\lambda_2$，若干涉条纹对比度最差，即 $p = m + \dfrac{1}{2}$，有

$$d_1 = \frac{1}{2} k_2\lambda_2 = \frac{\left(m + \dfrac{1}{2}\right)\lambda_1\lambda_2}{2(\lambda_2 - \lambda_1)} \tag{3.40.11}$$

移动 M_1，使视场中心干涉图样对比度再一次最小，有

$$k_2' = \frac{\left(m + \dfrac{3}{2}\right)\lambda_1}{\lambda_2 - \lambda_1} \tag{3.40.12}$$

此时，$\Delta = 2d_2 = k_2'\lambda_2$，有

$$d_2 = \frac{1}{2} k_2'\lambda_2 = \frac{\left(m + \dfrac{3}{2}\right)\lambda_1\lambda_2}{2(\lambda_2 - \lambda_1)} \tag{3.40.13}$$

所以
$$d_2 - d_1 = \frac{\left(m + \dfrac{3}{2}\right)\lambda_1\lambda_2}{2(\lambda_2 - \lambda_1)} - \frac{\left(m + \dfrac{1}{2}\right)\lambda_1\lambda_2}{2(\lambda_2 - \lambda_1)} = \frac{\lambda_1\lambda_2}{2(\lambda_2 - \lambda_1)} \tag{3.40.14}$$

取 $\lambda_1\lambda_2 = \bar{\lambda}^2$，$\Delta d = d_2 - d_1$，$\Delta\lambda = \lambda_2 - \lambda_1$，则由式 (3.40.14) 有

$$\Delta\lambda = \frac{\bar{\lambda}^2}{2\Delta d} \tag{3.40.15}$$

实验中，$\bar{\lambda}$ 取 589.3nm，Δd 为视场中心条纹可见度从模糊到模糊时 (中间出现清晰) M_1 移动的距离。

四、实验内容

1. 测定半导体激光器的波长

(1)打开半导体激光器，半导体激光束前装有扩束镜，形成了点光源，如图 3.40.1 所示，眼睛通过衰减屏在 E 处朝里看，如果看到 M_1 和 M_2 反射过来的两个光斑，则调节 M_1 和 M_2 背面的小螺钉，直到两个光斑重合，此时，M_1 和 M_2 相互垂直。

(2)在 E 处放置毛玻璃，就能在毛玻璃屏上看到干涉条纹(若看不到干涉条纹，再仔细进行上一步的调节)。此时干涉条纹可能是曲线，如果形成的是向左右方向弯曲的弧线，则调节 M_2 下面的水平微动螺钉；如果形成的是向上下方向弯曲的弧线，则调节 M_2 下面的垂直微动螺钉，使 M_1 和 M_2 严格垂直，在屏上就可以看到实验所需的圆条纹了(与屏的位置无关)。

(3)移动 M_1，可以观察到干涉环中心一圈一圈地冒出或陷入。此时可进行波长的测量。缓慢调节微动手轮，测定干涉环中心条纹变化(冒出或陷进)100 次，M_1 移动的距离 Δd，由公式 $\lambda = \dfrac{2\Delta d}{100}$ 计算半导体激光的波长。

(4)重复测量 5 次，计算半导体激光波长的值和不确定度并与标准值比较，所有测量数据记入表 3.40.1。

表 3.40.1　测定半导体激光器的波长

测量量	1	2	3	4	5	平均值
Δd（mm）						
$\lambda = 2\Delta d / 100$（nm）						

注意：在整个调节过程中要十分细致耐心，要注意观察每一部件在调节时引起的干涉条纹的变化规律，必须缓慢地、均匀地转动转盘，并准确记录 M_1 的位置。为了防止"空回"，每次测量必须沿同一方向转动，不得中途倒退。

2. 测量钠光双线波长差

(1)转动粗动手轮，使 M_1 朝光程差减小的方向移动，即中心条纹一条条向里陷进去，干涉条纹变粗变疏，当视场中仅能看到 2、3 条条纹时，此时光束的光程差已很小。

(2)换上钠灯，眼睛沿 G_1、M_1 方向望进去，在无穷远处可看到钠光的干涉条纹，若条纹模糊，转动微调手轮，使条纹变清晰。

(3)缓慢移动 M_1，观察视场中的干涉条纹清晰度的变化，记下相邻两次干涉条纹清晰度为零时 M_1 移动的距离，连续测出 5 组数据，求出 $\Delta \bar{d}$，钠光的双线波长差计算公式见式(3.40.15)，即 $\Delta \lambda = \dfrac{\bar{\lambda}^2}{2\Delta d}$ ($\bar{\lambda}$ 取 589.3nm)。

五、注意事项

1. 迈克耳孙干涉仪是精密光学仪器，使用时要十分细致耐心，不要损坏仪器。如 M_1 和 M_2 背面的 3 个小螺钉，要缓慢地、轻轻地调节，不可拧得过紧，否则容易产生滑丝。

2. 干涉仪上的所有光学面不能用手触摸，更不能随意更换仪器上的元件。

3. 读数时要避免"空回"。

六、思考题

1. 迈克耳孙干涉仪是利用什么方法产生两束相干光的？
2. 为什么 M_1 朝光程差减小的方向移动，中心条纹是一条条向里陷进去的？
3. 白炽灯作光源时，如何调出干涉条纹？

请扫描二维码获取本实验相关知识

实验四十一　法布里-珀罗干涉仪

法布里-珀罗干涉仪(Fabry-Perot interferometer)简称 F-P 干涉仪，1899 年由法国物理学家法布里和珀罗设计，是利用多光束干涉原理设计的一种干涉仪。它的特点是能够获得十分细锐的干涉条纹，因此一直是长度计量和研究光谱超精细结构的有效工具。多光束干涉原理还在激光器和光学薄膜理论中有着重要的应用，是制作光学仪器中干涉滤光片和激光共振腔的基本构型。

本实验使用的 F-P 干涉仪是由迈克耳孙干涉仪改装的。通过本实验，不仅可以学习多光束干涉的基础物理知识，熟悉诸如扩展光源的等倾干涉、自由光谱范围、分辨本领等基本概念，而且可以巩固、深化精密光学仪器调整和使用的基本技能。

一、实验目的

1. 了解法布里-珀罗干涉仪的特点和调节方法。
2. 掌握用法布里-珀罗干涉仪观察多光束等倾干涉并测量钠双线的波长差和膜厚。
3. 学习一元线性回归法在数据处理中的应用。

二、实验仪器

法布里-珀罗干涉仪(由 WSM-200 型迈克耳孙干涉仪改装，带望远镜)、钠灯(带电源)、He-Ne 激光器(带电源)、毛玻璃(画有十字线)、扩束镜、消色差透镜、读数显微镜、支架等。

三、实验原理

1. 多光束干涉原理

法布里-珀罗干涉仪由两块平行的平面玻璃板或石英板 G 、G′ 组成，如图 3.41.1 所示。在两块板相对的内表面上镀有平整度很好的高反射率膜层。同时，两块平板精确地保持平行，平行度一般达到 $(1/20 \sim 1/100)\lambda$。为消除两平板相背平面上反射光的干扰，平板的外表面有一个很小的楔角，约为 $1' \sim 10'$。面光源 S 放在透镜 L_1 的焦平面上；接收屏放在透镜 L_2 的焦平面上。

如果 G 、G′ 之间的光程可以调节，则是本实验介绍的法布里-珀罗干涉仪；如果在 G 、G′ 间放一个空心圆柱形的间隔器，则二者间距固定不变，这样的装置称为法布里-珀罗标准具。

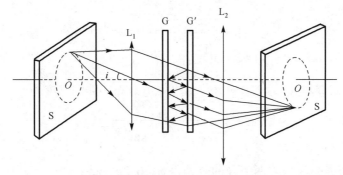

图 3.41.1　法布里-珀罗干涉仪光路图

设单色平行光 S 以一个角度 i_1 入射到 G 的反射面上，当 G 和 G′ 平行时，入射光束会在 G 与 G′ 之间来回多次反射，每次反射的同时透出一部分光强，形成一系列平行的透射光束 1，2，3，……设入射光振幅为 A_0，两镜面的反射率为 ρ，间距为 d。当光第一次入射到 G 时，根据能量守恒定律，可以得到 G 与 G′ 之间的透射光的振幅为 $\sqrt{(1-\rho)}A_0$，同理可以得到从 G′ 透射的光束的振幅为 $(1-\rho)A_0$，如图 3.41.2 所示。同理可得，由 G′ 透射出来的各束光的振幅分别为

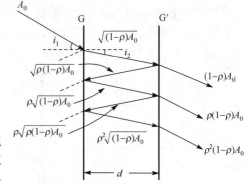

$$\begin{cases} (1-\rho)A_0 \\ \rho(1-\rho)A_0 \\ \rho^2(1-\rho)A_0 \\ \rho^3(1-\rho)A_0 \\ \vdots \end{cases} \tag{3.41.1}$$

由式 (3.41.1) 可以看出，透射光线的振幅以等比级数减小 (公比为 ρ)。假设第一束透射光的初相位为零，则各透射光束相位差依次为 0，φ，2φ，3φ，……其中

图 3.41.2　法布里-珀罗干涉仪原理图

$$\varphi = \frac{2\pi}{\lambda}\delta = \frac{4\pi}{\lambda}nd\cos i_2 \tag{3.41.2}$$

式中，n 为两平板 G 与 G′ 之间介质的折射率，d 为两平板之间的距离，i_2 为光束透射过平板 G 时的折射角，$\delta = 2nd\cos i_2$ 为相邻光线的光程差。由光的干涉可知

$$\delta = 2nd\cos i_2 = \begin{cases} k\lambda, & \text{亮条纹} \\ k+\dfrac{1}{2}\lambda, & \text{暗条纹} \end{cases} \tag{3.41.3}$$

即透射光将在无穷远或透镜的焦平面上产生形状为同心圆的等倾干涉条纹。

2. 多光束干涉条纹的光强分布

从 G′ 透射出的光线互相平行，它们通过图 3.41.1 中的透镜 L_2 在焦平面上形成黑色衬底细锐的亮的干涉条纹，其合振幅表示式为

$$A^2 = \frac{A_0^2}{\sqrt{1 + \dfrac{4\rho}{(1-\rho)^2} \cdot \sin^2 \dfrac{\varphi}{2}}} \tag{3.41.4}$$

由多光束干涉原理和式(3.41.4)可知，多光束透射光干涉的强度为

$$I^2 = \frac{I_0}{1 + \dfrac{4\rho}{(1-\rho)^2} \cdot \sin^2 \dfrac{\varphi}{2}} \tag{3.41.5}$$

式中，I_0 为入射光强，当相邻两束光的位相差 $\varphi = 0, 2\pi, 4\pi, \cdots$ 时，光强 I 有极大值 I_0，当 $\varphi = \pi, 3\pi, 5\pi, \cdots$ 时，光强 I 有极小值

$$I = \frac{(1-\rho)^2}{(1+\rho)^2} I_0 \tag{3.41.6}$$

因此，反射率 ρ 越接近 1，条纹的极小值越接近零，即条纹的可见度越明显。φ 与 I/I_0 的关系曲线如图 3.41.3 所示：当反射率 $\rho \to 0$ 时，透射光强 I 与 φ 值无关，几乎均为 I_0，分不出极大和极小值；当 $\rho \to 1$ 时，在 φ 为 π 的偶数倍时出现极大值，在 φ 稍偏离这些值时，光强会很快下降为零。因此法布里-珀罗干涉仪的反射镜 G 与 G′ 都做成高反射率的，产生的多光束干涉条纹非常细锐，在几乎全暗的背景上出现细锐的亮条纹。

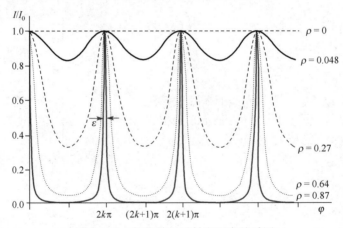

图 3.41.3 相位差与透射光强度关系图

条纹的细锐程度可以通过所谓的半值宽度来描述。由式(3.41.5)可知，亮纹中心极大值满足 $\sin^2 \dfrac{\varphi_0}{2} = 0$，即 $\varphi_0 = 2k\pi \, (k = 1, 2, \cdots)$。令 $\varphi = \varphi_0 + \mathrm{d}\varphi$ 时，强度降为一半，这时 φ 应满足

$$4\rho \sin^2 \frac{\varphi}{2} = (1-\rho)^2 \tag{3.41.7}$$

考虑到 $\mathrm{d}\varphi$ 是一个约等于 0 的小量，而 $\varphi_0 = 2k\pi$，得到 $\sin^2 \dfrac{\varphi}{2} \approx \left(\dfrac{\mathrm{d}\varphi}{2}\right)^2$，代入式(3.41.7)，有

$$4\rho \left(\frac{\mathrm{d}\varphi}{2}\right)^2 = (1-\rho)^2 \tag{3.41.8}$$

$$d\varphi = \frac{1-\rho}{\sqrt{\rho}} \qquad (3.41.9)$$

$d\varphi$ 是一个用相位差来反映半值位置的量，为了用更直观的角宽度来反映谱线的宽窄，引入半值角宽度 $\Delta\theta = 2d\theta$。由于 $d\varphi$ 是一个小量，故可用微分代替，用 θ 代替式(3.41.2)中的 i_2，有

$$d\varphi = \frac{-4\pi nd}{\lambda}\sin\theta d\theta \qquad (3.41.10)$$

$$d\theta = \frac{-\lambda d\varphi}{4\pi nd\sin\theta} \qquad (3.41.11)$$

略去负号，并用 $\Delta\theta$ 代替 $2d\theta$，则有

$$\Delta\theta = \frac{\lambda d\varphi}{2\pi nd\sin\theta} = \frac{\lambda}{2\pi nd\sin\theta}\cdot\frac{1-\rho}{\sqrt{\rho}} \qquad (3.41.12)$$

式(3.41.12)表明：反射率 ρ 越高，条纹越细锐；间距 d 越大，条纹越细锐。

当扩展面光源 S 的各点以不同入射角入射到干涉仪上时，在透镜焦平面或通过望远镜观察，可看到同心圆形的等倾干涉条纹。在条纹中心 $\theta = 0$ 处，条纹级次最高。由薄膜干涉公式可知，当 G 与 G′ 的间距 d 改变时，中心处就会有条纹不断地冒出或向中心陷进。与迈克耳孙干涉仪测波长一样，可由

$$\lambda = \frac{2|d_1 - d_2|}{m} \qquad (3.41.13)$$

求出所用光源的波长 λ。

由于多光束干涉条纹比迈克耳孙干涉仪双光束干涉条纹细锐得多，因此可用来研究光谱的精细结构。设光源中含有两个波长 λ_1 和 λ_2 的双线结构，如钠光包含两条双黄线，$\lambda_1 = 589.0\text{nm}$，$\lambda_2 = 589.6\text{nm}$，这两个波长各自形成一套多光束干涉条纹。由于 $\lambda_2 > \lambda_1$，因此对于同一级次 k 必有 $i_{2_1} > i_{2_2}$，所以两套干涉条纹会相互错开，出现双线的分布，如图 3.41.4 所示。当光程差逐渐增大到一定值时，λ_1 的 k 级干涉条纹会与 λ_2 的 $k-1$ 级条纹重叠，此时两套干涉条纹重叠在一起。当光程差继续增大时，两套条纹又会错开，出现双线的分布。因此转动粗动手轮或微动手轮时，可观察到周期性的条纹错开与重叠的现象，即可观察到钠光的双线结构。

图 3.41.4 钠的双黄线多光束干涉条纹分布图

3. 法布里-珀罗干涉仪的主要参数

表征多光束干涉装置的主要参数有两个，即代表仪器可以测量的最大波长差和最小波长差的自由光谱范围和分辨极限。

(1)自由光谱范围

对于由间隔 d 确定的法布里-珀罗干涉仪，可以测量的最大波长差是受到一定限制的。对两组条纹的同一级亮条纹而言，如果它们的相对位移大于或等于其中一组的条纹间隔，就会发生不同条纹之间的相互交叉，从而造成判断困难。把刚能保证不发生重序现象所对应的波长范围 $\Delta\lambda$ 称为自由光谱范围。它表示用给定标准具研究波长在 λ 附近的光谱结构时所能研究的最大光谱范围。

若入射光中包含两个十分接近的波长 λ_1 和 $\lambda_2 (\lambda_2 = \lambda_1 + \Delta\lambda)$，就会产生两套同心圆环条纹，如果 $\Delta\lambda$ 正好大到使 λ_1 的第 k 级亮纹和 λ_2 的第 $k-1$ 级亮纹重叠，则有 $\Delta\lambda = \lambda_2 - \lambda_1 = \lambda_2 / k$。由于 k 是一个很大的数，故可用中心的条纹计数来代替，即 $2nd = k\lambda$，于是 $\Delta\lambda = \dfrac{\lambda^2}{2nd}$。

(2)分辨本领

表征标准具特性的另一个重要参数是它所能分辨的最小波长差 $\delta\lambda$，也就是说，当波长差小于这个值时，两组条纹不能再分辨开。常称 $\delta\lambda$ 为分辨极限，而把 $\lambda / \delta\lambda$ 称为分辨本领。可以证明：$\delta\lambda = \dfrac{\lambda}{\pi k}\dfrac{1-\rho}{\sqrt{\rho}}$，所以分辨本领为

$$\frac{\lambda}{\delta\lambda} = \pi k \frac{\sqrt{\rho}}{1-\rho} \tag{3.41.14}$$

$\dfrac{\lambda}{\delta\lambda}$ 表示在两个相邻干涉条纹之间能够被分辨的条纹最大数目。因此分辨本领有时也称为标准具的精细常数。它只依赖于反射膜的反射率，ρ 越大，能分辨的条纹数越多，分辨率越高。

四、实验内容

1. 调节法布里-珀罗干涉仪

(1)将 He-Ne 激光束沿水平方向接近正入射方向，入射到法布里-珀罗干涉仪，使由 G 反射的光点返回到激光器输出孔附近。

(2)调节 G′ 背面的 3 个调节螺钉，通过观察屏可以看到透射出来的许多光点排列成一条直线，仔细调节 G′ 背面的 3 个调节螺钉，逐渐将这一排光点向第一个光点靠拢，形成一串似笋尖状的光斑，这表明 G′ 已基本与 G 接近平行了。再进一步仔细调节，最终使这些光斑缩成一个质量较好的圆形光点。这时，在视场的背景上已隐隐出现圆形条纹，表明仪器已经调整好，G 与 G′ 已经平行。

(3)在激光器与干涉仪之间放置扩束镜，通过观察屏可观察到多光束干涉条纹。若未调出同心圆环，则需继续仔细调节 G′，或进行下一步调节。

(4)将低压汞灯靠近法布里-珀罗干涉仪装置，取下观察屏，眼睛直接向 G 与 G′ 望进去，观察低压汞灯灯管上金属细丝的一系列虚像，调节 G 和 G′ 背面的 3 个调节螺钉，使一系列金属丝的像重合在一起，背景上就会出现干涉条纹，继续仔细调节，使干涉条纹清晰。

(5)在汞灯与干涉仪之间放置凸透镜，眼睛直接向 G 与 G′ 望进去，若 G 与 G′ 已经调平行，则可看到同心圆环。

(6)在汞灯与干涉仪之间加上绿滤光片，微调 G′ 镜座上的微调弹簧螺钉并转动微动鼓轮以改变 G 与 G′ 的间距，使条纹变得更清晰，而且干涉条纹中心不随观察者的眼睛的移动而

"冒出"或"陷入"，这时，在暗背景上出现一条条细绿的同心圆条纹。

2. 测定激光和汞绿光波长

当干涉仪调节好后，转动粗动手轮，观察视场的条纹变化，然后沿着与粗动手轮相同的方向转动微动手轮，当有一条纹刚从中心"陷入"或"冒出"时，记下 G 的位置 d_1，继续转动微动手轮，使中心"陷入"或"冒出"100 条条纹时，记下 G 的位置 d_2，利用式(3.41.13)计算出波长 λ。重复测量 5 次求其平均值和不确定度，并分别将测量值与波长的标准值（$\lambda_{激光}=632.8\text{nm}$，$\lambda_{汞绿光}=546.1\text{nm}$）进行比较。所有测量数据记入表 3.41.1。

注意：在整个调节过程中要十分细致耐心，要注意观察每一部件在调节时引起的干涉条纹的变化规律，必须缓慢地、均匀地转动转盘，并准确记录 G 的位置。为了防止"空回"，每次测量必须沿同一方向转动，不得中途倒退。

表 3.41.1 测定半导体激光器和汞绿光的波长

	测量量	1	2	3	4	5	平均值
半导体激光器	d_1 (mm)						
	d_2 (mm)						
	$\lambda=2\lvert d_1-d_2\rvert/100$ (nm)						
汞绿光	d_1 (mm)						
	d_2 (mm)						
	$\lambda=2\lvert d_1-d_2\rvert/100$ (nm)						

3. 观察钠双黄线结构

换上钠灯，靠近干涉仪放一块凸透镜，仔细调节 G′ 的微调弹簧螺钉，使条纹清晰。慢慢转动微动手轮，改变 G 与 G′ 的间距 d，观察钠光条纹重叠(出现单线条纹)、错开(出现双线条纹)的周期性变化现象，分析其原因。

缓慢地旋转粗动手轮，记录与相邻的两条谱线(亮纹)中心重合时相应的位置，记下 G 的位置 d_1(注意记录精度)。继续移动 G，找到下一个相邻的两条谱线(亮纹)中心重合时相应的位置，记下 G 的位置 d_2，继续移动 G，这样周期性的现象出现 10 次，记下 10 个表明 G 位置的数据 d_i，所有测量数据记入表 3.41.2。用逐差法计算钠双黄线的波长差。已知关系式

$$d_i=\frac{\lambda^2}{2\Delta\lambda}i+d_0，$$ 验证一元线性回归法在数据处理中的应用。

表 3.41.2 测定钠双黄线的波长差

测量量	1	2	3	4	5	6	7	8	9	10
d_i (mm)										

五、注意事项

1．法布里-珀罗干涉仪是精密光学仪器，使用时要十分细致耐心，不要损坏仪器。如 G 与 G′ 背面的 3 个调节螺钉要缓慢地、轻轻地调节，不可拧得过紧，否则容易产生滑丝。

2．调节 3 个调节螺钉，必须配合一起调，不可只调节其中一个，既不可将某一个螺钉拧得过紧，也不可拧得过松。

3．干涉仪上的所有光学面不能用手触摸，更不能随意更换仪器上的元件。

4．测量前必须使微动手轮的转动方向与粗动手轮的方向保持一致，即消除空程差。

六、思考题

1．法布里-珀罗干涉仪是利用什么方法产生相干光的？

2．法布里-珀罗干涉仪与迈克耳孙干涉仪相比，有哪些优缺点？

3．当人眼自上而下移动时，若发现有条纹从视场中心不断涌出，试分析怎样调节能使条纹稳定不变。

4．为什么平行板的外表面有一个很小的楔角？

实验四十二　单丝、单缝、小孔夫琅禾费衍射

单丝、单缝、小孔夫琅禾费衍射的基本解释是光在传播过程中遇到障碍物，光波会绕过障碍物继续传播。夫琅禾费衍射是指光源、衍射屏和观察屏三者之间都是相距无限远的情况，即当入射光和衍射光都是平行的情况。其图案是一组平行于狭缝的明暗相间的条纹，与光轴平行的衍射光束是亮纹的中心，其衍射光强为极大值。除中央主极大外，两相邻暗纹之间有一次极大；位置离主极大越远，光强越小。

一、实验目的

1．观察单缝、单丝、小孔的夫琅禾费衍射现象，了解缝宽、线径、孔径变化引起衍射图样变化的规律，加深对光的衍射理论的理解。

2．利用衍射图样测量单缝的宽度、单丝的直径和小孔的孔径，并将实验结果与其他方法测量结果进行比较。

二、实验仪器

WZG 型综合光学实验仪、半导体激光器(波长 650nm)、转盘、单缝(3 种缝宽)架、单丝(3 种缝宽)架、小孔架(3 种孔径)、白屏、米尺、直尺、读数显微镜、激光器电源等。

三、实验原理

1．夫琅禾费衍射原理

由夫琅禾费衍射，光源发出的平行光垂直照射在单缝(或单丝、小孔)上，根据惠更斯-菲涅耳原理，单缝上每一点都可以看作向各方向发射球面子波的新波源，波在接收屏上叠加形成一组平行于单缝的明暗相间的条纹。为实现平行光的衍射，即要求光源 S 和接收屏到单缝的距离都是无限远或相当于无限远的，因而实验中借助两个透镜来实现，如图 3.42.1 所示。位于透镜 L_1 的前焦平面上的"单色狭缝光源"S，经透镜 L_1 后变成平行光，垂直照射在单缝 D 上，通过单缝 D 衍射在透镜 L_2 的后焦平面上，呈现出单缝的衍射光样，它是一组平行于狭缝的明暗相间的条纹。

和单缝平面垂直的衍射光束会聚于接收

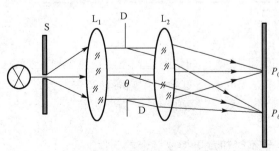

图 3.42.1　夫琅禾费衍射光路图

屏上 $x=0$ 处（P_0 点），是中央亮条纹的中心，其光强为 I_0；与光轴成 θ 角的衍射光束会聚于 P_θ 处，由惠更斯–菲涅耳原理可得 P_θ 处的光强 I_θ 为

$$I_\theta = I_0 \frac{\sin^2 u}{u^2}, \quad u = \frac{\pi d \sin \theta}{\lambda} \tag{3.42.1}$$

式中，d 为狭缝宽度，λ 为单色光波长，θ 为衍射角。当 $\theta = 0$ 时，$I = I_0$ 是中央主极大。当 $\sin \theta = k\lambda/d$ 时，出现暗条纹，其中 $k = \pm 1, \pm 2, \cdots$，在暗条纹处，光强 $I = 0$。由于 θ 很小，$\sin \theta \approx \theta$，因此近似认为暗条纹出现在 $\theta = k\lambda/d$ 处。中央亮条纹的角宽度 $\Delta\theta = 2\lambda/d$，其他任意两条相邻暗条纹之间的夹角 $\Delta\theta = \lambda/d$，即暗条纹以 $x = 0$ 处为中心，等间距地左右对称分布。除中央亮条纹以外，两相邻暗条纹之间的宽度是中央亮条纹宽度的 1/2。当使用激光器作光源时，由于激光器的准直性，可将透镜 L_1 去掉。如果屏远离单缝（或金属丝、小孔），则透镜 L_2 也可省略。光强分布图如图 3.42.2 所示。

当单缝至接收屏的距离 $z \gg d$ 时，θ 很小，此时 $\sin\theta \approx \tan\theta = \dfrac{x_k}{z}$，各级暗条纹衍射角应为

$$\sin\theta \approx k\lambda/d = \frac{x_k}{z} \tag{3.42.2}$$

所以单缝的宽度 d 为

$$d = \frac{k\lambda z}{x_k} \tag{3.42.3}$$

式中，k 为暗条纹级数，z 为单缝至屏的距离，x_k 为第 k 级暗条纹距中央主极大中心位置的距离。式 (3.42.2) 和式 (3.42.3) 对于单丝和小孔也成立，此时 d 分别表示单丝的直径和小孔的孔径。

2. WZG 型综合光学实验仪的单丝、单缝和小孔板

如图 3.42.3 所示为 WZG 型综合光学实验仪配套的单丝、单缝和小孔板，可以用来研究不同孔径的衍射。

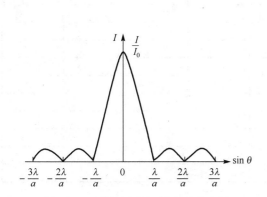

图 3.42.2 夫琅禾费衍射光强分布图

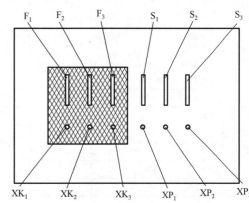

图 3.42.3 单丝、单缝和小孔板示意图

① 单缝

F$_1$：$d = 0.1\text{mm}$；F$_2$：$d = 0.2\text{mm}$；F$_3$：$d = 0.3\text{mm}$

② 单丝

S$_1$：$d = 0.1\text{mm}$；S$_2$：$d = 0.2\text{mm}$；S$_3$：$d = 0.3\text{mm}$

③ 小孔

XK$_1$：$\phi = 0.2\text{mm}$；XK$_2$：$\phi = 0.3\text{mm}$；XK$_3$：$\phi = 0.4\text{mm}$

④ 小屏

XP$_1$：$\phi = 0.2\text{mm}$；XP$_2$：$\phi = 0.3\text{mm}$；XP$_3$：$\phi = 0.4\text{mm}$

四、实验内容

1. 观察夫琅禾费单缝衍射、单丝衍射和小孔衍射

将半导体激光器和单缝板通过滑块和支架放置于光具座上，屏通过滑块放在桌面上，屏与单缝的间距大于 1m，屏与缝的距离可以用米尺测量滑块下刻线间距得到。观察不同缝宽下屏上衍射图样的变化，试解释其变化的原因；再用单丝和小孔替代单缝观察不同线径或孔径下屏上观察到的衍射图样的变化，说明衍射图样变化的原因。

2. 测量单丝直径

(1) 用米尺测量屏与单丝的间距 z，用直尺测量第 k 级暗条纹中心与对称的第 k 级暗条纹中心的距离 $2x_k$，测量 5 次，求平均值 $\bar{x}_k$。已知激光器波长 $\lambda = 650\text{nm}$，将实验数据代入式 (3.42.3) 中，求单丝直径 d 和不确定度；并与读数显微镜测量结果比较。

(2) 用读数显微镜测量单丝的直径 d'，测量 5 次，求平均值和不确定度。

(3) 将以上两个测量值与标准值对比，分析误差的原因。

(4) 以上测量值记入表 3.42.1，换取其他直径的单丝，重复上述步骤。

表 3.42.1　测定单丝直径

	测量量	1	2	3	4	5	平均值
单丝 S$_1$	k						
	z (cm)						
	$2x_k$ (cm)						
	$d = k\lambda z / x_k$ (mm)						
	d' (mm)						
单丝 S$_2$	k						
	z (cm)						
	$2x_k$ (cm)						
	$d = k\lambda z / x_k$ (mm)						
	d' (mm)						
单丝 S$_3$	k						
	z (cm)						
	$2x_k$ (cm)						
	$d = k\lambda z / x_k$ (mm)						
	d' (mm)						

3. 测量单缝宽度

将上述单丝换成单缝，重复上述步骤，测量单缝宽度 d，类比表 3.42.1 自制表格，记录数据并计算单缝宽度及其不确定度。

4．测量小孔孔径，测量小屏直径

将上述单丝换成小孔和小屏，重复上述步骤，测量孔径 d，类比表 3.42.1 自制表格，记录数据并计算孔径及其不确定度。

五、注意事项

1．不要正对着激光束观察，以免损伤眼睛。

2．测量第 k 级暗条纹中心距中央主极大光斑中心的距离 x_k，可以在屏上贴一张作图纸画点测量，也可在白纸上用铅笔画点。

3．半导体激光器的工作电压为直流电压 3V，应用专用 220V/3V 直流电源工作(该电源可避免在接通电源的瞬间电感效应产生高电压)，以延长半导体激光器的工作寿命。

六、思考题

1．缝宽的变化对衍射条纹有什么影响？

2．若在单缝到屏的空间区域内充满着折射率为 n 的某种透明介质，此时单缝衍射图样与不充介质时有何区别？

3．用白光光源作光源观察单缝的夫琅禾费衍射，衍射图样将如何？

实验四十三　用光栅衍射法测量光波波长

把复色光分成单色光的过程称为分光。复色光通过透明介质或一定的分光元件分解成单色光的现象称为色散现象。棱镜、光栅都可以把复色光分解成单色光，是光谱仪、单色仪及许多光学精密测量仪器的核心元件。

本实验将利用光栅来测量汞灯在可见光区域的一些谱线的波长，以便对分光元件的作用及汞灯光谱特性有直观的体验。

一、实验目的

1．学习调节和使用分光仪观察光栅衍射现象。

2．学习利用光栅衍射测量光波波长的原理和方法。

3．了解角色散与分辨本领的意义及测量方法。

二、实验仪器

分光仪、光栅、平行平面反射镜、汞灯等。

三、实验原理

1．光栅方程

光栅是一种重要的分光元件，分为透射光栅和反射光栅。本实验中使用的是透射光栅。在一块透明的平板上刻有大量相互平行、等宽等间距的刻痕，这样一块平板就是一种透射光栅，其中的刻痕部分为不透光部分。若刻痕之间透光部分(即狭缝)的宽度为 a，刻痕宽度为 b，则光栅常数为 $d = a + b$。通常，光栅常数是很小的，例如，在 10mm 内刻有 3000 条等宽等间距的狭缝。

当一束波长为 λ 的平行光垂直照射在光栅上时，如图 3.43.1 所示，每一个狭缝透过的光都要发生衍射，向各个方向传播。经过光栅衍射，与光栅面法线成角 ϕ 的平行光，经过透镜后会聚于透镜焦平面处屏上一点 P_1，ϕ 称为衍射角。由于光栅上各狭缝是等间距的，因此沿角 ϕ 方向的相邻光束间的光程差都等于 $d\sin\phi$，因为光程差一定，它们彼此之间将发生干涉。用透镜将经过光栅衍射的平行光会聚于透镜焦平面处的屏上，将呈现由单缝衍射和多缝干涉综合效果所形成的光栅衍射条纹。

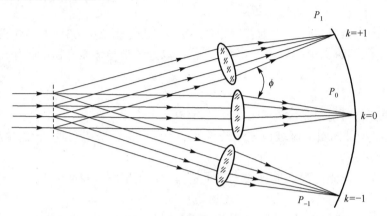

图 3.43.1　光栅衍射示意图

当沿角 ϕ 方向传播的相邻光束间光程差 $d\sin\phi$ 等于入射光波长的整数倍时，各缝射出的、聚焦于屏上 P_1 点的光因相干叠加得到加强，形成明条纹。因此，光栅衍射明纹的条件是 ϕ 必须满足：

$$d\sin\phi = k\lambda \quad (k = 0, \pm 1, \pm 2, \cdots) \tag{3.43.1}$$

此式称为光栅方程，它是研究光栅衍射的基本公式。

满足光栅方程的明条纹称为主极大条纹，也称为光谱线，k 称为主极大级数。$k = 0$ 时，$\phi = 0$，称为零级条纹，对应于中央明条纹，中央明条纹聚集了入射光总能量的大部分，因而较亮。$k = \pm 1, k = \pm 2, \cdots$ 分别为对称地分布在中央明条纹两侧的第 1 级、第 2 级……主极大条纹。

由 $|\sin\phi| \leqslant 1$ 可知，主极大的级数限制是

$$k \leqslant \frac{d}{\lambda} \tag{3.43.2}$$

即在给定光栅常数的情况下，光谱级数是有限的，再综合考虑不同级次谱线光强的变化，实验中通常最多能观察到第 2 级、第 3 级主极大条纹。

用分光仪测得第 k 级谱线的衍射角后，若已知光栅常数 d，根据式(3.43.1)即可求出入射光的波长，这就是用光栅测量光波波长的基本原理。反之，若给定波长 λ，则可求出光栅常数 d。

若单色平行光不是垂直照射在光栅上，而是以入射角 θ 斜入射到光栅上，则光栅方程变为

$$d(\sin\theta + \sin\phi) = k\lambda \quad (k = 0, \pm 1, \pm 2, \cdots) \tag{3.43.3}$$

2. 光栅色散本领与分辨本领

由式(3.43.1)可知，如果入射光波长不同，则同等级光谱衍射角 ϕ 不同，波长越长，衍射角越大，这就是光栅的分光原理。如果入射光是复色光，则由于波长不同，衍射角 ϕ 也各不

相同，于是不同的波长就被分开，按波长从小到大依次排列，成为一组彩色条纹，这就是光谱，这种现象称为色散现象。

光栅作为一种色散元件，角色散率是其主要性能参数之一。角色散率表示光栅将不同波长的同级谱线分开的程度。

设两单色光波长分别为 λ_1、λ_2，其波长差为 $\delta_\lambda = |\lambda_1 - \lambda_2|$，第 k 级衍射角之差为 δ_ϕ，则该级次的角色散率为

$$D_\phi = \frac{\delta_\phi}{\delta_\lambda} \tag{3.43.4}$$

式中，δ_λ 的单位为 nm，δ_ϕ 的单位为 rad。式 (3.43.4) 可写成微分形式

$$D_\phi = \frac{\delta_\phi}{\delta_\lambda} = \frac{\mathrm{d}\phi}{\mathrm{d}\lambda} \tag{3.43.5}$$

对式 (3.43.1) 两边求微分得

$$d\cos\phi\,\mathrm{d}\phi = k\lambda\,\mathrm{d}\lambda \tag{3.43.6}$$

进一步得到

$$\frac{\mathrm{d}\phi}{\mathrm{d}\lambda} = \frac{k\lambda}{d\cos\phi} \tag{3.43.7}$$

将式 (3.43.7) 代入式 (3.43.5) 得

$$D_\phi = \frac{\delta_\phi}{\delta_\lambda} = \frac{k\lambda}{d\cos\phi} \tag{3.43.8}$$

式 (3.43.5) 表明角色散率 D_ϕ 与光栅常数成反比，与谱线级数 k 成正比，谱线级次越高，角色散率越大。

光栅分辨本领是光栅的另一重要性能指标，比角色散率更具实际意义。光栅的角色散率大，并不能保证分辨出两条靠近的谱线，而这一性能是由分辨本领来表征的。分辨本领定义为两种波长的平均值 $\bar{\lambda}$ 与刚好能分辨开的两条单色谱线的波长差 δ_λ 之比，即

$$R \equiv \frac{\bar{\lambda}}{\delta_\lambda} \tag{3.43.9}$$

四、实验内容

光栅方程 (3.43.1) 是在平行光垂直入射到光栅平面的条件下得出的，因此，在实验中调节仪器时要注意满足此要求。以下是调节的具体步骤：

① 参照实验二十一实验原理部分的"分光仪的构造"和"分光仪的调节"内容调节分光仪。

② 调节光栅平面使之与平行光管光轴垂直。

分光仪调节好后，将光栅按图 3.43.2 所示的方式放置在载物台上。挡住光源的光，点亮望远镜上的小灯，转动载物台 (连同光栅)，从望远镜中观察光栅平面反射回来的绿色十字像，若像的水平线不在分划板上的十字线水平线

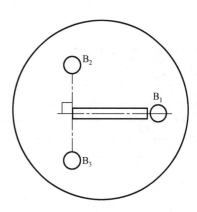

图 3.43.2　光栅放置示意图

处，只能调节载物台水平调节螺钉的 B_2(或 B_3)，使二者重合，此时光栅平面已垂直于平行光管光轴。

注意： 由于光栅表面反射率远低于平面反射镜，因此反射回来的绿十字像亮度较弱，寻找起来不那么容易，若观察不到，可将平面镜或其他物体置于光栅前面或后面，以加强反射，待找到绿色十字像后，撤去平面镜或其他物体，再进行调节。

③ 调节光栅使其透光狭条与仪器主轴平行：转动望远镜观察衍射条纹的分布。以分划板水平线为参考线，比较左右两侧谱线在视场中的高度是否一致。如果高度不同，说明光栅狭缝与仪器主轴不平行，可调节载物台螺钉 B_1，千万不能移动 B_2 和 B_3，使谱线等高。

经过上述调节后，就可以进行衍射角的测量了。

1．用汞灯照亮平行光管的狭缝，使平行光垂直照射在光栅上，转动望远镜定性地观察谱线的分布规律与特征；然后改变平行光在光栅上的入射角度，转动望远镜定性地观察谱线分布的变化。

2．肉眼可以很清楚看到的汞灯蓝色、绿色、黄色Ⅰ、黄色Ⅱ4 条谱线。使平行光垂直照射在光栅上，先使望远镜对准中央亮线，然后向左转动望远镜，对于观察到的每一条汞光谱线，使谱线中央与分划板的垂直线重合，将望远镜此时的角位置 $(P_左, P'_左)$ 记入数据表 3.43.1～表 3.43.4。向右转动望远镜进行测量，得到各谱线的 $(P_右, P'_右)$，记入数据表 3.43.1～表 3.43.4。

3．求出各谱线衍射角 ϕ，并求出波长 λ 及其不确定度。衍射角计算公式为

$$\phi = \frac{1}{2}\left(\frac{1}{2}\left|P_右 - P_左\right| + \frac{1}{2}\left|P'_右 - P'_左\right|\right) \tag{3.43.10}$$

注意： 当 $\left|P_右 - P_左\right| > 180°$ 时，$\left|P_右 - P_左\right|$ 应按 $360° - \left|P_右 - P_左\right|$ 代入。

4．求出角色散率 D_ϕ 和分辨本领 R。

5．换取不同的光栅重复上述实验。

表 3.43.1　汞光蓝色谱线衍射角测量相关数据

谱线级数 k								
光栅常数 d (mm)								
$P_左$								
$P'_左$								
$P_右$								
$P'_右$								

表 3.43.2　汞光绿色谱线衍射角测量相关数据

谱线级数 k								
光栅常数 d(mm)								
$P_左$								
$P'_左$								
$P_右$								
$P'_右$								

表 3.43.3　汞光黄色谱线 I 衍射角测量相关数据

谱线级数 k										
光栅常数 d(mm)										
$P_左$										
$P'_左$										
$P_右$										
$P'_右$										

表 3.43.4　汞光黄色谱线 II 衍射角测量相关数据

谱线级数 k										
光栅常数 d(mm)										
$P_左$										
$P'_左$										
$P_右$										
$P'_右$										

五、注意事项

1．按照光栅位置调节的两项要求逐一调节后，应再重复检查，因为调节后一项时，可能对前一项的状况有所破坏。

2．光栅的位置调好之后，在实验中不应移动。

3．本实验可用光栅常数较大的光栅，以便观察高级次光谱中不同级次光谱的重叠现象；若使用全息光栅，因衍射光能大部分集中于一级光谱，高级次光谱难以观察到，从测量效果考虑，应选用光栅常数较小的光栅。

六、思考题

1．比较棱镜和光栅分光的主要区别。

2．光栅面和入射平行光不严格垂直时对实验有何影响？

3．如果光波波长都是未知的，能否用光栅测其波长？

4．用白光光源作光源观察单缝的夫琅禾费衍射，衍射图样将如何？

5．试设计一种不用分光计，只用米尺和光栅测量 d 和 λ 的方案。

第四章 设计性实验

实验四十四 热电偶定标与热电偶温度计设计

一、实验目的

1. 加深对温差电效应的理解。
2. 了解热电偶测温的基本原理和方法。
3. 学会设计热电偶数字温度计。

二、实验仪器

加热型恒温控制与测量实验仪、数字直流稳压电源、热电偶温度传感器模板、恒温加热器、数字万用表。

三、实验要求

1. 利用所提供的仪器，设计出热电偶数字温度计。
2. 测量不同温度下的温差电动势，作出热电偶的 $\varepsilon - T$ 定标曲线。
3. 写出符合规范要求的设计性实验报告，并对设计的数字温度计进行误差分析。

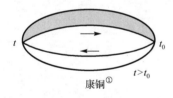

图 4.44.1 温差电效应闭合回路

四、实验原理提示

1. 温差电效应

如果用 A、B 两种不同的金属构成一闭合电路，并使两接点处于不同温度，如图 4.44.1 所示，则电路中将产生温差电动势，并且有温差电流流过，这种现象称为温差电效应。

2. 热电偶

两种不同金属串联在一起，其两端可以和仪器相连进行测温的元件称为温差电偶，也叫热电偶。热电偶的温差电动势与两接头温度之间的关系比较复杂，但是在较小温差范围内可以近似认为温差电动势与温差 $t - t_0$ 成正比，即

$$E_t = c(t - t_0) \tag{4.44.1}$$

式中，t 为热端的温度；t_0 为冷端的温度；c 称为温差系数(或称热电偶常量)，单位为 $\mu V \cdot ℃^{-1}$，它表示两接点的温度相差 1℃时所产生的电动势，其大小取决于组成热电偶材料的性质，即

$$c = (k/e)\ln(n_{0A}/n_{0B}) \tag{4.44.2}$$

式中，k 为玻耳兹曼常量，e 为电子电量，n_{0A} 和 n_{0B} 为两种金属单位体积内的自由电子数目。

---

① 康铜是一个物理学概念，指一种具有高电阻率的合金金属。其是含 40%镍，1.5%锰的铜合金。

1．当热电偶回路中串联了其他金属(如测量仪器等)时，是否会引入附加的温差电动势，从而影响热电偶原来的温差电特性?

2．热电偶为什么能测温度？它与水银温度计相比有哪些优点？

3．升温和降温测量有什么差别？是否需要升温和降温各测一次？目的是什么？

4．如果热电偶与数字电压表的正负极反接，会出现什么现象？

实验四十五　电阻温度计与非平衡电桥

一、实验目的

1．学习和掌握用非平衡直流电桥电压输出方法测量电阻的基本原理和操作方法。

2．学习和掌握非平衡电桥的设计方法。

3．学习和掌握如何根据不同待测电阻值选择桥式。

二、实验仪器

数字直流稳压电源、加热型恒温控制与测量实验仪、恒温加热器、Pt100 温度传感器、数字万用表、非平衡直流电桥及应用实验模板、NTC 温度传感器、3.5mm 双香蕉插头连接线若干。

三、实验要求

1．用 Pt100 温度传感器结合非平衡电桥设计测量范围为 0～100℃的数字温度计。

2．用 NTC 温度传感器结合非平衡电桥设计测量范围为 10～70℃的数字温度计。

3．叙述原理，写出实验步骤。

四、思考题

1．什么叫预调平衡？为什么要在测量前先进行预调平衡？

2．平衡电桥和非平衡电桥有何异同？

3．由实验结果说明 Pt100 温度传感器及 NTC 温度传感器阻值随温度变化的规律。

实验四十六　温度计设计

一、实验目的

1．了解常用的集成温度传感器的基本原理和温度特性的测量方法。

2．掌握数字温度计的设计和调试技巧。

3．根据所测 Pt100 的电阻-温度特性，选择一种合适的电路设计制作数字温度计。

4．根据 PN 结正向压降与温度的关系，选择一种合适的电路设计制作数字温度计。

二、实验仪器

加热型恒温控制与测量实验仪、数字直流恒流电源、恒温加热器、数字温度计实验模板、热敏电阻温度传感器实验模板、PN 结数字温度计设计实验模板、AD590 温度传感器、Pt100 温度传感器、PN 结温度传感器、恒温加热盘、数字万用表、连接线若干。

三、实验要求

1. 完成 AD590 温度计、热敏电阻温度计、PN 结数字温度计的设计。
2. 作出设计的温度计校准曲线。
3. 完成符合规范要求的设计性实验报告，并对设计的温度计进行误差分析。

实验四十七　液体密度的实时测量

一、实验目的

1. 了解应变传感器的压力特性。
2. 掌握液体密度实时测量的原理和方法。

二、实验仪器

数字直流稳压电源、压力传感器实验模板、1000g 压力传感器、不锈钢容器、数字万用表、3.5mm 双香蕉插头连接线若干、1.5mm 双香蕉插头连接线若干、四方体样品(浮子)、秤盘(底下钻有孔)。

三、实验要求

1. 设计组装一套具有实时测量液体密度功能的实验装置，该装置应达到如下的技术指标。
(1) 量程：$0.5 \sim 1.50 \text{g/cm}^3$。
(2) 精度：在量程范围内，额定误差小于最大量程的 1%。
(3) 灵敏度：0.01g/cm^3。
(4) 显示：电压输出 $0 \sim 20.0 \text{mV}$。
2. 要求确定整体设计方案，说明测量的原理，给出各组成部分的性能测试数据，证明能达到以上技术指标，写出设计研究总结报告。

实验四十八　电子秤的设计

一、实验目的

1. 了解压力传感器的压力特性。
2. 掌握电子秤设计的原理和方法。

二、实验仪器

数字直流稳压电源、压力传感器实验模板、1000g 压力传感器、100g/200g/200g/500g 砝码组、数字万用表、3.5mm 双香蕉插头连接线若干、1.5mm 双香蕉插头连接线若干、秤盘(底下钻有孔)、压力传感器实验装置。

三、实验要求

1. 研究、测量应变式传感器的压力特性，计算其灵敏度。
2. 根据应变式传感器的压力特性设计制作一个电子秤，该电子秤应达到如下技术指标。
(1) 量程：0～1000g。
(2) 精度：在量程范围内，额定误差小于最大量程的 0.5%。
(3) 灵敏度：1g。
(4) 显示：电压输出 0～10.00mV。
3. 要求确定整体设计方案，说明测量的原理，给出各组成部分的性能测试数据，证明能达到以上技术指标，写出设计研究总结报告。

实验四十九　单双臂电桥的设计

一、实验目的

1. 掌握用单双臂电桥测电阻的原理。
2. 学会正确使用分立元件组装单双臂电桥的方法。
3. 了解提高电桥灵敏度的几种途径。

二、实验仪器

万用表、滑线变阻器、电阻箱、检流计、直流电源、待测电阻、开关、导线。

三、实验要求

1. 根据所提供的仪器设计实验方案。
2. 组装单双臂电桥，并完成待测电阻的测量。
3. 测量电桥的相对灵敏度。

四、思考题

1. 根据电阻箱组装电桥的测试结果，说明电桥灵敏度和哪些因素有关。
2. 怎样消除比例臂两只电阻不准确相等造成的系统误差？
3. 电桥灵敏度是否越高越好？为什么？

实验五十　欧姆表的改装与校准

一、实验目的

1. 掌握欧姆表改装的原理和方法。
2. 学会校准改装的欧姆表，并用改装好的欧姆表测量未知电阻。

二、实验仪器

DH4508 电表改装与校准实验仪。

三、实验要求

1．写出实验设计方案。
2．完成欧姆表的改装并标定表面刻度。

四、实验原理提示

根据调零方式的不同，可分为串联分压式和并联分流式两种，其原理电路如图 4.50.1 所示。

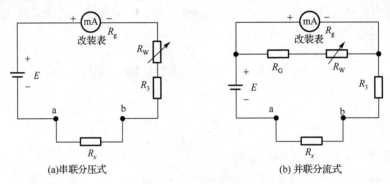

图 4.50.1　欧姆表原理图

图中，E 为电源，R_3 为限流电阻，R_W 为调"零"电位器，R_x 为被测电阻，R_g 为等效表头内阻。图 4.50.1(b) 中，R_G 与 R_W 一起组成分流电阻。

五、思考题

设计 $R_{中} = 1500\Omega$ 的欧姆表，现有两块量程为 1mA 的电流表，其内阻分别为 250Ω 和 100Ω，你认为选哪块较好？

附录 A 大学物理实验课程体系、内容及教学要求

物理学是最早形成的自然科学之一，是整个自然科学的基础。物理学是以实验为基础的科学，物理规律的发现、理论的建立及物理学自身的不断发展，都离不开物理实验。大学物理实验是高等学校理工科各专业开设的一门必修基础课程，是理论课教学的延伸和补充。通过完成适当数量的实验，使学生在掌握初步实验能力的同时，养成良好的实验习惯和严谨的科学作风。

一、大学物理实验课程任务、内容及要求

科学实验是科学理论的源泉，是工程技术及其应用的重要基础。大学物理实验是高等学校理工科专业公共基础教学的一个重要组成部分，是高等学校理工科专业对学生进行科学实验基本训练的必修基础课程，是本科生接受系统实验方法和实验技能训练的开端，同时又是培养和训练学生自主学习和研究性学习的开端。物理实验课覆盖面广，具有丰富的实验思想、方法、手段，同时能提供综合性很强的基本实验技能训练，是培养学生科学实验能力、提高科学素质的重要基础。它在培养学生严谨的治学态度、活跃的创新意识、理论联系实际和适应科技发展的综合应用能力等方面具有其他实践类课程不可替代的作用。

（一）大学物理实验课程的具体任务是

1. 培养学生的基本科学实验技能，使学生初步掌握实验科学的思想和方法，提高学生的科学实验基本素质。

2. 培养学生的科学思维和创新意识，使学生掌握实验研究的基本方法，提高学生的分析能力、解决问题能力和创新能力。

3. 提高学生的科学素养，培养理论联系实际和实事求是的科学作风，认真严谨的科学态度，积极主动的探索精神，遵守纪律、团结协作和爱护公共财产的优良品德。

（二）教学内容基本要求

大学物理实验应包括普通物理实验（力学、热学、电学、光学实验）和近代物理实验，具体的教学内容基本要求如下：

1. 掌握测量误差的基本知识，具有正确处理实验数据的基本能力。

（1）测量误差与不确定度的基本概念，能逐步学会用不确定度对直接测量和间接测量的结果进行评估。

（2）处理实验数据的一些常用方法，包括列表法、作图法和最小二乘法等。随着计算机及其应用技术的普及，应包括用计算机通用软件处理实验数据的基本方法。

2. 掌握基本物理量的测量方法。

例如，长度、质量、时间、热量、温度、湿度、压强、压力、电流、电压、电阻、磁感应强度、光强度、折射率、电子电荷、普朗克常量、里德堡常量等常用物理量及物性参数的测量，注意加强数字化测量技术和计算技术在物理实验教学中的应用。

3．了解常用的物理实验方法，并逐步学会使用。

例如，比较法、转换法、放大法、模拟法、补偿法、平衡法和干涉、衍射法，以及在近代科学研究和工程技术中的广泛应用的其他方法。

4．掌握实验室常用仪器的性能，并能够正确使用

例如，长度测量仪器、计时仪器、测温仪器、变阻器、电表、交/直流电桥、通用示波器、低频信号发生器、分光仪、光谱仪、常用电源和光源等常用仪器。

5．掌握常用的实验操作技术。

例如，零位调整、水平/铅直调整、光路的共轴调整、消视差调整、逐次逼近调整、根据给定的电路图正确接线、简单的电路故障检查与排除，以及在近代科学研究与工程技术中广泛应用的仪器的正确调节。

6．初步了解物理实验史料和物理实验在现代科学技术中的应用知识。

（三）能力培养基本要求

1．自主学习的能力。能够自行阅读与钻研实验教材和资料，必要时自行查阅相关文献资料，掌握实验原理及方法，做好实验前的准备。

2．独立实验操作的能力。能够借助教材或仪器说明书，正确使用常用仪器及辅助设备，独立完成实验内容，逐步形成自主实验的基本能力。

3．分析与研究的能力。能够融合实验原理、设计思想、实验方法及相关的理论知识对实验结果进行分析、判断、归纳与综合，掌握通过实验进行物理现象和物理规律研究的基本方法，具有初步的分析与研究的能力。

4．数据处理的能力。掌握科学与工程实践中普遍使用的数据处理与分析方法，建立误差与不确定度概念，正确记录和处理实验数据，绘制曲线，分析说明实验结果，撰写合格的实验报告，逐步培养科学技术报告和科学论文的写作能力。

5．理论联系实际的能力。能够在实验中发现问题，分析问题并学习解决问题的科学方法，逐步提高综合运用所学知识和技能解决实际问题的能力。

6．创新与实验设计能力。能够完成符合规范要求的设计性、综合性内容的实验，能进行初步的具有研究性或创意性内容的实验，逐步培养创新能力。

在物理实验课程的学习过程中，学生应有意识地锻炼、培养自己上述各方面的能力和素质，为未来的学习和工作集聚力量。

（四）课程结构及分层次教学基本要求

上述具体任务、教学内容基本要求和能力培养基本要求，应通过开设一定数量的基础性实验、综合性实验、设计性或研究性实验，采用分层次、递进式课程体系，逐步强化对学生在实验基本技能、方法和物理实验思想等方面的训练来实现。

1．基础性实验：主要学习基本物理量的测量、基本实验仪器的使用、基本实验技能和基本测量方法、误差与不确定度及数据处理的理论与方法等，可涉及力、热、电、光、近代物理等各个领域的内容。此类实验为适应各专业的普及性实验。

2．综合性实验：指在同一个实验中涉及力学、热学、电磁学、光学、近代物理等多个知识领域，综合应用多种方法和技术的实验。此类实验的目的是巩固学生在基础性实验阶

段的学习成果、开阔学生的眼界和思路，提高学生对实验方法和实验技术的综合运用能力。各校应根据本校的实际情况设置该部分实验内容(综合的程度、综合的范围、实验仪器、教学要求)。

3. 设计性实验：根据给定的实验题目、要求和实验条件，由学生自己设计方案并基本独立完成全过程的实验。各校也应根据本校的实际情况设置该部分实验内容(实验选题、教学要求、实验条件、独立的程度等)。

4. 研究性实验：组织若干个围绕基础物理实验的课题，由学生以个体或团队的形式，以科研方式进行的实验。

设计性或研究性实验的目的是使学生了解科学实验的全过程、逐步掌握科学思想和科学方法，培养学生独立实验的能力和运用所学知识解决给定问题的能力。

二、大学物理实验课程教学模式、教学方法要求

1. 开放物理实验室，在教学时间、空间和内容上给学生较大的选择自由。为一些实验基础较为薄弱的学生开设预备性实验，以保证实验课教学质量；为学有余力的学生开设提高性实验，提供延伸课内实验内容的条件，以尽可能满足各层次学生求知的需要，适应学生的个性发展。

2. 创造条件，充分利用包括网络技术、多媒体教学软件等在内的现代教育技术丰富教学资源，拓宽教学的时间和空间。提供学生自主学习的平台和师生交流的平台，加强现代化教学信息管理，以满足学生个性化教育和全面提高学生科学实验素质的需要。

3. 强化学生实验能力和实践技能的考核，鼓励建立能够反映学生科学实验能力的多样化的考核方式。

4. 大学物理实验应分组进行，一般每组 1～2 人为宜。

三、大学物理实验基本训练的有关程序

学生在物理实验课程中通过对实验现象的观察、分析和对物理量的测量，加深对物理学原理的理解。实验教学基本思想和程序归结为：实验思想→实验仪器→实验条件→实验方法→实验测量→实验分析→实验结果数据处理。根据这一教学思想和程序，学生应遵循的基本学习程序可分为以下三个阶段。

1. 实验前预习

由于实验课课内时间有限，课前必须预先熟悉实验内容，否则要在短短的课内时间完成整个实验无疑是困难的。在实验之前，应对待测物理量、实验原理、期待的结果等做到胸有成竹。若事先不了解，只是机械地按教材所述步骤看一步动一步，虽然获得了实验数据，但却不了解其含义，收获是不会大的，因此必须做好课前预习。预习一般以理解本教材所述原理为主，并大致了解实验具体步骤。为了使测量结果眉目清楚，防止漏测数据，应按实验要求拟好数据草表，注明文字、符号所代表的物理量及单位，并确定测量次数。

预习时，应撰写预习报告。预习报告内容主要包括：

(1) 实验名称；

(2) 实验目的；

(3) 实验仪器；

(4) 基本原理，包括重要的计算公式、电路图、光路图及简要的文字说明；

(5)原始实验数据记录草表(铅笔画表线)。

2. 课堂实验

实验开始前,首先要熟悉一下将要使用的仪器(设备)的性能以及正确的操作规程,切忌盲目操作;其次是要全面熟悉实验操作步骤,不要急于动手,因误解一步或调错一次,都有可能使整个实验前功尽弃。

实际操作时应注意观察实验现象,尤其对所谓的"反常"现象,更应仔细观察分析,不要单纯追求"顺利",要学会对观察到的现象随时进行判断,以确定正在进行的实验过程是否正常合理;对实验过程中出现的故障,要学会及时排除。

每次测量时应将数据记录在数据草表内,并注意其有效位数。若实验结果与实验条件有关,还应记下相应的实验条件,如当时的室温、湿度、大气压等。

实验结束后,要将测得的数据交给指导教师检查签字。对不合理或错误的实验结果,经分析后必须补做或重做。离开实验室前,应整理好使用过的仪器,做好清洁工作。

3. 撰写实验报告

实验报告是对当次实验的全面总结。撰写时,要以简单扼要的形式将实验结果完整而又真实地表达出来。报告要用统一规格的实验报告纸,要求文字通顺、字迹端正、图表规范、结果正确、讨论认真,并在规定时间内按时上交。

一份完整的实验报告通常包括下述内容:

(1)实验名称;

(2)实验目的;

(3)实验仪器;

(4)实验原理,包括重要的计算公式、电路图、光路图及简要的文字说明;

(5)原始实验数据记录表格;

(6)数据处理及实验结果,包括计算详细过程和作图;

(7)分析讨论,对实验心得、误差原因和实验改进想法等做一些合理的分析。

以上(1)~(4)部分内容,如无大的变动,就可以使用预习报告中的相应内容代替,而不必重写。

四、物理实验纪律守则

为了保证基础实验教学的正常进行,培养同学严肃认真、实事求是的科学态度,培养善于思考、勤于动手的学习作风,特制定以下纪律守则,望大家严格遵照执行。

(1)实验前充分预习实验内容,必须按要求写好预习实验报告,列好原始数据记录表格(铅笔画表线),否则不得参加实验。

(2)保持室内安静、整洁,严禁喧哗、嬉闹,禁止吸烟,禁止乱涂乱嘶,禁止随地吐痰,维护良好的实验环境。

(3)严格按时上课,每迟到1分钟扣1分,迟到15分钟以上者,取消当次实验资格,当次实验成绩为0;无故旷课者不给补课,当次实验成绩为0;因病缺课的同学要有正式的病假条,如需补课请上报学习委员,由学习委员统一上报实验指导老师。

(4)按老师安排做实验,爱护仪器,不按老师要求,违反操作规程而故意损坏仪器者,按学校有关规定进行赔偿;各个实验的具体操作规程由上课老师讲解;如果仪器出现问题,需要调试或更换,要经老师亲手更换,各组仪器不得擅自调换。

（5）对实验中测得的原始数据，要实事求是，不可捏造数据或者互相抄袭；对实验结果要做数据处理和深入的分析，反对掩盖矛盾或弄虚作假的作风。如有违反规定者，当次实验成绩记为 0，取消补实验资格。原始数据应经教师审阅签字，实验结束后应整理好实验仪器，方可离开实验室。

（6）实验报告下周上课前由组长统一交到指导教师处，统计实验报告册数。不按时交实验报告者扣除相应分值。超过规定时间一周以上才交报告者，当次实验报告成绩为 0；缺交实验报告者，不得参加实验考试，实验成绩按不及格处理。

附录 B　国际单位值(SI)

鉴于国际上使用的单位制种类繁多，换算十分复杂，对科学与技术交流带来许多困难，根据 1954 年国际度量衡会议的决定，自 1978 年 1 月 1 日起实行国际单位制，简称国际制，国际单位制代号为 SI。我国国务院于 1977 年 5 月 27 日颁发《中华人民共和国计量管理条例(试行)》，其中第三条规定："我国的基本计量制度是米制(即"公制")，逐步采用国际单位制"，这样做不仅有利于加强同世界各国人民的经济文化交流，而且可以使我国的计量制度进一步统一。

国际单位制是在国际公制和米千克秒制基础上发展起来的，在国际单位制中，规定了 7 个基本单位，即米(长度单位)、千克(质量单位)、秒(时间单位)、安培(电流单位)、开尔文(热力学温度单位)、摩尔(物质的量单位)、坎德拉(发光强度单位)。还规定了两个辅助单位，即弧度(平面角单位)、球面度(立体角单位)。其他单位均由这些基本单位和辅助单位导出，现将国际单位制的基本单位及辅助单位的名称、符号及其定义列表如下。

表 B-1　国际单位制(SI)的基本单位

量的名称	单位名称	单位符号	定义
长度	米	m	"米是光在真空中 1/299792458 s 的时间间隔内所径路程的长度" (第 17 届国际计量大会，1983 年)
质量	千克	kg	"千克是质量单位，等于国际千克原器的质量" (第 1 和第 3 届国际计量大会，1889 年，1901 年)
时间	秒	s	"秒是铯-133 原子基态的两个超精细能级之间跃迁所对应的辐射的 9192631770 个周期的持续时间" (第 13 届国际计量大会，1967 年，决议 1)
电流	安培	A	"安培是一恒定电流，若保持在处于真空中相距 1m 的两无限长而圆截面可忽略的平行直导线内，则此两导线之间产生的力在每米长度上等于 2×10^{-7}N (国际计量委员会，1946 年，决议 2； 1948 年第 9 届国际计量大会批准)
热力学温度	开尔文	K	"热力学温度单位开尔文是水三相点热力学温度的 1/273.16" (第 13 届国际计量大会，1967 年，决议 4)
物质的量	摩尔	mol	"(1) 摩尔是一系统的物质的量，该系统中所包含的基本单元数与 0.012kg 碳-12 的原子数目相等；(2) 在使用摩尔时，基本单元应予指明，可以是原子、分子、离子、电子及其他粒子，或是这些粒子的特定组合" (国际计量委员会 1969 年提出，1971 年第 14 届国际计量大会通过，决议 3)
发光强度	坎德拉	cd	"坎德拉是一光源在给定方向上的发光强度，该光源发出频率 540×10^{12}Hz 的单色辐射，且在此方向上的辐射强度为(1/683) W/sr." (第 16 届国际计量大会，1979 年决议 3)

表 B-2　国际单位制的辅助单位

量的名称	单位名称	单位符号	定义
平面角	弧度	rad	"弧度是一个圆内两条半径之间的平面角，这两条半径在圆周上截取的弧长与半径相等" （国际标准化组织建议书 R31 第 1 部分） 1965 年 12 月第 2 版
立体角	球面度	sr	"球面度是一个立体角，其顶点位于球心，而它在球面上所截取的面积等于以球半径为边长的正方形面积" （国际标准化组织建议书 R31 第 1 部分） 1965 年 12 月第 2 版

表 B-3　国际单位制中的单位词头

词头	符号	幂	词头	符号	幂
尧[它] yotta	Y	10^{24}	幺[科托]yocto	y	10^{-24}
泽[它]zetta	Z	10^{21}	仄[普托]zepto	z	10^{-21}
艾[可萨]exa	E	10^{18}	阿[托]atto	a	10^{-18}
拍[它]peta	P	10^{15}	飞[母托]femto	f	10^{-15}
太[拉]tera	T	10^{12}	皮[可]pico	p	10^{-12}
吉[咖]giga	G	10^{9}	纳[诺]nano	n	10^{-9}
兆 mega	M	10^{6}	微 micro	μ	10^{-6}
千 kilo	k	10^{3}	毫 milli	m	10^{-3}
百 hecto	h	10^{2}	厘 centi	c	10^{-2}
十 deca	da	10	分 deci	d	10^{-1}

附录 C　常用基本物理常量表

（1986 国际推荐值）

物理量	符 号	数 值	不确定度（×10⁻⁶）
真空中光速	c	$299\ 792\ 458\ \mathrm{m \cdot s^{-1}}$	（精确）
真空磁导率	μ_0	$4\pi \times 10^{-7}\ \mathrm{N \cdot A^{-2}}$ $12.566\ 370\ 614 \times 10^{-7}\ \mathrm{N \cdot A^{-2}}$	（精确）
真空介电常数	ε_0	$8.854\ 187\ 817 \times 10^{-12}\ \mathrm{F \cdot m^{-1}}$	（精确）
万有引力常量	G	$6.672\ 59(85) \times 10^{-11}\ \mathrm{m^3 \cdot kg^{-1} \cdot s^{-2}}$	128
普朗克常量	h $\hbar = h/2\pi$	$6.626\ 075\ 5(40) \times 10^{-34}\ \mathrm{J \cdot s}$ $1.054\ 572\ 66(63) \times 10^{-34}\ \mathrm{J \cdot s}$	0.60 0.60
阿伏伽德罗常量	N_A	$6.022\ 136\ 7(36) \times 10^{23}\ \mathrm{mol^{-1}}$	0.59
摩尔气体常量	R	$8.314\ 510(70)\ \mathrm{J \cdot mol^{-1} \cdot K^{-1}}$	8.4
玻耳兹曼常量	k	$1.380\ 658(12) \times 10^{-23}\ \mathrm{J \cdot K^{-1}}$	8.4
斯特藩—玻耳兹曼常量	σ	$5.670\ 51(19) \times 10^{-8}\ \mathrm{W \cdot m^{-2} \cdot K^{-4}}$	34
摩尔体积(理想气体, T=273.15K, P=101325Pa)	V_m	$0.022\ 414\ 10(19)\ \mathrm{m^3 \cdot mol^{-1}}$	8.4
维恩位移定律常量	b	$2.897\ 756(24) \times 10^3\ \mathrm{m \cdot K}$	8.4
基本电荷	e	$1.602\ 177\ 33(49) \times 10^{-19}\ \mathrm{C}$	0.30
电子静质量	m_e	$9.109\ 389\ 7(54) \times 10^{-31}\ \mathrm{kg}$	0.59
质子静质量	m_p	$1.672\ 623\ 1(10) \times 10^{-27}\ \mathrm{kg}$	0.59
中子静质量	m_n	$1.674\ 928\ 6(10) \times 10^{-27}\ \mathrm{kg}$	0.59
电子荷质比	e/m	$1.758\ 819\ 62(53) \times 10^{11}\ \mathrm{C \cdot kg^{-1}}$	0.30
电子磁矩	μ_e	$9.284\ 770\ 1(31) \times 10^{-24}\ \mathrm{A \cdot m^2}$	0.34
质子磁矩	μ_p	$1.410\ 607\ 61(47) \times 10^{-26}\ \mathrm{A \cdot m^2}$	0.34
中子磁矩	μ_n	$0.966\ 237\ 07(40) \times 10^{-24}\ \mathrm{A \cdot m^2}$	0.41
康普顿波长	λ_c	$2.426\ 310\ 58(22) \times 10^{-12}\ \mathrm{m}$	0.089
磁通量子，$h/2e$	Φ	$2.067\ 834\ 61(61) \times 10^{-15}\ \mathrm{Wb}$	0.30
玻尔磁子，$e\hbar/2m_e$	μ_B	$9.274\ 015\ 4(31) \times 10^{-24}\ \mathrm{A \cdot m^2}$	0.34
核磁子，$e\hbar/2m_p$	μ_N	$5.050\ 786\ 6(17) \times 10^{-27}\ \mathrm{A \cdot m^2}$	0.34
里德伯常量	R_∞	$10\ 973\ 731\ 534(13)\ \mathrm{m^{-1}}$	0.0012
原子质量常量	m_u	$1.660\ 540\ 2(10) \times 10^{-27}\ \mathrm{kg}$	0.59

附录 D　常见固体和液体的密度

(20℃，101kPa)

物质	密度（kg·m⁻³）	物质	密度（kg·m⁻³）
铝	2698.9	玻璃	2400～2700
铜	8933	冰（20℃）	800～920
铁	7874	石蜡	870～940
银	10500	有机玻璃	1200～1500
金	19320	甲醇	792
钨	19330	乙醇	789.4
铂	21450	乙醚	714
铅	11340	蓖麻油	960～970
锡	7298	汽油	710～720
汞	13546.2	柴油	850～900
钢	7600～7900	甘油	1260
钛（商用）	4500	食盐	2140
锌	7050	水晶	2900～3000
苯	840	石英	2500～2800

附录 E 常见固体和液体的比热容

物质	温度（℃）	比热容 [kJ/(kg·K)]
铝	25	0.9040
铜	25	0.3850
铁	25	0.4480
银	25	0.2370
金	25	0.1280
铂	25	0.1363
铅	25	0.1280
汞	25	0.140
硅	25	0.7125
石墨	25	0.7070
玻璃	20	0.5900～0.9200
乙醇	0	2.300
	20	2.470
甲醇	0	2.430
	20	2.470
水	0	4.220
	20	4.182
乙醚	20	2.340
汽油	10	1.420

附录 F　常见液体的黏滞系数

液体	温度（℃）	黏滞系数 $\eta(\times 10^{-3}\,\mathrm{Pa\cdot s})$
水	0	1.787
	10	1.304
	20	1.002
	30	0.798
	40	0.654
	100	0.283
汽油	0	1.788
	18	0.530
甲醇	0	0.817
	20	0.584
乙醇	-20	2.780
	0	1.780
	20	1.190
乙醚	0	0.296
	20	0.243
蓖麻油	10	2420
甘油	-20	134000
	0	121000
	100	12.945
汞	-20	1.855
	0	1.685
	20	1.544
	50	1.409
	100	1.224
葵花籽油	20	50.00

附录 G 水的表面张力系数

（水与空气接触界面）

温度（℃）	表面张力系数 $\sigma(\times10^{-3}N/m)$	温度（℃）	表面张力系数 $\sigma(\times10^{-3}N/m)$
0	75.62	19	72.89
5	74.90	20	72.75
6	74.76	22	72.44
8	74.48	24	72.12
10	74.20	25	71.96
11	74.07	30	71.15
12	73.92	40	69.55
13	73.78	50	67.90
14	73.64	60	66.17
15	73.48	70	64.41
16	73.34	80	62.60
17	73.20	90	60.74
18	73.05	100	58.84

参 考 文 献

[1] 赵近芳，王登龙. 大学物理学(下册)[M]. 3 版. 北京：北京邮电大学出版社，2008.

[2] 李相银. 大学物理实验[M]. 2 版. 北京：高等教育出版社，2009.

[3] 吕斯骅，段家怃，张朝晖. 新编基础物理实验[M]. 2 版. 北京：高等教育出版社，2013.

[4] 吴平. 大学物理实验教程[M]. 2 版. 北京：机械工业出版社，2015.

[5] 吴泳华，霍剑青，浦其荣. 大学物理实验(第一册)[M]. 2 版. 北京：高等教育出版社，2005.

[6] 谢行恕，康士秀，霍剑青. 大学物理实验(第二册)[M]. 2 版. 北京：高等教育出版社，2005.

[7] 轩植华，霍剑青，姚焜，等. 大学物理实验(第三册)[M]. 2 版. 北京：高等教育出版社，2006.

[8] 霍剑青，吴泳华，尹民，等. 大学物理实验(第四册)[M]. 2 版. 北京：高等教育出版社，2006.

[9] 杨述武. 普通物理实验[M]. 3 版. 北京：高等教育出版社，2000.

[10] 吴定允，常加忠. 大学物理实验[M]. 郑州：河南科学技术出版社，2014.

[11] 金刚，晁明举. 新编光学教程[M]. 徐州：中国矿业大学出版社，1997.

[12] 程守珠，江之永. 普通物理学[M]. 6 版. 北京：高等教育出版社，2006.

[13] 费恩曼，莱顿，桑兹. 费恩曼讲义[M]. 郑永令，等译. 上海：上海科学技术出版社，2013.

[14] 教育部高等学校非物理类专业物理基础课程教学指导分委员会. 非物理类理工学科大学物理实验课程教学基本要求[M]. 北京：高等教育出版社，2010.